国网湖北省电力公司　农电用工人员技能提升通关培训教材

农网配电

国网湖北省电力公司农电工作部　组编

中国水利水电出版社
www.waterpub.com.cn

内 容 提 要

　　本教材主要针对农村农网配电用工人员工作岗位能力的实际情况，结合技能提升通关培训的需要进行组编，全文包括十三章。其中：第一章～第三章为农电用工人员共用基础知识，第四章～第十章为农网配电用工人员必备专业知识和操作技能，第十一章～第十三章为农网营销及客服知识。

　　本教材适用于广大农村中、低压配电网的安装施工、运行与维护检修工作人员进行岗位能力提升的自学，同时也可作为基层农网配电专业培训人员的技能培训参考。

图书在版编目（CIP）数据

农网配电 / 国网湖北省电力公司农电工作部组编
　-- 北京 ：中国水利水电出版社，2014.12
　国网湖北省电力公司．农电用工人员技能提升通关培训教材
　ISBN 978-7-5170-2746-1

　Ⅰ．①农… Ⅱ．①国… Ⅲ．①农村配电－技术培训－教材 Ⅳ．①TM727.1

中国版本图书馆CIP数据核字(2014)第295974号

书　　名	国网湖北省电力公司　农电用工人员技能提升通关培训教材 **农网配电**
作　　者	国网湖北省电力公司农电工作部　组编
出版发行	中国水利水电出版社 （北京市海淀区玉渊潭南路1号D座　100038） 网址：www.waterpub.com.cn E-mail：sales@waterpub.com.cn 电话：(010) 68367658（发行部）
经　　售	北京科水图书销售中心（零售） 电话：(010) 88383994、63202643、68545874 全国各地新华书店和相关出版物销售网点
排　　版	中国水利水电出版社微机排版中心
印　　刷	北京瑞斯通印务发展有限公司
规　　格	184mm×260mm　16开本　25.75印张　643千字
版　　次	2014年12月第1版　2014年12月第1次印刷
印　　数	00001—11500册
定　　价	**65.00元**

国网湖北省电力公司

农电用工人员技能提升通关培训教材

编写委员会

主　　任　　戴长军

副 主 任　　张世强

编　　委　　周传芳　　向保林　　高　勇

主　　编　　周传芳　　向保林　　高　勇

编写成员　　周传芳　　向保林　　高　勇　　李国胜

　　　　　　许珊珊　　吴　琳　　沈　鸿　　夏宇涛

　　　　　　孔祥海　　杨　军　　江雁喆　　程荣华

　　　　　　祝红伟　　颜　芬　　陈晓慧　　王新华

　　　　　　李金沙　　刘　琪

前　　言

根据国网湖北省公司电司农〔2013〕6号文件的要求，为配合国网湖北公司在全省开展的农电用工人员技能提升通关培训工作（简称通关培训），规范农电用工人员的管理，全面提高湖北省农电用工人员的整体职业技能素质，在省公司相关部室的主持下，由国网湖北技术培训中心组织编写了这套专用培训教材。

通关培训的原则是以整体提升农电用工人员职业技能水平为核心，将《国家电网公司生产技能人员职业能力培训规范》（以下简称《培训规范》）的要求与农电用工人员现状相结合；注重专业分层分类与岗位职业能力培养相结合；坚持理论知识够用与操作技能必备相结合。通过全面展开农电用工人员岗位能力提升的轮训，以此全面打通农电用工人员成长、成才的通道，在重点提高农电用工人员实际生产操作技能水平的同时，适当提高农电用工人员的岗位职业所需的理论知识水平，进一步促进全省农电用工生产技能人员的职业技能、理论知识整体水平的提升，努力打造一支业务熟练、行为规范、服务优质，作风过硬的农电用工人员队伍。

通关培训教材的编写原则是以《培训规范》33、34（《培训规范》33——农网配电专业；《培训规范》34——农网营销专业）为依据，以电力行业《职业能力鉴定规范》的技能等级要求为基准，在国家电网公司生产技能人员职业能力培训专用教材《农网配电》和《农网营销》的基础上，结合电力生产安全操作规程和标准化作业的要求和农村供电所（站）工作人员岗位的职业能力需求，在充分考虑农电用工人员文化层次的基础上，本教材重点突出岗位必备技能、操作规范、标准化作业及安全生产相关规程规范的要求，以初、中级生产技能人员的基本操作技能要求为主；必备技能以图文并茂的形式，将每个基本操作的过程进行分解，并配以简单的文字说明；对繁琐的理论知识，力求通俗易懂；既可以作为农电用工人员进行通关培训的操作技能培训教材，也可直接为广大农电用工人员自学提供辅导。

根据农电用工人员工作性质的划分，本套《农电用工人员能力提升通关培训教材》包括《农网配电》和《农网营销》两分册，其中，《农网配电》分册适用于农网配电安装施工、运维检修及其他配电辅助作业人员；《农网营销》分册适用于农网营销营业客服、抄表、装表接电及其他营销辅助人员。具体岗位能力提升通关培训要求见各分册的教材附件。

本教材在编写过程中得到国网湖北省电力公司农电部、营销部等相关部室及国网湖北技术培训中心、国网武汉供电公司、国网宜昌供电公司、国网鄂州供电公司、国网黄石供电公司、国网咸宁供电公司的大力支持，编者在此一并致谢。因时间紧迫和编者水平有限，本教材中难免存在错漏之处，恳请广大读者提出宝贵意见和建议，以便修订时加以完善。

编者

2014 年 9 月

目 录

第一章 电工基础知识

模块1 电路基本知识

一、电流和电阻

(一) 电流

导体中的自由电子, 在电场力的作用下作有规则的定向运动就形成了电流。单位时间内通过导体某一截面的电荷量称为电流强度 (简称电流), 用符合 I 表示, 计算式为

$$I=\frac{Q}{t} \tag{1-1}$$

式中　Q——通过导线某一截面的电荷量, C;

　　　t——通过电荷量 Q 所用的时间, s。

电流的单位是安培 (A), $1A=1C/1s$。还有毫安 (mA) 或微安 (μA)。

$$1A=1000mA=1000000μA$$

电流的方向规定为正电荷运动的方向。

(二) 电阻

电流通过导电体时所受到的阻力称为电阻。金属导体的电阻与它的几何尺寸、材料有关, 可用下式表示

$$R=\rho\frac{L}{S} \tag{1-2}$$

式中　R——导体的电阻, Ω;

　　　L——导体的长度, m;

　　　S——导体的截面积, mm²;

　　　ρ——导体的电阻率, 指在一定的温度下, 长为 1m, 截面积为 1mm² 的导体所具有的电阻, Ω·mm²/m。

电阻的单位还有兆欧 (MΩ)、千欧 (kΩ)、毫欧 (mΩ)、微欧 (μΩ)。

常用导电材料的电阻率, 见表 1-1。

表 1-1　　　　　　　　　　　　　常用导电材料的电阻率

材料名称	银	铜	铝	低碳钢	铅	铸铁
电阻率 (20℃)	0.0165	0.0175	0.0283	0.13	0.20	0.50

【例 1-1】 求 1km 长, 截面为 25mm² 的铝导线在 20℃时的电阻。

解: $$R=\rho\frac{L}{S}=0.0283\times\frac{1000}{25}=1.132(Ω)$$

二、电压、电位、电动势

(一) 电压

电场力把单位正电荷由高电位点移到低电位点所做的功称为这两点间的电压, 用 U 表

示。当电荷量为 Q，所做的功为 W 时，则电压为

$$U=\frac{W}{Q}$$ (1－3)

式中　W——正电荷 Q 由高电位点移到低电位点时所做的功，J；

　　　Q——正电荷量，C。

电压的电位为伏特（V），还有千伏（kV）、毫伏（mV）、微伏（μA）。

电压的正方向规定为由高电位点指向低电位点，即电位降的方向。

（二）电位

如果在电路中选定一个参考点（即零电位点），则电路中某一点与参考点之间的电压即为该点的电位。电位的单位也是伏特（V），电位通常用 U 或 φ 表示。电场中某两点之间的电位差等于这两点间的电压。

（三）电动势

电源将单位正电荷由负极移到正极所做的功称为电动势，用 E 表示

$$E=\frac{W}{Q}$$ (1－4)

式中　W——正电荷 Q 由负极移到正极时所做的功，J；

　　　Q——正电荷量，C；

　　　E——电动势，V。

电动势的方向由负极指向正极，即电位上升的方向。

三、电功率和电能

（一）电功率

单位时间内产生或消耗的电能称为电功率（简称功率）。它表明了电能与非电能相互转换速率的大小。负荷消耗的电功率等于负荷两端的电压与通过负荷的电流的乘积，常用 P 表示

$$P=UI$$ (1－5)

式中　P——电功率，W；

　　　U——负荷端电压，V；

　　　I——负荷电流，A。

同理，电源产生的电功率等于电动势与电流的乘积。

（二）电能

电流在一段时间内所做的功称为电能。电能的大小不仅与电功率的大小有关，还与做功的时间长短有关。其表达式为

$$W=Pt$$ (1－6)

式中　P——电功率；

　　　t——时间，h；

　　　W——电能，W·h 或 kW·h。

【例 1－2】 已知一个额定电压为 220V 的灯泡接在 220V 电源上，通过灯泡的电流为 0.454A，问 5h 内该灯泡所消耗的电能为多少？

解： 灯泡的功率　$P=UI=220\times0.454\approx100(\text{W})=0.1(\text{kW})$

5h 内灯泡消耗的电能　$W=Pt=0.1\times5=0.5（\text{kW}·\text{h}）$

（三）电流的热效应

电流通过电阻时要发热，其发热量同电流的平方、回路中的电阻及通过电流的时间成正比，即

$$Q = I^2 Rt \, (\text{J}) \tag{1-7}$$
$$= 0.24 I^2 Rt \, (\text{cal})$$
$$1\text{J}（焦耳）= 0.24\text{cal}$$

式（1-7）表明了电能转换为热能的关系，称为焦耳-楞次定律。

模块2　电路的组成及欧姆定律

一、电路的组成及作用

电路就是电流流过的路径，一个完整的电路都是由电源、负载（用电设备）、连接导线以及控制电器等4个基本部分组成。通过开关用导线将干电池和小灯泡连接起来，就组成了一个最简单的电路，如图1-1所示。

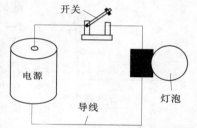

图1-1　电路的基本组成部分

（1）电源。电源就是产生电能的设备，它的作用是将其他形式的能量转换成电能，并向用电设备供给能量，如干电池、蓄电池、发电机等。

（2）负载。负载就是用电设备。它的作用是将电能转换为其他形式的能量，如电灯、电动机等。

（3）连接导线。连接导线把电源和负载连接成一个闭合通路，起着连接电路和输送电能的作用。

（4）控制电器。控制电器的主要作用是控制电路的通断，如开关、继电器等。

电路通常有三种状态。

通路（闭路）：电源与负载接通，电路中有电流通过，电气设备或元器件获得一定的电压和电功率，进行能量转换。

开路（断路）：电路中没有电流通过，又称为空载状态。

短路（捷路）：负载或电源两端被电阻接近于零的导体直接接通。

二、电路图

电路图是一种用规定的图形符号、文字符号表示的电路，如图1-2所示。一个完整的电路图中包括支路、结点、回路等要素，如图1-3所示。

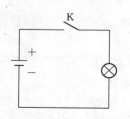

图1-2　图1-1对应的电路图

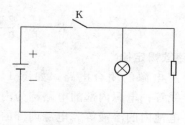

图1-3　电路图

（1）支路。一段没有分支的电路。

（2）结点。由三条或三条以上支路相汇合的点。

（3）回路。自电路中某一点出发，经过一周又回到该点的任意闭合路径。

电路图的表达方式有多种形式，图1-4所示为基本电路对应电路图的几种常见表示方法。

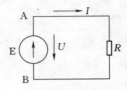 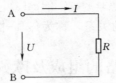 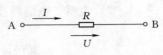

图1-4 电路图的几种表示方法

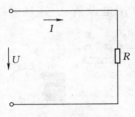

图1-5 部分电路图

三、欧姆定律

欧姆定律是反映电压、电流、电阻三者之间关系的基本定律。

（一）部分电路欧姆电路

只含有负载而不包含电源的一段电路称为部分电路，如图1-5所示。

在电阻一定的部分电路中，通过电阻的电流与施加于电阻上的电压成正比。也可以说成电路中的电流与电压成正比，而与电阻成反比。其数学表达式为

$$I = \frac{U}{R} \tag{1-8}$$

式中　　I——电流，A；

　　　　U——电压，V；

　　　　R——电阻，Ω。

上述公式也可以写成

$$U = IR \tag{1-9}$$

$$R = \frac{U}{I} \tag{1-10}$$

【例1-3】 有一电热器的电阻为44Ω，使用时的电流是5A，试求电压的供电电压。

解：
$$U = IR = 5 \times 44 = 220(V)$$

【例1-4】 已知一电阻两端所加电压为220V，测得电路中的电流为0.5A，求该电阻为多少欧姆？

解：
$$R = \frac{U}{I} = \frac{220}{0.5} = 440(\Omega)$$

（二）全电路欧姆定律

全电路是含有电源的闭合电路，如图1-6所示，包括用电器和导线等；电源内部的电路称为内电路，如发电机的线圈、电池内的溶液等。电源内部的电阻称为内电阻，简称内阻。电源外部的电路称外电路，外电路的电阻称为外电阻。

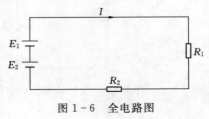

图1-6 全电路图

全电路欧姆定律的内容是：闭合电路中的电流与整个回路的电动势成正比，与电路的总电阻（内电路电阻与外电路电阻之和）成反比，公式为

$$I = \frac{\sum E}{\sum R} = \frac{E_1 + E_2}{R_1 + R_2} \tag{1-11}$$

四、电阻的串联、并联

（一）串联电路

将几个电阻的首尾依次连接起来，中间没有分支，各电阻流过同一电流，这些电阻的连接称为串联，如图 1-7 所示。

1. 串联电路的特点

（1）流过各电阻的电流相同。

（2）电路总电压等于各电阻上的电压降之和，即 $U = U_1 + U_2$。

（3）电路总电阻（等效电阻）等于各电阻阻值之和，即 $R = R_1 + R_2$。

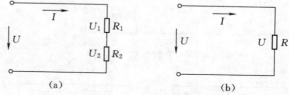

图 1-7 串联电路图

(a) 电路图；(b) 用等效电阻代替串联电阻

（4）各电阻上的电压与该电阻的阻值成正比。

（5）电路中消耗的功率等于各电阻上消耗的功率之和，即 $P = P_1 + P_2$。

（6）各电阻上消耗的功率与该电阻的阻值成正比。

2. 电阻串联电路的应用

（1）获得较大阻值的电阻。若现在需要一个 200Ω 的电阻，但只有若干个 100Ω 的电阻，于是可以按如图 1-8 所示方法，将两个 100Ω 的电阻进行串联，从而获得阻值为 200Ω 的电阻。

（2）限制和调节电路中电流。如图 1-9 所示，在电路中串联一个限流电阻，可以实现对弧光灯的保护。除此之外，电动机在启动时的启动电流比正常工作时的电流要大许多倍，为限制启动电流，也常采用在电动机的启动电路中串联电阻的办法来进行启动。

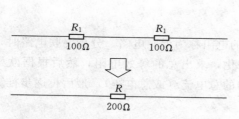

图 1-8 电阻串联获得更大阻值电阻

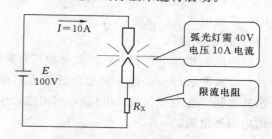

图 1-9 限制和调节电路电流

（3）构成分压器，使同一电源提供不同电压，如图 1-10 所示。

当开关拨到 a 点时，电源将 100V 的电压全部提供给负载；当开关拨到 b 点时，电源提供 75V 的电压；在 c 点和 d 点分别提供 50V 和 25V 的电压。

（4）扩大电压表量程。当电压表的量程不能满足工作需要时，可用与表头串联一个分压电阻的方法来扩大其量程，如图 1-11 所示。

（二）并联电路

将几个电阻的头和尾分别接在一起，使之在电路中承受同一电压，这些电阻的连接称为

并联，如图 1-12 所示。

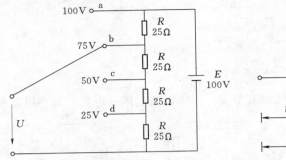

图 1-10 串联电阻分压器

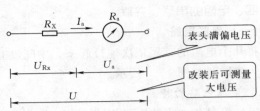

图 1-11 电阻串联扩大电压表量程

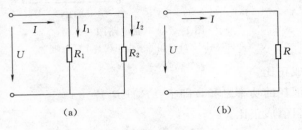

图 1-12 并联电路图

(a) 电路图；(b) 用等效电阻代替并联电阻

1. 并联电路的特点

(1) 电路中各电阻上所承受的电压相同。

(2) 电路中的总电流等于各电阻中电流之和，即 $I=I_1+I_2$。

(3) 电路中的总电阻（等效电阻）的倒数等于各电阻的倒数之和，即 $\dfrac{1}{R}=\dfrac{1}{R_1}+\dfrac{1}{R_2}$。

2. 电阻并联电路的应用

(1) 凡是额定工作电压相同的负载都采用并联的工作方式。这样每个负载都是一个可独立控制的回路，任一负载的正常启动或关断都不影响其他负载的使用。

(2) 获得较小阻值的电阻。

(3) 扩大电流表的量程。

（三）混联电路

电路中既有相互串联的电阻，又有相互并联的电阻称为混联电路。分析混联电路时，应先合并串联或并联部分，逐步对电路进行等值简化，求出总的等效电阻，然后根据欧姆定律，由总电阻、总电压（或总电流），求出电路中的总电流（或总电压），最后再逐步推算各部分的电压和电流。

模块 3 电 磁 感 应

一、磁

（一）磁场

某些物体能吸引铁、镍、钴等物质的性质称为磁性。具有磁性的物体称为磁体。磁体具有极性，其两端极性强的区域称为磁极，一端为北极（N 极），一端为南极（S 极）。

同性磁极相互排斥，异性磁极相互吸引。

在磁体周围空间存在一种特殊物质，它对载流导体或运动的电荷都有力的作用，这一特殊物质称为磁场。磁场不仅有方向，而且还有强弱，一般用磁力线来描述，磁力线的方向定义为：在磁体外部由 N 极指向 S 极，在磁体内部由 S 极指向 N 极，磁感线是闭合曲线。磁力线上某点的切线方向就是该点的磁场方向。

（二）磁通和磁通密度

垂直通过某一截面的磁力线称为磁通量（简称磁通），用 Φ 表示，其单位是 Wb（韦伯）。磁通量可以反映磁场的强弱，但不能表示磁场的方向。垂直穿过单位截面的磁通量称为磁通密度（也称磁感应强度），用 B 表示，其单位是 T（特斯拉）。磁通 Φ 与磁感应强度 B 的关系为

$$\Phi = BS \text{ 或 } B = \frac{\Phi}{S} \qquad (1-12)$$

式中　Φ——穿过截面 S 的磁通，Wb；

　　　　S——与磁场垂直的面积，m^2；

　　　　B——磁通密度，T。

（三）通电导体周围的磁场

通电的导体周围有磁场，这个磁场也可用磁力线来描述。当电流方向改变时，磁场的方向也改变。其关系可用右手定则来确定，如图 1-13 所示，将右手拇指伸直表示电流的方向，卷曲的四指所指的方向就是磁力线的方向。

为了同时表示出电流的方向和导体周围磁力线的方向，通常用"○"表示导线的截面，用"⊗"和"⊙"两种符号分别表示流入和流出与纸面垂直导线中的电流。当已知电流方向时，由右手定则很容易就能判断出通电导线周围磁场的方向，如图 1-14 所示。

如果把单根导线卷成螺管线圈，再通上电流，那么螺管线圈的磁场如图 1-15 所示。磁通方向和线圈中电流的方向也可用右手定则来确定，如图 1-16 所示。

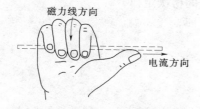

图 1-13　直导线的右手定则

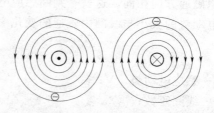

图 1-14　通电导线中电流方向和导线周围磁力线方向

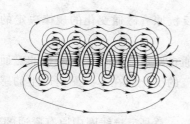

图 1-15　螺管线圈的磁场

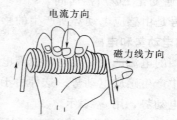

图 1-16　线圈的右手定则

用右手定则判断磁场方向的方法，使卷曲四指的方向与线圈中电流的方向相同，那么伸直的拇指即表示线圈内磁力线的方向。

二、电磁感应

(一) 导线切割磁力线产生感应电动势

当导线和磁场发生相对运动时，若导线切割了磁力线，将在导线中产生电动势，这种现象称为电磁感应。由电磁感应产生的电动势称为感应电动势，用 e 表示。由感应电动势产生的电流叫感应电流。

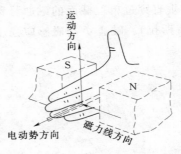

图 1-17 发电机右手定则

感应电动势的方向可用发电机右手定则来确定，如图 1-17 所示。平伸右手，四指并拢并与大拇指垂直，使磁力线垂直穿过掌心，大拇指指向导线运动的方向，则四指的指向就是感应电动势的方向。发电机就是依据这一原理制成的，故这个判断方法又称为"发电机右手定则"。

感应电动势的大小同磁场强弱、导体运动的速度、导体在磁场中的长度有关。当导体沿着与磁力线垂直方向运动时，所产生的感应电动势为

$$e = BLv \qquad (1-13)$$

式中　e——导体中的感应电动势，V；

　　　L——导体在磁场中的有效长度，m；

　　　v——导体的运动速度，m/s；

　　　B——磁通密度，T。

(二) 线圈中的感应电动势

当与线圈回路交链的磁通发生变化时，线圈回路会产生感应电动势及感应电流。线圈中感应电动势的方向有这样的规律：由它所产生的感应电流总是反抗原有磁通的变化，也就是说，当磁通增加时，感应电流产生的磁通与原磁通方向相反；当磁通减少时，感应电流产生的磁通与原磁通方向相同。这就是判断感应电动势方向的楞次定律。

感应电动势的大小与线圈中磁通的变化率成正比，即

$$e = -N \frac{\Delta \Phi}{\Delta t} \qquad (1-14)$$

式中　e——感应电动势，V；

　　　N——线圈匝数；

　　　$\Delta \Phi$——磁通变化量，Wb；

　　　Δt——磁通变化 $\Delta \Phi$ 所需时间，s。

公式中负号是由感应电动势所产生的感应电流具有反抗原有磁通变化的规律决定的。

(三) 自感电动势和电感

当通过线圈的电流产生变化时，线圈电流产生的磁通也跟着变化。这个变化的磁通反过来又会在线圈中产生感应电动势。这种由于线圈本身电流的变化而在本线圈内产生的感应电动势称为自感电动势，用 e_L 表示。

根据楞次定律，自感电动势的方向也和感应电动势一样，总是反抗线圈中原有磁通的变化，即线圈中电流增加时，自感电动势的方向与线圈电流的方向相反，如图 1-18 (a) 所示；当电流减少时，自感电动势的方向与线圈的电流方向相同，如图 1-18 (b) 所示。

自感电动势表达式与感应电动势一样，即

$$e_{\mathrm{L}} = -N\frac{\Delta\Phi}{\Delta t} \qquad (1-15)$$

通常把线圈匝数 N 和穿过线圈的磁通 Φ 的乘积称为磁链，用 Ψ 表示，即 $\Psi = N\Phi$。因磁链的变化量 $\Delta\Psi = N\Delta\Phi$，所以自感电动势的表达式可改写为

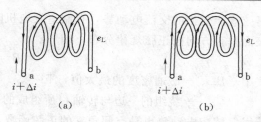

图 1-18 自感电动势方向
(a) 电流增加情况；(b) 电流减少情况

$$e_{\mathrm{L}} = -\frac{\Delta\Psi}{\Delta t} \qquad (1-16)$$

通过线圈的自感磁链与通过线圈的电流 I 的比值，称为线圈的自感，即

$$L = \frac{\Psi}{I} \qquad (1-17)$$

电感的单位是 H（亨利），较小的电感单位有 mH（毫亨）或 μH（微亨）。

当电感参数为常数时，自感电动势 e_{L} 也可表达为

$$e_{\mathrm{L}} = -L\frac{\Delta i}{\Delta t} \qquad (1-18)$$

式中，$\Delta i/\Delta t$ 表示电流的变化率。由此可见，e_{L} 的大小与线圈中电流的变化率成正比。式中负号是自感电动势的方向具有反抗线圈中电流变化的规律决定的。

模块4 正弦交流电路基本知识

一、交流电

所谓交流电，是指大小和方向都随时间作周期性变化的电流（或电动势、电压）。我们日常生活或生产中用的交流电是随时间按正弦规律交变的，所以称为正弦交流电，简称交流。

注意：交流电的大小和方向都在变化，如果只有大小变化，而方向没有变化的不是交流电，而是直流电。例如：电池供电的电流、电压随时间的增加，电流逐渐减小，电压逐渐降低。

二、正弦交流电动势的产生

图 1-19 所示为一台交流发电机工作原理示意图。一对固定于机壳上的磁极，磁极间有一个可以自由转动的电枢，电枢上绕着绕组，绕组两端分别接在两个彼此绝缘的铜环上，铜环上装有电刷，通过铜环和电刷使绕组和外电路的负荷连接。

当磁场中的绕组被原动机带动转动时，绕组中产生了感应电动势。该电动势产生的电流通过灯泡和检流计构成了闭合电路，使外电路中的灯泡发光，检流计的指针摆动。

由前述导线切割磁力线产生感应电动势的原理可知，当 L 和 v 一定时，感应电动势的大小取决于 B 的大小。为了得到随时间按

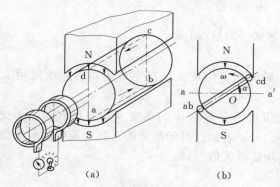

图 1-19 交流发电机原理示意图
(a) 透视图；(b) 剖面图

正弦规律变化的交流电动势，在制造发电机时将磁极做成一定的形状，使磁通密度沿着电枢表面垂直方向按正弦规律分布，即

$$B = B_{m}\sin\alpha \tag{1-19}$$

式中　B_m——磁通密度的最大值，T；

　　　　α——绕组的一边与转轴 O 所组成的平面与中性面（两磁极间的分界面）间的夹角。

所以，感应电动势也是空间角 α 的正弦函数，即

$$e = E_{m}\sin\alpha \tag{1-20}$$

式中　E_m——感应电动势的最大值，V。

当绕组单位时间内旋转的角度（又称角速度）为 ω 时，空间角 $\alpha = \omega t$，则感应电动势 e 随时间变化的规律可写成

$$e = E_{m}\sin\omega t \tag{1-21}$$

式中　ωt——电动势在时间为 t 时的角度，称为电动势的相位角。

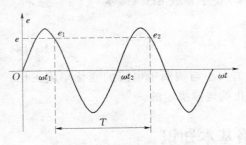

图 1-20　正弦交流电的周期

三、周期和频率

正弦交流电随时间按正弦规律由正到负、由负到正周而复始地变化。变化一周所需的时间称为周期，单位为 s，符号用 T 表示，如图 1-20 所示。以电角度表示的一个周期为 2π 弧度，即

$$\omega t = 2\pi \text{ 或 } T = \frac{2\pi}{\omega} \tag{1-22}$$

每秒正弦量交变的次数称为频率，单位为 Hz（赫兹），用 f 表示。我国电网采用的频率是 50Hz。

周期和频率互为倒数，即

$$f = \frac{1}{T} \text{ 或 } T = \frac{1}{f} \tag{1-23}$$

因为一个周期（360°）等于 2π 弧度，若将频率的单位 Hz 化为 rad/s（弧度每秒），即为角频率 ω，因此

$$\omega = \frac{2\pi}{T} = 2\pi f \tag{1-24}$$

【例 1-5】　频率为 50Hz 的交流电，问它的周期和角频率各是多少？

解：
$$T = \frac{1}{f} = \frac{1}{50} = 0.02(\text{s})$$
$$\omega = 2\pi f = 2 \times 3.14 \times 50 = 314(\text{rad/s})$$

四、瞬时值与最大值

（1）瞬时值。交流电任一时刻的数值称为瞬时值。用英文小写字母表示。如电流用 i、电压用 u、电动势用 e 等。

（2）最大值。正弦交流电瞬时值中的最大值。用有下标 m 的英文大写字母表示。如交流电流、电压、电动势的最大值分别用 I_m、U_m、E_m 表示。对于给定的正弦交流电的最大值是常数，在一个周期内出现两次，即正最大值和负最大值。

五、有效值

交流电的瞬时值是随时间变化的，用瞬时值来反应交流电在电路中产生的效果很不方便。同时，用最大值也不能确切地反映出交流电的大小。工程中常用有效值。

如果一个交变电流通过一个电阻，在一周期的时间内所产生的热量和某一直流电流通过同一电阻，在相等的时间内所产生的热量相等，则此直流值就定义为该交流电的有效值。即交变电流的有效值等于与它热效应相当的直流值。

交流电的有效值用英文大写字母表示，如用 U、I、E 分别表示电压、电流、电动势的有效值。

正弦交流电的有效值等于最大值的 $\dfrac{1}{\sqrt{2}}$ 即 0.707 倍，或者说正弦交流电的最大值等于有效值的 $\sqrt{2}$，即近似为 1.414 倍。即

$$I=\frac{I_{\mathrm{m}}}{\sqrt{2}}=0.707I_{\mathrm{m}} \qquad\qquad (1-25)$$

$$U=\frac{U_{\mathrm{m}}}{\sqrt{2}}=0.707U_{\mathrm{m}} \qquad\qquad (1-26)$$

$$E=\frac{E_{\mathrm{m}}}{\sqrt{2}}=0.707E_{\mathrm{m}} \qquad\qquad (1-27)$$

在工程计算与实际应用中，电流、电压和电动势的数值通常指有效值。

【例1-6】　用伏特表测得电源电压为 220V，问这个电压的最大值为多少？

解：
$$U_{\mathrm{m}}=\sqrt{2}U=\sqrt{2}\times220\approx311\ (\mathrm{V})$$

六、相位、初相位和相位差

（一）相位、初相位

在交流发电机中，当电枢绕组平面的起始位置与中性面 a-a' 重合时，感应电动势瞬时值的表达式为

$$e=E_{\mathrm{m}}\sin\alpha=E_{\mathrm{m}}\sin\omega t \qquad\qquad (1-28)$$

如果以电枢绕组平面在与中性面夹角为 φ 时作起始位置（即 $t=0$ 时，$\alpha=\varphi$），如图 1-21 所示。经过 $t(\mathrm{s})$ 后，电枢绕组平面与中性面的夹角增加了 ωt，因此绕组所处位置的角度为 $\alpha=\omega t+\varphi$，则绕组中感应电动势的瞬时值应为

$$e=E_{\mathrm{m}}\sin(\omega t+\varphi) \qquad\qquad (1-29)$$

式中　　$\omega t+\varphi$——相位角或相位。

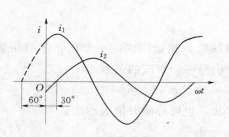

图 1-21　电动势的相位和初相位

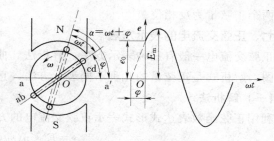

图 1-22　初相位的正负值

相位是随时间变化的，它决定了正弦电动势瞬时值的大小和方向。$t=0$ 时的相位角 φ，称为初相位角或初相位。在波形图上，初相位 φ 是正弦曲线正向过零点与坐标原点之间的角度。如正向过零点在纵轴左侧时，初相位是正值；在右侧时，初相位是负值。如图 1-22 中

电流 i_1 的初相位为 $+60°$，电流 i_2 的初相位为 $-30°$，它们的瞬时值表达式分别为

$$i_1 = I_m \sin(\omega t + 60°) \tag{1-30}$$

$$i_2 = I_m \sin(\omega t - 30°) \tag{1-31}$$

（二）相位差

两个完全相同的电枢绕组，它们在电枢上的空间位置如图 1-23（a）所示。由于它们绕在同一电枢上，所以两个绕组以同一角速度切割磁力线，它们产生的感应电动势分别为

$$e_1 = E_m \sin(\omega t + \varphi_1) \tag{1-32}$$

$$e_2 = E_m \sin(\omega t + \varphi_2) \tag{1-33}$$

这两个电动势的最大值和角频率相同，只是相位不同。两个同频率的正弦量在相位上的差别称为相位差，即

$$(\omega t + \varphi_1) - (\omega t + \varphi_2) = \varphi_1 - \varphi_2 = \varphi \tag{1-34}$$

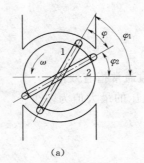 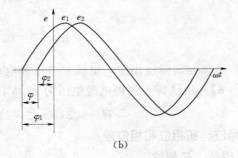

（a）　　　　　　　　　　　　　　　　（b）

图 1-23　相位差
（a）两绕组的空间位置；（b）电动势波形图

由图 1-23（b）看出，由于 e_1 和 e_2 存在相位差，所以在同一时刻它们的瞬时值不相等，且 e_1 总比 e_2 先到达最大值，就是说 e_1 在相位上超前 e_2 为 φ 角，或者说 e_2 较 e_1 滞后 φ 角。

在图 1-22 中，i_1 和 i_2 间的相位差为

$$\varphi_1 - \varphi_2 = 60° - (-30°) = 90°$$

就是说 i_1 超前 i_2 90°，或者说 i_2 滞后 i_1 90°。

如果两个同频率的正弦量的相位差为零，这两个正弦量为同相位；如果相位差为 180°，则这两个正弦量为反相位。

七、正弦交流电的表示方法

正弦交流电一般有三种表示方法：解析法、曲线法、相量图法。一个正弦量的相量图，波形图，解析式是正弦量的几种不同表示方法，它们是一一对应的关系。

（一）解析法

利用正弦函数表达式形式表示正弦交流电的方法，也可称瞬时值表示法。

$$e = E_m \sin(\omega t + \varphi_e) \tag{1-35}$$

$$i = I_m \sin(\omega t + \varphi_i) \tag{1-36}$$

$$u = U_m \sin(\omega t + \varphi_u) \tag{1-37}$$

（二）曲线法

在平面直角坐标系中作出曲线的方法叫做曲线法，也称波形图法。横坐标表示电角度，

或者时间，纵坐标表示电压（或电流，或电动势）大小。

作波形图一般采用五点作图法，如图1-24为函数 $u=100\sin(100\pi t-\pi/6)$ 的波形图。

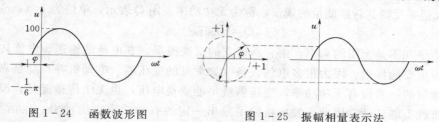

图1-24 函数波形图   图1-25 振幅相量表示法

（三）相量图法

如果要对正弦交流电进行加，减运算，无论是运用波形图还是解析式表达式，都不是很方便。为此，引入正弦交流电的相量图表示法。

用一个在直角坐标中绕圆点作逆时钟方向不断旋转的矢量来表示正弦交流电的方法称为旋转矢量法，也称为相量图法。正弦量可以用振幅相量或有效值相量表示。振幅相量表示法：用正弦量的振幅值作为相量的模（大小），用初相角作为相量的幅角，如图1-25所示。

有效值相量表示法：用正弦量的有效值作为相量的模（长度大小），仍用初相角作为相量的幅角。例如，函数 $u=50\sin(100\pi t+45°)$ 的有效值相量表示法如图1-26所示。

图1-26 有效值相量表示法

应用相量图时注意以下几点。

（1）同一相量图中，各正弦交流电的频率应相同。

（2）同一相量图中，相同单位的相量应按相同比例画出。

一般取直角坐标轴的水平正方向为参考方向，逆时针转动的角度为正，反之为负。有时为了方便起见，也可在几个相量中任选其一作为参考相量，并省略直角坐标轴。

正弦交流电用相量表示后，它们的加，减运算可按平行四边形法则进行。

模块5 交流电路功率及三相交流电

一、正弦交流电路的功率

（一）正弦交流电路的功率

1. 瞬时功率

在正弦交流电路中，电压和电流是按正弦规律不断变化的，我们把电压瞬时值 u 和电流瞬时值 i 的乘积称为瞬时功率，用小写字母表示，即

$$p=ui\sqrt{2}U\sin\omega t\times\sqrt{2}I\sin(\omega t+\varphi) \tag{1-38}$$

2. 有功功率

由于瞬时功率时刻变动，不便计算，通常用一个周期内消耗的功率的平均值来表示功率的大小，称为平均功率。平均功率又称有功功率，用 P 表示，它是电压，电流有效值与功率因数的乘积，单位是瓦（W）。

$$P=UI\cos\varphi \tag{1-39}$$

3. 无功功率

在正弦交流电路中，含有储能元件时，储能元件与外电路之间往返交换能量，通常用瞬时功率的最大值来反映其转换能量的规模，称为无功功率，用 Q 表示，单位为乏（var）。

$$Q=UI\sin\varphi \tag{1-40}$$

无功功率并不是无用的功率，由它所建立的交变磁场，在电能的输送、电能转换的过程中具有极为重要的作用。因为很多电气设备（如常见的变压器、电动机等）都是靠磁场来传送和转换能量的。若没有无功功率，变压器就不能变换电压，也无法传送能量；没有无功功率，电动机就不能转动。因此，发电机除了发出一定的有功功率供给动力、生活等负荷外，还必须同时发出一定的无功功率供给电感负荷，以建立交变磁场。这样不仅可以满足供、用电设备运行的需要，对发电机、电网的稳定运行也是有利的。

4. 视在功率

正弦交流电路中电压与电流的有效值的乘积称为视在功率，用 S 表示

$$S=UI \tag{1-41}$$

视在功率的单位为伏安（VA）或千伏安（kVA）。一般变压器的容量是用视在功率表示的。

（二）功率因数

在功率三角形中，有功功率和视在功率的比值等于功率因数，即

$$\cos\varphi=\frac{P}{S} \tag{1-42}$$

因为发电机、变压器等电气设备的容量用视在功率表示时，等于额定电压和额定电流的乘积，即 $S=UI$。在正常运行时，电流、电压应不超过其额定值，从而发电机、变压器所输出的有功功率则与负荷的功率因数有关，即

$$P=UI\cos\varphi=S\cos\varphi \tag{1-43}$$

当 S 恒定时，若 $\cos\varphi$ 过低，则电源设备所输出的有功功率就要减少，使设备的容量不能得到充分利用。例如有一台 $S=50\text{kVA}$ 的变压器，当 $\cos\varphi=1$ 时，输出的有功功率 $P=50\times1=50\text{kW}$；当 $\cos\varphi=0.8$ 时，$P=50\times0.8=40\text{kW}$；当 $\cos\varphi=0.6$ 时，$P=50\times0.6=30\text{kW}$。$\cos\varphi$ 愈低，输出的有功功率愈少。

当负荷所需要的有功功率恒定时，$\cos\varphi$ 愈低，线路上输送的无功功率就要愈多，从而使线路上的电流增大，造成线路的电压降和功率损耗增大。线路压降增大，使负荷端的电压太低，导致灯光变暗和电动机的转速下降，严重时还会烧毁电动机。线路功率损耗增大，造成电能的浪费，所以一定要注意适当提高负荷的功率因数。提高功率因数，可以减少设备容量，提高设备供电能力；降低线路损耗；改善电压质量；节省用电企业的电费开支。

（三）提高功率因数的常见方法

（1）使用电路电容器或调相机。

（2）在感性负载上并联电容器。

（3）调整生产班次，均衡用电负荷，提高用电负荷率。

（4）改善配电线路布局。

（5）避免电机或设备空载运行。

二、交流电路的电阻、电感、电容元件

由交流电源、负载、连接导线、开关等组成的电路称为交流电路。交流负载有纯电阻、

纯电感、纯电容或其组合。电源中只有一个交流电动势的交流电路称为单相交流电路。

（一）电阻交流电路

实际应用的白炽灯、电烙铁、电阻器等可看成电阻元件。在电阻元件构成的交流电路中，电流和电压的频率相同，相位相同，完全符合欧姆定律，即

$$\frac{u}{i} = \frac{U_m}{I_m} = \frac{U}{I} = R \tag{1-44}$$

电阻电路的相量图和波形图，如图 1-27 所示。

任何瞬间电阻上所消耗的功率等于通过电阻的电流与加在电阻两端电压的瞬时值的乘积，即

$$p = ui \tag{1-45}$$

从图 1-27（c）可以看出，任一瞬间的功率数值都是正值，说明电阻电路中总是从电源吸取能量，也就是说电阻是一种耗能元件。

电阻元件的平均功率等于流过电阻的电流、两端施加的电压的有效值的乘积，即

$$P = UI = I^2 R = \frac{U^2}{R} \tag{1-46}$$

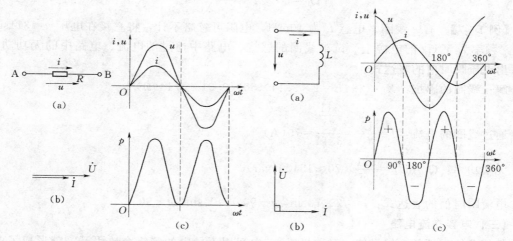

图 1-27 电阻电路的相量图和波形图 　　　　图 1-28 电感电路的相量图、波形图
(a) 电阻电路图；(b) 相量图；(c) u、i、p 波形图 　　(a) 电感电路图；(b) 相量图；(c) u、i、p 波形图

（二）电感交流电路

实际应用中的荧光灯镇流器线圈、接触器的线圈、继电器的线圈、电动机的绕组等，若忽略它们的导线电阻，都可看成是电感元件。图 1-28 所示为纯电感电路及其相量图、波形图。

在电感交流电路中，电压和电流的有效值或最大值之比称为电感电抗，简称感抗，用 X_L 表示，即

$$\frac{U}{I} = \frac{U_m}{I_m} = X_L \tag{1-47}$$

感抗 X_L 和电阻 R 相似，在交流电路中都起阻碍电流通过的作用。X_L 的大小与电感 L 和频率 f 的乘积成正比，即

$$X_L = \omega L = 2\pi f L \tag{1-48}$$

式中　L——绕组（线圈）的电感，H；

　　　f——电源电压的频率，Hz；

　　　ω——电源电压的角频率，rad/s；

　　　X_L——感抗，Ω。

从图 1-28（c）中看出，电压和电流的频率相同，电压的相位超前于电流 90°，用瞬时值表示为

$$i = I_m \sin\omega t \tag{1-49}$$
$$u = U_m \sin(\omega t + 90°) = I_m X_L \sin(\omega t + 90°) \tag{1-50}$$

从图 1-28（c）中的功率波形图看出，瞬时功率是一个 2 倍于电压（或电流）频率的正弦曲线，且曲线的正、负半周完全对称。正值表示从电源吸取能量，负值表示向电源放出能量，从而得知电感元件从电源吸取的平均功率为零，即电感没有消耗能量，只是在电源和电感线圈之间有周期性的能量互换。因此，电感是一种储能元件。在电源和电感线圈之间互相转换功率的规模（瞬时功率的最大值）称为感性无功功率，用 Q_L 表示。

$$Q_L = UI = I^2 X_L = \frac{U^2}{X_L} \tag{1-51}$$

【例 1-7】　有一线圈，电感 L 为 10mH，电阻可忽略不计，将它接在电压 $u = 311\sin\omega t$（V），频率为 50Hz 的电源上。试求线圈的感抗、电路中通过的电流、电路中的无功功率，并写出电流瞬时值的表达式。

解：线圈的感抗：$X_L = 2\pi f L = 2 \times 3.14 \times 50 \times 0.01 = 3.14(\Omega)$

通过线圈的电流：$I = \dfrac{U}{X_L} = \dfrac{\dfrac{311}{\sqrt{2}}}{3.14} = 70(A)$

无功功率：$Q_L = UI = \dfrac{311}{\sqrt{2}} \times 70 \approx 15400(\text{var})$

电流瞬时值的表达式：$i = \sqrt{2} \times 70\sin(\omega t - 90°) = 99\sin(\omega t - 90°)$

（三）电容交流电路

任何两块靠近的金属导体（又称极板），中间用不导电的绝缘介质隔开，就形成了电容器。把电容器接在电源上，电容器中就储存了电荷。其两个极板总是分别带有电量相等的正、负电荷。表示电容器储存电荷电量能力的物理量，称为电容器的电容量（简称电容），用符号 C 表示。C 值愈大，表明电容器所储存的电量愈多。用公式表示为

$$C = \frac{Q}{U} \tag{1-52}$$

式中　Q——极板上的带电量，C；

　　　U——两个极板之间的电压，V；

　　　C——电容，F。

法拉（F）这个单位太大了，一般用微法（μF）或皮法（pF）做电容的单位。

$$1\mu F = 10^{-6}F;\ 1pF = 10^{-6}\mu F = 10^{-12}F$$

电容交流电路中电压和电流的有效值（或最大值）之比等于电容电抗，简称容抗，用 X_C 表示。

$$\frac{U}{I}=\frac{U_{\mathrm{m}}}{I_{\mathrm{m}}}=X_{\mathrm{C}} \qquad (1-53)$$

容抗在电路中也起阻碍电流的作用。X_{C} 的大小与电容 C 和频率 f 的乘积成反比，即

$$X_{\mathrm{C}}=\frac{1}{\omega C}=\frac{1}{2\pi f C} \qquad (1-54)$$

式中　C——电容元件的电容，F；

　　　f——电源交流电压的频率，Hz；

　　　ω——电源交流电压的角频率，rad/s；

　　　X_{C}——容抗，Ω。

电容元件中的电流与电压的频率相同，但电流的相位超前于电压 90°，如图 1-29 所示。电容电路中电压电流的瞬时值为

$$u=U_{\mathrm{m}}\sin(\omega t)=I_{\mathrm{m}}X_{\mathrm{C}}\sin(\omega t) \quad (1-55)$$

$$i=I_{\mathrm{m}}\sin(\omega t+90°) \qquad (1-56)$$

从图 1-29（c）看出，在电容电路中，其瞬时功率的频率也是两倍于电压（或电流）的频率，在一个周期内的平均值也等于零。说明电容电路中也不消耗能量，在电源和电容器间只有周期性的能量交换。它也是一个储能元件。这种互相转换功率的规模（最大值）称为电容性无功功率，用 Q_{C} 表示

$$Q_{\mathrm{C}}=UI=I^{2}X_{\mathrm{C}}=\frac{U^{2}}{X_{\mathrm{C}}} \qquad (1-57)$$

Q_{C} 的单位也是 var（乏）。

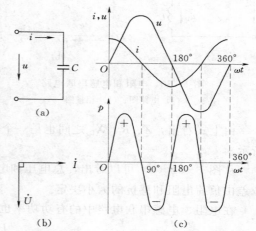

图 1-29　电容电路的相量图和波形图
（a）电容电路图；（b）相量图；（c）u、i、p 波形图

【例 1-8】　一只 $1\mu\mathrm{F}$ 的电容器两端加上正弦电压 $u=220\sqrt{2}\sin(314t-30°)(\mathrm{V})$，求通过电容器中电流的有效值，并写出电流的瞬时值表达式。

解：电容器的容抗：$X_{\mathrm{C}}=\dfrac{1}{\omega C}=\dfrac{1}{314\times1\times10^{-6}}=3184.71(\Omega)$

通过电容器电流的有效值：$I=\dfrac{U}{X_{\mathrm{C}}}=\dfrac{220}{3184.71}=0.069(\mathrm{A})$

电流的初相位 $\varphi=90°-30°=60°$，则电流的瞬时值表达式为

$$i=0.069\times\sqrt{2}\sin(\omega t+60°)(\mathrm{A})$$

三、电阻、电感、电容元件串联的正弦交流电路

电气设备的实际电路几乎都不是单一的电阻、电感或电容电路。最常见的是电阻与电感串联的电路，如电动机、变压器等。

在电阻、电感串联电路中，各元件上的电压和总电压的关系，如图 1-30 所示。

在电压 u 的作用下，通过 R、L 的电流为 i，i 与 R 上的压降 u_{R} 同相位，i 比 L 上的压降 u_{L} 落后 90°。画相量图时，以电流 $\dot{I}$ 为参考相量，再画出电阻上的电压 $\dot{U}_{\mathrm{R}}$ 相量和电感上的电压 $\dot{U}_{\mathrm{L}}$ 相量，总电压 $\dot{U}$ 等于 $\dot{U}_{\mathrm{R}}$ 和 $\dot{U}_{\mathrm{L}}$ 的相量和。从图 1-30（b）可以看出，总电压 $\dot{U}$

与 $\dot{U}_R$、$\dot{U}_L$ 构成了一个直角三角形，称为电压三角形。其斜边为总电压 $\dot{U}$，两直角边分别为 $\dot{U}_R$、$\dot{U}_L$，根据勾股定律可得

$$U=\sqrt{U_R^2+U_L^2} \qquad\qquad (1-58)$$

或 $$U=\sqrt{(IR)^2+(IX_L)^2}=I\sqrt{R^2+X_L^2} \qquad\qquad (1-59)$$

式中 $\sqrt{R^2+X_L^2}$——交流电路的阻抗，用 Z 表示，阻抗的单位也是 Ω。

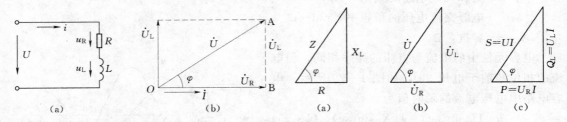

图 1-30 电阻和电感串联电路
(a) 电路图；(b) 相量图

图 1-31 阻抗、电压、功率三角形
(a) 阻抗三角形；(b) 电压三角形；(c) 功率三角形

由上式看出，Z、R、X_L 之间也是一个直角三角形，称为阻抗三角形，如图 1-31（a）所示。

从图 1-31（b）可以看出，总电压和电流之间的相位差为 φ，即总电压和电流之间的相位差由负荷电阻和感抗的大小决定。

在电阻、电感串联电路中的有功功率也是电阻上消耗的有功功率为

$$P=U_R I \qquad\qquad (1-60)$$

由电压三角形可知 $$U_R=U\cos\varphi \qquad\qquad (1-61)$$

所以 $$P=UI\cos\varphi \qquad\qquad (1-62)$$

式中，$\cos\varphi$ 称为电路的功率因数，可由阻抗三角形求得，其数值与负荷的阻抗参数有关。

在电阻、电感串联电路中的无功功率为

$$Q=U_L I \qquad\qquad (1-63)$$

由电压三角形可知： $$U_L=U\sin\varphi \qquad\qquad (1-64)$$

所以 $$Q=UI\sin\varphi \qquad\qquad (1-65)$$

在电阻、电感串联电路中的视在功率为

$$S=UI \qquad\qquad (1-66)$$

由视在功率 S、有功功率 P、无功功率 Q 组成的三角形，称为功率三角形，如图 1-31（c）所示。视在功率为 $S=\sqrt{P^2+Q^2}$。

【例 1-9】 有一个电阻 $R=6\Omega$，电抗 $L=25.5\mathrm{mH}$ 的线圈，串接于 $U=220\mathrm{V}$、$50\mathrm{Hz}$ 的电源上，试求线圈的感抗 X_L、阻抗 Z、电流 I、电阻压降 U_R、电感压降 U_L、功率因数 $\cos\varphi$、有功功率 P、无功功率 Q 和视在功率 S。

解： 由题意有

$$X_L=2\pi fL=2\times3.14\times50\times0.0255=8(\Omega)$$

$$Z=\sqrt{R^2+X_L^2}=\sqrt{6^2+8^2}=10(\Omega)$$

$$I = \frac{U}{Z} = \frac{220}{10} = 22\,(\text{A})$$

$$U_R = IR = 22 \times 6 = 132\,(\text{V})$$

$$U_L = IX_L = 22 \times 8 = 176\,(\text{V})$$

$$\cos\varphi = \frac{R}{Z} = \frac{6}{10} = 0.6$$

$$P = I^2 R = 22^2 \times 6 = 2904\,(\text{W}) = 2.904\,(\text{kW})$$

$$Q = I^2 X_L = 22^2 \times 8 = 3872\,(\text{var}) = 3.872\,(\text{kvar})$$

$$S = UI = 220 \times 22 = 4840\,(\text{VA}) = 4.48\,(\text{kVA})$$

四、三相交流电动势

（一）三相交流电动势的产生

三相交流电动势是由三相交流发电机产生的，如图 1-32 所示三相交流发电机工作原理示意图。

由图 1-32 可知，三相交流发电机的构成与前述的单相交流发电机相比较，只不过是在磁场中的电枢上放置了三个在空间彼此相差 120°、结构完全相同的绕组，一个绕组为一相。三个绕组的首端分别用 U、V、W 表示；末端分别用 X、Y、Z 表示。当电枢在外力作用下按逆时针方向旋转时，图 1-32 中 UX 绕组从水平位置开始切割磁力线，它的初相位为零，则 UX 绕组中产生感应电动势的瞬时值为：

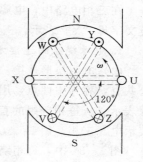

$$e_U = E_{Um}\sin(\omega t) \tag{1-67}$$

VY 绕组比 UX 绕组在空间上后移 120°，绕组中产生的感应电动势的瞬时值为

图 1-32　三相交流发电机工作原理示意图

$$e_V = E_{Vm}\sin(\omega t - 120°) \tag{1-68}$$

WZ 绕组比 UX 绕组在空间上后移 240°或者说前移 120°，绕组中感应电动势的瞬时值为

$$e_W = E_{Wm}\sin(\omega t - 240°)\text{ 或 } e_W = E_{Wm}\sin(\omega t + 120°) \tag{1-69}$$

由于三个绕组结构相同，所以在三个绕组中感应电动势的最大值相等，即

$$E_{Um} = E_{Vm} = E_{Wm} = E_m$$

三个绕组以同一角速度在磁场中等速旋转，所以三个感应电动势的角频率相同。三个绕组在空间上互差 120°，所以三个感应电动势的相位互差 120°。

这样，三个最大值相等、角频率相同、相位互差 120°的电动势，称为对称三相电动势。其相量图和波形图，如图 1-33 所示。

对称三相电动势的相量和等于零，即 $\dot{E}_U + \dot{E}_V + \dot{E}_W = 0$。

任一瞬间的代数和亦为零，即 $e_U + e_V + e_W = 0$。

（二）相序

在实际应用中常说到相序这个名词。所谓相序是指三相交流电相位的顺序，它是三相电动势到达最大值的先后次序，习惯上用 U—V—W 表示。在确定相序时，可以先把任何一相定为 U 相，另外两相中比 U 相落后 120°的就是 V 相（滞后相），比 U 相超前 120°的就是 W 相（超前相），这种相序排列叫做正相序。通常在电源母线上用黄、绿、红三种颜色分别表

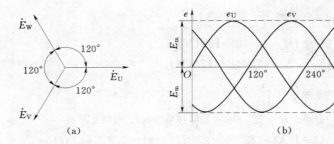

图 1-33 对称三相电动势的相量图和波形图

(a) 相量图；(b) 波形图

示 U、V、W 三相。

五、三相电源和负载的连接

（一）三相电源和三相负载的基本连接方式

在三相电路中，电源和负载均有星形和三角形两种基本连接方式。习惯中将星形连接用英文字母"Y"表示，三角形连接用希腊字母"△"表示。

1. 电源绕组的连接方式

（1）电源星形连接。所谓星形连接，就是将电源三相绕组的末端连接在一起，成为一个公共点，称为中性点，用字母 N 表示中性点。从中性点引出的导线称为中性线，也用字母 N 表示。从每相绕组的首端引出的导线称为相线，用 L 表示，依其相序分别用 U、V、W 表示电源三相，用 L_1、L_2、L_3 表示导线三相，如图 1-34 所示。

图 1-34 中，每相绕组首末两端之间的电压，称为相电压，如 u_U、u_V、u_W。正常情况下各相电压与相应的各相电动势基本相等。所以三个相电压也是对称的，且三个相电压的有效值大小相等。两相线之间的电压，或两绕组首端与首端之间的电压，称为线电压，如 u_{UV}、u_{VW}、u_{WU}。经分析和实测得知，当电源电压对称且接称星形时，线电压等于相电压的 $\sqrt{3}$ 倍，各线电压超前相应相电压 30°，u_{UV} 超前 u_U 30°，u_{VW} 超前 u_V 30°，u_{WU} 超前 u_W 30°。三个线电压之间的相位差也都是 120°。因此，三个线电压也是对称的。电源星形连接时，相电压和线电压的相量图如图 1-34（b）所示。

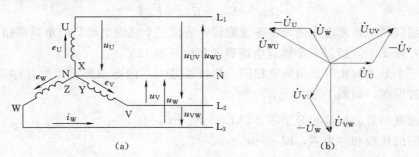

图 1-34 三相电源绕组的星形连接

(a) 电路图；(b) 相电压与线电压的相量图

配电变压器的低压侧三相绕组一般采用星形连接，低压侧的相电压是 220V，线电压是 380V。用三相三线制（三根相线）三相四线制（三根相线和一根中性线）向负荷供电。

380V 电压可给三相电动机供电，220V 电压可给电灯等单相负载供电。

（2）电源三角形连接。所谓三角形连接，是将电源三相绕组中一相绕组的末端与另一相绕组的首端依次连接成闭合回路，例如 X 接 V，Y 接 W，Z 接 U，连接成一个闭合的三角形，再从三个连接点引出三根导线，用三相三线制电路给负荷供电，如图1-35所示。

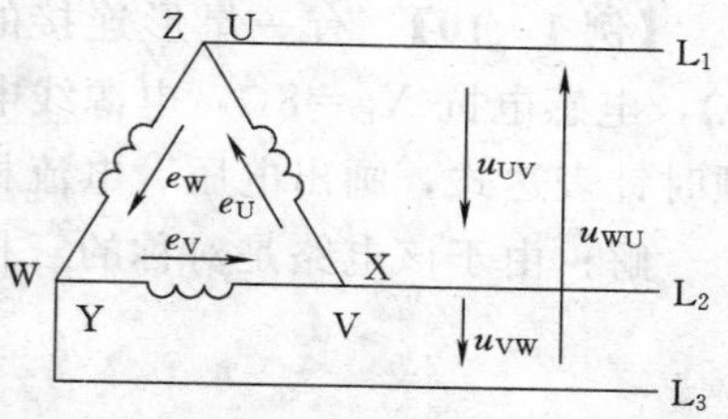

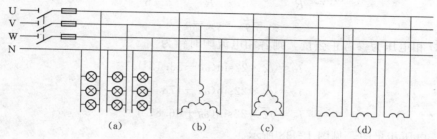

图 1-35　三相电源绕组的三角形连接

三角形连接时的相电压等于线电压。

2. 负载的连接方式

三相负荷也是采用星形或三角形连接，连接的方法与电源相同。星形连接时，将各相负荷的首端分别接在电源的相线上，末端连接在一起。三角形连接时，将各相负荷跨接在电源的两根相线之间。究竟采用哪种接法，要根据负荷的额定电压和电源电压来确定，如图1-36所示。

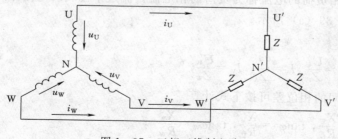

图 1-36　负荷的连接方式

（a）单相负荷的 Y 连接；（b）三相负荷 Y 连接；（c）三相负荷的 △ 连接；（d）单相负荷 △ 连接

如果负荷的额定电压等于电源的相电压，三相负荷应接成星形，如图 1-36（b）所示；如果负荷的额定电压等于电源线电压，三相负荷应接成三角形，如图 1-36（c）所示；对于单相负荷，可按负荷的额定电压等于电源相电压或线电压的原则，接在电源相电压或线电压上，如图 1-36（a）、（d）所示。为了使三相电源电压对称，单相负荷应尽量均匀的分接在三相电源上，使电源的三相负荷尽可能平衡。

（二）三相电路的基本连接方式

1. 三相三线制

若三相负荷的 $X_U = X_V = X_W = X$，$R_U = R_V = R_W = R$，则称为三相对称负荷。如将三相对称负荷接于三相四线制电路中，三相负荷上的电压及电流都是对称的，相位互差120°。三相电流的相量和为零。因此，可将中性线去掉，并不影响电路的运行、分析和计算。图 1-37 所示的三相三线制电路，适用于给三相对称负荷（如三相电动机等）供电，在工、农业生产中应用极广。

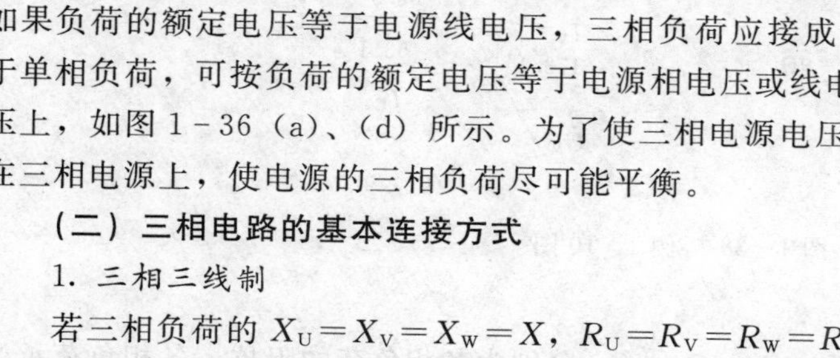

由于三相三线制电路三相电流对称，所以电路的计算可简化单相电路计算。应用 U/Z 及 $\cos\varphi = R/Z$ 先算出一相的电流

图 1-37　三相三线制电路

及相位，然后根据三相对称关系即可得知其他两相的电流及相位。

【例 1 - 10】 有一星形连接的三相对称负荷，接于三相三线制电路中，每相电阻 $R=$ 6Ω，电感电抗 $X_L=8\Omega$，电源线电压为 380V，求各相负荷电流的有效值，并写出各相电流顺时针表达式，画出电压、电流相量图。

解： 由于该电路是对称的三相三线制电路，所以相电压

$$U_U = U_{Ph} = \frac{380}{\sqrt{3}} = 220(V)$$

各相电流有效值为

$$I_U = I_{Ph} = \frac{U_U}{Z} = \frac{220}{\sqrt{R^2 + X_L^2}} = \frac{220}{\sqrt{6^2 + 8^2}} = 22(A)$$

$$I_U = I_V = I_W = 22 \ (A)$$

各相电流和电压之间的相位差为

$$\tan\varphi = \frac{X}{R}, \ \varphi_U = \tan^{-1}\frac{X}{R} = \tan^{-1}\frac{8}{6} = 53°8'$$

$$\varphi_U = \varphi_V = \varphi_W = 53°8'$$

设以 U 相电压为参考正弦量，则各相电流顺时针为

$$i_U = \sqrt{2} \times 22\sin(\omega t - 53.13°)$$

$$i_V = \sqrt{2} \times 22\sin(\omega t - 173.13°)$$

$$i_W = \sqrt{2} \times 22\sin(\omega t + 66.87°)$$

电流、电压相量图，见图 1 - 38 所示。

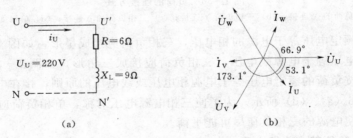

图 1 - 38 例 1 - 10 图

2. 三相四线制

三相四线制电路如图 1 - 39 所示，Z_U、Z_V、Z_W 分别为各相负荷的阻抗。各相负荷承受的电压称为负荷的相电压。流过各相负荷的电流称为负荷的相电流。流过中性线的电流称为中性线电流。它们的正方向如图 1 - 39（a）所示。

相电流的计算分别为

$$I_U = \frac{U'_U}{Z_U}, I_V = \frac{U'_V}{Z_V}, I_W = \frac{U'_W}{Z_W}$$

各相负荷的相电压与相电流之间的相位差可按下式计算

$$\tan\varphi_U = \frac{X_U}{R_U}, \ \tan\varphi_V = \frac{X_V}{R_V}, \ \tan\varphi_W = \frac{X_W}{R_W}$$

【例 1 - 11】 如图 1 - 39（a）所示，有三个单相负荷 $R_U=5\Omega$，$R_V=10\Omega$，$R_W=20\Omega$，接于三相四线制电路中，电源三相对称相电压 $U_{Ph}=220V$，试求各相电流和中性线电流。

解： 如图 1-39（a）所示。各相电流如下

$$I_U = \frac{U'_U}{R_U} = \frac{220}{5} = 44(A)$$

$$I_V = \frac{U'_V}{R_V} = \frac{220}{10} = 22(A)$$

$$I_W = \frac{U'_W}{R_W} = \frac{220}{20} = 11(A)$$

中性线电流为三相电流之相量和，即

$$\dot{I}_N = \dot{I}_U + \dot{I}_V + \dot{I}_W$$

采用画出相量图的方法求出中性线电流。如图 1-39（b）所示，首先按比例画出三相相电压，然后画出各相电流，采用平行四边形法则，画出中性线电流，量取长度，乘以比例即为中性线电流值。

$$I_N = 29(A)$$

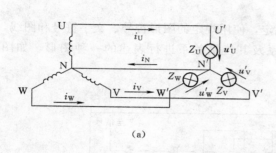

(a)

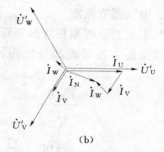

(b)

图 1-39　三相四线制电路图

第二章　电　气　识　图

模块1　电气图的基本知识

为便于了解电气系统或电气设备的工作原理，在实际工作中大量的引用电气图，以方便其工作人员对这些电气设备的安装施工、运行与维护、检修；根据《国家电网公司生产技能人员职业能力培训规范》的要求，结合农网配电生产技能人员的实际工作需要，本章主要介绍常用的农网低压配电系统中低压电气设备的控制和安装等电气图的有关知识。

一、电气图的概念

电气图主要是根据相应国家标准的规定，使用规定的图形符号、文字符号和图线，对电气系统或设备中各组成部分之间相互关系及其连接关系进行表述的一种图形，如图 2-1 所示。

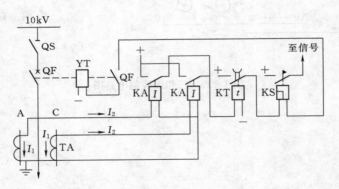

图 2-1　以图形符号表示的电气图

电气图是一种简图，不需严格按照几何尺寸或绝对位置进行测绘，其图形表述的对象是电器元件和连接线。通过连接线对电器元件的连接，描述成套电气设备或单元电气元件的工作原理、电气产品的构成结构和基本功能，为使用或维护者提供设备或元件的安装、检测及使用维护等相关信息。

二、电气图分类

根据电力系统工作的需要，其电气图的表达方式也不一样，电气图的种类主要包括：电路图、框图、原理图、电器元件布置图、电气安装接线安装图等。只有正确识读这些电气图，才能很好地了解该电气设备的工作原理和构成，才能正确进行安装、应用和维护。

（一）系统图或框图

用符号或带注释的框，概略表示系统或设备基本组成、相互关系及其主要特征的一种简图，如图 2-2 所示电力系统图。

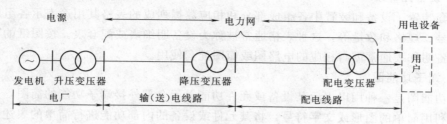

图 2-2 电力系统简图

（二）电路图

电路图是电气图的一种最常用的表达方式；一个电路通常由电源、开关设备、用电设备和连接线四个部分组成，如果将电源设备、开关设备和用电设备看成元件，则电路由元件与连接线组成，元件和连接线是电路图的主要表达内容，或者说各种电气元件按照一定的次序用连接线连接起来所构成一个电路，如图 2-3 所示 500 型万用表电阻挡的测量电路图。

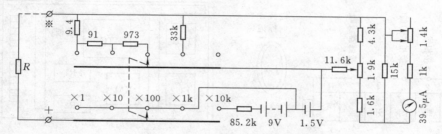

图 2-3 500 型万用表电阻挡测量电路图

（三）功能图

功能图是一种表示一个系统或设备的作用和状态，而不涉及实现这一状态具体电路细节的一种图形，如图 2-4 所示继电保护装置工作原理图。

图 2-4 继电保护装置工作原理图

（四）程序图

程序图是一种详细表示某电气设备或成套装置工作的程序过程和各程序单元互连关系的一种简图，如图 2-5 所示。

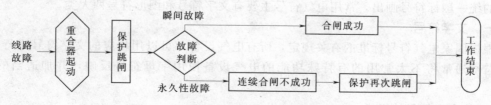

图 2-5 重合器保护动作过程图

（五）设备元件表

把成套装置、设备和装置中各组成部分和相应数据列成的表格其用途表示各组成部分的名称、型号、规格和数量等，这种表格通常被称为设备明细表或配套表。按图纸的有关使用规定，设备明细表通常需与相应的电路图或简图配套使用。

（六）端子功能图

端子功能图是一种用以表示某设备或元件功能单元全部外接端子功能的简图，这种功能图通常是利用简单的图形或文字符号，将其元件或设备的内部功能进行简单的表述说明，如图2-6所示。

（七）接线图或接线表

表示成套装置、设备或装置的连接关系，用以进行接线和检查的一种简图或表格。主要有：成套装置或设备中一个结构单元内的连接关系的一种接线图或接线表、成套装置或设备的不同单元之间连接关系的一种接图或接线表、成套装置或设备的端子，以及接在端子上的外部接线（必要时包括内部接线）的一种接线图或接线表。

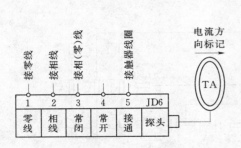

图2-6 JD6剩余电流保护器接线端子图

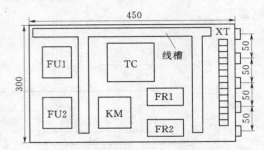

图2-7 某低压设备控制装置各元件分布位置图
FU1、FU2—熔断器；FR1、FR2—热继电器；KM—交流接触器；TC—照明变压器；XT—接线端子板

（八）简图或位置图

表示成套装置、设备或装置中各个项目的位置的一种简图称为位置图。指用图形符号绘制、用于表示一个区域或一个建筑物内成套电气装置中的元件位置和连接布置。如图2-7所示。

模块2 常用电气图形符号

电气图形符号是组成电气图的基本元素，按规定，电气图中所有电气符号均应采用国家规定的统一国标符号画出。常用电气符号主要有文字符号和图形符号两大类。

一、文字符号

根据国家电气符号标准的有关规定，所有电气设备都可以用相应的文字符号进行反映，文字符号通常将不太常用的有特殊功能的电气设备使用字母符号反映，并加适当的图注说明。

（一）文字符号的组成

常用电气的文字符号由基本文字符号和辅助文字符号两部分构成。其中，基本文字符号分单字母符号和双字母符号。

（1）单字母符号。用拉丁字母将各种电气设备、装置和元器件划分为 23 大类，每大类用一个专用单字母符号表示。如 R 为电阻器，Q 为电力电路的开关器件类等。

（2）双字母符号。表示种类的单字母与另一字母组成，其组合型式以单字母符号在前，另一个字母在后的次序列出。双字母符号中的另一个字母通常选用该类设备、装置和元器件的英文名词的首位字母，或常用缩略语，或约定俗成的习惯用字母。

（3）辅助文字符号。辅助文字符号表示电气设备、装置和元器件以及线路的功能、状态和性质，通常也是由英文单词的前一两个字母构成。它一般放在基本文字符号后边，构成组合文字符号。

同一电气单元、同一电气回路中的同一种设备的编序，用阿拉伯数字表示，标注在设备文字符号的后面；不同的电气单元、不同的电气回路中的同一种设备的编序，用阿拉伯数字表示，标注在设备文字符号的前面。

（4）因 I、O 易同于 1 和 0 混淆，因此，不允许单独作为文字符号使用。

（二）常用电气设备文字符号

常用电气设备的文字符号见表 2-1 所示。

表 2-1　　　　　　　　　　　　　常用电气设备文字符号

中 文 名 称	文字符号	中 文 名 称	文字符号
计算机终端、控制台（屏）、自动装置、调节器	A	发热器件	EH
电桥	AB	空气调节器	EV
控制屏（台）、电容器屏	AC	保护器、过电压放电器、避雷器，放电间隙	F
灭磁装置、晶体管放大器	AD	具有瞬时动作的限流保护器	FA
励磁调节器、应急配电箱	AE	具有延时动作的限流保护器件	FR
高压开关柜	AH	具有延时和瞬时动作的限流保护器	FS
刀开关箱	AK	时钟、操作时间表	FT
低压配电屏、照明配电箱	AL	熔断器	FU
自动重合闸装置、支架、配线架	AR	限压保护器件	FV
（自动）同步装置、仪表柜、信号箱	AS	电源、发电机	G
调压器	AV	异步发电机	GA
接线箱	AW	蓄电池	GB
插座箱	AX	直流发电机、柴油发电机	GD
送话器、光电池、拾音器、扬声器	B	励磁机	GE
移相器	BP	隔离开关	GL
电容器	C	同步发电机	GS
电力电容器、电容器（组）	CP	信号器件	H
延迟器件	D	声响指示器、电铃、电笛、蜂鸣器	HA
发光器件	E	蓝色指示灯	HB
照明灯	EL	电铃	HE

中 文 名 称	文字符号	中 文 名 称	文字符号
绿色指示灯	HG	稳压器	N
电喇叭	HH	相位表、记录器件、信号发生器、绝缘电阻表、功率因数表、指示器件	P
指示灯、光字牌	HL		
红色指示灯	HR	电流表	PA
电笛	HS	计数器	PC
透明灯	HT	频率表	PF
白色指示灯	HW	温度计	PH
黄色指示灯	HY	电能表	PJ
蜂鸣器	HZ	功率因数表	PPF
继电器、交流继电器、瞬时（有或无）继电器、瞬时接触继电器	K	无功功率表	PR
		记录仪器、同步表	PS
电流继电器	KA	电钟	PT
差动继电器	KD	电压表	PV
接地继电器	KE	有功功率表	PW
频率继电器	KF	电力电路开关、低压断路器（自动空气开关）	Q
气体继电器、瓦斯继电器	KG	自动开关	QA
热继电器	KH	断路器	QF
冲击继电器、闭锁接触继电器	KL	接地开关	QG
中间继电器、接触器	KM	刀开关	QK
合闸继电器	KO	负荷开关、限流熔断器	QL
跳闸继电器	KOF	漏电保护器	QR
压力继电器、极化继电器	KP	隔离开关	QS
簧片继电器	KR	转换开关	QT
信号继电器	KS	电阻器、变阻器	R
时间继电器、温度继电器、延时继电器	KT	电位器	RP
功率继电器	KW	分流器	RS
零序电流继电器、阻抗继电器	KZ	热敏电阻器	RT
电感线圈、消弧线圈、电抗器、电感器	L	拨动开关、机电式（有或无）传感器、拨号接触器、电动操作开关、控制器、低压开关	S
励磁线圈	LE		
消弧线圈	LP	控制开关、选择开关	SA
电动机	M	按钮开关（按钮）	SB
异步电动机	MA	灭磁开关	SD
笼型电动机	MC	急停按钮	SE
直流电动机	MD	正转按钮、浮子开关、火警按钮	SF
同步电动机	MS	液体标高传感器	SL

续表

中　文　名　称	文字符号	中　文　名　称	文字符号
主令开关	SM	直流母线	WD
温度传感器	ST	电力电缆	WF
静止补偿装置	SVC	照明干线	WL
变压器、信号变压器 DC/DC 变换器	T	天线	WR
电流互感器、自耦变压器	TA	信号母线	WS
接地变压器	TE	电缆箱、端子、接线柱、电缆封端、电缆接头	X
电力变压器	TM	连接片	XB
电压互感器	TV	插头	XP
调制器、逆变器、变流器、无功补偿器、变频器、编码器、A/D、D/A 变换器	U	插座	XS
		端子箱（板）	XT
半导体器件、稳压管、气体放电管、二极管、三极管、晶体管、晶闸管	V	连锁器件、气阀、操作线圈	Y
		电磁铁	YA
导线、电缆、母线	W	闭锁器件、电磁制动器	YB
辅助母线	WA	电磁离合器	YC
电力母线	WB	电动阀	YM
控制电缆	WC	滤波器	Z

二、图形符号

图形符号是表示设备和概念的图形、标记或字符等的总称。图形符号通常由一般有符号要素、基本符号、一般符号和限定符号组成。

根据国家标准《电气简图用图形符号》GB/T 4728 和国际电工委员会 IEC 标准的规定，结合农网低压配电线路的工作特点和需要，本文主要介绍常用限定符号和其他符号、导线和连接器件图形符号、电能的发生与转换设备图形符号、无源元件图形符号和开关、控制和保护装置图形符号等常用的电气图形符号及室内电气设备安装施工和配电线路工程中的常用图形符号。

（一）常用限定符号和其他符号

常用低压电气设备中的限定符号和其他符号见表 2-2。

表 2-2　　　　　　　　　　常用限定符号和其他符号

图形符号	说　明	图形符号	说　明	图形符号	说　明
—　—	直流	∿	交流	∿	具有交流分量的整流电流
⊖	理想电压源	⊖	理想电流源		导线对机壳绝缘击穿
╋	正极性	—	负极性	N	中性（中性线）
M	中间线		接地一般符号		抗干扰接地无噪声接地

图形符号	说 明	图形符号	说 明	图形符号	说 明
	保护接地		接机壳或接底板		故障
	闪络、击穿		导线间绝缘击穿		导线对地绝缘击穿
	单向传送、流动		同时双向传送、流动		能量向母线汇流排输入
	能量从母线汇流排输出		可调节性一般符号		热效应
	电磁效应		磁致伸缩效应		磁场效应或电磁相关性
形式1 形式2	延时动作当运动方向从圆弧指向圆心时被延时		自动复位三角指向复位方向		自锁非自动复位
	脱开自锁		进入自锁		锁扣的闭锁器件（脱开）
	锁扣的闭锁器件（闭锁）		两器件的机械连锁		阻塞器件
	手动控制操件一般符号		带有防意外操作的手动控制操件		拉拔操作
	旋转操作		按动操作		紧急开关
	接近效应操作		接触操作		借助电磁效应操作
	热器件操作		电磁器件操作		电动机操作

（二）导线和连接器件图形符号

常用的导线和连接器件图形符号见表2－3。

表 2 - 3　　　　　　　　　　　　　　　　常见导线和连接器件图形符号

图形符号	说　明	图形符号	说　明	图形符号	说　明
	连线、连接线如：导线、电缆	形式 1 形式 2	三根导线或三相导线		柔性连接
	屏蔽连接	●	连接、连接点	○　∅	接线端子（可拆卸端子）
	端子板，可加端子标志	形式 1　形式 2	导线 T 形连接	形式 1　形式 2	导线的双重连接
形式 1　形式 2	导线的不连接（跨越）		导线（多线）的连接		导线（多线）的不连接（跨越）
n	支路：一组相同并重复并联电路的公共连接，n 支路数	形式 1 形式 2	电缆密封终端，表示带有一根三芯电缆		电缆密封终端，表示带有三根单芯电缆
	不需要示出电缆芯数的电缆终端头	形式 1 形式 2	接通的连接片		断开的连接片

（三）电能的发生与转换设备图形符号

常用的电能发生与转换设备图形符号见表 2-4。

表 2 - 4　　　　　　　　　　　　　　　　电能的发生与转换设备图形符号

图形符号	说　明	图形符号	说　明	图形符号	说　明
	一个独立绕组	$3\sim$	互不连接的 3 相绕组	$m\sim$	m 个互不连接的 m 相绕组
	两相绕组	$\vee$	V 形（60°）连接的三相绕组	$\triangle$	三角形连接的三相绕组
	开口三角形连接的三相绕组		星形连接的三相绕组		中性线引出的星形连接的三相绕组
	曲折形成互连星形的三相绕组		换向绕组或补偿绕组		串激绕组
	并励或他励绕组	G	交流发电机	M	交流电动机
M	直流电动机	M 1～	单相鼠笼式有分相绕组引出端的电动机		铁芯

图形符号	说 明	图形符号	说 明	图形符号	说 明
	带间隙的铁芯	形式1 形式2	双绕组变压器	形式1 形式2	三绕组变压器
形式1 形式2	星形-三角形连接的三相变压器	形式1 形式2	单相变压器组成星形-三角形连接的三相变压器	形式1 形式2	自耦变压器
	电抗器	形式1 形式2	电流互感器	形式1 形式2	电压互感器
	整流器		桥式全波整流器		逆变器
	整流器/逆变器		光电发生器		电池或蓄电池（组）

（四）无源元件图形符号

无源元件主要指电阻、电容、电感等基本元件，主要图形符号见表2-5。

表2-5　　　　　　　　　　　　　无源元件图形符号

图形符号	说 明	图形符号	说 明	图形符号	说 明
	电阻器		可变电阻器		带滑动触点的电位器
	电容器		极性电容器		电感器、线圈、绕组、扼流圈
	带磁芯的电感器		磁芯有间隙的电感器		

（五）开关、控制和保护装置图形符号

常用的开关、控制和保护装置图形符号见表2-6。

表2-6　　　　　　　　　　　开关、控制和保护装置图形符号

图形符号	说 明	图形符号	说 明	图形符号	说 明
	接触器功能		断路器功能		隔离开关功能
	负荷开关功能		由内装的测量继电器或脱扣器启动的自动释放功能		位置开关功能
	自动返回功能		无自动返回（保持原位）功能		开关的正向操作

续表

图形符号	说 明	图形符号	说 明	图形符号	说 明
形式1 形式2	开关一般符号动合（常开）触点		接近传感器		接触传感器
	接触敏感开关动合触点		接近开关动合触点		磁铁接近动作的接近开关动合触点
Fe	铁接近动作的接近开关动断触点		动合（常开）触点		动断（常闭）触点
	三极开关（单线表示）		三极开关（多线表示）		单极四位开关
	接触器的主动合触点（在非动作位置触点断开）		接触器主动断触点（在非动作位置触点闭合）		具有自动释放功能的接触器
	自动开关低压断路器		断路器		隔离开关
	具有中间断开位置的双向隔离开关		负荷开关		具有自动释放功能的负荷开关
	手工操作带有闭锁器件的隔离开关		自动脱扣机构		手动操作开关一般符号
E	具有动合触点且能自动复位的按钮开关（动合按钮）	E	具有动断触点且能自动复位的按钮开关（动断按钮）		具有动合触点且能自动复位的拉拔开关
	具有动合触点，但无自动复位的旋钮开关（闭锁开关）	E	具有正向操作动合触点的按钮开关		具有正向操作动断触点且有保护功能的紧急停车开关
	位置开关和限制开关的动合触点		位置开关和限制开关位置的动断触点		动断触点能正向断开操作的位置开关
	先断后合的转换触点		中间断开的双触点	形式1 形式2	先合后断的转换触点
	当操作器件被吸合时，暂时闭合的过渡动合触点		当操作器件被释放时，暂时闭合的过渡动合触点		当操作器件被吸合或释放时，暂时闭合的过渡动合触点

图形符号	说明	图形符号	说明	图形符号	说明
	（多触点组中）比其他触点提前吸合的动合触点		（多触点组中）比其他触点滞后吸合的动合触点		（多触点组中）比其他触点滞后释放的动断触点
	（多触点组中）比其他触点提前释放的动断触点		延时闭合的动合触点		延时断开的动合触点
	延时断开的动断触点		延时闭合的动断触点		有自动返回的动合触点
	无自动返回的动合触点		有自动返回的动断触点		一边有自动返回另一边无自动返回的中间断开双向触点
	热继电器动断触点		热敏开关动合触点		热敏开关动断触点
	热敏自动开关（如双金属片）的动断触点		具有热元件的气体放电管（如荧光灯启动器）		熔断器的一般符号
	熔断器烧断后仍可使用的熔断器		熔断器式开关		跌开式熔断器
	带机械连杆的熔断器（撞击式熔断器）		具有报警触点的三端熔断器		具有独立报警电路的熔断器
	任何一个撞击式熔断器熔断而自动释放的三极开关		熔断器式隔离开关		熔断器式负荷开关
	火花间隙		避雷器	形式1 形式2	继电器线圈一般符号
	自动装置的一般符号		热继电器的驱动器件		缓慢释放继电器线圈
	交流继电器线圈		缓慢吸合继电器线圈		快速继电器（快吸和快放）线圈

（六）测量仪表、灯和信号器件图形符号

常用的测量仪表、灯和信号器件的图形符号见表 2-7。

表 2 - 7　　　　　　　　　测量仪表、灯和信号器件图形符号

图形符号	说　明	图形符号	说　明	图形符号	说　明
Ⓐ	电流表	Ⓥ	电压表	Ⓦ	有功功率表
Wh	电能表	varh	无功电能表	⊗	灯的一般符号
⊗	照明灯	⊗	信号灯		电喇叭
	电警笛、报警器		蜂鸣器		电铃

（七）建筑室内电气设备及安装图形符号

常用的建筑室内电气设备及安装图形符号见表 2 - 8。

表 2 - 8　　　　　　　常用建筑室内电气设备及安装图形符号

图形符号	说　明	图形符号	说　明	图形符号	说　明
	中性线		保护线		保护线和中性线共用线
	具有中性线和保护线的三相配线		向上配线		向下配线
	垂直通过配线	⊙	连接盒、接线盒		用户端供电输入设备
	配电中心（示出五路配线）		电源插座一般符号（暗装电源插座）	形式1　形式2　3	多个插座，"3"表示3个，箭头表示配线方向
	带保护接点电源插座（暗装）		带护板的电源插座（暗装）		带单极开关的电源插座（暗装）
	带联锁开关的电源插座（暗装）		电信插座一般符号（暗装）		开关一般符号（暗装）
⊗	带指示灯的开关		单极延时开关（暗装）		双极开关（暗装）

图形符号	说　明	图形符号	说　明	图形符号	说　明
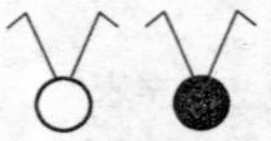	多拉单极开关（用于不同照度）	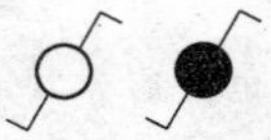	双拉单极开关（暗装）		调光器（暗装）
	单极拉线开关	⊙	按钮	 ⊗	带指示灯按钮
 ——×—	照明引出线位置	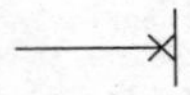 —⊢	在墙上的照明引出线	 ⊢———⊣	荧光灯、发光体一般符号
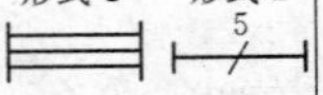 形式1　形式2	多管荧光灯三管、五管荧光灯		投影灯的一般符号	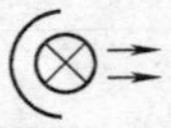	聚光灯
	泛光灯	×	在专用电路上的照明灯	⊠	自带电源的事故照明灯

（八）电气施工常用符号

常用电气施工的图形符号见表 2-9。

表 2-9　　　　　　　　　　　电气施工图常用符号

符　　号	名　　称	用　　途
 ——————	实线	表示电气线路敷设平面图的外轮廓线以及剖面图中被安装物体的外轮廓线
 - - - - - - -	虚线	表示看不见的轮廓线，或还在计划中的设备布置位置
	点划线	表示安装物体的中心线及定位轴线
	双点划线	辅助围框线
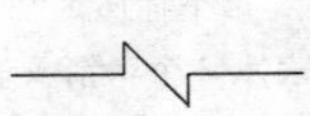 ∿	折断线	表示不必全部画出来的物体，或者尺寸太长而被省略的部分，在省略的部位就用折断线表示
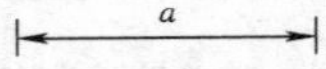 ⊢—a—⊣	尺寸线	表示尺寸 a 的大小
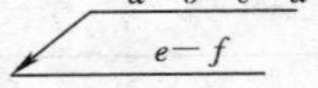 $a-b-c-d$ $e-f$	电缆与其他设施交叉点	a 为保护管根数；b 为保护管直径，mm；c 为管长，m；d 为地面标高，m；e 为保护管埋没深度，m；f 为交叉点坐标
▽ ±0.0000	安装或敷设	表示下横线为某处高度的界线，上面符号注明标高用于室内平面图、剖面图、电气安装一般取建筑物的首层室内的地坪线作为标高的零点
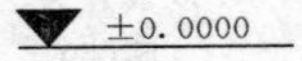 ▼ ±0.0000		用于总平面图上室外地面标高

续表

符 号	名 称	用 途
⑥⓪	照度	在直径为 8mm 的单线圆圈内标明的最低照度,标注在房间的平面图上(图中为 60lx)
● *a*	照明照度检查点	*a* 为水平照度,lx
● $\frac{a-b}{c}$		*a−b* 为双侧垂直照度,lx;*c* 为水平照度,lx
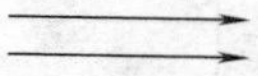 →	箭头	实心箭头用于指引线(细实线),开口箭头用于信号线及连接线
BV-2.5 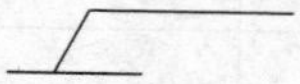	引出线	表示某一被安装物体的位置或所使用的材料(图中为 2.5mm² 铜芯聚氯乙烯绝缘电线)
1:100	比例	图上所画物体的尺寸与实物尺寸之比称为比例。1:100 即图上 1mm 代表实际尺寸 100mm,但系统图和接线原理图均不按比例绘制

(九)配电线路工程用图形符号

配电线路工程图中部分常用的图形符号如表 2-10 所示。

表 2-10 配电线路工程部分常用图形符号

图形符号	说 明	图形符号	说 明	图形符号	说 明
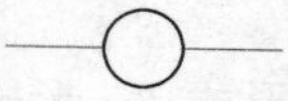 ◯	圆形混凝土杆	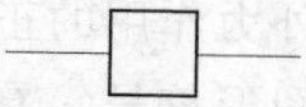 ☐	方形混凝土杆	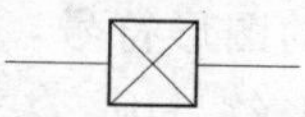 ⊠	铁塔
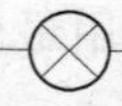 ⊗	木杆	 ⊙⊙	H 形混凝土杆	 ⊗⊗	H 形木杆
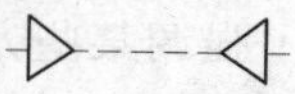 ▷--◁	电缆	 ◯—│	普通拉线	 ◯—●—│	水平拉线
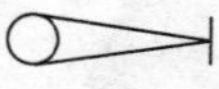 ◯—▷—│	V 形拉线	 ◯—〜—◯	共同拉线	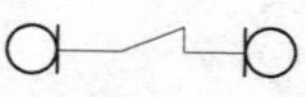 ◯—∿—◯	弓形拉线
 ◯—◯—│	带拉线绝缘子的拉线	 ◯←—│	带撑杆的电杆	 ◯⌒	线路跳引线
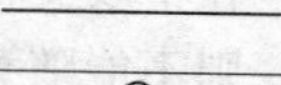 ——	线路	 —·—·—	弱电线路	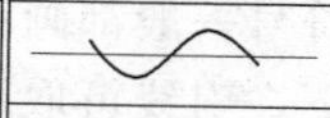 ∿	撤除导线
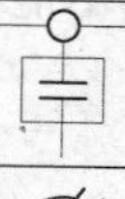 线路电容器符号	线路电容器	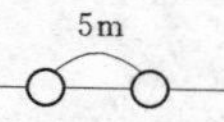 ◯⌒◯ 5m	电杆移位	 ⌒→	线路断开
 ⊘	撤除电杆	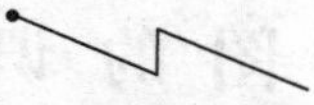 ●⋰⋰	单相接户线	 ⋰//	三相接户线
 ⋰///	四线接户线	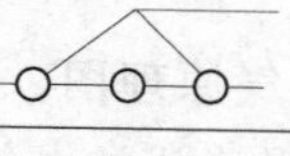 △◯◯△	更换导线	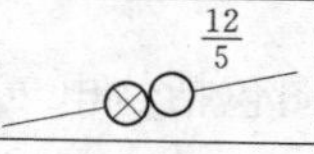 ⊗⊗ $\frac{12}{5}$	更换电杆
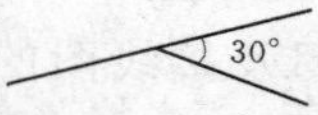 ∠30°	线路转角度	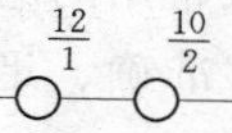 ◯$\frac{12}{1}$ ◯$\frac{10}{2}$	杆号、电杆高度表示法、1、2 为杆号,10、12 为杆高	 ⊜	变电所

图形符号	说 明	图形符号	说 明	图形符号	说 明
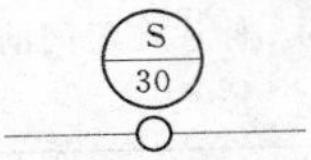	单杆变台	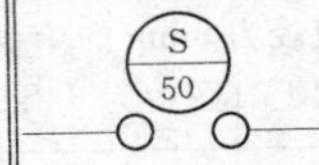	双杆变台		地上变台
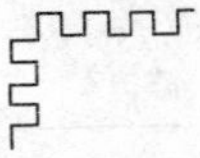	城墙	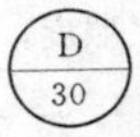	单相变压器		三相变压器
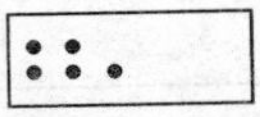	建筑物（5点表示五层楼房）		阔叶林		松树林
	针叶树林		草地		杨柳树林
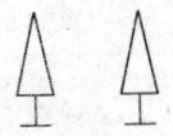	独立树		果园	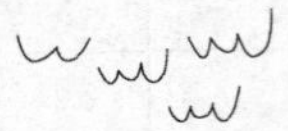	不明树林
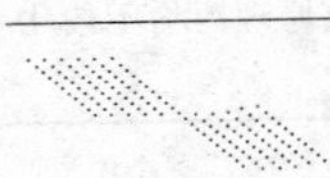	湿地	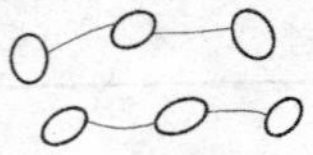	岩石	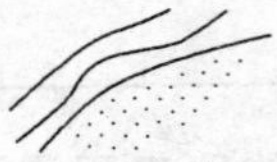	沙滩
	高山	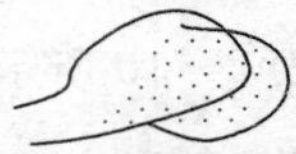	湖泊		江桥

三、图形符号的应用说明

（1）所有的图形符号，均由按无电压、无外力作用的正常状态示出。

（2）在图形符号中，某些设备元件有多个图形符号，有优选形、其他形、形式 1、形式 2 等。选用符号应遵循的原则：尽可能采用优选形；在满足需要的前提下，尽量采用最简单的形式；在同一图号的图中使用同一种形式。

（3）符号的大小和图线的宽度一般不影响符号的含义，在有些情况下，为了强调某些方面或者为了便于补充信息，或者为了区别不同的用途，允许采用不同大小的符号和不同宽度的图线。

（4）为了保持图面的清晰，避免导线弯折或交叉，在不致引起误解的情况下，可以将符号旋转或成镜像放置，但此时图形符号的文字标注和指示方向不得倒置。

（5）图形符号一般都画有引线，但在绝大多数情况下引线位置仅用作示例，在不改变符号含义的原则下，引线可取不同的方向。如引线符号的位置影响到符号的含义，则不能随意改变。

模块 3 电 气 图 的 识 读

已知电气图包括：电气系统图和框图、电气原理图、电器元件布置图、电气安装接线图、功能图等。本节将以电气图形的表示方法及常用的电气原理图及安装接线图为重点，通过对常用电气图的识读方法的介绍，以便能够准确、迅速地进行电气原理图及接线图的识读。

一、常用电气图形的表示方法

（一）导线的表示及连接方式表达

1. 连接线或导线的表示

电气图中连接线或导线的表示方法如图2-8所示。

（1）单线表示法。如图2-8（a）所示，将两根或两根以上的连接线或导线，用一条线加以表示，用于表示三相或多线基本对称的情况。如三相三线或三相四线制的中、低压配电线路。为简化图形，使图形更简洁、清晰、便于阅读，通常是将多根配线用同一条线加以表示。

（2）多线表示法。将每根连接线或导线在图中分别用一条图线进行表示，如图2-8（b）所示。多线表示法能详细地表达各相或各线的具体内容，尤其在各相或各线内容不对称的情况下采用此方法，更能直观地表达电气图形的细节。

（3）混合表示法。根据图形或设备表达的需要，将图中的连接线或导线一部分用单线，另一部分用多线进行表示，如图2-8（c）所示。这种表示方法兼有单线表示法简洁精炼的特点，又兼有多线表示法对描述对象精确、充分的优点，并且由于两种表示法并存，变化、灵活。

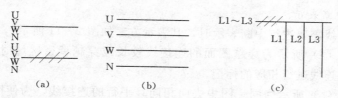

图2-8 连接线或导线的表示方法
(a) 单线表示法；(b) 多线表示法；(c) 混合表示法

如图2-9所示，对于同一动力系统中，若多台电动机的工作性质相同，则在图中只需将其中一台的详细接线表达清楚，其他相同的电动机则以简化的形式进行表达。

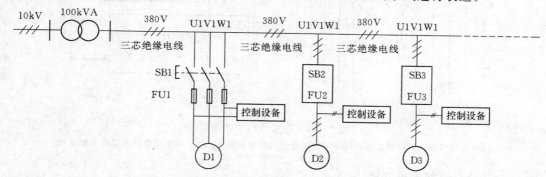

图2-9 多台功能相同的电动机安装接线示意图

2. 连接线的连续表示

连续的单线在电气图中几种不同形式的连接方法如图2-10所示。具体表达内容如下所述。

（1）图2-10（a）所示为单根或一组连续的连接线。当这组连接线排列顺序一致（或在一定范围内不会出现变化）时，为使图形简洁，在连续线的中间部位将其中断，并以此表

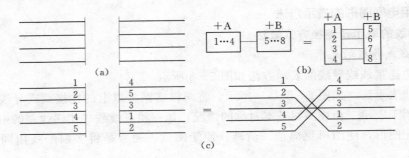

图 2-10 连接线的连续表示

(a) 连续的单线连接表示；(b) 两元件间连续单线的连接表示；(c) 连续有交叉的单线连接表示

示连接线的连续性；若连接线的数量较多时，则是按图 2-10 (b) 的方法，在中断处将其每根线的编号标识清楚。

(2) 对于同一组连续的单线连接线在线间有相互交叉时，按图 2-10 (c) 所示方法，将这组连续线中断后，在中断点处严格地进行编号标识，以表明中断点前后连接线或导线的连续情况。

3. 连接线的中断表示

当图形中连接线需要进行中断表示时，其表示方法如图 2-11 所示。

(1) 图 2-11 (a) 所示为穿越图面的连接线较长或穿越稠密区域时，将连接线中断，并在图中对中断的连线进行相应的标记。

(2) 图 2-11 (b) 所示为同一图中去向相同且平行的连接线，为使图形简洁，采用中断的方法进行表示，并在中断处的两端分别加注相应线组的标记。

(3) 图 2-11 (c) 所示为某一图中的一条（或一组）图线需要连接到另外图上去时，电气图中采用中断的方式将连接线进行详细的标识，以表示两个图形中的连接。

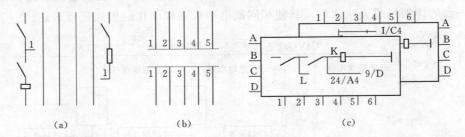

图 2-11 连接线的中断表示

(a) 连接线穿越的中断表示；(b) 两相同线组间的中断表示；(c) 两张图中的连接线中断表示

4. 导线连接点的表示方法

电气图中导线连接点的表示方法如图 2-12 所示，其具体的连接形式及表示方法如下。

(1) 两导线相交形成 T 形连接点时。图 2-12 中"①"表示两条线直接相交连接；图 2-12 中"②"处加实心圆点"·"表示两条线交叉连接。但在同一张图中的应用是统一的，即：要么都加"·"点，要么都不加。

(2) 两导线相交形成"十"字形连接时。如图 2-12 中"③"点所示，交叉点处加"·"点表示连接；图 2-12 中"④"处没有"·"点，表示不连接。

（二）元件接线端子的表示方法

1. 接线端子的图形符号

如图 2 - 13 所示，接线端子是电气元件中，用以连接外部导线的导电元件。接线端子通常分为固定端子（用符号"○"或"●"表示，如图 2 - 13 中"①"或"②"，但应整张图中要统一）和可拆卸端子（用符号"ø"表示，如图 2 - 13 中"③"）两大类。

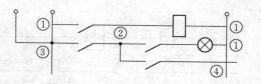

图 2 - 12　导线连接点的表示方法

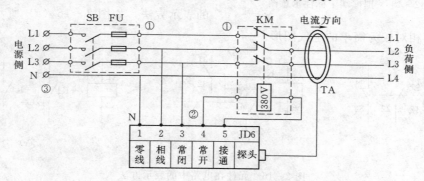

图 2 - 13　接线端子的图形符号表示方法

2. 接线端子的字母数字符号表示

接线端子以字母数字符号标志的原则和方法如下所述。

（1）单个元件。单个元件的两个端点通常用连续的两个数字表示。在单个元件的中间各端子用自然递增数序的数字表示。

（2）相同元件组。在数字前冠以字母，如：在三相电源的系统中，标记三相交流系统的字母 U1、V1、W1；交流系统中若不需要区别时，可用数字 1.1、2.1、3.1 标志。

（3）与特定导线相连的接线端子标记。与特定导线相连的电器接线端子的标识见图 2 - 14 所示。

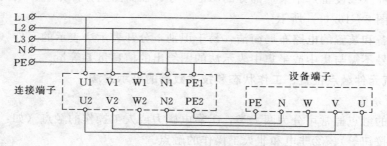

图 2 - 14　特定导线连接的接线端子符号示意图

3. 端子代号的标注方法

元件端子进行代号标注的有关规定如图 2 - 15 所示。

（1）电阻器、继电器、模拟和数字硬件的端子代号应标在其图形符号的轮廓外面，如："R、－K1、－K2"等；零件的功能和注解标注在符号轮廓线内，如：继电器中的"I"。

（2）对用于现场连接、试验和故障查找的连接器件的每一连接点都应标注端子代号。

（3）在画有围框的功能单元或结构单元中，端子代号必须标注在围框内，以免被误解。

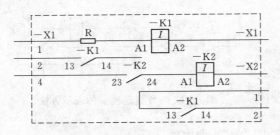

图 2-15 围框端子标注示意图

（三）电气元件的表达方法

如图 2-16 所示，电气元件在电路图中的表示方法主要有：集中表示法、半集中表示法、分开表示法。

1. 电气元件在电气图中的集中表示法

将设备或成套装置中一个元件（或设备）各组成部分的图形符号在简图上绘制在一起的表示方法，如图 2-16（a）所示；集中表示法的适用相对较为简单的电气图形。

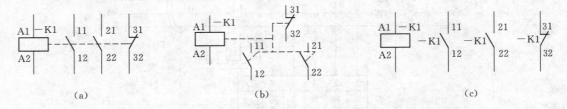

| (a) | (b) | (c) |

图 2-16 元件在电路中的表示方法
(a) 集中表示法；(b) 半集中表示法；(c) 分开表示法

2. 电气元件在电气图中的半集中表示法

将一个元件（或设备）中某些部分的图形符号，在简图上分开布置，并用机械连接符号表示他们之间关系的表示方法，如图 2-16（b）所示；半集中表示法用于相对比较复杂的电气图形。

为了使设备和装置的电路布局清晰，易于识别，半集中表示图形中的机械连接线可以弯折、分支和交叉。

3. 电气元件在电气图中的分开表示法

将一个元件（或设备）中某些部分的图形符号，在简图上分开布置，用代号表示他们之间的关系，如图 2-16（c）所示。

为了使设备和装置的电路布局简洁，易于识别，分开表示法表示的元件（或设备）中各部件的图形符号不需与集中或半集中表示法的图给出的信息量要等量。

（四）电气元件触点位置、工作状态和技术数据的表示方法

1. 触点的分类

电气元件的触点通常可分为两大类：①靠电磁力或人工操作的触点（如：接触器、电继电器、开关、按钮等）；②非电和非人工操作的触点。

2. 触点的表示

触点的表示分为：①同一电路中的接触器、电继电器、开关、按钮等项目的触点图形符号，在加电和受力后，各触点符号的动作方向应一致，特别是具有保持、闭锁和延时功能的触点更应如此；②相应非电和非人工操作的触点，应在其触点图形符号附近注明运行方式。其标注方式可用图形、操作器件符号或注释、标记及表格等加以表达。

3. 常用接触点在电路图中的表示

当没有通电或无外力作用时，常用触点在电路图中的表示方法如图 2-17 所示，其触点

动作的外力方向如下。

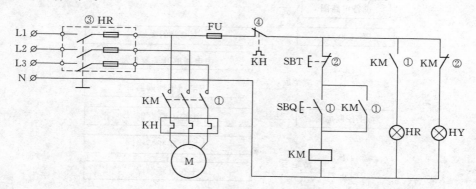

图 2-17 元件触点在电路中的表示方法

（1）当触点图形垂直放置时，其外力的方向为由左向右。即：垂线左侧的触点为常开触点，如图 2-17"①"中所示；垂线右侧的触点为常闭触点，如图 21-17"②"中所示。

（2）当触点图形水平放置时，其外力的方向为从下向上。即：水平线下方的触点为常开触点，如图 2-17 中"③"所示；水平线上方的触点为常闭触点，如图 2-17 中"④"所示。

4. 元件工作状态的表示

元件、器件和设备的可动部分通常应表示在非激励或不工作的状态或位置。具体情况如下。

（1）继电器和接触器在非激励的状态。

（2）断路器、负荷开关和隔离开关在断开位置。

（3）带零位的手动控制开关在零位位置，不带零位的手动控制开关在图中规定的位置。

（4）机械操作操作开关的工作状态与工作位置的对应关系，一般应表示在其触点符号的附近，或另附说明。

（5）事故、备用、报警等开关应表示在设备正常使用的位置。

（6）多重开闭器件的各组成部分必须表示在相互一致的位置上，而不管电路的工作状态。

5. 元件技术数据的标注方法

电气元器件的技术数据一般标注在图形符号近旁，当连接线水平布置时，通常标注在图形符号的下方，垂直布置时，则标在项目代号的下方，部分情况下，可根据需要将相应元件的技术数据标在方框符号或简化外形符号内。

6. 注释和标志的表示方法

注释和标志的表示方法主要有两种：

（1）直接放在所要说明的对象附近和将注释放在图中的其他位置。

（2）如设备面板上有信息标志时，则应在有关元件的图形符号旁加上同样的标志。

二、常用电路图的识读

常用低压电气设备电路图的识读方法如图 2-18 所示。

（一）读主电路

阅读主电路时，通常应该了解主电路有哪些用电设备（如电动机等），同时还应了解这些设备的用途和工作特点。并根据工艺过程，了解各用电设备之间的相互联系，配套的保护

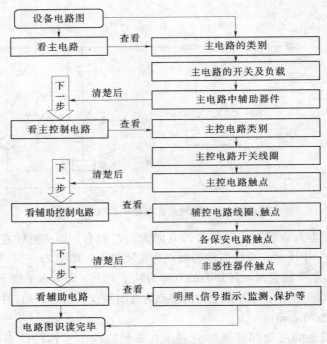

图 2-18 识读生产设备电路图程序

方式等。电气图中主电路的具体识读方法及过程如下所述。

1. 查看主电路的类型

查看主电路是采用交流电源还是直流电源。若是交流，则看其是单相还是三相，同时还应注意相应的电压等级。

2. 查看主电路的开关及负载

重点查看主电路的总开关、启动开关、转换开关的规格及类型，并通过主电路了解负载的性质，如负载是电动机，则应通过主电路的图形符号，具体看清电动机绕组的连接方式及电动机的工作状态。

3. 查看主电路中的辅助器件

查看主电路中的总断路器的类型，查看保护继电器的种类、规格，通过启动开关、转换开关等详细电路中电抗器、电容器等辅助器件的类型及工作方式。

（二）读控制电路的主电路

在完全了解主电路的工作特点后，就可以根据主电路的特点再去阅读控制控制电路了。

1. 查看主控制电路的类型

根据主电路与控制电路的联系，查看控制电路的电源来源，确定控制电源的类别（交流还是直流）及相应的电压等级。

2. 查看主控制电路的开关线圈

根据主电路中电动机的工作方式，查看电动机正反转或 Y/△ 启动及其他特定动作控制线圈位置及动作结果。

3. 查看主控制电路的触点

根据主控电路线圈工作情况，查看对应主电路中各控制开关，确定其相应的辅助触点在控制电路中的位置及作用。

（三）读控制电路的辅助电路

控制电路中的辅助元件包括：继电器、互感器、按钮开关、行程开关、主令器等。在清楚主控电路的基本作用及工作方式后，然后就可以继续进行控制电路中辅助元件的工作原理的查看。

1. 查看辅助控制电路线圈及相应的控制触点

结合主电路的工作要求，查看辅助控制电路中时间继电器、中间继电器等的线圈及触点的位置、作用。

2. 查看辅助控制电路所对应的各种保安电器的触点

根据控制电路中辅助元件的特点，查看各种行程开关、电流互感器、过流继电器、欠压继电器、热继电器等的触点位置、作用及声光信号。

3. 查看辅助控制电路中非感性元器件的触点

查看启动、停止按钮及凸轮、鼓形、主令、转换等控制器触点位置及作用。

另外，阅读控制电路时，对于机、电、液配合得比较紧密的生产机械，必须进一步了解有关机械传动和液压传动的情况，有时还要借助于工作循环图和动作顺序表，配合电器动作来分析电路中的各种连锁关系，以便掌握其全部控制过程。

（四）读辅助电路

最后阅读照明、信号指示、监测、安全保护等各辅助电路环节。

对于比较复杂的控制电路，可按照先简后繁，先易后难的原则，逐步解决。阅读时可将他们分解开来，先逐个分析各个基本环节，然后再综合起来全面加以解决。

三、识读示例

【例 2-1】 某三相电动机正反转控制的电气图，如图 2-19 所示，试结合电路图分析其电路的具体工作原理。

1. 主电路工作情况分析

由图 2-19 可知，主电路为三相电源供电，总电源由隔离开关 QS 闭合时接通，其电动机的正反转分别由两组触点 KM1、KM2 的轮换工作，对电动机进行换相，从而达到改变其电动机的旋转方向。

（1）当合上电源开关 QS，控制电路指示灯 HT 由常闭触点 KR、SBT 得电，进入工作，显示控制电路电源接通。

（2）当按下按钮 SBZ，控制电路 KM1 线圈经熔断器、常闭按钮 KR、SBT 及 SBZ 和常闭触点 KM2 得电，接触器 KM1 动作；于是主电路中常开触点 KM1 关闭，电动机启动（设此状态为正转）。

（3）当按下按钮 SBT 时，控制电路失电，KM1、KM2 的线圈都不能得电，主电路中触点 KM1、KM2 均为开断状态，电动机不能工作。

（4）当按下按钮 SBF 时，接触器 KM2 线圈接通，主电路触点 KM2 闭合，电动机换相启动，电动机进入反转工作。

2. 控制电路的工作原理

根据主电路中电动机的工作要求，控制电路通过两个接触器 KM1 的 KM2 分别完成电动机正反转的要求，与此同时，在控制电路中设置有三个可自动复位的按钮开关 SBZ、

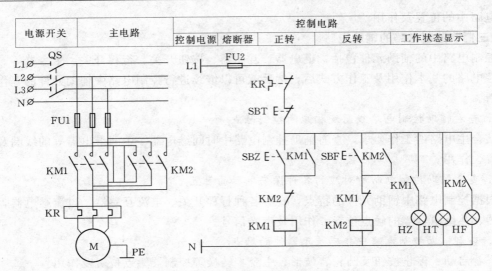

图 2-19 电动机正反转控制原理图

SBT、SBF，并分别在两个常开工作按钮 SBZ 和 SBF 旁并联一个常开触点，以保证按钮复位后，其按钮接通的电源得以保持。另外，为保证电动机正常运转不受影响，控制电路中接触器线圈上端分别有常闭触点进行制约，以避免不必要的误动作而导致电动机工作的不稳定。控制电路的具体工作原理如下所述。

（1）当按下 SBZ，电动机进入正转运行后，松开按钮 SBZ，由于与 SBZ 并联的 KM1 闭合后，相应接触器 KM1 线圈保持通电状态，电动机进入正常运转。

（2）在电动机正转工作时，若按下 SBF，由于支路中串联的常闭触点 KM1 此时断开，接触器 KM2 线圈不能接通，电动机的工作状态不会改变，并由此避免了主电路中触点 KM2 出现误动作。

（3）当按下按钮 SBT 时，控制电路掉电，接触器 KM1 所有触点复位，主电路中电动机的触点 KM1 断开，电动机停机。

（4）当电动机停稳后，再次按下 SBF，接触器 KM2 的常开触点 KM1 关闭，常闭触点 KM1 与线圈 KM2 串联接通电源，主电路电动机的触点 KM2 闭合，电源换相后加在电动机上，使得电动机改变旋转方向启动。

3. 辅助电路的作用

由图 2-19 可知，电路中共有电源或电动机工作指示灯 HZ、HT、HF，可以对电动机的工作状态进行显示；另外，热保护元件 HR 及电动机的外壳与保护接地线的连接，确保了电动机的安全运行及工作人员的人身安全。

模块 4　常用低压电气设备接线图

电气安装接线图是进行电气设备（或电气元件）安装或检修服务的专业施工图，电气安装接线图能够直接反映电气设备中各个元件的实际空间位置与接线情况。接线图是根据电器位置布置最合理、连接导线最方便且最经济的原则来安排的。操作人员进行电气设备故障维修时，可以通过原理图分析电路原理、判断故障，而确定故障部位时，通常需在接线图上进行位置确定。

一、接线图的有关规定

（1）图中一律用细实线绘制，并清楚地表明各电器元件的接线关系和接线走向。

（2）按规定清楚地标注配线导线的型号、规格、截面积和颜色。

（3）接线板上各接点按接线号顺序排列，并将动力线、交流控制线、直流控制线等分类排开。

二、接线图的标识方法

常用低压电器安装接线图是表示其电路中各元件的接线关系，其绘制方法通常有两种。

（一）直接接线标记

直接接线标记法是根据元件间的连接关系直接画出元件之间的接线。它适用于电气系统简单、电器元件少、接线关系简单的场合；如图 2-20 所示某机床电气控制原理接线图。

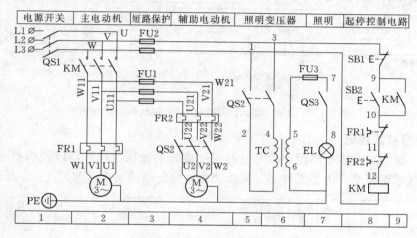

图 2-20　某机床电气控制原理接线图

首先为了便于阅读、查找，在图纸的下方和上方分别沿横坐标方向划分，并用数字 1、2、3、…、9 标明图区，对应的图区编号上方标明了该区的功能；如图 2-20 中 1 区所对应的是"电源开关"；通过图区的划分，可以使读者清楚地知道某个元件或某部分电路的功能，从而达到理解整个电路的工作原理。

接线图的接线标记通常采用字母或数字、符号等进行。对电路图中各元件接线端子进行标记的目的是为了便于安装、维修人员准确地进行接线及故障的检修。

（1）电动机绕组的标记。有多台电动机时 M1 电动机绕组用 U1、V1、W1；M2 电动机绕组用 U2、V2、W2；M3 电动机绕组用 U3、V3、W3 标记。

（2）主电路的标记。一般三相交流电源引入线相线用 L1、L2、L3，零线用 N 标记，接地线用 PE 标记；三相交流电动机所在的主电路用 U、V、W（或 A、B、C）标志，电源后凡是被器件、触点间隔的接线端子按双下标数字顺序标志；如：M1 电动机所在的主电路，用 U11、V11、W11；U12、V12、W12；…标记，M2 电动机所在的主电路，用 U21、V21、W21；U22、V22、W22；…标记。

（3）控制电路和辅助电路的标记。控制电路和辅助电路各线号采用数字标志，其顺序一般从左到右、从上到下。凡是被线圈、触点等元件所间隔的接线端点，都应标以不同的线号。

直接接线标记法也可直接根据各元件在设备中的位置进行连线标记，如图 2-21 所示。

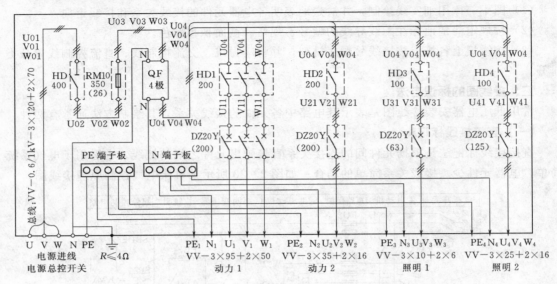

图 2-21 某低压配电柜接线图（直接接线标记实例）

（二）符号接线标记

符号接线标记法是在电路图中仅对电器元件接线端处标注符号，以表明相互连接关系。它适用于电气系统复杂、电器元件多、接线关系较为复杂的场合，如图 2-22 所示。

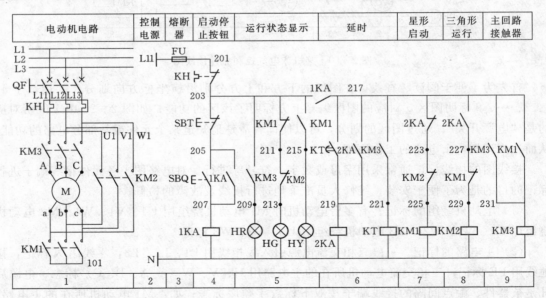

图 2-22 某电动机启动 Y/△ 变换的控制接线图

图 2-22 所示电动机启动 Y/△ 变换的控制连接。由于电路进行 Y/△ 变换时，电动机绕组线圈在工作过程中需要改变连接方式；因此，在电路图中对电动机的绕组进行较为明确有标记，如图 2-22 所示，电动机绕组线圈的组别依次标记为 A-a、B-b、C-c。

模块 5　电气照明施工图的识读

照明电气施工图是土建施工图纸的一部分，它集中地表现了电气照明设计的意图，是建筑结构中电气及照明设备安装的重要依据。

一、照明电气施工图的特点

（1）照明电气施工图只表示线路的工作原理和接线，不表示用电设备和元件的实际开关和位置。

（2）为了绘图、读图的方便和图面的清晰，照明电气施工图采用国家新标准中的图形符号及文字符号，用来表示实际的接线和各种电气设备和元件。有关建筑照明电气施工图用文字符号及图形符号详见本章模块 2 中的表 2 - 2、表 2 - 8 和表 2 - 9 所示。

电气照明施工图通常由电气照明配电系统图、电气照明平面图和施工说明等部分组成。

二、电气照明配电系统图

（一）电气照明配电系统图

建筑结构的电气照明配电系统图主要表示照明及日用电器电源供电情况，进户线、母线、各路出线所用导线及控制保护电器的规格与敷设部位、敷设方式等。图 2 - 23 所示为一城镇公用配电变压器向某居民住宅楼供电的电源进户及住宅单元配电系统图。

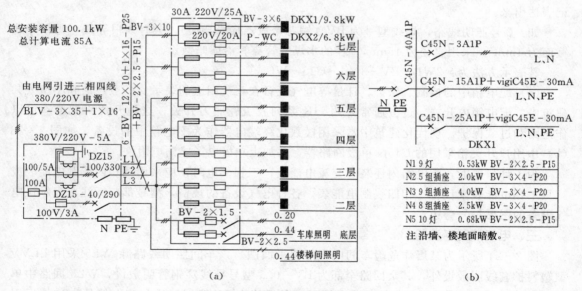

图 2 - 23　某住宅楼照明配电系统图

（a）住宅单元配电系统图；（b）开关箱配电系统图

1. 电源系统的接地形式

如图 2 - 23（a）所示，该住宅楼供电电源由三相四线制 380/220V 电源线 BLV - 3×35 + 1×16 架空引入住宅楼，进户后经暗埋塑料管进入二层楼电能表箱（总表与分户计量表装于同一箱内），中性线 N 入户前在进户杆处作重复接地。保护线（PE 线）与电能表箱外壳连接后引至户外保护接地装置上，这样保护线 PE 与中性线 N 分开设置，形成三相四线制 TT 系统电源进户的配电系统图。

2. 用户开关箱（DKX）的设置

图 2-23（b）所示为七楼大套住房的单相两线制 TT 系统开关箱配电系统图，用户开关箱安置在室内，其中照明线路为单相两线制供电，插座线路为单相两线制 TT 系统接线方式供电（设漏电末级保护）。此时开关箱、插座接地极、用电设备金属外壳等均与 PE 线相连。

3. 线路敷设方式

除三相四线制进户线架空进入接户点外，其余线路均采用沿墙、楼地面内暗敷。当线路沿楼板地面敷设时，应尽量沿楼板缝隙敷设，以免在楼板上凿孔，如处理不当，则会影响楼板强度。

（二）电气照明系统图的标识要求

（1）供电电源。电气照明系统图上应标明电源是三相供电还是单相供电。其表示方法是在进户线上划短撇数，如果不带短撇则为单相。

如：交流，三相带中性线 400V，中性线与相线之间为 230V，50Hz。

其表示方法为：3/N-400/230V，50Hz。

（2）干线的接线方法。电气照明配电系统图上应可直接看出配线方式是树干式还是放射式或混合式，在多层建筑中一般采用混合式。还可以反映支线的数目及每条支线供电的范围。

（3）导线的型号、截面、穿管直径、管材以及敷设方式和敷设部位的标识。根据各户内支线负荷大小选用绝缘铜芯线或铝芯线。进户线和干线的规格、型号可在图中线旁用文字标记表达出来。

如：2 号照明线路，导线型号为 BV（铜芯聚氯乙烯绝缘导线），共有 3 根导线，每根导线截面为 4mm²，采用直径为 15mm 直径的水煤气管穿管沿墙暗敷设。

其表示方法为：2WL-BV-3×4-G15-WC。

（4）配电箱中的控制、保护、计量等电气设备在系统图上的表示。一般住宅和小型公共建筑中，配电箱内开关，过去通常采用 HK 系列胶盖瓷底刀开关，这种开关所配熔丝可以作短路和过载保护。现代化建筑中常采用模数化终端电器作为配电箱中的设备，如图 2-23（b）中用户开关箱采用的 C45N 单极断路器，并加上单极电子式漏电附件。

为了计量电能，配电箱内还装有交流电能表，三相供电时，应采用三相四线制电能表或三只单相电能表来代替三相四线制电能表。各种电气设备的规格、型号都应标注在表示该电气设备的图形符号旁边。

三、电气照明平面图

图 2-24 所示为某爆炸危险车间电气照明平面图。该车间照明线路除 WL5 采用 BLVV 型塑料护套线明敷设外，其余回路全部为 BV-0.5 型号导线穿钢管明敷设，WL5 回路中单相三极插座的 PE 线从配电箱 PE 端子排引线，且箱内 PE 线端子排与配电箱外壳连接后引至室外接地装置。

从电气照明平面图中可以看出，电源采用三相四线制电缆线 VLV22-1-3×10+1×6 进户。在电气照明平面图上一般不标注哪个开关控制哪盏灯具，电气安装人员在施工时，可以按一般规律判断出来。多层建筑物的电气照明平面图应分层来画，相同的标准层可以用一张图纸表示各层的平面。

通常情况下，电气照明平面图上还应重点反映以下几个方面的要求。

（1）进户点、总配电箱及分配电箱的位置。

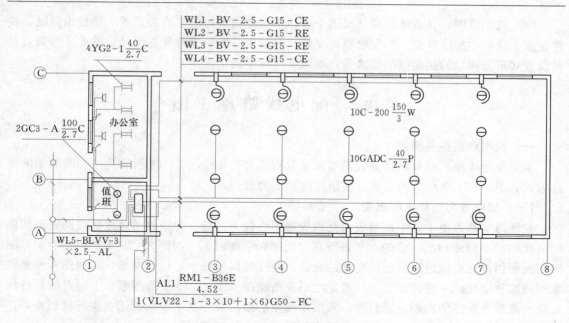

图 2-24　某车间照明平面图

（2）进户线、干线、支线的走向，导线根数，导线敷设部位、敷设方式，需要穿管敷设时所用的管材，规格等。

（3）灯具、开关、插座等设备的种类、规格、安装位置、安装方式及灯具的悬挂高度。

如图 2-25 所示某居民住宅的照明电气安装平面图。

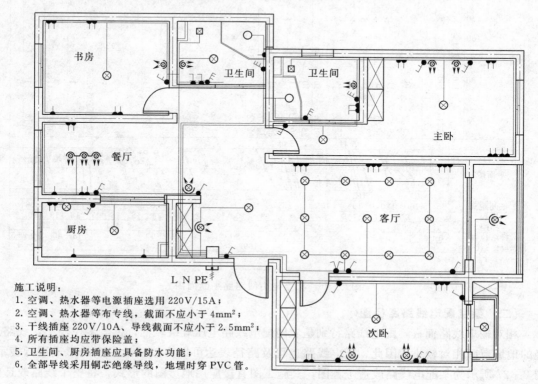

施工说明：
1. 空调、热水器等电源插座选用 220V/15A；
2. 空调、热水器等布专线，截面不应小于 4mm²；
3. 干线插座 220V/10A，导线截面不应小于 2.5mm²；
4. 所有插座均应带保险盖；
5. 卫生间、厨房插座应具备防水功能；
6. 全部导线采用铜芯绝缘导线，地埋时穿 PVC 管。

图 2-25　某居民住宅的照明电气安装平面图

（4）施工说明。在系统图和平面图中表达不清楚而又与施工有关系的一些技术问题，往往在施工说明中加以补充。如配电箱高度灯具及插座高度，支线导线型号、截面、穿管直径敷设方式重复接地的接地电阻要求等，如图 2-25 中施工说明。

模块6 配电线路施工图

一、配电线路路径图

架空电力线路工程及路径的表示方法通常有两种。其中图 2-26 所示为平、断面图的表达方式，图 2-27 所示为另一种直接借用地形图的表达方式。

（一）架空电力线路平断面图

在线路平断面图中，平面的表达是以线路中心线为基准，将线路所经地域线路通道两侧 50m 以内的平面地物按一定的方式进行测定绘制在平面图上，如图 2-26 中部图形所示；图形断面图用以对沿线地形的起伏变化的表达，同样是以线路中心线为基准，将线路所经地段地形的高程变化按一定的方式进行测定绘制在断面图（图 2-26 上部图形）上；对线路杆塔位置、规格及线路的挡距、里程等，除采用规定的图形符号在平、断面图上进行标识外，还在图形的下部以文字的形式进行了标注，如图 2-26 的下部栏目。

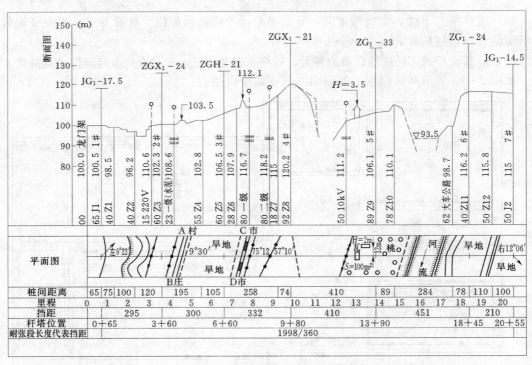

图 2-26 架空电力线路路平断面图

（二）架空配电线路路径图

相对输电线路而言，配电线路特别是农网配电线路电压等级较低，供电半径较小，线路途经的地域范围相对较小，因此，配电线路工程及路径表达可以直接用地形图的形式进行表示。图 2-27 所示为某配电线路改造工程图，其施工图直接应用地形图的形式，将整个线路改造的方案及改造路径在图中表述，这种线路工程施工图，是架空配电线路路径图应用的典型实例。

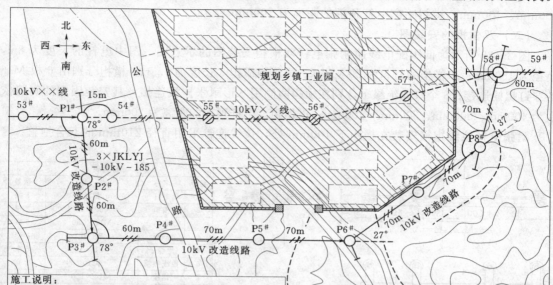

施工说明：
本工程为××乡 10kV××改造工程，内容如下：
1. 将 10kV××线 54#~58# 杆导线及部分电杆拆除；
2. 新立 P1#~P8# D190×12m 混凝土电杆 8 根；
3. 在 54# 杆沿原线路方向回移 15m 新立电杆 P1#；
4. 新放电压绝缘线 3×JKLYJ-10kV-185四挡（全长 530m）；
5. 电杆埋深遇回填土质时，视杆高、土质不同适度加深；
6. 施工前由甲方协同确定杆位。

×××供电公司设计室	10kV××线线路改造工程
批准	
审核	线路杆线平面走向图
校对	
设计	
日期	图号　　线施-01

图 2-27　某配电线路改造工程路径示意图

图中改造线路需拆除的线路部分以虚线表示，新建改造线路则以实线表示，整个线路元件的图形符号均以表 2-10 所列图形符号绘制。利用这些符号将线路的走向、杆位布置、挡距、耐张杆、拉线等情况在地形图上表示出来，它是配电线路工程中的主要的技术资料。

除此之外，在路径图中还应反映线路所经区域内的居民居住点，线路通道上的其他建筑设施及环境、农作物、植被等与线路运行维护及检修施工直接关联的相关信息。

二、配电线路杆塔安装图

（一）单横担的安装图

图 2-28 所示为常见低压电杆单横担组装图的示意图。由图可知，电杆的长度为 8m，梢径为 150mm；单横担的材料为 50×50×5 的角钢，横担长度为 1.5m；横担的抱箍直径为

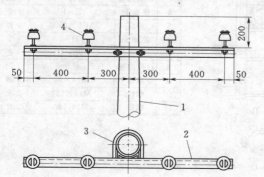

材料表				
编号	名称	规格	数量	重量/kg
1	电杆	8m，梢径 150	1 根	/
2	横担	∠50×50×5×1500	1 根	/
3	U 形抱箍	φ190	1 副	/
4	绝缘子	P-2	4 个	/

图 2-28　低压直线电杆单横担安装示意图

190mm 的 U 形抱箍；四个针式绝缘子在横担上固定的间隔依次为 400mm、300mm、300mm、400mm；横担距离电杆顶部的距离为 200mm。

（二）双横担的安装图

图 2-29 所示为低压配电线路耐张电杆双横担安装图的示意图。图中电杆的长度为 8m，梢径为 150mm；双横担的材料为 50×50×5 的角钢横担，长度为 1.5m；横担分别由 6 根 M16 的穿钉螺栓连接；8 个蝶式绝缘子分别在横担两侧用 S 形耐张挂板连接，其安装固定的间隔依次为 400mm、300mm、300mm、400mm；横担距离电杆顶部的距离为 200mm。

耐张电杆拉线抱箍安装在横担下 100mm 处，拉线抱箍采用直径 210mm 的双合抱箍。

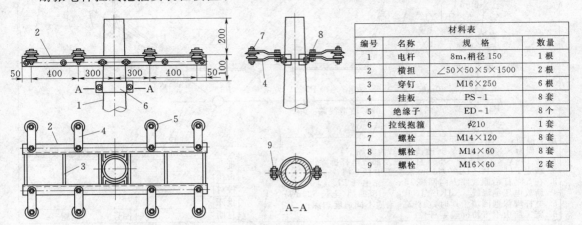

材料表			
编号	名称	规格	数量
1	电杆	8m,梢径 150	1 根
2	横担	∠50×50×5×1500	2 根
3	穿钉	M16×250	6 根
4	挂板	PS-1	8 套
5	绝缘子	ED-1	8 个
6	拉线抱箍	φ210	1 套
7	螺栓	M14×120	8 套
8	螺栓	M14×60	8 套
9	螺栓	M16×60	2 套

图 2-29 低压耐张电杆双横担安装示意图

另外，图中对不同规格的连接螺栓进行了标记，当螺栓规格较多时，对图纸上螺栓的标记也可以采用图形符号的形式进行标记。使用者只需对照相应的图形符号在材料表中查对相应的螺栓规格。

（三）分支杆横担的安装图

图 2-30 所示为一低压直线分支电杆横担安装图的示意图。图中电杆共有上层（单）横

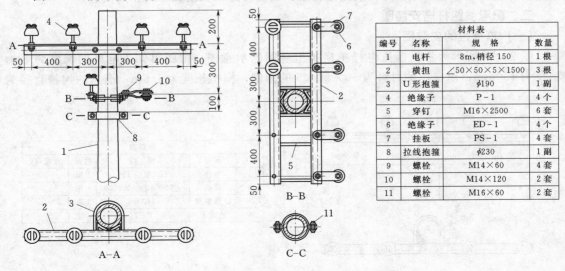

材料表			
编号	名称	规格	数量
1	电杆	8m,梢径 150	1 根
2	横担	∠50×50×5×1500	3 根
3	U 形抱箍	φ190	1 副
4	绝缘子	P-1	4 个
5	穿钉	M16×2500	6 套
6	绝缘子	ED-1	4 个
7	挂板	PS-1	4 套
8	拉线抱箍	φ230	1 副
9	螺栓	M14×60	4 套
10	螺栓	M14×120	2 套
11	螺栓	M16×60	2 套

图 2-30 低压直线分支杆横担安装示意图

担、中层（双）横担及拉线抱箍三层结构；为表达清楚各层结构的特点，将三层结构用 A－A、B－B、C－C 三级剖面分别进行表达。

A－A 表示顶层直线单横担的基本结构，其内容与图 2－28 相同；B－B 表示中层分支双横担的基本结构，其内容与图 2－29 基本相同，只是多了两个跳线绝缘子，见图 2－30 中的 B－B；C－C 表示拉线抱箍的安装结构，拉线抱箍采用直径 230mm 的两合抱箍。

说明：本处所述低压电杆横担的安装示意图，仅作为杆塔识图知识的讲解，不作为实际进行安装的标准图；具体线路安装施工时，应以设计图纸为安装的依据。

（四）拉线的组装图

拉线的组装图如图 2－31 所示；其中图（a）为拉线上把楔型线夹的安装图，图（b）为拉线下把 UT 形线夹的安装示意图。

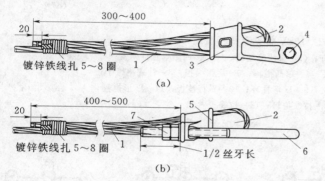

材料表			
编号	名称	规 格	数量
1	钢绞线	—	—
2	舌板	—	—
3	楔形线夹	—	—
4	连接螺栓	—	—
5	T 形夹	—	—
6	U 形螺丝	—	—
7	螺帽	—	—

图 2－31　拉线线夹组装示意图
（a）楔形线夹的安装示意图；（b）UT 形线夹的安装示意图

由图 2－31（a）所示楔形线夹的安装示意图可以看到：拉线的回头尾端应由线夹的凸肚穿出，并绕舌板楔在线夹内，舌板大小头的方向应与线夹一致。拉线尾线的出头长度及绑扎要求，可直接对照图形加以了解。

由图 2－31（b）所示 UT 形线夹安装示意图可知：进行 UT 形线夹安装时，当拉线收紧后 U 形螺栓的丝牙应露出丝杆长度的 1/2，同时，应加双螺母拧紧。

三、配电线路杆型图

（一）10kV 线路电杆

10kV 架空配电线路电杆的基本类型主要包括直线、耐张、转角、分支、跨越等，通常是由钢筋混凝土电杆、横担、抱箍、撑铁、拉线及各种连接螺栓等部件构成。电杆在主杆底盘、拉盘、卡盘等基础支持下达到稳定，从而保证配电线路的运行安全。

1. 10kV 架空配电线路直线电杆

10kV 架空配电线路直线电杆常见杆型主要有：普通直线杆、直线分支杆、跨越杆等，具体杆型图见图 2－32 所示。

2. 10kV 架空配电线路承力杆

10kV 架空配电线路承力杆包括转角杆、耐张杆及终端杆几种类型，具体杆型图见图 2－33 所示。

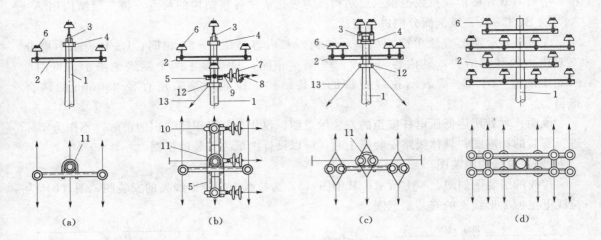

图 2－32 10kV 常见直线杆型图

（a）直线杆；（b）直线分支杆；（c）直线跨越杆；（d）多回路垂直排列直线杆

1—电杆；2—横担；3—立铁；4—单凸抱箍；5—耐张横担；6—针式绝缘子；

7—悬式绝缘子；8—耐张线夹；9—U 形挂环；10—平行挂板；11—U 形抱箍；

12—拉线抱箍；13—拉线

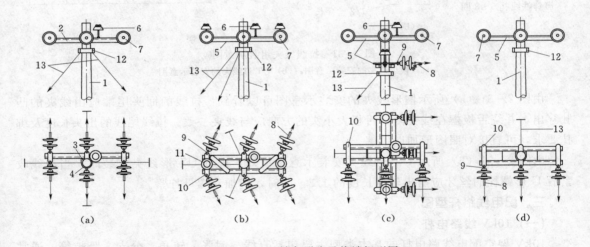

图 2－33 10kV 转角耐张及终端杆型图

（a）0～5°转角耐张杆；（b）5°～45°转角耐张杆；（c）45°～90°转角耐张杆；（d）终端杆

1—电杆；2—单横担；3—立铁；4—单凸抱箍；5—耐张横担；6—针式绝缘子；

7—悬式绝缘子；8—耐张线夹；9—U 形挂环；10—平行挂板；11—U 形抱箍；

12—拉线抱箍；13—拉线

（二）低压架空配电线路的电杆常见杆型图

农网低压架空配电线路广泛使用钢筋混凝土电杆，如图 2－34～图 2－42 所示，分别为低压配电线路中常见且较为典型的直线杆、耐张杆、转角杆、分支杆、终端杆等杆型图。

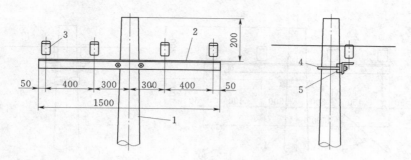

图 2-34　低压直线电杆的杆型图

1—电杆；2—四线铁横担；3—低压针式绝缘子；4—U 形抱箍；5—M 形横担抱铁

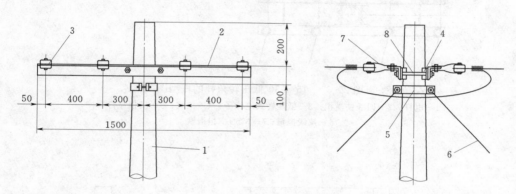

图 2-35　低压耐张电杆的杆型图

1—电杆；2—四线铁横担；3—蝶式绝缘子；4—M 形横担抱铁；5—拉线抱箍；

6—拉线；7—铁拉板；8—横担穿钉螺栓

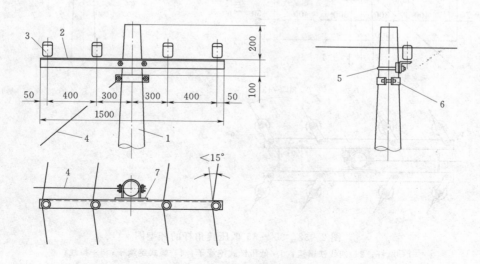

图 2-36　15°以下低压转角杆的杆型图

1—电杆；2—四线铁横担；3—低压针式绝缘子；4—拉线；5—U 形抱箍；

6—拉线抱箍；7—M 形横担抱铁

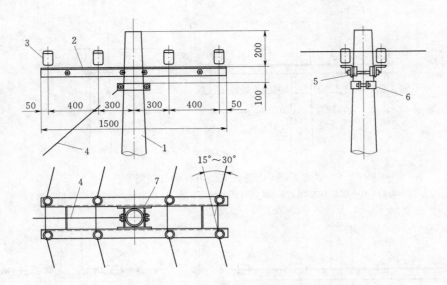

图 2-37　15°~30°低压转角杆的杆型图

1—电杆；2—四线铁横担；3—低压针式绝缘子；4—拉线；5—横担穿钉螺栓；

6—拉线抱箍；7—M 形横担抱铁

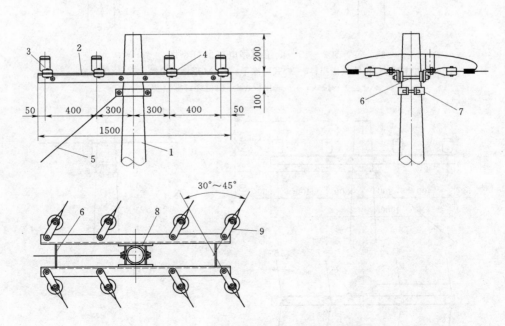

图 2-38　30°~45°低压转角杆的杆型图

1—电杆；2—四线铁横担；3—低压针式绝缘子；4—蝶式绝缘子；5—拉线；

6—横担穿钉螺栓；7—拉线抱箍；8—M 形横担抱铁；9—铁拉板

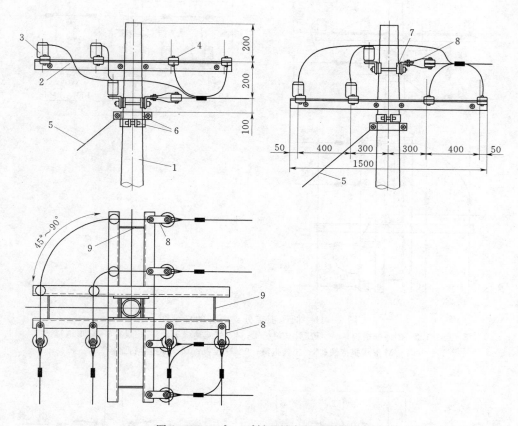

图 2 - 39 45°～90°低压转角杆的杆型图
1—电杆；2—四线铁横担；3—低压针式绝缘子；4—蝶式绝缘子；5—拉线；
6—拉线抱箍；7—M形横担抱铁；8—铁拉板；9—横担穿钉螺栓

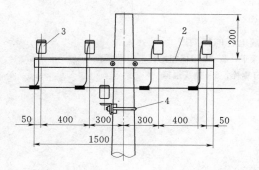

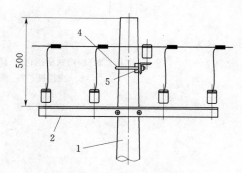

图 2 - 40 低压十字分支电杆的杆型图
1—电杆；2—四线铁横担；3—低压针式绝缘子；4—U形抱箍；5—M形横担抱铁

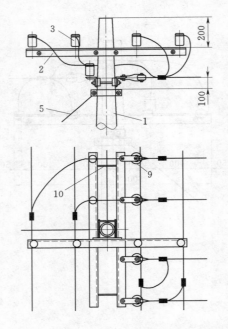
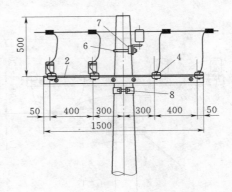

图 2-41 低压丁字分支电杆的杆型图

1—电杆；2—四线铁横担；3—低压针式绝缘子；4—蝶式绝缘子；5—拉线；6—U 形抱箍；
7—M 形横担抱铁；8—拉线抱箍；9—铁拉板；10—横担穿钉螺栓

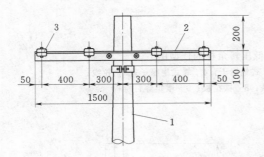
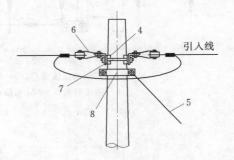

图 2-42 低压终端电杆的杆型图

1—电杆；2—四线铁横担；3—蝶式绝缘子；4—M 形横担抱铁；5—拉线；
6—铁拉板；7—横担穿钉螺栓；8—拉线抱箍

第三章　常用仪表及工具的使用

模块1　万用表、钳型电流表的使用

一、万用表、钳型电流表

万用表可用于电路或电气设备的直流电压、直流电流、交流电压、交流电流和电阻的测量，是电气设备检修、试验和调试等工作中常用的测量工具。钳型电流表是维修电工常用的一种电流表，可在不切断电源的情况下进行电流测量，使用方便。

（一）指针式万用表

如图3-1所示，指针式万用表由表头、测量电路及转换开关等主要部分组成，图3-2所示为指针式万用表的外形及组成结构。

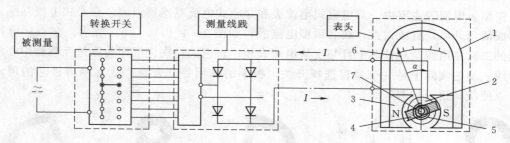

图3-1　指示式万用表测量原理示意图

1—永久磁铁；2—软铁芯；3—磁靴；4—线圈；5—游丝；6—指针；7—转轴

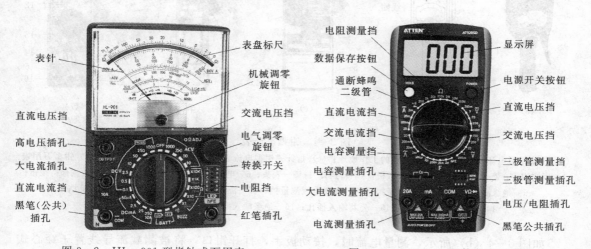

图3-2　HL-901型指针式万用表　　　图3-3　AT92050型数字式万用表

1. 表头

表头是一只高灵敏度的磁电式直流电流表，表头的灵敏度是指表头指针满刻度偏转时流过表头的直流电流数值的大小；数值越小，灵敏度越高；测电压时的内阻越大，其性能就越好。

2. 测量线路

测量线路是用来把各种被测量转换到适合表头测量的微小直流电流的电路，它由电阻、半导体元件及电池组成，能将各种不同的被测量（如电流、电压、电阻等）及不同量程，经过一系列的处理（如整流、分流、分压等）统一变成一定量程的微小直流电流送入表头进行测量。

3. 转换开关

用来选择各种不同的测量线路，以满足不同种类电量和不同量程的测量要求。

（二）数字式万用表

数字式万用表主要由视窗、功能按钮、转换开关和接线插孔等组成，内部为集成电路、电源。如图 3 - 3 所示为 AT92050 型数字式万用表的外形及组成结构。与模拟式仪表相比，数字式万用表的灵敏度高，准确度高，显示清晰，过载能力强，便于携带，使用更简单。

（三）钳型电流表

钳型表电流表主要由一只电磁式电流表和穿心式电流互感器组成。穿心式电流互感器铁芯制成活动开口，且成钳型，故名钳型电流表，如图 3 - 4 （a）、（b）所示。穿心式电流互感器的二次绕组缠绕在铁芯上且与交流电流表相连，它的一次绕组即为穿过互感器中心的被测导线。旋钮实际上是一个量程选择开关，扳手的作用是开合穿心式互感器铁芯的可动部分，以便使其钳入被测导线。

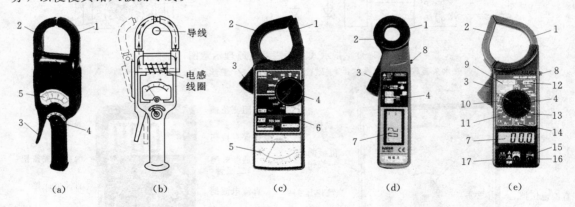

图 3 - 4　钳型电流表

（a）传统钳形电流表；（b）钳形电流表的工作原理；（c）指针式钳型电流表；（d）数字式钳型电流表；（e）钳型万用表
1—固定钳头；2—活动钳头；3—钳头扳机；4—转换开关；5—表头；6—电源开关；7—液晶显示屏；8—数据保持按钮；
9—绝缘测量挡；10—电阻测量挡；11—交流电流测量挡；12—温度输入插孔；13—直流电压测量挡；
14—交流电压测量挡；15—公共输入插孔；16—绝缘输入插孔；17—电阻电压输入插孔

如图 3 - 4 （b）所示，测量电流时，按动扳手，打开钳口，将被测载流导线置于穿心式电流互感器的中间，当被测导线中有交变电流通过时，交流电流的磁通在互感器二次绕组中感应出电流，该电流通过电磁式电流表的线圈，使指针发生偏转，在表盘标度尺上指出被测电流值。

钳型电流表有指针式和数字式两种，如图3-4（c）～（e）所示；数字式钳型电流表产品很多，功能多样，包括钳形万用表，具体使用方法大同小异，使用时应参照说明书进行。

二、万用表、钳型电流表的使用方法和步骤

（一）指针式万用表的使用方法和步骤

1. 测量前的准备

指针式万用表的使用前，操作人员应熟悉表盘上各符号的意义及各个旋钮和选择开关的主要作用，而后按图3-5的方法进行测量前的准备工作。

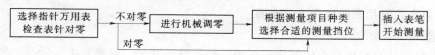

图3-5　指针式万用表的使用准备

2. 测量操作

指针式万用表可进行交、直流电压、直流电流、电阻的测量。具体测量接线方法如图3-6所示。测量操作过程见表3-1所示。

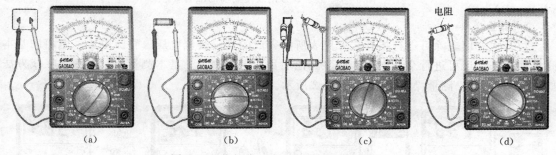

图3-6　指针式万用表的测量操作接线图

（a）交流电压测量；（b）直流电压测量；（c）直流电流测量；（d）电阻测量

表3-1　　　　　　　　　　　指针式万用表测量项目及操作步骤

测量步骤	测量项目			
	交流电压测量	直流电压测量	直流电流测量	电阻测量
1	估计待测电压的大小，将转换开关拨到对应交流电压 ACV 挡的对应量程	估计待测电压的大小，将转换开关拨到对应交流电压 DCV 挡的对应量程	估计待测电流的大小，将转换开关拨到对应电流 DCA 挡的对应量程	估计待测电阻的大小，将转换开关拨到对应电阻 Ω 挡的对应量程
	当待测电量大小未知的时候，应根据选择测量项目相应测量挡的高量程逐渐向低里程换挡进行测量			
2	将表笔并联在被测电路或元件两端	将红笔接电路电压正电压端，黑笔接电路负电压端	断开待测量电流的支流电路	短接两表笔，调电气调零旋钮，使表针指零
			将红笔接电路电压正端、黑笔接电路电压负端串入万用表	将表笔并联在被测电阻或元件两端
	指针偏转不足低一档数值，转换开关换到低一档，直流测量时，若指针反方向偏转，应立即调换表笔位置			指针偏转不足满刻度的2/3转换开关换到低一挡
3	表笔指针稳定后，选择对应量程档的度盘标尺读数，测量操作结束			

3. 使用注意事项

(1) 在测电流、电压时，不能带电换量程。

(2) 选择量程时，要先选大的，后选小的，尽量使被测值接近于量程。

(3) 测电阻时，不能带电测量。

(4) 使用完毕，应使转换开关在交流电压最大挡位或空挡（OFF）上。

(5) 注意日常维护，妥善保管，定期检查表内电池是否有效，检查表笔及外壳绝缘，定期校验。

(二) 数字式万用表的使用方法步骤

1. 测量前的准备

使用人员应认真阅读有关的使用说明书，熟悉电源开关、量程开关、插孔、特殊插口的作用，使用前按图 3-7 的要求进行测量前的检查准备工作。

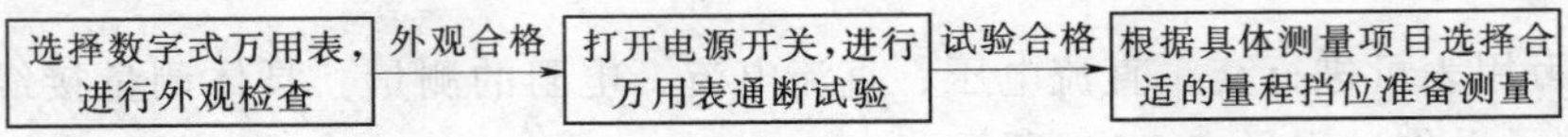

选择数字式万用表，进行外观检查
外观合格
打开电源开关，进行万用表通断试验
试验合格
根据具体测量项目选择合适的量程挡位准备测量

图 3-7　数字式万用表使用前的准备

2. 测量操作

数字式万用表除可进行指针式万用表所能完成的交、直流电压、直流电流、电阻的基本测量项目外，还可进行交流电流和许多其他项目的电量测量。基本测量项目的测量接线方法如图 3-8 所示。测量操作过程见表 3-2 所示。

233
-1.56
150.2
电阻
168.4
(a)
(b)
(c)
(d)

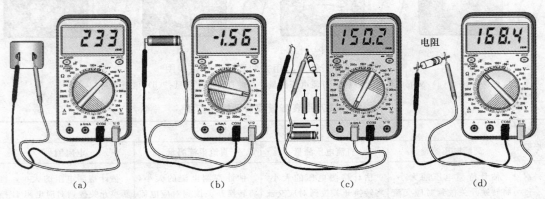

图 3-8　数字式万用表的测量操作接线图

(a) 交流电压测量；(b) 直流电压测量；(c) 直流电流测量；(d) 电阻测量

表 3-2　数字式万用表测量项目及操作步骤

测量步骤	测量项目			
	交流电压测量	直流电压测量	交、直流电流测量	电阻测量
1	估计待测电压的大小，将转换开关拨到对应交流电压 ACV（或 V～）挡的对应量程	估计待测电压的大小，将转换开关拨到对应交流电压 DCV（或 V－）挡的对应量程	估计待测电流的大小，将转换开关拨到对应电流 DCA（或 A～）、ACA（或 A－）挡的对应量程	估计待测电阻的大小，将转换开关拨到对应电阻 Ω 挡的对应量程
	当待测电量大小未知的时候，应根据选择测量项目相应测量挡的高量程逐渐向低里程换挡进行测量			

续表

测量步骤	测量项目			
	交流电压测量	直流电压测量	交、直流电流测量	电阻测量
2	将红笔插入"V/Ω"孔，黑笔插入"COM"孔	将红笔插入"V/Ω"孔，黑笔插入"COM"孔	将红表笔插入"mA"孔，（进行大电流测量时，红表笔插入"A"孔）黑表笔插入"COM"孔	将红笔插入"V/Ω"孔，黑笔插"COM"孔；两表笔短接，显示屏显示"0"；断开时，显示屏显示"1"
3	将表笔与被测线路或元件并联	将表笔与被测线路或元件并联	断开电路，将万用表串联在被测电路中	将表笔并联在被测电阻或元件两端
	当被测电量值超出所选测量项目档相应量程的最大值时，屏幕显示仅"1"，其他位数值全部消失，这时应进行换挡，选择更高的量程			
4	屏幕数值稳定后，直接读数，测量操作结束。直流电量测量时，若数值前显示"—"，表明测量极性相反			

3．交、直流电压的测量

根据需要将量程开关拨至"DCV"（直流）或"ACV"（交流）的合适量程，并读数即显示。

4．使用注意事项

（1）如果无法预先估计被测电压或电流的大小，则应先拨至最高量程挡测量一次，再视情况逐渐把量程减小到合适位置。测量完毕，应将量程开关拨到最高电压挡，并关闭电源。

（2）满量程时，仪表仅在最高位显示数字"1"，其他位均消失，这时应选择更高的量程。

（3）测量电压时，应将数字万用表与被测电路并联。测电流时应与被测电路串联，测直流量时不必考虑正、负极性，仪表能够自动显示测量电量的极性。

（4）当误用交流电压挡去测量直流电压，或者误用直流电压挡去测量交流电压时，显示屏将显示"000"，或低位上的数字出现跳动。

（5）禁止在测量高电压（220V 以上）或大电流（0.5A 以上）时换量程，以防止产生电弧，烧毁开关触点。

（6）当显示"BATT"或"LOWBAT"时，表示电池电压低于工作电压，应重新更换电池后，再进行测量。

（三）钳型电流表的使用方法和步骤

1．测量准备

测量前，操作人员应熟悉仪表上各符号的意义及各个旋钮、开关按钮的作用，检查钳型铁芯的橡胶绝缘是否完好，钳形表钳口应清洁、无锈，观察钳口闭合后应无明显的缝隙。

2．测量操作

（1）如图 3 - 9 所示，首先估计被测电流大小，选择合适量程。若无法估计时，可先选较大量程挡，然后逐挡减小，转换到合适的档位。

（2）打开钳口，将被测导线放在钳口中部，合上钳口，观察屏幕（或指针式钳形表的表盘指针）显示数值稳定后读数。

若合上钳口后，钳口的结合面有杂声，应重新开合一次，若仍有杂声，则应对钳口结合面进行处理，以使读数准确。

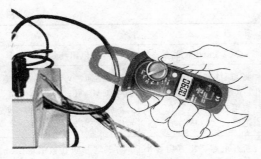

图 3-9　钳形电流表测量操作示意图

当指针式钳形电流表使用最小量程测量，其指针读数仍不明显时，可将被测导线绕几匝（以钳口中央的导线根数为准），则：测量读数＝指示值×量程/满偏×匝数。若数字式钳型电流表屏幕上显示为"1"时，表明所测电流超过所选量程，应更换到大一级的量程挡后，再次进行测量。

3. 使用注意事项

（1）钳型电流表不得测量超过 600V 电压的线路电流，被测线路的电压不得超过钳型电流表所规定的额定电压，以防绝缘击穿和人身触电。

（2）转换量程档位时，必须在不带电情况下或者在钳口张开情况下进行，以免损坏仪表。

（3）每次测量只能钳入一根导线。测量时应将被测导线钳入钳口中央位置，以提高测量的准确度。测量结束应将量程开关扳到最大量程位置，以便下次安全使用。

（4）测量时，操作人员应注意相对带电部分的安全距离，测量直流 60V、交流 30V 以上线路电流时，操作人员应戴绝缘手套，以免发生触电事故。

（5）测量时，应保持钳口夹紧，避免因钳口不紧面导致测量读数过大的误差。

模块 2　绝缘电阻表的使用

　　绝缘电阻表俗称兆欧表，是用来测量大电阻值设备绝缘的专用仪器，通常有机械式、数字电子式等几种类型，如图 3-10 所示。机械式绝缘电阻表也称摇表，如图 3-10（a）所示。由于数字表的操作主要是通过按键、开关等进行，且各生产厂家的产品也不完全相同，因此，本文将以机械式绝缘电阻测量仪为例，重点介绍绝缘电阻的测量接线方式、操作方法及相关技术要求。有关数字式电子绝缘电阻测试仪的使用操作，请详细阅读产品使用说明书。

一、绝缘电阻表的结构

　　绝缘电阻表内部由一个手摇发电机和一个磁电式比率表两大部分构成，常用的绝缘电阻表额定电压为 500V、1000V、2500V 等几种。它的标度尺单位是兆欧（MΩ）。

　　绝缘电阻表有三个接线端子：标有"线路"或"L"的端子，接于被测设备的导体上；标有"地"或"E"的端子，接于被测设备的外壳或接地；标有"屏蔽"或"G"的端子，接于测量时需要屏蔽的电极；如图 3-10 所示。

二、绝缘电阻表的选择

　　要根据所测量的电气设备选用绝缘电阻表的最高电压和测量范围。测量额定电

（a）　　　　　　（b）

图 3-10　绝缘电阻表外形图

（a）机械式摇表；（b）数字式电子表

压在 500V 以下的设备时，宜选用 500～1000V 的绝缘电阻表；测量额定电压在 500V 以上

的设备时，应选用 1000～2500V 的绝缘电阻表。

三、绝缘电阻表使用方法

（一）使用前的准备工作

绝缘电阻表在使用前应检查表盘指针的"0"与"∞"位置是否正确。检查方法是：先使 L、E 两接线端开路，将绝缘电阻表水平放置，摇动手柄至发电机额定转速（120r/min）后，指针应指在∞位置上。如不能达到∞，说明测试用引线绝缘不良或绝缘电阻表本身受潮。应用干燥清洁的软布，擦拭 L 端与 E 端子间的绝缘，必要时将绝缘电阻表放在绝缘垫上，若还达不到∞值，则应更换测试引线。然后再将 L、E 两端子短路，轻摇发电机，指针应指在 0 位置上。如指针不指零，说明测试引线未接好或绝缘电阻表有问题。

对运行中电气设备或元件进行绝缘电阻测量时，接线前应使用接地良好的放电棒对被测对象进行放电操作，以防止设备所带静电对操作人员或仪表设备造成损伤。

（二）测量操作

测试开始时先将 E 端子引线与被测设备外壳与地相连接，转动摇柄至额定转速（120r/min）后，再将 L 端子引线与被测设备的测试极相碰接，待指针稳定后（一般为 1min），读取并记录表针指示电阻值，测量完成。

测试结束后，应先将 L 端子引线与被测设备的测试极断开，再停止摇柄转动。以防止被测设备的电容对绝缘电阻表反充电而损坏表针。同时，由于电气设备的绝缘电阻随着测量时间的长短而有所不同，按规定，测量结果应以 1min 后的仪表指针的指示值为准。

测量中如果发现指针指零，应停止转动手柄，以防表内线圈过热而烧坏。在绝缘电阻表停止转动后，操作人员在使用已接地的放电棒对被测设备放电，然后拆除测量连线，操作结束。

（三）常用设备绝缘电阻测量接线

1. 导线对地绝缘电阻测量

如图 3－11 所示，E 端可靠接地，L 端与被测线路相连。

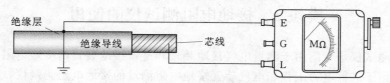

图 3－11　导线对地绝缘电阻测量示意图

2. 电动机绝缘电阻测量

如图 3－12 所示，将 E 端接机壳，L 端接电动机的绕组。

图 3－12　电动机导线对外壳、对地绝缘电阻测量示意图

3. 电缆线芯和外壳对地绝缘电阻测量

如图 3－13 所示，将外壳接 E 端，线芯接 L 端，中间屏蔽层和 G 端相接。

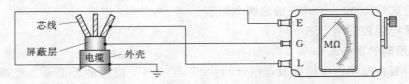

图 3-13　电缆线芯和外壳对地绝缘电阻测量示意图

四、注意事项

（1）绝缘电阻表的电压等级应与被测物的耐压水平相适应，以避免被测物的绝缘击穿。

（2）禁止对带电设备进行摇测，遇双回路架空线路或母线时，若一路带电，不得对另一路的绝缘电阻测量，以防高压的感应电危害人身和仪表的安全。

（3）线路上有人工作或遇雷电时，严禁进行测量工作，以免危害人身安全。

（4）在绝缘电阻表没有停止转动或被测设备没有放电之前，切勿用手去触及被测设备或绝缘电阻表的接线柱。

（5）使用绝缘电阻表摇测设备绝缘时，应由两人进行。

（6）绝缘电阻表的测试引线应选用绝缘良好的多股软线，其端部应有绝缘套，L、E、G 端子的引线应独立并分开，避免缠绕在一起，以提高测试结果的准确性。

（7）在带电设备附近测量绝缘电阻时，测量人员和绝缘电阻表的位置必须选择适当，保持与带电体的安全距离，以免绝缘电阻表引线或引线支持物触碰带电部分。移动引线时，必须注意监护，防止工作人员触电。

（8）摇测电容器、电力电缆、大容量变压器、电机等设备时，绝缘电阻表必须在额定转速状态下，方可将测量笔接触或离开被测设备，以免因电容放电而损坏仪表。

（9）测量电器设备绝缘时，必须先断电，经放电后才能测量。

（10）绝缘电阻表记录读数时，应同时记录当时的环境温度和湿度，便于比较不同时期的测量结果，分析测量误差的原因。

模块 3　接地电阻测试仪的使用

接地电阻测试仪是专门用于测量电气接地装置和避雷接地装置的接地电阻大小的测量仪器，现已广泛用于进行电力工程和电气装置接地电阻测量的接地电阻测量仪，主要有指针式的数字式两大类，如图 3-14 和图 3-15 所示。其中，指针式接地电阻测量仪主要有 0～100Ω 和 0～1000Ω 两种量程规格。本文将以图 3-14 所示 ZC-8 接地电阻测量仪为例，介绍电气设备接地电阻的测量方法及主要技术要求。

一、基本结构

图 3-14 所示指针式接地电阻测量仪与绝缘电阻表一样，在结构上由一个高灵敏的检流计和手摇发电机、电流互感器及滑线电阻组成。因此，也称接地摇表，其中 ZC-8 接地电阻测试仪是一种被广泛应用的普通接地摇表。

二、测量操作

（一）测量前准备工作

1. 熟悉设备

首先应熟悉仪表上各旋钮的意义及作用，并对选择的接地摇表、探针、测量连接导线等

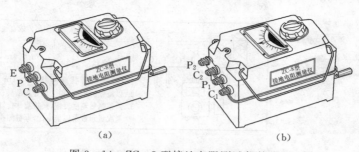

图 3-14　ZC-8 型接地电阻测试仪外观图

（a）三端子（0～1000Ω）测量仪；（b）四端子（0～100Ω）测量仪

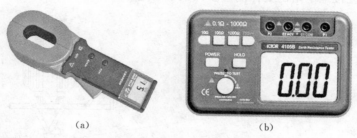

图 3-15　数字型接地电阻测试仪外观图

（a）钳形接地电阻测量仪；（b）数字电子式接地电阻测量仪

进行外观检查。

2．检查摇表的机械指零

将摇表水平放置，观察检流计中指针是否对准表盘中间的竖线，若有偏差，调整机械调零螺旋，使仪表指针对准度盘中央的黑线（基准线）。

（二）测量接线

采用 ZC-8 接地摇表测量电气装置的接地电阻时，应先将电气设备（或杆塔）接地装置的接地引下线与电气设备（或杆塔）断开，而后按图 3-16 所示接线方式进行接线。

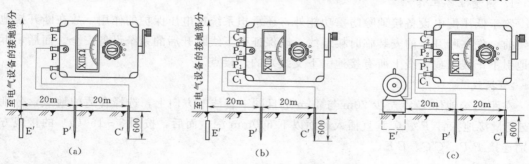

图 3-16　接地电阻仪测量接线图

（a）三端钮接地电阻测量接线；（b）四端钮接地电阻测量接线；（c）测量小电阻时的接线

另外，也可根据接地装置的结构形式和埋设方式的具体情况，按图 3-17 所示接地电阻测量仪铭牌上的要求进行接线。

（三）操作步骤

以杆架配电变压器台架接地装置为例，如图 3-18 所示，利用 ZC-8 三端接地电阻测量

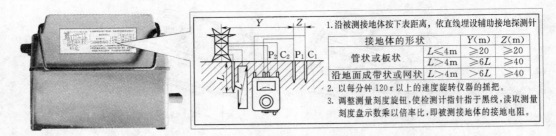

接地体的形状		$Y(m)$	$Z(m)$
管状或板状	$L{\leqslant}4m$	$\geqslant20$	$\geqslant20$
	$L>4m$	$\geqslant6L$	$\geqslant40$
沿地面成带状或网状	$L{\leqslant}4m$	$\geqslant6L$	$\geqslant40$
	$L>4m$	$\geqslant6L$	$\geqslant40$

1. 沿被测接地体按下表距离,依直线埋设辅助接地探测针

2. 以每分钟 120r 以上的速度旋转仪器的摇把。

3. 调整测量刻度旋钮,使检测计指针指于黑线,读取测量刻度盘示数乘以倍率比,即被测接地体的接地电阻。

图 3-17　ZC-8 接地电阻仪测量仪铭牌测量接线图

仪对台架接地装置接地电阻的具体测量步骤如下所述。

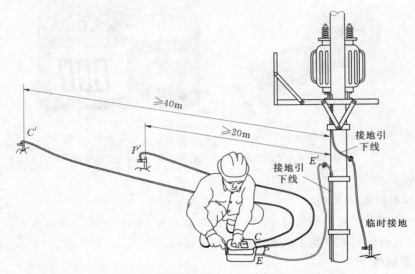

图 3-18　10kV 配电变压器台架接地电阻仪测量示意图

1. 测量准备工作

鉴于低压配电设备接地除防雷功能外,还承担系统过电压保护的作用,故在断开接地引下线前,先在断开点前安装临时接地线,以保证引下线断开后的系统设备安全。而后,拆开接地引下干线(或干线上所有接地引下支线)的连接点。

2. 接线

在距离接地体 E' 点至少 20m 与 40m 远且同一直线的方向上,选择合适的地点,分别将 2 支测量接地探针 P'、C' 垂直插入地面以下 600mm 深;而后,按图 3-16(a)的接线方式分别连接 $P'P$、$C'C$、$E'E$。

3. 测量

将接地电阻测试仪水平放置稳定,然后根据被测接地体的电阻要求(10kV 配电变台接地电阻 $R=10\sim30\Omega$),将倍率开关调至 ×10 挡;慢慢均匀摇动手柄,使转速逐步达到 120r/min,并保持转速,同时调整微调旋钮,拨动表盘,直至表针居中并稳定后,读取表盘指标读数。

此刻,测量接地电阻的电阻值:$R=$ 表盘指标读数×倍率倍数。如表盘指示为 1.8,倍率开关挡位为 10,则测得接地电阻为 $1.8×10=18(\Omega)$。

4. 恢复接地

测完后，拆除接地电阻表测量接线，恢复接地干线与接地体的连接点，拆除临时接地线，清理操作现场，测量操作完成。

三、使用注意事项

（1）使用接地电阻测量仪（钳形接地电阻测试仪除外）进行接地电阻测量前，应将接地装置与被保护的电气设备断开，不准带电测试接地电阻；对运行中的低压配电设备接地装置测量时，断开接地引下线操作必须戴绝缘手套进行。

（2）测量仪表应水平放置，测量前应检查仪表机械调零。

（3）接地电阻测试仪不准开路摇动手柄，否则将损坏仪表。

（4）若不能确定电阻大小时，应先将倍率开关放在最大倍率挡，而后依次向下调整换挡。

（5）测量时，应慢慢摇动发电机手柄逐步加速，同时调整微调旋钮，待发电机的转速达到稳定值（120r/min）时，使指针稳定地指在度盘中央基准线的位置后读取表盘指标读数。

（6）测量时尽量避免与高压线或地下管道平行，以减少环境对测量的干扰。

（7）钳形接地电阻测量仪虽然可以在不断开接地引下线的情况下，完成单个接地装置接地电阻的测量，但不能进行图 3-19 所示多点重复接地系统中某一独立设备接地电阻的准确测量。具体钳形接地电阻测量仪使用的详情，请参照仪器使用说明书。

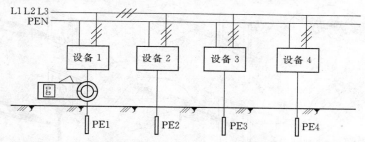

图 3-19　钳形接地电阻测量仪测量多点重复接地系统中电气设备接地电阻的测量示意图

（8）雨天和雨后三天内不要进行接地电阻测量，因为这时所测的数值能准确反映接地装置的接地效果。

模块 4　常用电工工具的使用

常用电工工具通常包括一般专业电工经常使用验电器、钢丝钳、尖嘴钳、剥线钳、螺丝刀等。

一、低压验电器

验电器分高压和低压两类，低压验电器通常称为验电笔（或试电笔），高压的称为验电器。

（一）低压验电笔的结构

低压验电笔是用来检查测量低压导体和电气设备外壳是否带电的一种常用工具。通常有钢笔式、螺丝刀式（简称普通低压验电笔）和数字感应式三种，如图 3-20 所示。普通验电笔是由笔尖金属体（即工作触头）、降压电阻、氖管、笔尾的金属体、弹簧和观察窗组成，如图 3-20（a）、（b）所示；数字感应式验电笔由直接测量按键（A 键）"DIRECT"、感应测量按键（B键）"INDUCTANCE"、液晶显示屏、指示灯及金属探头（螺丝刀头）组成，如图 3-20（c）所示。

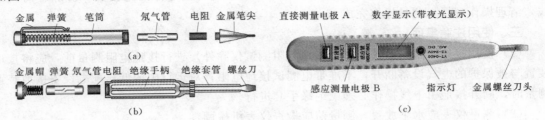

图 3-20　低压验电笔
(a) 钢笔式验电笔；(b) 螺丝刀式验电笔；(c) 感应式验电笔

普通低压验电笔测量电压范围在 60～500V 之间，只要带电体与大地之间的电位差超过一定数值，验电笔就会发出辉光。测量电压低于 60V 时试电笔的氖泡可能不会发光，若高于 500V 时，则不能用普通试电笔来测量，否则容易造成人身触电。

（二）普通低压验电笔的使用

使用普通低压验电笔验电时，必须按照图 3-21（a）所示的正确握法把笔握妥，以手指触及笔尾的金属体，使氖管小窗口或液晶显示窗背光朝向自己，具体操作内容如下所述。

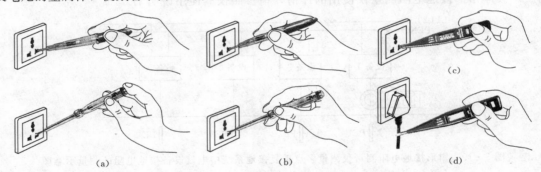

图 3-21　低压验电笔使用方法
(a) 正确方法；(b) 错误方法；(c) 数字验电笔直接测量方法；(d) 数字验电笔感应测量方法

（1）区分相线（火线）和中性线（地线或零线）。使用普通低压验电笔对电源插座进行验电时，氖管发亮的是相线，不亮的则是地（零）线。

（2）区分交流或直流电。用金属探头触及带电体，笔氖两极附近都发亮时为交流电；氖管仅在一个电极附近发亮时带电体为直流电。

（3）判断设备外壳带电电压的高低。使用普通低压验电笔金属探头触及带电设备外壳时，如果氖管发光呈暗红、轻微亮，则电压较低；电压低于 36V 时，氖管不发光。但是，当零线断线后，若设备绝缘损伤、漏电，验电笔的氖管也发光，这一现象值得特别注意。

（三）数字式低压验电笔的使用

验电笔适用于直接检测 12～250V 的交、直流电电压和间接检测交流电的零线、相线和断点。还可测量不带电导体的通断。采用数字式低压验电笔直接验电时，应按图 3-21（c）所示方法将手指按住笔尾端的触点；当手指按住感应触点时，可按图 3-21（d）所示方法进行测量。具体操作方法如下所述。

（1）直接检测。轻触直接测量（DIRECT）按键，验电笔金属前端接触被检测物，当验电笔为 12V、36V、55V、110V 和 220V 五段电压显示时，液晶显示屏显示的数值为所测电压值（当电压值未达到高端显示值的 70% 时，屏幕显示为低端值）。

（2）感应检测。轻触感应测量（INDUCTANCE）按键，验电笔金属前端靠近被检测物，若显示屏出现高压符号 "⚡" 表示物体带交流电。

（3）有断开点的电线测量。轻触感应测量（INDUCTANCE）按键，验电笔金属前端靠近该电线的绝缘外层，有断线现象，在断点处高压符号 "⚡" 消失。

（四）低压验电器的使用注意事项

（1）普通低压验电笔使用前，应检查验电笔里有无安全电阻，再直观检查试电笔是否有损坏，有无受潮或进水，检查合格后才能使用。

（2）使用验电笔时，不能用手触及验电笔前端的金属探头，这样做会造成人身触电事故。

（3）使用试电笔时，一定要用手触及试电笔尾端的金属部分，不能按图 3-21（b）所示方法握笔，否则，带电体、验电笔、人体与大地不能形成回路，氖泡不会发光，容易造成误判。

（4）在测量电气设备是否带电之前，先要找一个已知电源测一测试电笔的氖泡能否正常发光，能正常发光，才能使用。

（5）在明亮的光线下测试带电体时，应特别注意试电笔的氖泡是否真的发光（或不发光），必要时可用另一只手遮挡光线仔细判别，避免造成误判，将有电判断为无电。

（6）使用感应式验电笔时，按键不需用力按压，测试时不能同时接触两个测试键，否则会影响灵敏度及测试结果。

（7）感应式验电笔的按键，离液晶屏较远的为直接测量健，离液晶较近的为感应键，使用时一定要分清。

二、钢丝钳

钢丝钳由钳头、钳柄组成，钳头包括钳口、齿口、刀口、侧口；钳柄上套有额定工作电压 500V 的绝缘套管。钢丝钳的构造和用途如图 3-22 所示。

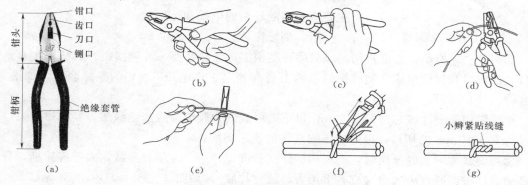

图 3-22 钢丝钳的构造和用途

（a）钢线钳结构；（b）握法；（c）紧固螺母；（d）剪切导线；（e）侧切钢丝；（f）、（g）捆绑、拧紧铁线

钢丝钳常用来剪切导线、弯绞导线、拉剥导线绝缘层以及紧固和拧松螺钉。通常剪切导线用刀口；剪切钢丝用侧口；扳旋螺母用齿口；弯绞导线用钳口。

钢丝钳使用时的注意事项主要有以下几项。

（1）使用钢丝钳时，必须检查绝缘柄的绝缘是否良好。

（2）使用钢丝钳剪切带电导线时，不得用刀口同时剪两根或两根以上导线，以免相线间或相线与零线间发生短路故障。

（3）使用钢丝钳时，刀口面应向操作者一侧，不得用钳头代替锤子作敲打工具使用。

（4）钢丝钳活动部位应适当加润滑油作防锈维护。

三、尖嘴钳

尖嘴钳由尖头、刀口和钳柄组成，如图 3-23（a）所示。电工用尖嘴钳在钳柄套有额定工作电压为 500V 的绝缘套管。尖嘴钳的头部尖细，适用于狭小空间的操作使用，其握法见图 3-23（b）所示。

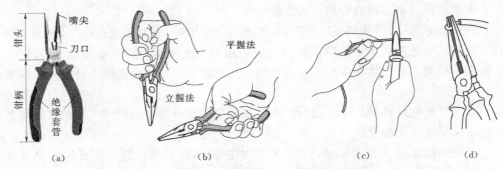

图 3-23　尖嘴钳的结构和用途
(a) 尖嘴钳的结构；(b) 尖嘴钳的握法；(c) 钳断铁丝；(d) 弯小圆圈

实际电工工作中，尖嘴钳主要用于：夹持较小的螺钉、垫圈、导线等元件；钳断细小的金属丝；在进行低压控制电路安装时，尖嘴钳能将导线弯成一定圆弧的接线端环。

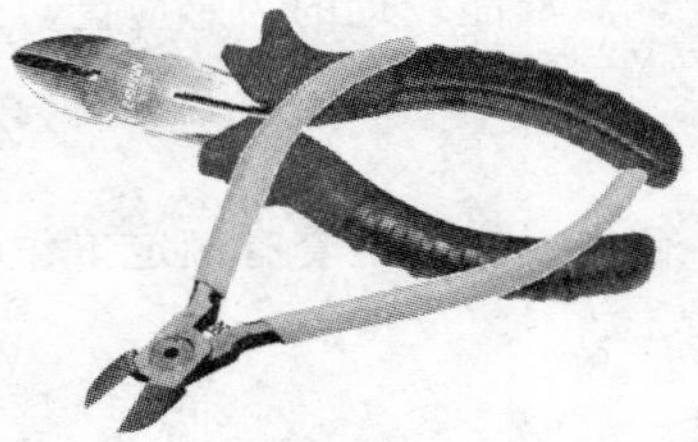

四、断线钳

断线钳也称为斜口钳。有绝缘柄的断线钳，柄上套有额定工作电压 500V 的绝缘套管，如图 3-24 所示，断线钳主要用来剪断较粗的电线和金属丝。

五、剥线钳

图 3-24　断线钳

如图 3-25 所示，电工常用剥线钳的种类很多，无论是哪一种剥线钳，其结构主要是由刀口、压线口和钳柄组成。剥线钳的手柄上套有额定工作电压 500V 的绝缘套管，如图 3-25（a）、（b）所示。

剥线钳用于剥除线芯截面为 6mm² 以下塑料线或橡胶绝缘线的绝缘层。剥线钳的刀口有直径为 0.5～3mm 的切口，以适应不同规格的线芯剥削。

使用剥线钳剥去绝缘层时，剥削的绝缘层长度定好后，左手持导线，右手握钳柄，导线端部绝缘层被剖断自由飞出（或右手用力将线皮拉脱）。如图 3-25（c）、（d）所示。

使用时应将导线放在大于芯线直径的切口上切削，以免切伤芯线。

六、螺丝刀

螺丝刀又称旋凿或起子，是用来紧固和拆卸各种螺钉，安装或拆卸元件的。

如图 3-26 所示，螺丝刀是由刀柄和刀体组成。刀柄有木柄、塑料柄和有机玻璃柄等。电工螺丝刀刀口形状有"一"字形和"十"字形、刀体金属部分带有绝缘套管，如图 3-26（a）、（b）所示。

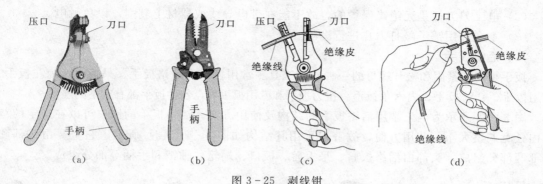

图 3－25　剥线钳

（a）剥线钳；（b）多功能剥线钳；（c）、（d）剥线钳的使用方法

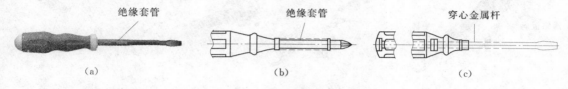

图 3－26　螺丝刀

（a）一字螺丝刀；（b）十字螺丝刀；（c）机械维修用穿心金属螺丝刀

使用螺丝刀时的注意事项如下所述。

（1）电工不可用图 3－26（c）所示金属杆直通柄顶的螺丝刀，否则很容易造成触电事故。

（2）使用螺丝刀紧固或拆卸带电的螺钉时，手不得触及螺丝刀的金属杆，应在螺丝刀的金属杆上套上绝缘套管。

（3）螺丝刀操作时，用力方向不能对着别人或自己，以防脱落伤人。

（4）螺丝刀口放入螺钉槽内，操作时用力要适当，不能打滑，否则会损坏螺钉的槽口。

（5）不允许用电工螺丝刀代替凿子使用，以免手柄破裂。

七、电工刀

电工刀的作用主要是用于剥削导线绝缘层，其外形如图 3－27（a）所示。

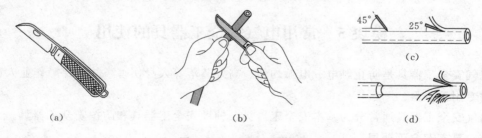

图 3－27　电工刀的使用

普通电工刀使用时应左手持导线，右手握刀柄，刀口稍倾斜向外，如图 3－27（b）所示。刀口常以 45°角倾斜切入，15°～25°角倾斜推削使用，如图 3－27（c）、（d）所示。电工刀用完后应将刀体折入刀柄内。

电工刀的使用注意事项如下所述。

（1）使用电工刀时刀口应向人体外侧用力。

（2）电工刀刀柄是无绝缘保护的，故不能在带电导线或器材上剥削，以免触电。

（3）不允许用锤子敲打刀片进行剥削。

八、活络扳手

扳手是用来紧固和松开螺母的一种常用工具。常用扳手有活络扳手、呆扳手、梅花扳手、两用扳手、套筒扳手、内六角扳手、扭力扳手和专用扳手等，各种扳手都有其不同规格。

图 3-28 所示为电工常用活络扳手的结构及使用方法。活络扳手的钳口可以在规定的范围内任意调整大小，使用方便，故普遍采用其结构如图 3-28（a）所示，它主要由头部和柄部两部分组成。头部由活络扳唇、呆扳唇、扳口、蜗轮、轴销和手柄等部分组成。

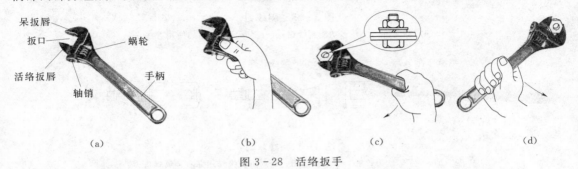

图 3-28　活络扳手

（a）活络扳手的构造；（b）扳较大螺母时的握法；（c）扳较小螺母时的握法；（d）错误握法

活络扳手的使用方法如下所述。

（1）根据螺母的大小，用两手指旋动蜗轮以调节扳口的大小，将扳口调到比螺母稍大些，卡住螺母，再用手指旋蜗轮使扳口紧压螺母，如图 3-28（b）所示。

（2）扳动大螺母时力矩较大，手要握在近柄尾处，如图 3-28（c）所示；扳动小螺母时力矩较小，又因为螺母过小容易打滑，手应握在近头部的地方，施力时手指可随时旋调蜗轮，收紧活络扳唇，以防打滑。

（3）活络扳手不可反用，以免损坏活络扳唇，如图 3-28（d）所示。普通活络扳手不可用钢管接长手柄施力，不应将活络扳手作为撬棒和锤子使用。

模块 5　常用电气安全工器具的使用

电气安全工器具是防止触电、电弧灼伤、高处坠落等人身伤害事故，保障作业人员人身安全的专用工器具。

电气安全工器具通常分为基本安全工器具、辅助安全工器具和防护安全工器具。

一、基本安全工器具

基本安全工器具是绝缘程度足以承受电气设备的工作电压，能直接用来操作带电设备或接触带电体的工器具。

基本安全用具通常指绝缘安全工器具，主要包括绝缘棒、绝缘夹钳、高压验电器高压核相器等。绝缘工器具的质量直接关系到作业中人身和设备的安全。因此，基本绝缘安全工器具除应配备合格的绝缘性能外，绝缘工器具必须有存放的专用库房，绝缘工器具应与金属工具分开存放，室内务必保持干燥。

（一）绝缘棒

绝缘棒又称绝缘杆、操作杆。它的主要作用是接通或断开高压隔离开关、跌落熔断器，安装和拆除便携式接地线以及带电测量和试验工作。

1. 绝缘棒的结构

绝缘棒的结构主要由握手部分、绝缘部分和工作部分构成。工作部分一般为金属或玻璃钢制成的钩子，绝缘部分和握手部分是用浸过绝缘漆的木材、硬塑料、胶木等制成。握手部分和绝缘部分之间有明显的分界线。各部分的长度按其工作需要、电压等级和使用场合而定。

为了便于携带，一般在制作时，将其分段制成，每段端头用金属螺钉镶接或用其他方式连接，使用时将各段接上或拉出即可，如图 3-29 所示。

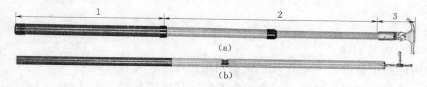

图 3-29　绝缘操作杆

（a）伸缩式；（b）分节式；

1—握手部分；2—绝缘部分；3—工作部分

2. 绝缘棒的使用方法和注意事项

（1）使用绝缘棒时，工作人员应戴绝缘手套和穿绝缘靴，以加强绝缘棒的保护作用。

（2）雨、雪天或潮湿天气，在室外使用绝缘棒时，应使用装有防雨伞形罩的绝缘棒。

（3）使用绝缘棒时要注意防止碰撞，以免损坏表面的绝缘层。

（4）绝缘棒应存放在干燥、特制的架子上或垂直悬挂在专用挂架上，以防受潮及变形弯曲。

（5）绝缘棒不得直接与墙或地面接触，以防碰伤其绝缘表面。

（6）绝缘棒应定期进行绝缘试验，一般每年试验一次，详细情况参见有关标准。

（二）绝缘夹钳

1. 绝缘夹钳的结构

绝缘夹钳是用来安装和拆卸高压熔断器或执行其他类似工作的工器具。绝缘夹钳由工作钳口、绝缘部分和握手部分三部分组成，如图 3-30 所示。各部分所用材料与绝缘棒相同。它的工作部分是一个强固的夹钳，并有一个或两个管形的工作钳口，用以夹持高压熔断器的绝缘管。

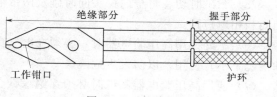

图 3-30　绝缘夹钳

2. 绝缘夹钳的使用注意事项

（1）绝缘夹钳不允许装接地线，以避免操作时由于接地线在空中游荡，造成接地短路和触电事故。

（2）在潮湿天气应使用专用的防雨绝缘夹钳。

（3）绝缘夹钳要保存在特制的箱子里，以防受潮。

（4）工作时，应戴护目眼镜、绝缘手套和穿绝缘鞋或站在绝缘台（垫）上，手握绝缘夹钳要保持平衡和精神集中。

（5）绝缘夹钳要定期试验，试验周期为一年。

（三）高压验电器

高压验电器又称电压指示器，根据使用的工作电压，高压验电器一般制成 10kV 或 35kV 两种。如图 3 - 31 所示为 0.4～10kV 高压验电器，主要用于 0.4kV 线路和 10kV 设备、线路验电。

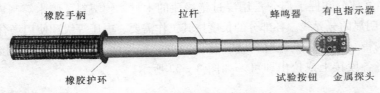

橡胶手柄　　　拉杆　　　蜂鸣器　　有电指示器
橡胶护环　　　　　　试验按钮　金属探头

图 3 - 31　高压验电器

1. 高压验电器的种类

目前常用的高压验电器主要有声、光型和回转带声、光型两种。

（1）声、光型验电器。当声、光型验电器的金属电极接触带电体时，验电器流过的电容电流，会发出声、光报警信号。

（2）回转带声、光型验电器。它是利用带电导体尖端放电产生的电风来驱使指示器叶片旋转，同时发出声、光信号。

2. 使用高压验电器注意事项

（1）使用验电器前，应先检查验电器的工作电压与被测设备的额定电压是否相符，验电器是否超过有效试验期。

（2）利用验电器的自检装置，检查验电器的指示器叶片是否旋转以及声、光信号是否正常。

（3）验电时，工作人员戴绝缘手套，按图 3 - 32 所示方法握在绝缘棒护环以下的握手部分，不得超过护环。

（4）使用时应逐渐靠近被测物体，直至验电器发出声、光。

（5）测试时切忌将金属探头同时碰及两带电体或同时碰及带电体和金属外壳，以防造成相间和相地短路。

（6）室外使用高压验电器时，必须在电气良好的情况下进行。在雪、雨、雾及湿度较大的情况下不宜使用，以防发生危险。

（7）使用高压验电器测试时必须穿绝缘鞋、戴符合耐压要求的绝缘手套。进行高压验电操作，必须有人监护，操作人员与被测带电体应保持足够的安全距离（10kV 线路或设备≥0.7m）。

（8）每次使用后，应将表面尘埃拭净，再存放在柜内，保持干燥，避免积灰和受潮。

（9）按国家标准规定，10kV 高压验电器预防性试验周期为一年一次；按《电业安全工作规定》（DL 408—91），应每半年进行一次。

二、辅助安全工器具

辅助安全工器具是指绝缘强度不足以长期承受电气设备工

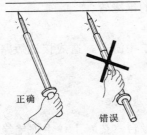

正确　　　错误

图 3 - 32　高压验电器的握法

作电压的绝缘用具，主要用于加强基本安全工器具的保安作用，防止接触电压、跨步电压、电弧灼伤等对操作人员造成的伤害，不能用辅助安全工器具直接接触高压电气设备的带电部分。

（一）绝缘手套、绝缘靴

1. 绝缘手套、绝缘靴（鞋）的性能特点

绝缘手套由特种橡胶制成，绝缘手套可使人的双手与带电设备绝缘。因此，可作为在高压电气设备上操作的辅助安全工器具，又可作为在低压带电设备上工作的基本安全工器具使用。

绝缘手套的长度，在戴上后应超过手腕 10cm，由于绝缘手套有严格的电气要求，普通的或医疗、化学用的手套不能代替绝缘手套。

绝缘靴（鞋）特种橡胶制成，操作人员在电气设备上工作时，绝缘靴（鞋）可作为操作人员与大地保持绝缘的辅助安全工器具，同时，还可作为防护跨步电压伤害的基本安全工器具。

2. 绝缘手套和绝缘靴（鞋）的使用注意事项

（1）绝缘靴（鞋）不得当做雨鞋或其他用。

（2）绝缘手套使用前应进行外部检查，要求表面无损伤、磨损或破漏、划痕等。

（3）使用绝缘手套时，最好里面戴上棉纱手套。戴手套时，应将外衣袖口放进手套的伸长部分。

（4）电力安全操作规程规定，现场电气作业现场工作人员，必须穿绝缘靴（鞋）。

（5）当绝缘鞋的大底露出黄色面胶（绝缘层）时，不能视为绝缘。

（6）绝缘手套和绝缘靴（鞋）使用后，应擦净、晾干，手套内外应洒上滑石粉，以免粘连。

（7）绝缘手套和绝缘靴应存放处所应干燥通风，放在专用的橱、柜内，并与其他工具分开存放，不准堆压。

（8）绝缘手套、绝缘靴（鞋）不得与石油类的油脂接触，以免造成绝缘损害。

（9）绝缘手套、绝缘靴（鞋）应每半年试验一次。

（二）绝缘胶垫、绝缘台

1. 绝缘胶垫

绝缘胶垫又称绝缘胶板，绝缘胶垫是特种橡胶制成，其表面制有条纹。绝缘垫的规格有厚为 4mm、6mm、8mm、10mm、12mm 五种，宽度均为 1m，长度均为 5m。绝缘胶垫可作为辅助安全工器具，铺在配电装置室等地面，以便带电操作开关时，增强操作人员的对地绝缘，同时防止接触电压和跨步电压对操作人员的伤害。在 1kV 及以下时，绝缘胶垫可作为基本安全工器具。

绝缘胶垫的使用注意事项如下所述。

（1）使用时，应保持绝缘胶垫干燥、清洁，注意防止与酸、碱及各种油类物质接触，同时还应避免与热源接触（如取暖炉等）或距热源太近，以免受腐蚀后老化，龟裂或变黏、降低其绝缘性能。

（2）绝缘胶垫使用前应认真检查有无裂纹、划痕等，发现有问题，立即禁用，并及时更换。

（3）绝缘胶垫应每半年用低温肥皂水清洗一次。

（4）绝缘胶垫每一年应进行一次绝缘试验。

2. 绝缘台

绝缘台是带电工作的辅助安全工器具，可代替绝缘垫或绝缘靴的作用。绝缘台的用干燥的木板或木条做成台面，绝缘子做台脚。台面不宜太大，一般不大于 1.5m×1.0m；台面板条间距应不大于 2.5cm，绝缘子高度不小于 10cm。

绝缘台在使用过程中应注意以下几点。

（1）绝缘台多用于变电站和配电室内，用于户外时，应将其置于坚硬的地面，不应放在松软的地面或泥草中，以防陷入而降低其绝缘性能。

（2）绝缘台的台脚绝缘子应无裂纹、破损，木质台面要保持干燥清洁。

（3）绝缘台使用后应妥善保管，不得随意登、踩或做板凳坐用。

（4）绝缘台的绝缘电气试验每 3 年 1 次。

三、防护安全工器具

防护安全工器具是指那些本身没有绝缘性能，但可以起到作业中防护工作人员免遭伤害作用的安全工器具。

（一）安全带

安全带是电力生产技能人员在架空线路杆、塔上和变电站户外构架上进行安装、检修、施工时，防止高空作业人员高空坠落的防护安全工器具。

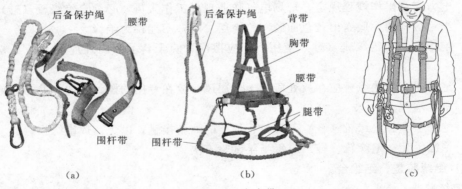

图 3-33　安全带

（a）普通双保险安全带；（b）全防护安全带；（c）全防护安全带的正确穿戴方法

安全带通常由锦纶材料制造，具有强度大、耐磨损、耐虫蛀、耐碱、老化慢的特点，并有较好的延伸性、回弹性。目前在配电线路运行与维护检修工作中广泛使用的安全带如图 3-33 所示。其中，图 3-33（a）所示为普通双保险安全带，图 3-33（b）所示为全防护背带式安全带。安全带的使用注意事项如下所述。

（1）使用前，必须进行外观检查，如发现破损、变质及金属配件有断裂，禁止使用。

（2）安全带应高挂低用或水平围挂，切忌低挂高用，并应将活梁卡子系紧。

（3）安全带存放时，应避免接触 120℃以上的高温、明火和酸类物质及化学药物，使用时不得与有锐角的坚硬物体直接接触。

（4）安全带可放入低温水内，用肥皂轻轻擦洗，再用清水漂干净，然后晾干，不允许浸入热水中，以及在日光下曝晒或用烘烤。

（二）安全帽

安全帽是对人体头部受外力伤害起防护作用的安全工器具，由帽壳、帽衬、下颏带和后箍等组成，如图 3-34 所示。它在电力系统的发电、供电、基建、施工等企业被广泛采用。

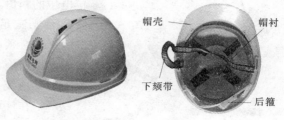

图 3-34　安全帽

1. 安全帽的作用

安全帽的作用主要有以下几项。

（1）对飞来物体击向头部时的防护。

（2）当工作人员从 2～3m 高处坠落时头部的防护。

（3）当工作人员在沟道内行走，障碍物碰到头部时的防护，或从交通工具上甩出时对头部的防护。

2. 安全帽的使用与维护

电力安全工作规程规定，工作人员进入施工现场必须戴安全帽。因此，为充分利用安全帽的防护作用，每个施工作业现场的工作人员，应注意以下几点。

（1）安全帽帽衬是起缓冲作用的，帽衬松紧是由带子调节的。

（2）安全帽必须戴正，不要把安全帽歪戴在脑后，否则，会降低安全帽对于冲击的防护作用。

（3）使用时，安全帽的下颌带应系结实，否则，生产过程中，可能由于安全帽掉落而起不到防护作用。

（4）安全帽在使用过程中，要爱护，不要在休息时坐在上边，以免使其强度降低或损坏。

（5）使用安全帽前应仔细检查有无龟裂、下凹、裂痕和磨损等情况，禁止使用有明显外观缺陷的安全帽。

当进行架空线路检修、杆塔施工作业和在变电构件等处工作时，为防止在杆塔上的工作人员因与工具器材、构架相互碰撞而受伤，或杆塔、构架上工作人员失落工具和器材时，击伤地面人员，因此，高处作业人员及地面上配合人员都应戴安全帽。

（三）个人保安线

个人保安线是保证电力工人作业过程中避免感应电伤害的安全防护工具。当工作地段如有邻近、平行、交叉跨越及同杆塔架设线路时，为防止停电检修线路上感应电压伤人，在需要接触或接近导线工作时，应使用个人保安线。

个人保安线应使用带有透明护套的多股软铜线，截面积不得小于 $16mm^2$，且应带有绝缘手柄或绝缘部件。个人保安接地线如图 3-35 所示。

1. 个人保安线的使用方法

个人保安线应在杆塔上接触或接近导线的作业开始前挂接，作业结束脱离导线后拆除。装设时，应先接接地端，后接导体端，且应接触良好，连接可靠。拆除时，顺序与此相反。

2. 个人保安线使用注意事项

使用前必须确认所登杆塔是停电线路，且是待检修线路，并已挂好接地线。具体使用时，应注意以下几点。

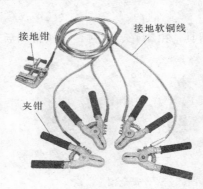

接地钳　　接地软铜线

夹钳

图 3-35　个人保安接地线

（1）严禁以个人保安线代替三相短路接地线。因为两者的作用和地位不同。三相短路接地线主要是用来限制入侵电压的幅值，防止意外来电包括感应电造成人身伤害，其截面要满足装设地点短路电流的要求，且不得小于 $25mm^2$。必须以三相短路接地线为主要措施，以个人保安线为辅助措施，不能主次颠倒，不能以个人保安线代替三相短路接地线。

（2）在杆塔或横担接地通道良好的条件下，个人保安线接地端允许接在杆塔或横担上。

（3）个人保安线的使用原则是谁装谁拆，专人负责。

（四）遮栏

遮栏主要用来防护工作人员意外碰触或过分接近带电部分而造成人身事故的一种安全防护用具，也可作为在检修时，工作位置与带电设备之间安全距离不够时的隔离用具。遮栏包括一般遮栏、绝缘挡板和绝缘罩等。

遮栏使用时，在遮栏上应注有"止步、高压危险"的字样或悬挂其他标示牌，以提醒工作人员注意。绝缘挡板和绝缘罩也同其他绝缘工具一样，除定期进行绝缘试验外，每次使用前应认真地进行外观检查，以确保工具的绝缘性能。

（五）标示牌

标示牌由安全色、几何图形和图形符号构成，用以表达特定的安全信息。安装标示牌是保证电气工作人员安全的重要技术措施之一。

1. 标示牌的制作及分类

标示牌用木材或绝缘材料制作，不得用金属板制作。标示牌根据用途可分为警告类、允许类、提示类和禁止类四类共 8 种，每种标示牌的式样及悬挂处所具体要求参见《国家电网公司电力安全工作规程（线路部分）》附录 J 标示牌式样部分。

2. 标示牌的使用和维护

由于各种标示牌的用途不同，另有些场合，标示牌需和临时遮栏配合使用。因此，使用标示牌时应注意以下几点。

（1）在一经合闸即可送电到工作地点的断路器和隔离开关的操作把手上，均应悬挂"禁止合闸，有人工作"的标示牌，对同时能进行远方和就地操作的隔离开关还应在隔离开关就地操作把手上悬挂标示牌。

（2）当线路有人工作时，则应在线路断路器和隔离开关的操作把手上悬挂"禁止合闸，线路有人工作"的标示牌，以提醒值班人员线路有人工作，以防向有人工作的线路合闸送电。

（3）在室内高压设备上工作时，应在工作地点的两旁间隔和对面间隔的遮栏上悬挂"止步，高压危险"的标示牌。在进行电气试验时，应在禁止通行的过道上设围栏或临时遮栏，并向外悬挂"止步，高压危险"的标示牌。

（4）室外设备检修时，应在临时围栏四周向内悬挂适当数量的"止步，高压危险"的标示牌。

（5）在检修工作地点悬挂"在此工作"的标示牌，标示牌应悬挂在检修间隔的遮栏上；室外变电站停电设备和外壳上，隔离开关检修时，应在隔离开关操作把手或隔离开关支架上悬挂

"在此工作"的标示牌。检修的隔离开关则悬挂"禁止合闸，有人工作"标示牌。

（6）在室外架构上工作时，应在工作地点邻近带电部分的横梁上悬挂"止步，高压危险"的标示牌。在工作人员上下的架构梯子上悬挂"由此上下"标示牌，标示牌一定要布置正确，并不得任意移动和拆除。

（7）标示牌用完以后，应妥善地分类保管在专用地点，如有损坏或数量不足时应及时更换或补充。

（8）标示牌的悬挂和拆除应按《国家电网公司电力安全工作规程》的相关规定进行，标示牌的数目和布置地点应根据具体条件和安全工作的要求来决定。

（六）便携式接地线

便携式接地线也是进行高压设备停电检修或其他工作时，为了防止停电检修设备突然来电和邻近高压带电设备所产生的感应电压对人体伤害的必不可少的安全防护工器具。

1. 便携式接地线的结构

便携式接地线由短路线、接地线（截面不应小于 25mm² 软铜线）、专用夹头三部分与接地钎共同组成临时接地装置，如图 3－36所示。

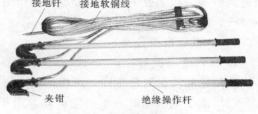

图 3－36　便携式接地线

2. 便携式接地线的使用注意事项

（1）挂接地线时，应先接好接地端，后挂导线端；拆除时，应先取下导线端线夹再拆除接地端。

（2）接地线挂接、拆除操时，操作人员作应戴绝缘手套，接地探针插地面以下不应少于 0.6m。

（3）接地线使用前应检查接地铜线和短路铜线的连接是否牢固、连接器（线夹或线卡）装上后应接触良好，并有足够的夹持力，以防止短路电流幅值较大时，由于接触不良而熔断或在电动力作用下脱落。

（4）便携式接地线应统一编号，存放在固定的位置，专人保管，定期试验。

第四章 常用配电设备

模块1 常用低压电气设备及选择

低压电器通常指工作在交流 1200V、直流 1500V 及以下电路中的起控制、保护、调节、转换和通断作用的电器。低压电器广泛用于输配电系统和电力拖动系统中，在工农业生产、交通运输和国防工业中起着十分重要的作用。

一、常用低压电气设备

(一) 低压电器分类

1. 按用途和控制对象不同分类

按用途和控制对象不同，可将低压电器分为配电电器和控制电器。

(1) 用于低压配电系统的配电器。用于低压配电系统的配电器包括隔离开关、组合开关、空气断路器和熔断器等，主要用于低压配电系统及动力设备中接通与分断。

(2) 用于电力拖动及自动控制系统的控制电器。用于电力拖动及自动控制系统的控制电器包括接触器、启动器和各种控制继电器等，对控制电气的主要技术要求是操作频率高、寿命长，有相应的转动能力。

2. 按动作方式不同分类

按动作方式分类可分为自动切换电器和非自动切换电器。

(1) 自动切换电器。自动切换电器是依靠电器本身参数的变化或外来信号的作用，自动完成电路的接通或分断等操作，如接触器、继电器等。

(2) 非自动切换电器。非自动切换电器依靠外力（如人力）直接操作来完成电路的接通、分断、启动、反转和停止等操作，如隔离开关、转换开关和按钮等。

3. 低压电器型号表示方法

我国对各种低压电器产品型号编制方法如下所述。

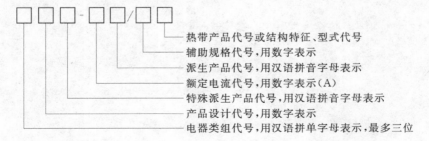

```
□□□-□□/□□
```
- 热带产品代号或结构特征、型式代号
- 辅助规格代号，用数字表示
- 派生产品代号，用汉语拼音字母表示
- 额定电流代号，用数字表示（A）
- 特殊派生产品代号，用汉语拼音字母表示
- 产品设计代号，用数字表示
- 电器类组代号，用汉语拼单字母表示，最多三位

(二) 常用低压电器

1. 低压隔离开关

低压隔离开关的主要用途是隔离电源，在电气设备维护检修需要切断电源时，使之与带电部分隔离，并保持足够的安全距离，保证检修人员的人身安全。

低压隔离开关可分为不带熔断器式和带熔断器式两大类。不带熔断器式开关属于无载通断电器，只能接通或开断"可忽略的"电流，起隔离电源作用；带熔断器式开关具有短路保护作用。

（1）HD、HS 系列隔离开关。HD、HS 隔离开关适用于交流 50Hz、额定电压至 380V、直流 440V，额定电流可达 1500A 成套配电装置中，作为不频繁地手动接通和分断交、直流电路或作隔离开关用如图 4-1 所示。

图 4-1　HD11、HS11 系列中央手柄式的单投的双投隔离开关

（2）HR 系列熔断器式隔离开关。HR 系列熔断器式隔离开关主要用于额定电压交流 380V（45～62Hz），约定发热电流 630A 的具有高短路电流的配电电路和电动机电路中，正常情况下，电路的接通、分断由隔离开关完成；故障情况下，由熔断器分断电路。熔断器式隔离开关适用于工业企业配电网中不频繁操作的场所，作为电源开关、隔离开关、应急开关，并作为电路保护用，但一般不直接开闭单台电动机，如图 4-2 所示为 HR3 熔断器式隔离开关，图 4-3 所示为 HR5 熔断器式隔离开关。

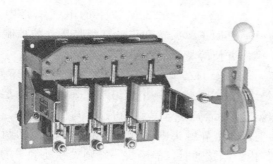

图 4-2　HR3 熔断器式隔离开关

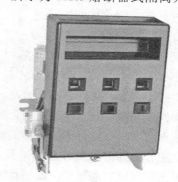

图 4-3　HR5 熔断器式隔离开关

HR 系列熔断器式隔离开关常以侧面手柄式操作机构来传动，熔断器装于隔离开关的动触片中间，其结构紧凑。作为电气设备及线路的过负荷及短路保护用。

（3）HG 系列熔断器式隔离器。熔断器式隔离器用熔断体或带有熔断体的载熔件作为动触头的一种隔离器。HG1 系列熔断器式隔离器用于交流 50Hz、额定电压至 380V、具有高短路电流的配电回路和电动机回路的电路保护，如图 4-4 所示。

图 4-4　HG 系列熔断器式隔离器

HG 系列熔断器式隔离器由底座、手柄和熔断体支架组成，并选用高分断能力的圆筒帽型熔断体。操作手柄能使熔断体支架在底座内上下滑动，从而分合电路。隔离器的辅助触头先于主触头断开，后于主电路而接通，这样只要把辅助触头串联在线路接触器的控制回路中，就能保证隔离器无载接通和断开电路。如果不与接触器配合使用，就必须在无载状态下操作隔离器。

当隔离器使用带撞击器的熔断体时，任一极熔断体熔断后，撞击器弹出，通过横杆触动装在底板上的微动开关，使微动开关发出信号或切断接触器的控制回路，这样就能防止电动机单相运行。

（4）HK 系列隔离开关熔断器组。隔离开关熔断器组是隔离开关的一极或多极与熔断器串联构成的组合电器。广泛用于照明、电热设备及小容量电动机的控制线路中，手动不频繁地接通和分断电路的场所，与熔断体配合起短路保护的作用。常用的有 HK2、HK8 系列隔离开关熔断器组，又称开启式负荷开关或胶盖瓷底开关。HK2 系列开启式负荷开关由隔离开关和熔体组合而成，瓷底座上装有进线座、静触头、熔体、出线座及带瓷质子柄的刀片式动触头，上面装有胶盖以防操作时触及带电体或分断时熔断器产生的电弧飞出伤人，结构如图 4－5 所示。

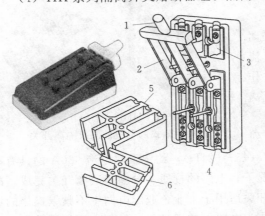

图 4－5　HK2 开启式负荷开关结构示意图

1—手柄；2—闸刀；3—静触座；4—安装熔丝的接头；

5—上胶盖；6—下胶盖

2. 低压组合开关

组合开关又称转换开关，一般用于交流 380V、直流 220V 以下的电气线路中，供手动不频繁地接通与分断电路以小容量感应电动机的正、反转和星—三角降压动的控制。它具有体积小、触头数量多、接线方式灵活、操作方便等特点。

HZ 系列组合开关有 HZ1、HZ2、HZ3、HZ4、HZ5 以及 HZ10 等系列产品，开关的动、静触点都安放在数层胶木绝缘座内，胶木绝缘座可以一个接一个地组装起来，多达 6 层。动触头由两片铜片与具有良好的灭弧性能的绝缘纸板铆合而成，其结构有 90°与 180°两种。动触头连同与它组合一起的隔弧板套在绝缘方轴上，两个静触头则分置在胶木座的边沿的两个凹槽内。动触点分断时，静触头一端插在隔弧板内；当接通时，静触头一端则夹在动触头的两片铜片当中，另一端伸出绝缘座外边以便接线。当绝缘方轴转过 90°时，触点便接通或分断一次。而触点分断时产生的电弧，则在隔板中熄灭。由于组合开关操作机构采用扭簧储能机构，使开关快速动作，且不受操作速度的影响。组合开关按不同形式配置动触头与静触头，以及绝缘座堆叠层数不同，可组合成几十种接线方式，常用的 HZ10 系列组合开关的结构如图 4－6 所示。

3. 低压熔断器

低压熔断器的各类很多，图 4－7 所示为常见的几种典型的熔断器，熔断器在低压系统中主要作用为过负荷或短路保护，当电路正常运行时，流过熔断器的电流小于熔体的额定电流，熔体正常发热温度不会使熔体熔断，熔断器长期可靠运行；当电路过负荷或短路时，流过熔断器的电流大于熔体的额定电流，熔体溶化切断电路。

4. 低压断路器

低压断路器又称自动空气开关、自动开关，是低压

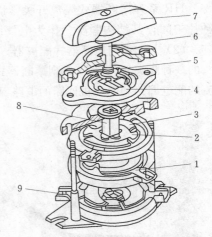

图 4－6　HZ10 系列组合开关结构图

1—静触片；2—动触片；3—绝缘垫板；

4—凸轮；5—弹簧；6—转轴；7—手柄；

8—绝缘杆；9—接线柱

图 4 - 7　常用低压熔断器

(a) 瓷插式；(b) RM10 无填料封闭式；(c) RL16 螺旋式；(d) RT0 有填料封闭式；(e) RS3 快速熔断器

配电网和电力拖动系统中常用的一种配电电器。低压断路器的作用是在正常情况下，不频繁地接通或开断电路；在故障情况下，切除故障电流，保护线路和电气设备。低压断路器具有操作安全、安装使用方便、分断能力较高等优点，在低压电路中得到广泛采用。

　　常用低压断路器由脱扣器、触头系统、灭弧装置、传动机构和外壳等部分组成。脱扣器是低压断路器中用来接受信号的元件，用它来释放保持机构而使开关电器打开或闭合的电器。当低压断路器所控制的线路出现故障或非正常运行情况时，由操作人员或继电保护装置发出信号时，脱扣器会根据信号通过传递元件使触头动作跳闸，切断电路。触头系统包括主触头、辅助触头。主触头用来分、合主电路，辅助触头用于控制电路，用来反映断路器的位置或构成电路的联锁。主触头有单断口指式触头、双断口桥式触头、插入式触头等几种形式。低压断路器的灭弧装置一般为栅片式灭弧罩。

　　低压断路器脱扣器的种类有：热脱扣器，电磁脱扣器，失压脱扣器，分励脱扣器等。

　　热脱扣器起过载保护作用；电磁脱扣器又称短路脱扣器或瞬时过流脱扣器，起短路保护作用；失压脱扣器与被保护电路并联，起欠压或失压保护作用；分励脱扣器的电磁线圈被保护电路并联，用于远距离控制断路器跳闸。

　　低压断路器的工作原理如图 4 - 8 所示。断路器正常工作时，主触头串联于三相电路中，合上操作手柄，外力使锁扣克服反作用力弹簧的拉力，将固

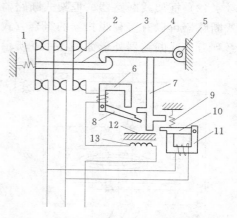

图 4 - 8　低压断路器工作原理示意图

1、9—弹簧；2—触点；3—锁键；4—搭钩；
5—轴；6—电磁脱扣器；7—杠杆；
8、10—衔铁；11—欠电压脱扣器；
12—双金属片；13—电阻丝

定在锁扣上的动、静触头闭合，并由锁扣扣住牵引杆，使断路器维持在合闸位置。当线路发生短路故障时，电磁脱扣器产生足够的电磁力将衔铁吸合，通过杠杆推动搭钩与锁扣分开，锁扣在反作用力弹簧的作用下，带动断路器的主触头分闸，从而切断电路；当线路过载时，过载电流流过热元件使双金属片受热向上弯曲，通过杠杆推动搭钩与锁扣分开，锁扣在反作用力弹簧的作用下，带动断路器的主触头分闸，从而切断电路。

　　常用低压断路器主要有：塑壳式、框架式、微型断路器等。

　　(1) 塑壳式断路器。如图 4 - 9 所示塑壳式断路器的主要特征是所有部件都安装在一个塑料外壳中，没有裸露的带电部分，提高了使用的安全性。塑壳式断路器多为非选择型，一

般用于配电馈线控制和保护、小型配电变压器的低压侧出线总开关、动力配电终端控制和保护，及住宅配电终端控制和保护，也可用于各种生产机械的电源开关。小容量（50A以下）的塑壳式断路器采用非贮能式闭合，手动操作；大容量断路器的操作机构采用贮能式闭合，可以手动操作，亦可由电动机操作。电动机操作可实现远方遥控操作。

图4-9 塑壳式断路器外形图

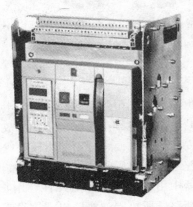

图4-10 CW系列万能式熔断器图

（2）框架式断路器。框架式断路器是在一个框架结构的底座上装设所有组件。由于框架式断路器可以有多种脱扣器的组合方式，而且操作方式较多，故又称为万能式断路器。CW系列万能式断路器外形如图4-10所示。

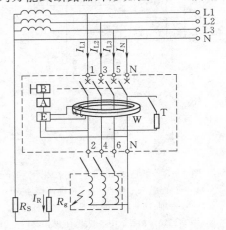

图4-11 剩余电流保护装置的工作原理图
A—判别元件；B—执行元件；E—电子信号放大器；
R_S—工作接地的接地电阻；R_g—电源接地的接地电阻；T—试验装置；W—检测元件

框架式断路器容量较大，其额定电流为630～5000A，一般用于变压器400V侧出线总开关、母线联络断路器或大容量馈线断路器和大型电动机控制断路器。

（3）微型断路器。微型断路器是一种结构紧凑、安装便捷的小容量塑壳断路器，主要用来保护导线、电缆和作为控制照明的低压开关。一般均带有传统的热脱扣、电磁脱扣，具有过载和短路保护功能。其基本形式为宽度在20mm以下的片状单极产品，将两个或两个以上的单极组装在一起，可构成联动的二、三、四极断路器。微型断路器广泛应用于高层建筑、机床工业和商业系统；随着家用电器的发展，现已深入到民用领域。国际电工委员会（IEC）已将此类产品划入家用断路器。

5. 剩余电流动作保护装置

剩余电流动作保护装置是指电路中带电导体对地故障所产生的剩余电流超过规定值时，能够自动切断电源或报警的保护装置，包括各类剩余电流动作保护功能的断路器、移动式剩余电流动作保护装置和剩余电流动作电气火灾监控系统、剩余电流继电器及其组合电器等。在低压电网中安装剩余电流动作保护装置是防止人身触电、电气火灾及电气设备损坏的一种有效的防护措施。国际电工委员会通过制订相应的规程，在低压电网中大力推广使用剩余电流保护装置。

（1）工作原理。剩余电流动作保护装置的工作原理如图 4-11 所示。在电路中没有发生人身触电、设备漏电、接地故障时，通过剩余电流保护装置电流互感器一次绕组电流的相量和等于零。即

$$\dot{I}_{L1} + \dot{I}_{L2} + \dot{I}_{L3} + \dot{I}_N = 0 \qquad (4-1)$$

则电流 $\dot{I}_{L1}$、$\dot{I}_{L2}$、$\dot{I}_{L3}$ 和 IN 在电流互感器中产生磁通的相量和等于零。即

$$\dot{\Phi}_{L1} + \dot{\Phi}_{L2} + \dot{\Phi}_{L3} + \dot{\Phi}_N = 0 \qquad (4-2)$$

这样在电流互感器的二次绕组中不会产生感应电势，剩余电流保护装置不动作。

当电路中发生人身触电、设备漏电、接地故障时，接地电流 $\dot{I}_N$ 通过故障设备、设备的接地电 R_A、大地及直接接地的电源、中性点构成回路，通过互感器一次绕组电流的相量和不等于零。即

$$\dot{I}_{L1} + \dot{I}_{L2} + \dot{I}_{L3} + \dot{I}_N \neq 0 \qquad (4-3)$$

剩余电流互感器中二次绕组产生磁通的相量和不等于零。即

$$\dot{\Phi}_{L1} + \dot{\Phi}_{L2} + \dot{\Phi}_{L3} + \dot{\Phi}_N \neq 0 \qquad (4-4)$$

在电流互感器的二次绕组中产生感应电势，此电势直接或通过电子信号放大器加在脱扣线圈上形成电流。二次绕组中产生感应电势的大小随着故障电流的增加而增加，当接地故障电流增加到一定值时，脱扣线圈中的电流驱使脱扣机构动作，使主开关断开电路，或使报警装置发出报警信号。

（2）剩余电流保护装置的作用。低压配电系统中装设剩余电流动作保护装置是防止直接接触电击事故和间接接触电击事故的有效措施之一，也是防止电气线路或电气设备接地故障引起电气火灾和电气设备损坏事故的技术措施。但安装剩余电流动作保护装置后，仍应以预防为主，并应同时采取其他各项防止电击事故和电气设备损坏事故的技术措施。

（3）剩余电流保护器的应用。低压供用电系统中为了缩小发生人身电击事故和接地故障切断电源时引起的停电范围，剩余电流保护装置通常采用分级保护。其中：第一、二级保护是间接接触电击保护，第三级保护是防止人身电击的直接接触电击保护，也称末端保护。

6. 交流接触器

接触器是一种自动电磁式开关，用于远距离频繁地接通或开断交、直流主电路及大容量控制电路。接触器的主要控制对象是电动机，能完成启动、停止、正转、反转等多种控制功能；也可用于控制其他负载，如电热设备、电焊机以及电容器组等。接触器按主触头通过电流的种类，分为交流接触器和直流接触器。交流接触器型号及含义如下所述。

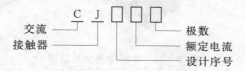

常用交流接触器的型号有 CJ20 等系列，它的主要特点是动作快、操作方便、便于远距离控制，广泛用于电动机、电热及机床等设备的控制。其缺点是噪声偏大，寿命短，只能通

断负荷电流，不具备保护功能，使用时要与熔断器、热继电器等保护电器配合使用。

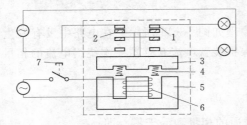

图 4 - 12　交流接触器的工作原理

1—静触头；2—动触头皮；3—衔铁；4—反作
用力弹簧；5—铁芯；6—线圈；7—按钮

（1）交流接触器基本结构。如图 4 - 12 所示，交流接触器主要由电磁系统、触头系统、灭弧装置及辅助部件等组成。电磁系统由电磁线圈、铁芯、衔铁等部分组成，其作用是利用电磁线圈的得电或失电，使衔铁和铁芯吸合或释放，实现接通或关断电路的目的。

交流接触器的触头可分为主触头和辅助触头。主触头用于接通或开断电流较大的主电路。一般由三对接触面较大的动合触头组成。辅助触头用于接通或开断电流较小的控制电路，一般由两对动合和动断触头组成。

（2）交流接触器工作原理。交流接触器的工作原理如图 4 - 12 所示，当按下按钮 7，接触器的线圈 6 得电后，线圈中流过的电流产生磁场，使铁芯产生足够的吸力，克服弹簧的反作用力，将衔铁吸合，通过传动机构带动主触头和辅助动合触头闭合，辅助动断触头断开。当松开按钮，线圈失电，衔铁在反作用力弹簧的作用下返回，带动各触头恢复到原来状态。

常用的 CJ20 等系列交流接触器在 85％～105％ 额定电压时，能保证可靠吸合；电压降低时，电磁吸力不足，衔铁不能可靠吸合。运行中的交流接触器，当工作电压明显下降时，由于电磁力不足以克服弹簧的反作用力，衔铁返回，使主触头断开。

7. 主令电器

主令电器是用于接通或开断控制电路，以发出指令或作程序控制的开关电器。常用的主令电器有按钮、行程开关、万能转换开关、主令控制器等。主令电器是小电流开关，一般没有灭弧装置。

（1）按钮。按钮是一种手动控制器。由于按钮的触头只能短时通过 5A 及以下的小电流，因此按钮不宜直接控制主电路的通断。接钮通过触头的通断在控制电路中发出指令或信号，改变电气控制系统的工作状态。

按钮一般由按钮帽、复位弹簧、桥式动、静触头、支柱连杆及外壳组成。常用按钮的外形如图 4 - 13 所示。

(a)　　　　　　　　(b)　　　　　　　　(c)

图 4 - 13　常用按钮的外形图

(a) LA19 - 11 外形图；(b) LA18 - 22 外形图；(c) LA10 - 211 外形图

按钮根据触头正常情况下（不受外力作用）分合状态分为起动按钮、停止按钮和复合按钮。

1) 启动按钮。正常情况下，触头断开；按下按钮，动合触头闭合，松开时，按钮自动复位。

2) 停止按钮。正常情况下，触头闭合；按下按钮，动断触头断开，松开时，按钮自动复位。

3) 复合按钮。如图 4-14 所示，由动合触头和动断触头组合为一体，按下按钮时，动合触头闭合，动断触头断开；松开按钮时，动合触头断开，动断触头闭合。

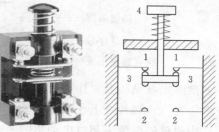

图 4-14 复合按钮的动作原理

生产中用不同的颜色和符号标志来区分按钮的功能及作用。各种按钮的颜色规定如下：启动按钮为绿色；停止或急停按钮为红色；启动和停止交替动作的按钮为黑色、白色或灰色；点动按钮为黑色；复位按钮为蓝色（若还具有停止作用时为红色）；黄色按钮用于对系统进行干预（如循环中途停止等）。

（2）行程开关。行程开关又称为限位开关，其作用与按钮相同。不同的是按钮是靠手动操作，而行程开关是靠生产机械的某些运动部件与它的传动部位发生碰撞，使其触头通断从而限制生产机械的行程、位置或改变其运行状态。行程开关的种类很多，但其结构基本一样，不同的仅是动作的转动装置。行程开关有按钮式、旋转式等，常用的行程开关有 LX19，JLXK1 等系列。

如图 4-15 所示，行程开关的基本结构大体相同，都是由触头系统、操作机构和外壳组成。

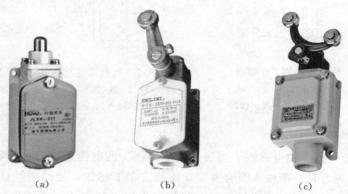

（a）　　　　　　　　（b）　　　　　　　　（c）

图 4-15 JLXK1 系列行程开关的外形图
（a）JLXK1-311 型按钮式；（b）JLXK1-111 型单轮式；（c）JLXK1-211 型双轮旋转式

当运动机械的挡铁压到行程开关的滚轮上时，传动杠杆连同转轴一起转动，使凸轮推动撞块，当撞块被压到一定位置时，推动开关快速动作，使其常闭触头断开，常开触头闭合；当滚轮上的挡铁移开后，复位弹簧就使行程开关各部分恢复原始位置。这种单轮自动恢复式行程开关是依靠本身的恢复弹簧来复原，在生产机械的自动控制中应用较广泛。

8. 控制继电器

（1）热继电器。热继电器是一种电气保护元件。它是根据控制对象的温度变化来控制电流流过的继电器，主要用于电动机的过载保护、断相保护、电流不平衡保护以及其他电气设备发热状态时的控制。热继电器由热元件、触头、动作机构、复位按钮和定值装置组成。常用的热继电器有 JR20T、JR36、3UA 等系列。热继电器型号及含义如下所述。

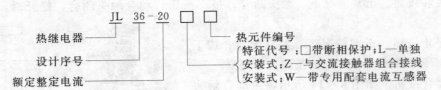

热继电器结构及工作原理如图4-16所示，图中发热元件1是一段电阻不大的电阻丝，它缠绕在双金属片2上。双金属片由两片膨胀系数不同的金属片叠加在一起制成。如果发热元件中通过的电流不超过电动机的额定电流，其发热量较小，双金属片变形不大；当电动机过载，流过发热元件的电流超过额定值时，发热量较大，为双金属片加温，使双金属片变形上翘。若电动机持续过载，经过一段时间之后，双金属片自由端超出扣板3，扣扳会在弹簧4拉力的作用下发生角位移，带动辅助动断触头5断开。

（2）电磁式电流继电器。低压控制系统中采用的控制继电器大部分为电磁式继电器。这是因为它结构简单、价格低廉、能满足一般情况下的技术要求。

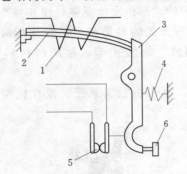
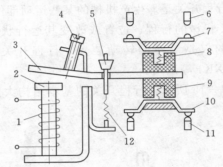

图4-16 热继电器的工作原理
1—发热元件；2—双金属片；3—扣扳；
4—弹簧；5—辅助触头；6—复位按钮

图4-17 电磁式电流继电器的结构示意图
1—电流线圈；2—铁芯；3—衔铁；4—制动螺钉；5—反作
用调节螺母；6、11—静触点；7、10—动触点；
8—触点弹簧；9—绝缘支架；12—反作用弹簧

图4-17中为一拍合式电磁铁，当通过电流线圈1的电流超过某一额定值，电磁吸力大于反作用弹簧12的力时，衔铁3吸合并带动绝缘支架9动作，使动断触点10、11断开，动合触点6、7闭合。反作用调节螺母5用来调节反作用力的大小，即用以调节继电器的动作参数。

（3）时间继电器。当继电器的感受部分接受外界信号后，经过一段时间才使执行部分动作，这类继电器称为时间继电器。按其动作原理可分为电磁式、空气阻尼式、电动式与电子式；按延时方式可分为通电延时型与断电延时型两种。常用的有空气阻尼式、电子式和电动式。

1）电子式时间继电器。电子式时间继电器有晶体管阻容式和数字式等不同种类，前者的基本原理是利用阻容电路的充放电来产生延时效果，常用的有JS14和JS20系列。JS14时间继电器的外形如图4-18所示。JS14时间继电器的接线如图4-19所示。

JS20系列电子式时间继电器延时时间长，线路较简单，延时调节方便，温度补偿性能好，电容利用率高，延时误差小，触点容量大。但也存在抗干扰性差，修理不便，价格高等缺点。

 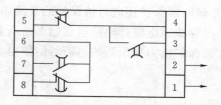

图 4-18 JS14 时间继电器的外形　　　图 4-19 JS14 时间继电器的接线
1—插座；2—锁扣；3—面板；4—延时调节旋钮

2）电动式时间继电器。电动式时间继电器利用小型同步电动机带动电磁离合器、减速齿轮及杠杆机构来产生延时。它的突出特点是：延时范围大、精度较高，但体积大、结构复杂、寿命较低。较常用的有 JS11 系列电动式时间继电器。其外形和接线分别见图 4-20 和图 4-21 所示。

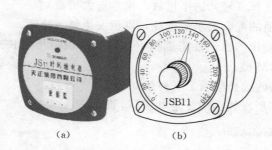 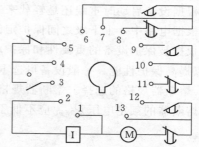

图 4-20 JS11 系列时间继电器外形　　　图 4-21 JS11 电动式时间继电器接线
（a）电子式；（b）电动式

二、低压电气设备的选择

（一）低压电器选择的基本原则

低压电器的选择，必须满足其在一次电路正常条件下和短路故障条件下工作的要求，同时设备应工作安全可靠，运行维护方便，投资经济合理。

低压电器按正常条件下工作选择，就是要考虑电气设备的环境条件和电气要求。环境条件是指电器的使用场所（户内或户外）、环境温度、海拔高度以及有无防尘、防腐、防火、防爆等要求。电气要求是指电器在电压、电流、频率等方面的要求；对一些开断电流的电器，如熔断器、断路器和负荷开关等，则还包括其断流能力的要求。

（二）熔断器的选择

熔断器的主要电气参数有：额定电压、额定电流、极限分断能力。因此，熔断器的选择主要从以下几个方面进行。

（1）保护电力线路的熔断器熔体电流的选择。保护电力线路的熔体电流，应满足下列条件。

1）熔体额定电流 INFE 应不小于线路的计算电流 I_{30}，以使熔体在线路正常最大负荷下运行时也不致熔断。

2）熔体额定电流 $I_{N.FE}$ 应躲过线路尖峰电流 I_{pk}，以使熔体在线路出现尖峰电流时也不致熔断。

3）熔断器保护还应与被保护的线路相配合，使之不致发生因线路出现过负荷或短路而引起绝缘导线或电缆过热甚至起燃而熔断器熔体不熔断的事故。

（2）保护电力变压器的熔断器熔体电流的选择保护电力变压器的熔体电流，应满足下式要求

$$I_{N.FE}=(1.5\sim2)I_{1N.T} \tag{4-5}$$

式中 $I_{1N.T}$——电力变压器的额定一次电流。

（3）保护电压互感器的熔断器熔体电流的选择。

由于电压互感器二次侧的负荷很小，因此保护电压互感器的 R_{N2} 等型熔断器的熔体电流一般均为 0.5A。

（4）在选择熔体时应注意以下几点。

1）根据被保护设备的正常负荷和启动电流大小来选择，考虑恰当的倍数。一般熔体额定电流应为被保护设备额定电流的 1.5～2.5 倍。

2）根据设备启动时重载还是轻载来选择（轻载选小倍数，重载选大倍数）。

3）根据电路中，上下级之间保护定值的配合要求来选择，以免发生越级熔断。

4）根据被保护设备的重要性和保护动作的迅速性来选择（如重要的设备可选快速型熔断器，以提高保护性能，一般设备可选 RM 型）。

（5）熔断器规格的选择。熔断器规格的选择应满足下列条件。

1）熔断器的额定电压 $U_{N.FU}$ 应不低于所在线路的额定电压 U_N 即

$$U_{N.FU}\geqslant U_N \tag{4-6}$$

2）熔断器的额定电流 $I_{N.FU}$ 应不小于它本身所安装的熔体额定电流 $I_{N.FE}$，即

$$I_{N.FU}\geqslant I_{N.FE} \tag{4-7}$$

（6）前后熔断器之间的选择性配合问题。前后熔断器之间的选择性配合，就是在线路上发生故障时，应该是最靠近故障点的熔断器最先熔断，切除故障部分，从而使系统的其他部分迅速恢复正常运行。

（三）刀开关的选择

刀开关除应按使用的电源电压和负载的额定电流选择外，还必须根据使用场合、操作方式、维修方式等选用

1. 开启式负荷开关的选用

开启式负荷开关又称胶盖瓷底闸刀开关。它由瓷底板、静插座、动触头和安装熔丝的接头、起保护作用的胶盖和瓷手柄等组成。

由于它是开启式的，加之动触刀的分断、接通速度全由操作者的操作速度所决定，因此，分断较大电流时会发生电弧向外喷出的现象，甚至会引起相间短路，烧坏闸刀和烧伤操作者的事故。其次，闸刀开关的熔丝只能起到一定的短路保护作用，而且分断能力也不大，如果用刀开关控制电动机等设备，当发生过载、欠压和缺相等故障时，会烧坏电机等设备。因此，使用开启式负荷开关控制电机应特别注意。

实践证明,胶盖瓷底闸刀开关,发生事故较多,造成设备事故和操作人员伤残。由于熔断器部分,熔丝无熄弧装置,在熔断时,造成胶木炭化和瓷座表面金属化,当多次熔断时,即易造成熔断时发生相间短路事故。为此有关部门提出以下补救措施。

(1) 在开关外设置独立熔断丝,内部用导线连通。

(2) 限制使用电流不超过 30A。

2. 开启式刀形开关的选择

(1) 用于照明电路时,可选用额定电压为 220V 或 250V 的二极开关;开启式负荷开关的额定电流应等于或大于开断电路中各个负载额定电流的总和。

(2) 用于电动机的直接启动时,可选用额定电压为 380V 或 500V 的三极开关;若负载是功率 5.5kW 及以下直接启动的电动机时,其开关的额定电流不应小于电动机额定电流的 3 倍。

3. 封闭式负荷开关的选择

封闭式负荷开关用于控制一般电热、照明电路时,开关的额定电流应等于或大于被控制电路中各个负载额定电流的总和。用来控制功率在 15kW 以下的全压启动电动机时,其开关的额定电流不应小于电动机额定电流的 2 倍。

4. 隔离刀开关的选用

(1) 隔离刀开关的结构型式应根据它在线路中的作用和在成套配电装置中的安装位置来确定。如果电路中的负载是由低压断路器、接触器或其他具有一定分断能力的开关电器来分断,隔离刀开关仅起隔离电源的作用,则只需选用无灭弧罩的产品;反之,若隔离刀开关必须分断负载,就应选用带灭弧罩、而且是通过连杆来操作的产品。此外还应根据它是正面操作还是侧面操作,是直接操作还是杠杆操作,是板前接线还是板后接线等来选择结构型式。

(2) 隔离刀开关的额定电流一般应等于或大于所控制的各支路负载额定电流的总和。如果回路中有电动机,还应按电动机的起动电流来计算。此外,还要考虑电路中可能出现的最大短路的峰值电流是否在额定电流等级所对应的电动稳定性峰值电流以内,还应校验热稳定电流值。如果超过电动稳定性或热稳定电流值,就应当选用额定电流更大一级的隔离刀开关。

5. 熔断器式刀开关的选用

熔断器式刀开关应按使用的电源电压和负载的额定电流选择,还必须根据使用场合和操作、维修方式等选用开关的型式。熔断器式刀开关的短路分断能力是由熔断器的分断能力决定的,故应适当选择符合使用地点的短路容量的熔断器。

(四) 交流接触器的选择

1. 选择接触器的类型

交流接触器线圈按照电压分为 36V、127V、220V、380V 等。接触器的极数分为 2 极、3 极、4 极、5 极等。辅助触头根据常开常闭各有几对,根据控制需要选择。

其他参数还有接通、分断次数、机械寿命、电寿命、最大允许操作频率、最大允许接线线径以及外形尺寸和安装尺寸等。

2. 交流接触器的基本参数

(1) 额定电压。额定电压指主触点额定工作电压,应等于负载的额定电压。一只接触器常规定几个额定电压，同时列出相应的额定电流或控制功率。通常，最大工作电压即为额定电压。常用的额定电压值为 220V、380V、660V 等。

（2）额定电流。额定电流指接触器触点在额定工作条件下的电流值。380V 三相电动机控制电路中，额定工作电流可近似等于控制功率的两倍。常用额定电流等级为 5A、10A、20A、40A、60A、100A、150A、250A、400A、600A。

（3）通断能力。通断能力可分为最大接通电流和最大分断电流。最大接通电流是指触点闭合时不会造成触点熔焊时的最大电流值；最大分断电流是指触点断开时能可靠灭弧的最大电流。一般通断能力是额定电流的 5～10 倍。当然，这一数值与开断电路的电压等级有关，电压越高，通断能力越小。

（4）动作值。动作值可分为吸合电压和释放电压。吸合电压是指接触器吸合前，缓慢增加吸合线圈两端的电压，接触器可以吸合时的最小电压。释放电压是指接触器吸合后，缓慢降低吸合线圈的电压，接触器释放时的最大电压。一般规定，吸合电压不低于线圈额定电压的 85%，释放电压不高于线圈额定电压的 70%。

（5）吸引线圈额定电压。吸引线圈额定电压指接触器正常工作时，吸引线圈上所加的电压值。一般该电压数值以及线圈的匝数、线径等数据均标于线包上，而不是标于接触器外壳铭牌上，使用时应加以注意。

（6）操作频率。操作频率指接触器每小时接通的次数。当通断电流较大及通断频率过高时，会引起触头严重过热，甚至熔焊．操作频率若超过规定数值，应选用额定电流大一级的接触器。

（7）寿命。寿命包括电寿命和机械寿命。目前接触器的机械寿命已达一千万次以上，电气寿命约是机械寿命的 5%～20%。

3. 交流接触器的选用原则

（1）持续运行的设备。接触器按 67%～75% 算，即 100A 的交流接触器，只能控制最大额定电流是 67～75A 以下的设备。

（2）间断运行的设备。接触器按 80% 算，即 100A 的交流接触器，只能控制最大额定电流是 80A 以下的设备。

（3）反复短时工作的设备。接触器按 116%～120% 算。即 100A 的交流接触器，只能控制最大额定电流是 116～120A 以下的设备。

接触器作为通断负载电源的设备，接触器的选用应按满足被控制设备的要求进行，除额定工作电压与被控设备的额定工作电压相同外，被控设备的负载功率、使用类别、控制方式、操作频率、工作寿命、安装方式、安装尺寸以及经济性是选择的依据。

4. 交流接触器主要参数选择

（1）主触头的额定电流。选择接触器主触头的额定电流应不小于负载电路的额定电流。也可根据所控制的电动机最大功率进行选择。如果接触器是用来控制电动机的频繁启动、正反或反接制动等场合，应将接触器的主触头额定电流降低使用，一般可降低一个等级。

（2）主触头的额定电压。接触器铭牌上所标电压系指主触头能承受的额定电压，并非电磁线圈的电压，选择使用时接触器主触头的额定电压应大于或等于负载的额定电压。

（3）操作频率的选择。接触器在吸合瞬间，吸引线圈需消耗比额定电流大 5～7 倍的电流，如果操作频率过高，则会使线圈严重发热，直接影响接触器的正常使用。为此，规定了接触器的允许操作频率，一般为每小时允许操作次数的最大值，一般交流接触器操作频率最高为 600 次/h。

（4）线圈额定电压的选择。接触器电磁线圈额定电压的选择，接触器的电磁线圈额定电压有 36V、110V、220V、380V 等，电磁线圈允许在额定电压的 80%～105% 范围内使用。接触器的电磁线圈电压可直接选用 380V 或 220V，具体可根据控制回路的电压来选择。

（五）低压断路器的选择

在一般情况下，保护变压器及配电线路可选用 DW 系列低压断路器，保护电动机可选用 DZ 系列低压断路器。低压断路器的选择包括额定电压、壳架等级、额定电流（指最大的脱扣器额定电流）的选择，脱扣器额定电流（指脱扣器允许长期通过的电流）的选择以及脱扣器整定电流（指脱扣不动作时的最大电流）的确定。

1. 一般低压断路器的选择

（1）低压断路器的额定电压不小于线路的额定电压。

（2）低压断路器的额定电流不小于线路的计算负载电流。

（3）低压断路器的额定短路通断能力不小于线路中最大的短路电流。

（4）线路末端单相对地短路电流÷低压断路器瞬时（或短延时）脱扣整定电流≥1.25。

（5）脱扣器的额定电流不小于线路的计算电流。

（6）欠压脱扣器的额定电压等于线路的额定电压。

（7）断路器的类型应符合安装条件、保护性能及操作方式的要求。

2. 配电用低压断路器的选择

（1）长延时动作电流整定值等于 0.8～1 倍导线允许载流量。

（2）3 倍长延时动作电流整定值的可返回时间不小于线路中最大启动电流的电动机启动时间。

（3）短延时动作电流整定值不小于 1.1（$I_{jx}+1.35KI_{dem}$），其中，I_{jx} 为线路计算负载电流；K 为电动机的启动电流倍数；I_{dem} 为最大一台电动机额定电流。

（4）短延时的延时时间按被保护对象的热稳定校核。

（5）无短延时时，瞬时电流整定值不小于 1.1（$I_{jx}+K_1KI_{dem}$），其中，K_1 为电动机启动电流的冲击系数，可取 1.7～2。

（6）有短延时时，瞬时电流整定值不小于 1.1 倍下级开关进线端计算短路电流值。

3. 电动机保护用低压断路器的选择

电动机保护用断路器可分为两类：①断路器只作保护而不担负正常操作；②断路器兼作保护和不频繁操作之用。

电动机保护用断路器选择的原则如下所述。

（1）断路器长延时电流脱扣器的整定电流＝电动机的额定电流。

（2）断路器瞬时（或短延时）脱扣器的整定电流：瞬时（或短延时）动作的过电流脱扣器的整定电流应大于峰值电流。

（3）断路器 6 倍长延时电流整定值的可返回时间≥电动机实际启动时间。按启动时负荷的轻重选用可时间为 1s、3s、5s、8s、15s 中的一挡。

4. 照明用低压断路器的选择

（1）长延时整定值不大于线路计算负载电流。

（2）瞬时动作整定值等于（6～20）倍线路计算负载电流。

（六）热继电器的选择

1. 热继电器的类型选择

一般情况下，可选用两相结构的热继电器，但当三相电压的均衡性较差，工作环境恶劣或无人看管的电动机，宜选用三相结构的热继电器。对于三角形接线的电动机，应选用带断相保护装置的热继电器。

2. 热继电器额定电流选择

热继电器的额定电流应大于电动机额定电流。然后根据该额定电流来选择热继电器的型号。

3. 热元件额定电流的选择和整定

根据热继电器的型号和热元件额定电流，能知道热元件电流的调节范围，一般将热继电器的整定电流调整到等于电动机的额定电流；对过载能力差的电动机，可将热元件整定值调整到电动机额定电流的 0.6～0.8 倍；对启动时间较长、拖动冲击性负载或不允许停车的电动机，热元件的整定电流应调整到电动机额定电流的 1.1～1.15 倍。

（七）组合开关（俗称转换开关）的选择

1. 用于照明或电热电炉

组合开关用于照明或电热电炉时，组合开关的额定电流应不小于被控制电路中各负载电流的总和。

2. 用于电动机电路

用于电动机电路的组合开关额定电流一般取电动机额定电流的 1.5～2.5 倍。

模块 2 配 电 变 压 器

一、配电变压器工作原理

用于配电系统将中压配电电压的功率变换成低压配电电压的功率，以供各种低压电气设备用电的电力变压器，称为配电变压器。配电变压器容量较小，一般在 2500kVA 及以下，一次电压也较低，都在 110kV 及以下，本节所指配电变压器均为 10kV 电压等级。配电变压器可安装在电杆上、平台上、配电所内、箱式变内。

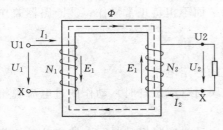

图 4-22 变压器工作原理

配电变压器是根据电磁感应原理工作的电气设备。变压器工作原理如图 4-22 所示。在一个闭合的铁芯上，绕有两个匝数分别为 N_1 和 N_2 相互绝缘的绕组，其中接入电源的绕组（N_1）称一次绕组，输出电能的绕组（N_2）称二次绕组。当交流电源电压 U_1 加到一次绕组后，就有交流电流 I_1 通过绕组 N_1，铁芯中产生与电源频率相同的交变磁通 Φ，由于一、二次绕组均绕在同一铁芯上，因此交变磁通 Φ 同时交链一、二次绕组。根据电磁感应定律，在两个绕组两端分别产生频率相同的感应电动势 E_1 和 E_2。如果此时二次绕组与负荷 Z 接通，便有电流 I_2 流入负载，并在负载端产生电压 U_2，从而输出电能。

一次绕组与二次绕组匝数之比叫变压器的变化，用 K 表示，即 $K = N_1/N_2$。忽略漏阻抗压降和励磁电流时，一、二次电流、电压与变比的关系为：$K = N_1/N_2 = U_1/U_2 = I_2/I_1$。

二、配电变压器基本结构

构成配电变压器的基本部件是铁芯和绕组。套管和分接开关也是配电变压器的主要元件。另外，不同的绝缘介质、不同的冷却介质有相应的不同结构。

（一）铁芯

铁芯是变压器的基本部件之一，既是变压器的主磁路，也是变压器器身的机械骨架。

（1）铁芯结构型式分为芯式和壳式两种。绕组被铁芯包围的结构型式称为壳式铁芯；铁芯被绕组包围结构型式称为芯式铁芯。

（2）铁芯的材质对变压器的噪声和损耗、励磁电流有很大影响。为减少铁芯产生的变压器噪声、损耗及励磁电流，目前主要采用厚度 0.23～0.35mm 冷轧取向电工钢片，近年又开始采用厚度仅为 0.02～0.06mm 薄带状非晶合金材料。

（3）铁芯的装配一般有叠积和卷绕两种工艺。传统铁芯采用叠积工艺制成，近年采用卷铁芯制成的变压器具有空载损耗小（可降低 20%～30%）、噪声低、节省电工钢片（约减少30%）等优点。铁芯通常采用一点接地，以消除因不接地而在铁芯或其他金属构件上产生的悬浮电位，避免造成铁芯对地放电。

（二）绕组

绕组是变压器的基本部件之一，是构成变压器电路的部件。

（1）变压器绕组分为层式和饼式两种型式。层式绕组有圆筒式和箔式两种；饼式绕组有连续式、纠结式、内屏蔽式、螺旋式、交错式等。配电变压器主要采用圆筒式、箔式、连续式、螺旋式绕组。

（2）绕组一般由导电率较高的铜导线和铜箔绕制而成。导线有圆导线、扁导线；铜箔一般厚为 0.1～2.5mm。

（3）芯式变压器采用同芯式绕组，一般低压绕组靠近铁芯，高压绕组套在外面。高、低压绕组之间，低压绕组与铁芯柱之间留有一定的绝缘间隙和油道（散热通道），并用绝缘纸筒隔开。

（三）套管

套管是变压器的主要部件之一，用于将变压器内部绕组的高、低压引线与电力系统或用电设备进行电气连接，并保证引线对地绝缘。

配电变压器低压套管主要采用复合瓷绝缘式，高压套管主要采用单体瓷绝缘式。复合绝缘套管如图 4-23（a）所示，套管上部接线头有杆式和板式两种，下部接线头有一件软接线片、两件软接线片和板式三种；单体瓷绝缘式套

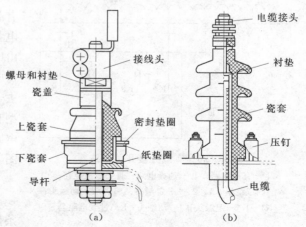

图 4-23　变压器绝缘套管
(a) 复合绝缘套管；(b) 穿缆式套管

管分为导电杆式（BD）和穿缆式（BDL）两种，穿缆式套管如图 4-23（b）所示。

套管在油箱上排列顺序，一般从高压侧看，由左向右，三相变压器为：高压 $U_1-V_1-W_1$、低压 $N_1-U_2-V_2-W_2$；单相变压器为：高压 U_1，低压 U_2。

（四）调压装置

调压装置是变压器主要元件之一，是控制变压器输出电压在指定范围内变动的调节组件，又称分接开关。调压装置分为无励磁调压装置和有载调压装置两种。

（1）无励磁调压装置。无励磁调压装置也称为无励磁分接开关，俗称无载分接开关，是在变压器不带电条件下切换绕组中线圈抽头以实现调压的装置。例如，WSPIII250/10-3×3 表示 10kV、250A、分接头数 3、分接位置数 3、三相盘形中性点调压无励磁分接开关。配电变压器主要采用以下几种无励磁调压开关。

三相中性点调压无励磁感应分接开关。主要型号有 WSPLL，俗称九头分接开关，直接固定在变压器箱盖上，采用手动操作，动触头片相距 120°，同时与定触尖闭合，形成中性点。其外形及接线图如图 4-24 和图 4-25 所示。

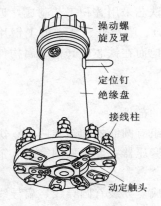

图 4-24　WSP 分接开关外形图

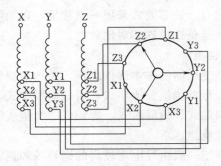

图 4-25　WSP 分接开关与三相绕组接线图

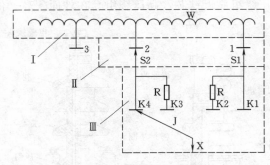

图 4-26　有载分接开关电路

Ⅰ—有载电路；Ⅱ—选择电路；Ⅲ—过渡电路；
W—调压绕组；1、2、3—定触头；S1、S2—动触头；
K1～K4—定触头；J—动触头；R—过渡电阻器

（2）有载调压装置。有载调压装置也称有载分接开关，是在变压器不中断运行的带电状态下进行调压的装置。工作原理是通过由电抗器或电阻构成的过渡电路限流，把负荷电流由一个分接头切换到另一个分接头上去，从而实现有载调压。目前主要采用电阻型有载分接开关。有载分接开关电路由过渡电路、选择电路、调压电路三部分组成，如图 4-26 所示。

三、配电变压器主要技术数据

配电变压器在规定的使用环境和运行条件下，主要技术数据标注在变压器铭牌中，并将铭牌固定在明显可见的位置上。其主要技术数据包括相数、额定频率、额定容量、额定电压、额定电流、阻抗电压、负载损耗、空载电流、空载损耗、接线组别等。

（1）相数。变压器分为单相、三相两种。

（2）额定频率。额定频率指变压器设计时所规定的运行频率，用 f_N 表示，单位赫兹（Hz）。我国规定额定频率为 50Hz。

（3）额定容量。额定容量指变压器额定（额定电压、额定电流、额定使用条件）工作状态下的输出功率，用视在功率表示。符号为 S_N 表示，单位为千伏安（kVA）或伏安（VA）。

单相变压器 $$S_N = U_N I_N$$

三相变压器 $$S_N = \sqrt{3} U_N I_N$$

（4）额定电压。额定电压指单相或三相变压器出线端子之间，指定施加的（或空载时感应出的）电压值，用 U_N 表示，单位为千伏（kV）或伏（V）。指定施加的电压为一次额定电压，用 U_{N1} 表示；空载时感应出的电压为二次额定电压，用 U_{N2} 表示。

单相变压器 $$U_N = \frac{S_N}{I_N}$$

三相变压器 $$U_N = \frac{S_N}{\sqrt{3} I_N}$$

（5）额定电压比。额定电压比指变压器高压侧额定电压与低压侧额定电压之比，即 U_{N1}/U_{N2}。

（6）额定电流。额定电流指在额定容量和允许温升条件下，流过变压器一、二次绕组出线端子的电流，用 I_N 表示，单位千安（kA）或安培（A）。流过变压器一次绕组出线端子的电流，用 I_{N1} 表示，流过变压器二次绕组出线端子的电流，用 I_{N2} 表示。

单相变压器 $$I_N = \frac{S_N}{U_N}$$

三相变压器 $$I_N = \frac{S_N}{\sqrt{3} U_N}$$

（7）负载损耗。负载损耗也称短路损耗、铜损，是指当带分接的绕组接在其主分接位置上并接入额定频率的电压，另一侧绕组的出线端子短路，流过绕组出线端子的电流为额定电流时，变压器所消耗的有功功率，用 P_K 表示。单位为瓦（W）或千瓦（kW）。负载损耗的大小取决于绕组的材质等，运行中的负载损耗大小随负荷的变化而变化。

（8）空载电流。空载电流指变压器空载运行时的电流，即当以额定频率的额定电压施加于一侧绕组的端子上，另一侧绕组开路时，流过进线端子的电流，符为 I_0。通常用空载电流占额定电流的百分数表示，即 $I_0(\%) = (I_0/I_N) \times 100\%$。变压器容量越大，其值越小。

（9）空载损耗。空载损耗也称铁损，指当以额定频率的额定电压施加于一侧绕组的端子上，另一侧绕组出线开路时，变压器所吸取的有功功率，用 P_0 表示，单位为瓦（W）或千瓦（kW）。空载损耗子主要为铁芯中磁滞损耗和涡流损耗，其值大小与铁芯材质、制作工艺密切相关，一般认为一台变压器的空载损耗不会随负荷大小的变化而变化。

（10）连接组别。具体内容在下述文字中介绍。

（11）冷却方式。冷却方式指绕组及油箱内外的冷却介质和循环方式。

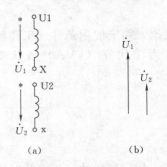

图 4 - 27 单相变压器接线组
(a) Iin 绕组电路图;
(b) 相电压相量图

（12）温升。温升指所考虑部位的温度与外部冷却介质温度之差。对于空气冷却变压器是指所考虑部位的温度与冷却空气温度之差。

四、配电变压器接线组别

（1）单相变压器高、低压绕组中同时产生感应电动势，在任何瞬间，两绕组中同时具有相同电动势极性的端子，称为同极性端（或同名端）。也就是当一次绕组的某一端的瞬时电位为正时，二次端子也同时有一个电位为正的对应端子，这两个对应的端子就称为同极性端。同理，一、二次绕组余下另两个端子也称为同极性端。通常两绕组采取同极性标志端，接线组标号为 Iin，如图 4 - 27 所示。由于需求及变压器容量不同，铁芯采用壳式或芯式，绕组采用一组线圈或两组线圈，采用两组线圈时多采取并联连接。

（2）三相变压器绕组连接方式主要有星形、三角形两种，接线组别也称连接组标号，通常接线组标号用时钟表示法表示。把变压器高压侧的线电压相量作为时钟的长针（分针），并固定在 O 点钟的位置上，把低压侧相对应的线电压相量作为时钟的短针（时针），短针指在几点钟的位置上，就以此钟点数作为接线组标号。常用三相配电变压器的接线组标号有 Y，yn0，D，yn11 两种。

1）星形接线，用 Y 表示接线，是将三相绕组的末端（或首端）连接在一起形成中性点，另外 3 个线端为引出端线，低压侧有中性线引出时用 n 表示，Y，yn0 接线组如图 4 - 28 所示。

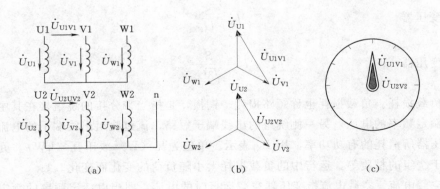

图 4 - 28 Y，yn0 连接组别
(a) 绕组接线图；(b) 电压相量图；(c) 时钟表示法

2）三角形接线，用 △ 表示，是将一相绕组首端与另一相绕组的末端连接在一起，在连接处引出端线。通常在绕组接线图中，由一个绕组的首端向另一个绕组的末端巡行时，采用连接线的走向自左向右，即左行 △ 接线，D，yn11 接线组如图 4 - 29 所示。

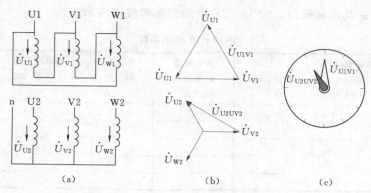

图 4 - 29 D，yn11 连接组别

(a) 绕组接线图 (b) 电压相量图 (c) 时钟表示法

模块 3 常用高压配电设备

一、高压断路器

高压断路器是高压配电网的关键元件，其断流容量可达几百到几千兆伏安，分断能力可达几千安。高压断路器以灭弧介质分类分为油断路器、真空断路器和 SF_6 气体断路器。

(一) 高压断路器的技术特性

高压断路器的主要技术参数有以下几项。

(1) 额定电压。额定电压表示断路器在运行中能长期承受的工作电压。它不是所在系统的最高电压。比如 0.4kV 系统，设备额定电压为 0.38kV；10kV 系统设备额定电压为 10kV。

(2) 额定电流。额定电流表示断路器能够正常运行的负荷电流，为考虑其热稳定性，选取一个额定值，即经生产厂商优选配合确定的值，切不可误解为持续运行的负荷电流。

(3) 额定短路开断电流。额定短路开断电流是指定额短路电流中的交流分量的有效值。

(4) 额定短路关合电流。额定短路关合电流是指额定短路电流中最高峰值，它等于额定开断电流值 2.5 倍。

(5) 额定短时耐受电流。额定短时耐受电流等于额定短路开断电流。

(6) 额定峰值耐受电流。额定峰值耐受电流等于额定短路关合电流。当保护变压器时，为额定短路开断电流值的 2.5 倍。

(7) 额定短路持续时间。不同电压等级的电网额定短路持续时间规定值不同。如：110kV 及以下为 4s；220kV 及以上为 2s，且与其容量有关。

另外，高压断路器尚有绝缘性能，分合闸时间等方面的技术参数。

(二) 高压油断路器

高压油断路器的冷却灭弧介质是高纯度变压器油，由于绝缘油易于老化，分断一定次数短路电流后就得更换，增加了运行中的维护检修工作量。但在负荷小，线路短，短路事故发生的几率较低的一般的工矿企业中，仍可选用油断路器。

高压油断路器的典型代表为 SN10 - 10 少油断路器。SN10 - 10 少油断路器由框架、油箱和传动部分组成。框架上装有分闸限位器，合闸缓冲、分闸弹簧及支撑绝缘子。传动部分由主轴、拐臂、绝缘拉杆及传动变直机构组成。其灭弧室为纵横吹和机械油吹联合灭弧。可配手动、直流电磁及弹簧机构。SN10-10 少油断路器技术参数见表 4-1。

表 4-1   **SN10-10 技术参数**

额定电流 /A	额定短路开断电流 /kA	额定短路关合电流 /kA	额定峰值耐受电流 /kA	额定短时耐受电流 /kA	额定短路持续时间 /s	质量 /kg
630	16	40	40	16	2	100
1000	20	50	50	20		120
1250	31.5	80	80	31.5	4	140
2000	40	125	125	40		170
3000						190

（三）真空断路器

真空是一种理想的绝缘介质。在很小的真空间隙中就具有很高的介电强度。10kV 真空断路器的陶瓷灭弧室中，动静触头间的开距只有 6~13mm。真空断路器在分断电路瞬间，由于两触头间电容的存在，使触头间绝缘击穿，产生真空电弧。由于触头形状和结构的原因，使得真空电弧柱迅速向弧柱体外的真空区域扩散，使电弧迅速熄灭，且电弧熄灭后的几微秒内，两触头间的真空间隙耐压水平迅速恢复。所以，真空断路器在电流过零以后，不会发生电弧重燃而被分断。

1. 结构

真空断路器的关键部件是真空灭弧室，也称真空开关管。它由外壳、屏蔽罩、波纹管、动静触头和动导电杆组成。

（1）外壳。外壳是真空灭弧室的密封容器。一般采用硬质玻璃、高氧化铝瓷等无机绝缘材料。有的真空灭弧室外壳用金属材料做外部圆筒，以无机绝缘材料制成绝缘端盖。金属圆筒既起机械承力作用，又起屏蔽作用。

（2）屏蔽罩。屏蔽罩起到吸附真空电弧产生的金属蒸汽分子作用。金属蒸汽分子在罩壳上冷却并恢复为固体状态，灭弧后，灭弧室内的真空度得以迅速恢复。屏蔽罩体积越大，开断过程中金属蒸汽分子吸附的越快，温升变化愈小，冷凝速度越快，真空度恢复时间越短。

（3）波纹管。金属波纹管起着动触头运动时的真空密封作用。波纹管的一端固定在灭弧室的一个端面上。另一端与动触头的导电杆连接，则随导杆的运动而伸缩。真空灭弧室每分合一次，波纹管随着产生一次机械形变，其制造材料多以不锈钢最佳。

（4）触头。触头是真空灭弧室内最重要的元件。其动静触头是对接式的，动触头行程在 6~12mm 之间。真空断路器的开断能力由触头系统的结构决定，触头分为平板式、横向磁场和纵向磁场触头。我国应用较多的是纵向磁场触头式的灭弧室。其开断能力在 10kV 已提高到 70kA，灭弧室的体积却逐渐缩小。

2. 特性

真空断路器显示出它独有的特性和功能，愈来愈受到人们的重视。其特性表现在以下几点：

（1）真空断路器的触头是在真空中开断的，利用真空作为绝缘和灭弧介质。它具有：

1）灭弧能力强，燃弧时间短，全分断时间短。

2）触头开距小，机械寿命较长。

3）适合于频繁操作和快速切断，特别适合切断容性负荷电路。

4）体积小、质量轻，维护工作量小，真空灭弧室与触头不需要维修。

5）没有易燃、易爆介质，无爆炸和火灾危险。

（2）由于真空断路器结构上的特点，它也存在着如下缺点：

1）易产生操作过电压。主要是开断小电流时，产生截流过电压和高频多次重燃过电压。所以，采用真空开关一般应采取有效的抑制操作过电压措施。比如：避雷器与开关并联安装。

2）灭弧室的真空度在运行中还不能随时检查，只能通过专门耐压试验或使用专门仪器检查其真空度。如果真空度降低或不能使用时，只有更换真空灭弧室。

3. ZWG－12 系列真空断路器

ZWG－12 系列户外柱上干式真空断路器是一种新型真空断路器，主要用于 10kV 配电网或变电所作为分合负荷电流、过载电流及短路电流，也适用于操作频繁的场合，如石油、勘探、冶金等行业的电力设施。

ZWG－12 系列户外柱上干式真空断路器采用三相立柱结构，由传动系统、操动机构及三相立柱（灭弧室）三部分组成，维护调试方便灵活，真空灭弧室为全工况大爬距陶瓷灭弧室，表面不另装绝缘层，稳定性强，断路器采用交流 220V，弹簧储能机构。具有电动关合、电动开断、手动电动储能、手动关合、手动开断和过电流自动开断等多种功能。其技术参数见表 4－2。

表 4－2   ZWG－12 系列真空断路器技术参数

项目	单位	参数	项目	单位	参数
额定电压	kV	12	1min 工频耐压	kV	42
额定电流	A	1250	额定短路开断次数	次	30
额定短路开断电流	kA	20	机械寿命	次	10000
额定短路关合电流	kA	50	额定操作电压	V	AC220
额定峰值耐受电流	kA	50	质量	kg	130
4s 短时耐受电流	kA	20	雷电冲击耐压	kV	75
额定操作顺序		分 0.3s－合分 180s－合分	外形尺寸（长×宽×高）	mm	1000×540×870

（四）SF₆ 高压断路器

SF₆ 高压断路器采用惰性气体 SF₆ 做绝缘灭弧介质。SF₆ 是一种负电性很强的气体，它具有吸收自由电子而成为负离子的特性，介质绝缘恢复强度高。SF₆ 气体在一定压力下比热容比较高，因此，其对流散热的能力高，易于灭弧。所以，SF₆ 气体具有良好的绝缘特性和灭弧性能。

1. SF₆ 断路器的灭弧室

高压断路器的核心元件是灭弧室。SF₆ 高压断路器的灭弧室结构分为双压式灭弧室和单压式灭弧室。其中，双压式有高压和低压两个气压系统。

双压式 SF₆ 高压断路器配置了密封循环工作的气体压缩机，在分闸灭弧时，被压缩的高压 SF₆ 气体打开高气压系统的主阀，SF₆ 气体从高压区经喷口吹向低压区。在低压区的灭弧室中，SF₆ 气体与电弧发生能量交换，电弧温度下降，电弧在喷口和吹弧屏罩的控制和 SF₆ 气吹的作用下熄灭。

单压式 SF₆ 高压断路器取消了气体压缩机，只有一个气压系统。灭弧室中的导杆带有压缩气体的活塞。分闸时，活塞与气缸的相对运行压缩了 SF₆ 气体，短时间内灭弧室内的 SF₆ 气压升高，对电弧产生气吹作用，电弧温度下降，直至在过零时熄灭。

2. LW3-12 系列 SF$_6$ 高压断路器

LW3-12 系列 SF$_6$ 高压断路器适于 10kV 系统（最高电压 11.5~12kV）。LW3-12 系列 SF$_6$ 高压断路器三相共箱，结构紧凑。它采用电磁线圈及电动机储能操动转动式机构进行分合闸。其灭弧是采用环形电极、磁场线圈的磁场与电弧电流相互作用，电弧在不断旋转中加热 SF$_6$ 气体，使其温度升高，压力升高，形成高压气流，将电弧冷却。在介质强度恢复到一定程度，电流过零时，电弧被熄灭。LW3-12 型 SF$_6$ 高压断路器的技术参数见表 4-3。

表 4-3　　　　　　　　　　　　　LW3-12 型 SF$_6$ 高压断路器的技术参数

项 目 名 称			参　　数					备　注
额定电压/kV			12					
额定电流/A			400		630			
额定频率/Hz			50					
额定绝缘水平 /kV	1min 工频耐受电压（有效值）	干式	42（对地、极间，断口间）					断路器内充以 0.25MPa SF$_6$ 气体（20℃）
		湿式	34（对地、极间，断口间）					
	雷电冲击耐受电压（峰值）		75（对地、极间，断口间）					
零表压下绝缘水平额定线电压/kV			11.5（导电回路对地）					
额定短时耐受电流/kA			6.3	8	12.5	16	20	
额定峰值耐受电流/kA			16	20	31.5	40	50	
额定短路持续时间/s			4					
额定短路开断电流/kA			6.3	8	12.5	16	20	
异相接地额定开断电流/kA			7		10.9	13.9	17.3	
额定短路关合电流（峰值）/kA			16	20	31.5	40	50	
连续开断额定短路电流次数/次			16					
零表压下开断电流/A			400		630			
额定操作顺序	Ⅰ型		分—180s 合分—180s 合分					
	Ⅱ、Ⅲ型		分—0.5s 合分—180s 合分					
重合闸无电流时间/s			0.5					
合—分时间/s			≤0.08					
SF$_6$ 气体额定压力/MPa			0.35					20℃
SF$_6$ 气体最低工作压力/MPa			025					20℃
合闸时间/s			≤0.06					
分闸时间/s	Ⅰ型		≤0.06					
	Ⅱ、Ⅲ型		≤0.04					
机械寿命/次			3000		6000			
断路器内 SF$_6$ 气体中水的体积分数/（10^{-6}）			≤150/300，出厂/运行					体积比
SF$_6$ 年漏气率			<1%					
分、合闸线圈及储能电动机的额定电压/V			AC 220 或 DC 220		用户确定			
电流互感器电流比			200/5；400/5；600/5		用户确定			
噪声水平/dB			<110					
每台断路器用 SF$_6$ 气体质量/kg			1.2					
每台断路器总质量 /kg	Ⅰ型		140					
	Ⅱ、Ⅲ型		150、160					
外形尺寸（长×宽×高）/（mm×mm×mm）			1100×780×620					包括机构

LW3-12 系列 SF_6 断路器采用电动操作弹簧机构，带有机械和电气防跳装置，利用 SF_6 气体做灭弧介质。该断路器灭弧单元结构见图 4-30。

分闸时，启动电动机后，操作弹簧机构，带动绝缘操作杆、使动触头和与之相连的气缸中的活塞一起快速向下运行，气缸中的 SF_6 气体被压缩；静触指与动触头分离的同时，电流转移到动、静弧触头上。

随着动触头继续向下运行，动静弧触头分离时产生电弧。气缸中 SF_6 气体虽被压缩，但其压力还较低时电弧在气缸喷口喉道内燃烧，将喉道喷口堵塞，使被压缩的 SF_6 气体不能从喷口释放出来，电弧被气缸外气体压力压入空心活塞杆内。

当喷口喉道快速离开静弧触头时，被压缩的 SF_6 压力达到 0.4MPa 以上的临界压力时以 340m/s（音速）从喉道喷出，冷却电弧，恢复 SF_6 的介电强度，电流过零瞬间电弧被熄灭。气体的继续吹喷，介电强度迅速增强，完全除去游离，电弧不会重燃。

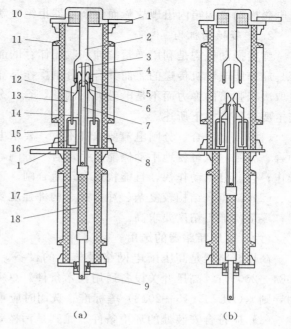

图 4-30　LW3-12 系列 SF_6 高压断路器灭弧单元结构
(a) 合闸状态；(b) 分闸状态
1—接线端子板；2—静弧触头座；3—静弧触头；4—静触指；5—喷口；6—动弧触头；7—活塞杆；8—中间法兰；9—滑动密封装置；10—吸附剂；11—灭弧室瓷套；12—动触头；13—SF_6 气体；14—压气缸；15—活塞；16—中间触指；17—支柱瓷套；18—绝缘操作杆子

（五）断路器的操动机构

1. 电磁操动机构

电磁操动机构是利用合闸线圈中的电流产生电磁力驱动合闸铁芯，撞击合闸四连杆机构进行合闸的，其合闸能量完全取决于合闸电流的大小。因此，这种操动机构要求的合闸电流一般都很大，一般有 68、97.5、98 三种。该机构的主要优缺点如下所述。

（1）优点。结构简单，加工容易；可遥控操作和自动重合闸；机构输出特性与本体反力特性配合较好。

（2）缺点。合闸电流大，要求大功率的直流电源；一般辅助的开关、中间继电器触点等很难投切这么大的电流，因此，必须另配直流接触器，利用直流接触器的带消弧线圈的触点来控制合闸电流，控制合、分闸；动作速度低，合闸时间长，电源电压变动对合闸速度影响大。

另外，电磁操动机构耗费材料多，由于户外式变电站开关的本体和操动机构一般都组装在一起，这种一体式的开关一般只具备电动合、电动分和手动分的功能，而不具备手动合的功能，因此，当机构箱内出现故障面使断路器拒绝电动合闸时，就必须进行停电，打开机构箱进行处理，否则将无法正常送电。

尽管电磁操动机构存在以上缺点，但运行却非常稳定，由于其具有结构简单的优点，使得电磁操动机构箱内出现故障而使断路器拒绝电动合、分闸的情况很少发生。

2. 弹簧操动机构

弹簧操动机构是利用弹簧拉伸和收缩储存的能量进行合、分闸控制的，其弹簧能量的储存是靠储能电动机传送的。而其合、分闸操作是靠合、分闸线圈控制的。由于合、分闸的能量取决于弹簧的弹力而不是电磁力，因此，合、分闸电流要求都不大，一般在 1.5～2.5A。其主要优缺点如下所述。

（1）优点。合、分闸电流要求都不大，要求电源的容量也不大；既可远方电动储能，电动合、分闸，也可就地手动储能，手动合、分闸，在直流电源消失的情况下也可手动合、分操作；合、分闸动作快，且能快速自动重合闸。

（2）缺点。结构较复杂、冲力大、构件强度要求高；输出力特性与本体反力特性配合较差；零部件加工精度要求高。

（六）高压断路器的选用

高压断路器是高压配电网络最核心的设备。必须严格遵守《交流高压断路器》（GB 1984—2003）；《高压开关设备通用技术条件》（GB 11022—2011）；《交流高压断路器参数选用导则》（DL/T 615—2013）等标准。选用时应重点注意以下方面。

（1）应符合安装处的环境条件。尤其是污秽等级应符合环境条件要求。

（2）断路器的工作电压。高压断路器的额定电压与所在网络额定电压相同。最高工作电压应与所在网络最高电压一致。

（3）断路器开断、关合短路电流值应大于或等于所在网络短路电流的计算值。

（4）所选配的操作机构应与操作的断路器及其负荷等级相匹配。一般是室内选用电磁操作机构，室外选用弹簧机构为佳。

（5）选用国家质量认证的产品，且必须附有各种例行试验说明书和安装使用说明书。

二、互感器

互感器是一特殊变压器，其原理接线图如图 4-31 所示。用于电力系统或电气设备中的互感器包括电压互感器（TV）和电流互感器（TA）。

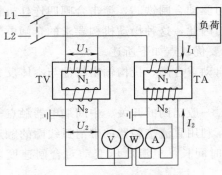

图 4-31　电压互感器
和电流互感器的原理接线图

电压互感器 TV 的一次绕组并联接在被测的一次电路中，将高电压变成低电压，二次绕组与测量仪表或继电器的电压线圈并联。二次侧的额定电压为 100V 或 $100/\sqrt{3}$ V。

电流互感器 TA 的一次绕组串联于被测的一次电路中，将大电流变成小电流，二次绕组与测量仪表或继电器的电流线圈串联。二次侧的额定电流为 5A 或 1A。

互感器的作用有以下几个方面。

（1）使测量仪表和继电器实现标准化和小型化。

（2）使二次设备和工作人员与高电压隔离，且互感器二次侧均接地，从而保证了人身和设备的安全。

（3）所有二次设备可采用低电压、小电流的控制电缆连接，使屏内布线简单，安装方便。

（4）一次侧电路发生短路时，能够保护测量仪表和继电器的电流线圈免受大电流的损害。

（一）电流互感器

1. 电流互感器的工作原理与特性

（1）电流互感器的工作原理。电流互感器是专门用作变换电流的特殊变压器，其工作原理与普通变压器相似，是按电磁感应原理工作的。

电流互感器的一次绕组串联于一次电路内，二次绕组与测量仪表或继电器的电流线圈串联，如图 4-31 所示。

电流互感器的一次、二次额定电流之比，称为电流互感器的额定变流比，用 K_i 表示

$$K_i = \frac{I_{N1}}{I_{N2}} \approx \frac{N_2}{N_1} = K_N \tag{4-8}$$

式中　I_{N1}、I_{N2}——电流互感器的一次、二次额定电流；

　　　N_1、N_2——一次、二次绕组匝数；

　　　K_N——匝数比。

电流互感器二次侧仪表测得的二次侧电流 I_2 乘以电流互感器的额定变流比 K_i 这一常数，即为一次侧电流 I_1。这就是应用电流互感器测量电流的原理。

（2）电流互感器的特性。

1）电流互感器的一次绕组串接于一次电路中，且匝数 N_1 较少，通常仅一匝或几匝，阻抗小，故其一次侧电流完全由被测电路的负荷电流决定，而不受二次侧电流影响。

2）电流互感器二次绕组所接的仪表或继电器电流线圈的阻抗很小，因此正常情况下，电流互感器是在近似于短路的状态下运行。

3）电流互感器运行时，绝对不允许二次绕组开路。二次绕组开路时将产生很高的尖顶波电动势，数值可达几千伏，如图 4-32 所示，危及人身和设备的安全。同时，由于磁感应强度剧增，将使铁芯损耗增大，严重发热，损坏绕组绝缘。因此，运行中的电流互感器二次侧是绝对不允许开路的。

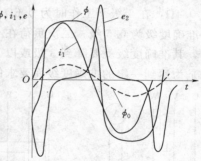

图 4-32　电流互感器二次侧开路时磁通和电动势波形

同理，电流互感器二次侧也不允许装设熔断器。在运行中，如果需要拆除测量仪表或继电器时，应先在断开处将电流互感器二次绕组短接，再拆下仪表或继电器。

2. 电流互感器的准确度级

（1）电流互感器的准确度级。在不同的用途和工作条件下，对电流互感器规定的误差标准也不同。根据电流互感器测量误差的大小划分为不同的准确度级（即：在规定的二次负荷范围内，一次电流为额定值时的最大容许电流误差）。我国电流互感器准确度级和误差限值如表 4-4 所示。

（2）电流互感器的额定容量。电流互感器的额定容量 S_{N2} 是指电流互感器在二次额定电流 I_{N2} 和二次侧额定负载阻抗 Z_{N2} 下运行时，二次绕组的输出容量。既

$$S_{N2} = I_{N2}^2 Z_{N2} \tag{4-9}$$

由于电流互感器的二次侧额定电流 I_{N2} 为标准值（5A 或 1A），为了方便计算，额定容量

可用二次额定负载阻抗代替。

表 4-4　　　　　　　　　　　　　电流互感器的准确度级和误差限值

准确度级	一次电流为额定电流的百分数/%	误差限值		二次负荷变化范围
		电流误差（±%）	相位差（±'）	
0.2	5	0.75	30	
	20	0.35	15	
	100~120	0.2	10	
0.5	5	1.5	90	
	20	0.75	45	$(0.25\sim1)\,S_{N2}$
	100~120	0.5	30	
1	5	3	180	
	20	1.5	90	
	100~200	1	60	
3	50~120	3	无规定	$(0.5\sim1)\,S_{N2}$
5	50~120	5		

　　由于电流互感器的误差与二次侧负荷阻抗有关，故同一台电流互感器使用在不同的准确度级时，有不同的额定容量。例如，某电流互感器的二次额定负荷，当其在 0.5 级下工作时为 0.4Ω，在 1 级下工作时为 0.6Ω，即说明：该电流互感器当二次侧负荷在 0.4Ω 以内时，其准确度级为 0.5 级；二次负荷在 0.4~0.6Ω 时，其准确度级为 1 级；二次负荷大于 0.6Ω 时，其准确度级就要降到 3 级或以下。所以，互感器的额定容量是与其准确度级相联系的，它是为达到一定的准确度级而要求的一种保证容量。

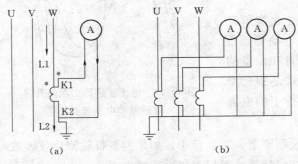

图 4-33　电流互感器与测量仪表的连接方式
(a) 单相连接；(b) 星形连接

3. 电流互感器的接线

　　图 4-33 所示为最常用的电工测量仪表接入电流互感器的三种方式，对于继电器及自动装置的电流线圈也有类似的连接方式。

　　图 4-33 (a) 所示的接线，适用于三相对称负荷，测量一相电流。图 4-33 (b) 所示的接线为完全星形接线，可测量三相负荷电流，监视各相负荷的不对称情况。小电流接地系统的线路测量及保护回路多采用这种接线。由于三相电流 $\dot{I}_U+\dot{I}_V+\dot{I}_W=0$，则 $\dot{I}_V=-(\dot{I}_U+\dot{I}_W)$，通过公共导线上电流表的电流，等于 U、W 两相电流的相量和即 $-\dot{I}_V$。

　　电流互感器的二次绕组应有一接地点，以免一、二次之间的绝缘击穿使二次侧也带上高电压，危及人身和设备的安全。

　　电流互感器的一、二次绕组的端子上必须标明极性。通常一次侧端子用 L1、L2 表示，二次侧端子用 K1、K2 表示，在互感器的同极性端标出符号"＊"，如图 4-33 (a) 所示，L1 与 K1，L2 与 K2 彼此同极性。当一次电流从 L1 流向 L2 时，二次侧的电流从 K1 经负荷流回 K2。

4. 电流互感器的类型

电流互感器的种类很多，大致可分为以下几种类型。

（1）按安装地点可分为户内式和户外式。额定电压在 20kV 及以下的多制成户内式，35kV 及以上多制成户外式。

（2）按安装方式可分为穿墙式、母线式、套管式和支持式。穿墙式装在墙壁或金属结构的孔中，可代替穿墙套管；母线式利用母线作为一次绕组，安装时将母线穿入电流互感器瓷套的内腔；套管式是套装在 35kV 及以上变压器或多油断路器油箱内的套管上；支持式是安装在平面或支柱上。

（3）按绝缘可分为干式、浇注式和油浸式。干式是经过绝缘漆浸渍烘干处理，适用于低压户内；浇注式是用环氧树脂等作绝缘浇注成型，适用于 35kV 及以下各电压等级；油浸式多用于户外。

（4）按一次绕组的匝数可分为单匝式和多匝式。单匝式电流互感器当被测电流很小时，一次磁通势，$I_1 N_1$ 较小，故测量的准确度很低。通常当一次侧被测电流超过 600～1000A 时，才使用单匝式电流互感器。

5. 电流互感器运行注意事项

（1）电流互感器的准确度与其二次侧所接负荷的大小有关。一定的准确度，对应一定的二次侧额定容量。实际负荷超过规定的额定容量时，准确度将降低。

（2）电流互感器的二次侧有一端必须保护接地。

（3）电流互感器在连接时，要注意其一、二次绕组接线端子上的极性不能接错。

（4）电流互感器的二次侧在工作时绝对不能开路。

（5）巡视电流互感器时应注意检查：瓷质部分是否清洁，有无破损和放电现象；注油电流互感器的油面是否正常，有无漏油、渗油现象；接头是否过热；二次回路有无冒火现象；以及有无异味及异常声响。

（二）电压互感器

按照工作原理，电压互感器可分为电磁式和电容分压式两种。目前电力系统广泛应用的电压互感器，电压等级为 220kV 及以下时多为电磁式，220kV 及以上时多为电容分压式。

1. 电压互感器的工作原理与特性

（1）电压互感器的工作原理。电压互感器的一次绕组并联于电网中，二次绕组向并联的测量仪表和继电器的电压线圈供电，如图 4-31 所示。电压互感器的工作原理与电力变压器相同，构造原理、接线图也相似。其主要区别在于电压互感器的容量很小，最大不过数百伏安，并且在大多数情况下，它的负荷是恒定的。

电压互感器一、二次绕组的额定电压之比称为电压互感器的额定变压比，用 K_U 表示

$$K_U = \frac{U_{N1}}{U_{N2}} \approx \frac{N_1}{N_2} = K_N \tag{4-10}$$

式中　U_{N1}——一次绕组额定电压，等于电网额定电压；

　　　　U_{N2}——二次绕组额定电压，已统一为 100（或 $100/\sqrt{3}$）V；

　N_1、N_2——一、二次绕组匝数；

　　　　K_N——匝数比。

由上可以看出，电压互感器的额定变压比 K_U 已标准化。

（2）电压互感器的特性。

1）电压互感器一次侧电压为电网电压，不受二次侧负荷的影响，并且在大多数情况下，其负荷是恒定的。

2）电压互感器二次侧所接测量仪表和继电器的电压线圈的阻抗很大，通过的电流很小，因此电压互感器正常工作时接近于空载状态，二次电压接近于二次电动势，并随一次电压的变动而变动。所以，通过测量二次侧电压 U_2 可以反应一次侧电压 U_1 的值。

3）电压互感器在运行中，二次侧不能短路。这是因为正常工作时，电压互感器二次侧有 100（或 $100/\sqrt{3}$）V 电压，短路后在二次电路中会产生很大的短路电流，使电压互感器烧毁。为此，在电压互感器的一次侧和二次侧均应装设熔断器，用于过载及短路保护。

2. 电压互感器的接线方式及特点

电压互感器有单相和三相两种。单相的可制成任何电压等级，而三相的一般只制成 20kV 及以下的电压等级。

在三相电力系统中，通常需要测量的电压有线电压、相对地电压和发生单相接地故障时的零序电压。为了测量这些电压，图 4-34 示出了几种常见的电压互感器接线。

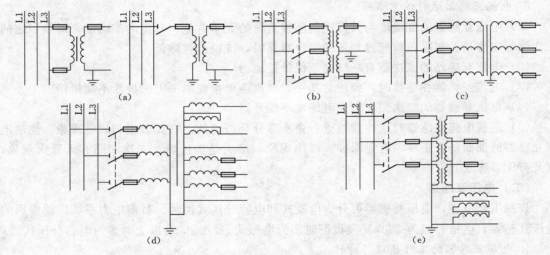

图 4-34 电压互感器的接线方式

（a）一台单相电压互感器接线；（b）Vv 接线；（c）Y，y0 接线；

（d）三相五柱式接线；（e）三台单相三绕组电压互感器接线

图 4-34（a）所示为一台单相电压互感器的接线，可测量某一相间电压（35kV 及以下的中性点非直接接地电网）或相对地电压（110kV 及以上中性点直接接地电网）。

图 4-34（b）所示为两台单相电压互感器接成 Vv 形连接，广泛用于 20kV 及以下中性点不接地或经消弧线圈接地的电网中测量线电压，不能测相电压。

图 4-34（c）所示为一台三相三柱式电压互感器接成 Y，y0 形接线，只能用来测量线电压，不许用来测量相对地电压。

图 4-34（d）所示为一台三相五柱式电压互感器接成的 Y，Nynd 形接线，其一次绕组、基本二次绕组接成星形，且中性点均接地，辅助二次绕组接成开口三角形。该种接线可用来测

量线电压和相电压，还可用作绝缘监察，故广泛用于小接地电流电网中。当系统发生单相接地时，三相五柱式电压互感器内出现的零序磁通可以通过两边的辅助铁芯柱构成回路。辅助铁芯柱的磁阻小，零序励磁电流也小，因而不会出现烧毁电压互感器的情况。

图 4－34（e）所示为三台单相三绕组电压互感器接接线方式，广泛应用于 35kV 及以上电网中，可测量线电压、相对地电压和零序电压。这种接线方式在发生单相接地时，各相零序磁通以各自的电压互感器铁芯构成回路，因此对电压互感器无影响。该种接线方式的辅助二次绕组接成开口三角形，对于 35～60kV 中性点非直接接地电网，其相电压为 100/3V，对中性点直接接地电网，其相电压为 100V。

在 380V 的装置中，电压互感器一般只经过熔断器接入电网。在高压电网中，电压互感器经过隔离开关和熔断器与电网连接。一次侧熔断器的作用是当电压互感器及其引出线上短路时，自动熔断切除故障，但不能作为二次侧过负荷保护。因为熔断器熔件的截面是根据机械强度选择的，其额定电流比电压互感器的额定电流大很多倍，二次侧过负荷时可能不熔断。所以，电压互感器二次侧应装设低压熔断器，来保护电压互感器的二次侧过负荷或短路。

3. 电压互感器的类型

电压互感器可分为以下几种类型。

（1）按安装地点可分为户内式和户外式。35kV 及以下多制成户内式，35kV 以上则制成户外式。

（2）按相数可分为单相式和三相式。只有 20kV 以下才制成三相式。

（3）按每相绕组数可分为双绕组、三绕组和四绕组式。双绕组式每相有一个一次绕组，一个二次绕组；三绕组式每相有一个一次绕组，一个基本二次绕组和一个辅助二次绕组，基本二次绕组供测量、保护、自动装置用，辅助二次绕组常接成开口三角形，供接地保护用；四绕组式比三绕组式多一个基本二次绕组，把测量与保护和自动装置分开，其他绕组作用与三绕组式相同。

（4）按绝缘可分为干式、浇柱式和油浸式。干式电压互感器用于电压较低的户内装置中；浇注式电压互感器适用于 3～35kV 户内配电装置；油浸式多用于 10kV 以上电压互感器。

（5）按工作原理可分为电磁式电压互感器和电容分压式电压互感器。

三、隔离开关

隔离开关又称刀闸，是高压开关设备的一种。因为它没有灭弧装置，所以不能用来直接接通、切断负荷电流和短路电流。但运行的经验证明，隔离开关可以用来开闭电压互感器、避雷器、母线和直接与母线相连设备的电容电流，开闭阻抗很低的并联电路的转移电流。亦可以开闭励磁电流不超过 2A 的变压器空载电流和电容电流不超过 5A 的电容电流（生产厂有规定时按说明书执行）。其主要用途是保证电路中检修部分与带电体之间的隔离以及用隔离开关进行电路的切换工作或关合空载电路。

（一）隔离开关的类型

隔离开关可根据装设地点、电压等级、极数和构造进行分类的，主要有如下几种类型。

（1）按装设地点可分为户内式和户外式。

（2）按极数可分为单极和三极。

（3）按绝缘支柱数目可分为单柱式、双柱式、三柱式。

（4）按隔离开关的动作方式可分为闸刀式、旋转式、插式。

（5）按有无地刀可分为有接地隔离开关和无接地隔离开关。

（6）按所配操动机构可分为手动式、电动式、气动式、液压式。

（二）隔离开关的表示方法

隔离开关的类型用下列方法进行表示如下。

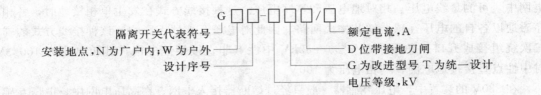

隔离开关代表符号　　　　　　　　　　　额定电流，A
安装地点，N 为广户内；W 为户外　　　　D 位带接地刀闸
设计序号　　　　　　　　　　　　　　　G 为改进型号 T 为统一设计
　　　　　　　　　　　　　　　　　　　电压等级，kV

（三）隔离开关的结构组成

隔离开关主要由下述几个部分组成。

（1）支持底座。该部分的作用是起支持和固定作用，其将导电部分、绝缘子、传动机构、操动机构等固定为一体，并使其固定在基础上。

（2）导电部分。导电部分包括触头、闸刀、接线座。该部分的作用是传导电路中的电流。

（3）绝缘子。绝缘子包括支持绝缘子、操作绝缘子。其作用是将带电部分和接地部分绝缘开来。

（4）传动机构。它的作用是接受操动机构的力矩，并通过拐臂、联杆、轴齿或是操作绝缘子，将运动传动给触头，以完成隔离开关的分、合闸动作。

（5）操动机构。同断路器操动机构，通过手动、电动、气动、液压向隔离开关的动作提供能源。

（四）GN19-10 系列户内高压隔离开关的结构与原理

GN19-10 系列户内高压隔离开关是三相交流 50Hz 的高压电器，适用于的 10kV 等级作为网络在有压无载的情况下，分断与关合电路之用。主要技术参数见表 4-5。

表 4-5　　　　　　　　　　　　GN$_{19}$ 系列隔离开关的主要技术参数

产品型号	额定电压 /kV	额定电流 /A	4s 额定短时耐受电流 /kA	额定峰值耐受电流 /kA
GN19-10(10C)/400-12.5	10	400	12.5	31.5
GN19-10(10C)/630-20	10	630	20	50
GN19-10(10C)/1000-31.5	10	1000	31.5	80
GN19-10(10C)/1250-40	10	1250	40	100

GN19-10 系列户内高压隔离开关系三相共底架结构，GN19-10 型为普通平装型，其外形如图 4-35 所示，GN19-10C 型为普通穿墙型，其外形如图 4-35 所示。

高压隔离开关主要由静触头、基座、支柱绝缘子、拉杆绝缘子、动触头组成，隔离开关的每相导电部分通过两个支柱绝缘子固定在基座上，三相平行安装。导电部分由动触头和静触头组成，每相动触头为两片槽型铜片，它不仅增大了动触头的散热面积，对降低温度有利，而且提高了动触头的机械强度，使隔离开关的动稳定性提高。隔离开关动静触头的接触压力是靠两端接触弹簧维持的，每相动触头中间均连有拉杆绝缘子，拉杆绝缘子与安装在基

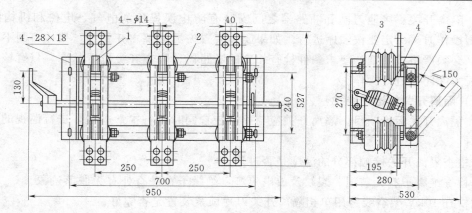

图 4 - 35　GN19 - 10 型户内高压隔离开关
1—静触头；2—基座；3—支柱绝缘子；4—拉杆绝缘子；5—动触头

座上的转轴相连，转动转轴，拉杆绝缘子操动动触头完成分、合闸。转轴两端伸出基座，其任何一端均可与所配用的手动操动机构相连。

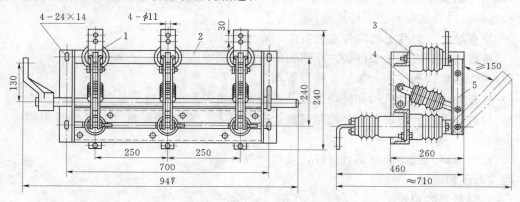

图 4 - 36　GN19 - 10C 型户内高压隔离开关
1—静触头；2—基座；3—支柱绝缘子；4—拉杆绝缘子；5—动触头

　　GN19 - 10/1000 型及 GN19 - 10/1250 型在动静触头接触处装有两件磁锁压板，当很大的短路电流通过时，磁锁压板相互间产生的吸引电磁力增加了动静触头的接触压力，从而增大了触头的动热稳定性。

　　（五）隔离开关的操作要求

　　（1）操作隔离开关时，应先检查相应回路的断路器确实在断开位置，以防止带负荷拉、合隔离开关。

　　（2）线路停、送电时，必须顺序拉、合隔离开关。停电操作时，必须先拉断路器，后拉线路侧隔离开关，再拉母线侧隔离开关。送电操作顺序与停电顺序相反。这是因为发生误操作时，按上述顺序可缩小事故范围，避免人为事故扩大到母线。

　　（3）隔离开关操作时，应有值班人员在现场逐相检查其分、合闸位置，同期情况，触头接触深度等项目，确保隔离开关动作正确、位置正确。

　　（4）隔离开关一般应在主控室进行操作。当远控电气操作失灵时，可在现场就地进行手动或电动操作，但必须征得站长或技术负责人的许可，并在有现场监督的情况下才能进行。

（5）隔离开关、接地刀闸和断路器之间安装有防止误操作的电气、电磁和机构闭锁装置。倒闸操作时，一定要按顺序进行。如果闭锁装置失灵或隔离开关和，接地刀闸不能正常操作时，必须严格按闭锁的要求条件检查相应的断路器、隔离开关位置状态，只有核对无误后，才能解除闭锁进行操作。

（六）隔离开关的运行维护

（1）隔离开关运行项目。隔离开关应与配电装置同时进行正常巡视，进行巡视的项目如下所述。

1）检查隔离开关接触部分的温度是否过热。

2）检查绝缘子有无破损、裂纹及放电痕迹，绝缘子在胶合处有无脱落迹象。

3）检查 10kV 架空线路用单相隔离开关刀片锁紧装置是否完好。

（2）隔离开关维护项目。隔离开关的日常维护项目主要有以下几项。

1）清扫瓷件表面的尘土，检查瓷件表面是否掉釉、破损，有无裂纹和闪络痕迹，绝缘子的铁、瓷结合部位是否牢固。若破损严重，应进行更换。

2）用汽油擦净刀片、触点或触指上的油污，检查接触表面是否清洁，有无机械损伤、氧化和过热痕迹及扭曲、变形等形象。

3）检查触电或刀片上的附件是否齐全，有无损坏。

4）检查连接隔离开关和母线、断路器的引线是否牢固，有无过热现象。

5）检查软连接部件有无折损、断股等现象。

6）检查并清扫操动机构和转动部分，并加入适量的润滑油脂。

7）检查传动部分与带电部分的距离是否符合要求；定位器和制动装置是否牢固，动作是否正确。

8）检查隔离开关的底座是否良好，接地是否可靠。

四、高压熔断器

（一）熔断器的用途

10kV 跌落式熔断器一般安装在柱上配电变压器高压侧，用以保护 10kV 架空配电线路不受配电变压器故障影响。也有农村、山区的长线路在变电所继电保护达不到的线路末段或线路分支处安装跌落式熔断器进行保护的。

安装在农村、山区长线路上的跌落式熔断器可采用负荷熔断器（带消弧栅型），如 RW10－10F 型，如图 4－37 所示，上端装有灭弧室和弧触头，具备带电操作分合闸的能力，能达到分合 10kV 线路 100A，开断短路电流 11.55kA。

（二）熔断器的结构

跌落式熔断器一般由绝缘子、上下接触导电系统和熔管等构成。安装熔丝、熔管时，用熔丝将熔管上的弹簧支架绷紧，将熔管推上，熔管在上静触头的压力下处于合闸位置。跌落式熔断器应有良好的机械稳定性，一般的跌落式熔断器应能承受 200 次连续合分操作；负荷熔断器应能承受 300 次连续合分操作。

目前常用的跌落式熔断器型号有 RW10－10F 型（可选择带或不带消弧栅型）、RW11－10型，如图 4－38 所示。两种型号各有其特点，前者构造主要利用圈簧的弹力压紧触头，而后者主要利用片簧的弹力压紧触头。两种型号跌落式熔断器的熔管及上下接触导电系统结构尺寸略有不同，为保证事故处理时熔管、熔丝的互换性，减少事故处理备件数量，一个维护区域宜固定使用一种型号跌落式熔断器。这两种型号跌落式熔断器主要技术参数见表4-6。

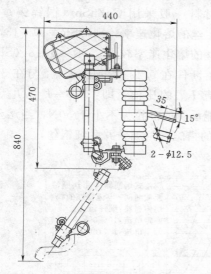

图 4-37 10kV 跌落式熔断器
（RW10-10F 型）

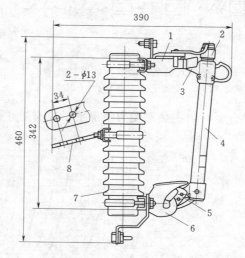

4-38 10kV 跌落式熔断器（RW11-10 型）

1—上静触头；2—释压帽；3—上动触头；4—熔管；
5—上动触头；6—下支座；7—瓷瓶；8—安装板

表 4-6   **RW10-10F 型、RW11-10 型跌落式熔断器主要技术参数**

项　　目		数　　值
额定电压/kV		12
额定电流/A		100、200
额定短路开断电流/kA		6.3、12.5（带灭弧栅型）
雷电冲击耐压（相对地）/kV		75
雷电冲击耐压（断口）/kV		85
工频耐压/ （1min，kV）	相对地干试	42
	断口干试	48
	相对地湿试	34
泄漏比距/（cm/kV）		普通型：2.5；防污型：3.3

　　为带电作业更换跌落式熔断器便利，RW10-10F 型跌落式熔断器设计上引线接线端子采取固定螺母、螺栓可旋转带紧压线板的结构。

（三）熔断器的动作原理

　　当过电流使熔丝熔断时，断口在熔管内产生电弧，熔管内衬的消弧管产气材料在电弧作用下产生高压力喷射气体，吹灭电弧。随后，弹簧支架迅速将熔丝从熔管内弹出，同时熔管在上、下弹性触头的推力和熔管自身重量的作用下迅速跌落，形成明显的隔离空间。

　　在熔管的上端还有一个释放压力帽，放置有一低熔点熔片。当开断大电流时，上端帽的薄熔片熔化形成双端排气；当开断小电流时，上端帽的薄熔片不动作，形成单端排气。

（四）熔丝规格与时间电流特性

　　与 10kV 跌落式熔断器配套使用的熔丝有 T 型和 K 型两种规格，熔丝的外形尺寸如图 4

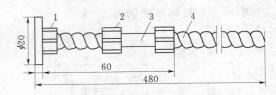

图 4-39 喷射式跌落式熔断器的熔丝外形尺寸

1—纽扣帽；2—铜夹子；3—熔体；4—铜辫子线

-39 所示，时间—电流特性如图 4-40 所示。熔体材料一般采用 CuZnSn（铜锌锡）合金。T 形熔丝的熔化速率较高，SR＝10～13，而 K 型熔丝的熔化速率较低，SR＝6～8（SR 的定义为熔断件在 0.1s 时的电流 $I_{0.1s}$ 与在 300s 时的电流 I_{300s} 的比值，即：SR＝$I_{0.1s}/I_{300s}$）。熔丝应能承受的静拉力不小于 50N，当熔丝采用低熔点合金时，在热态受力情况下，应有防止伸长的措施（例如，并联细钢丝）。

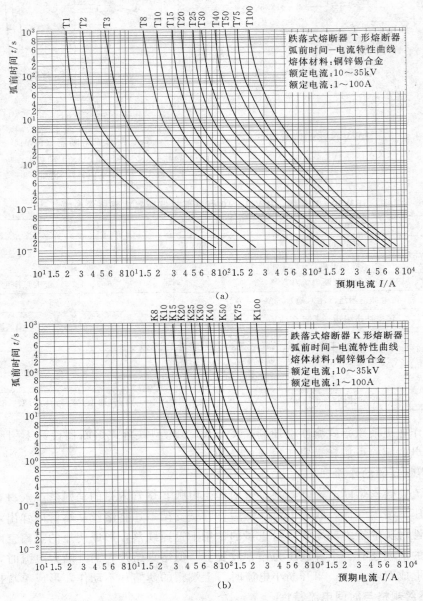

图 4-40 跌落式熔断器的时间—电流特性

（a）T 形熔丝；（b）K 形熔丝

（五）熔断器的使用要求

（1）熔管一般采用内置消弧管（铜纸管）的环氧玻璃布管制成。熔断器应配置专用的纽扣式熔丝，熔管上端应封闭，以防止进雨水而使熔管内衬的钢纸管受潮失效。有的跌落式熔断器（如 RW11-10 型）为保证可靠熄灭过载电流电弧，在熔丝上还套有小直径的辅助熄弧钢纸管，以保证对过负荷小电流（如开断 15A）也能可靠灭弧。

（2）当跌落式熔断器的隔离断口与熔管上下导电触头尺寸不配套时，反复操作推合熔管有可能对腰部瓷绝缘体造成损伤裂纹或断裂。跌落式熔断器安装支架可采用外箍式或胶装式，采用胶装式应选配好胶装混凝土等材料。

（3）当熔管或熔丝配置不合适或安装不牢固时，有可能发生单相掉管，对无缺相保护的电机可能造成影响。如果掉管时负荷电流过大，还有可能造成拉弧引发相间短路故障。

五、电力电容器

（一）电容器的类型和用途

并联电容器主要用于补偿感性无功功率以改善功率因数。

按其结构和使用材料分，并联电容器有浸渍剂型、金属化膜型、密集型、并联补偿成套装置、高压并联电容器柜、低压并联电容器柜等。

1. 浸渍剂型并联电容器

浸渍剂型并联电容器主要由箱壳和芯子组成。箱壳用薄钢板密封焊接制成。芯子由元件、绝缘件和紧箍件组成整体，并根据不同的电压等级，可将元件进行适当的串联与并联。适用于频率为 50Hz 的交流电力系统，作为提高系统的功率因数用。

2. 金属化膜式电容器

金属化膜式电容器由芯子、过压力保护装置、箱壳三部分组成。芯子中的三相电容器单元可根据不同的规格要求分别连接成全并形、三角形和星形，每相电容器单元两端均并接放电电阻。过电压保护装置串联在芯子和线路端子之间，并固定在箱壳内壁上。线路端子设在箱壳顶部，安装脚和接地端子设在箱壳底部。

金属化膜式电容器采用金属化聚丙烯薄膜作为电极和介质，具有自愈性，并同时具有质量轻、体积小、损耗低等优点、电容器内部装有过压力保护装置和放电电阻，能提高其安全性和可靠性。它适用于工频额定电压为 690V 及以上的交流电力系统中与负载并联，以提高系统的功率因数。

3. 密集形并联电容器

密集形并联电容器有单相和三相两种结构型式。主要由内部单元电容器、框架、箱体和出线套管组成。

密集形电容器将多个单元电容器组合在一个箱体内。与普通构架式电容器相比，它具有占地面积小、安装方便、运行维护工作量小等优点。

（二）电容器容量选择

并联电容器的无功补偿原理如图 4-41 所示。

以图 4-41（a）所示电路为例。原有 RL 电路对应功率因数 $\cos\varphi_1$，现并联电容 C 后，电路的功率因数改为 $\cos\varphi$，计算 C 值。

从图 4-41（b）相量图中可以看出

$$I_C = P/U(\tan\varphi_1 - \tan\varphi) \tag{4-11}$$

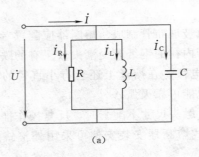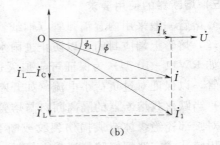

图 4-41　并联电容器的无功补偿作用

(a) 电路图；(b) 相量图

因为
$$I_C = U/X_C = \omega CU$$

则
$$\omega CU = \frac{P}{U}(\tan\varphi_1 - \tan\varphi) \tag{4-12}$$

功率因数从 $\cos\varphi_1$ 提高到 $\cos\varphi$ 时并联电容的容量

$$C = \frac{P}{\omega U^2}(\tan\varphi_1 - \tan\varphi) \tag{4-13}$$

变电所里的电容器安装容量，应根据本地区电网无功规划以及国家现行标准《电力系统电压和无功电力技术导则》(SD 325—89) 和《供电营业规则》的规定计算后确定。当不具备设计计算条件时，电容器安装容量可按变压器的 10%～30% 确定。

(三) 电容器接线方式及其保护

1. 并联电容器组的基本接线

并联电容器组的基本接线分为星形 (Y)、三角形 (△) 两种。经常采用的还有星形 (Y) 派生出的双星形接线。并联电容量组的接线类型如图 4-42 所示。

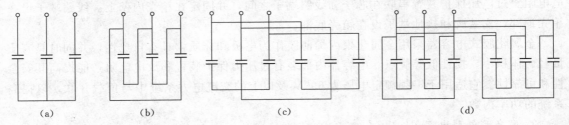

图 4-42　并联电容器组接线类型

(a) 星形 (Y)；(b) 三角形 (△)；(c) 双星形 (双 Y)；(d) 双三角形 (双 △)

2. 并联电容器组每相内部接线方式

当单台并联电容器的额定电压不能满足电网正常工作电压要求时，需由两台或多台并联电容器串联后达到电网正常工作电压的要求；为达到要求的补偿容量，又需要用若干台电容并联才能组成并联电容器组。并联电容器组每相内部的接线方式如图 4-43 所示。

3. 并联电容器组保护

(1) 保护的设置。根据一次接线方式的不同，电容器通常采用内部熔丝或外部熔断器来保护。低压电容器芯子内部元件具有熔丝保护，运行安全，故障少。高压电容器则采用外部快速熔断器来保护。另外，对高压电容器组，还可采用电压纵差、开口三角零序电压，或中

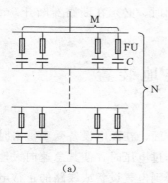

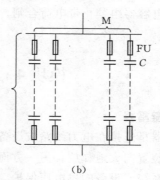

图 4-43 并联电容器组每相接线方式

(a) 先并后串（有均压线）接线方式；(b) 先串后并（无均压线）接线方式

FU—单台保护熔断器；C—单台电容器；M—电容器组中电容器并联台数；

N—电容器组中电容器串联段数

性点不平衡电流等方法来保护。

（2）保护熔丝的选择。熔断器的额定电压不应低于被保护电容器的电压，断流量不低于电容器的短路故障电流。熔断器的额定电流一般为电容器额定电流的 1.5～2.5 倍。

（四）电容器的运行

1. 电容器的接通和断开

（1）电容器组在接通前应用绝缘电阻表检查放电网络。

（2）接通和断开电容器组时，必须考虑以下几点。

1）当汇流排（母线）上的电压超过 1.1 倍电压最大允许值时，禁止将电容器组接入电网。

2）在电容器组自电网断开后 1min 内不得重新接入，但自动重复接入情况除外。

3）在接通和断开电容器组时，要选用不能产生危险过电压的断路器，并且断路器的额定电流不应低于 1.3 倍电容器组的额定电流。

2. 电力电容器的放电

（1）电容器每次从电网中断开后，应该自动进行放电。其端电压迅速降低，不论电容器额定电压是多少，在电容器从电网上断开 30s 后，其端电压应不超过 65V。

（2）为了保护电容器组，自动放电装置应装在电容器断路器的负荷侧，并经常与电容器直接并联（中间不准装设断路器、隔离开关和熔断器等）。具有非专用放电装置的电容器组，例如：对于高压电容器用的电压互感器，对于低压电容器用的白炽灯泡，以及与电动机直接连接的电容器组，可以不另装放电装置。使用灯泡时，为了延长灯泡的使用寿命，应适当地增加灯泡的串联数。

（3）在接触自电网断开的电容器的导电部分前，即使电容器已经自动放电，还必须用绝缘的接地金属杆短接电容器的出线端，进行单独放电。

3. 电力电容器组倒闸操作注意事项

（1）在正常情况下，全站停电操作时，应先断开电容器组断路器后，再拉开各路出线断路器。恢复送电时应与此顺序相反。

（2）事故情况下，全站无电后，必须将电容器组的断路器断开。

（3）电容器组断路器跳闸后不准强送电。保护熔丝熔断后，未经查明原因之前，不准更换熔丝送电。

（4）电容器组禁止带电荷合闸。电容器组再次合闸时，必须在断路器断开 3min 之后才可进行。

模块 4 避雷器及接地装置

一、避雷器

避雷器是连接在电力线路或设备与大地之间，一方面，在配电设备受到雷击时，避雷器通过接地装置向大地释放；另一方面，当系统出现操作过电压时，使其急速向大地放电，从而达到对系统或设备的过电压保护。同时，当过电压降到电气设备或线路的正常电压时，避雷器则停止放电，以防止正常电流向大地流通，因此，也保证了系统或设备的正常工作。

用于配电系统的避雷器主要有氧化锌避雷器和阀型避雷器等。

（一）金属氧化物避雷器

金属氧化物避雷器（又称氧化锌避雷器）一般可分为无间隙和有串联间隙两类。由于无间隙氧化锌避雷器使用越来越广泛，并且取得了很好的运行效果，而有串联间隙的氧化锌避雷器未发挥出氧化锌避雷器的优异性能，其结构又类似于阀型避雷器，故在此主要介绍无间隙氧化锌避雷器。

1. 结构

10kV 无间隙硅橡胶外套氧化锌避雷器，其电阻片采用氧化锌为基体，掺入少量其他氧化物，在 1100～1350℃ 高温下焙烧结成阀饼，若干阀饼叠装成柱，两端安装金属端子。然后用绝缘带滚胶缠绕制成芯棒。芯棒干燥后，对其外部进行机加工整形，涂覆偶联剂放置真空浇注机内，热压浇注硅橡胶外壳成型。棒芯也有采用将阀饼叠装进绝缘筒后，热压浇注硅橡胶外壳成型的。

氧化锌避雷器阀片具有优异的非线性电压—电流特性，高电压导通，而低电压不导通，不需要串联间隙，可避免传统避雷器因火花间隙放电特性变化而带来的缺点。氧化锌避雷器具有保护特性好、吸收过电压能量大、结构简单等特点。

氧化锌避雷器在冲击过电压下动作后，没有工频续流流通过，故不存在灭弧问题，保护水平只由氧化锌阀片的残压决定，避免了间隙放电特性变化的影响；另一方面，由于没有串联间隙的绝缘隔离，氧化锌阀片不仅要承受雷电过电压、操作过电压，还要承受工频过电压和持续运行正常相电压（含发生线路单相接地故障时、健全相电压异常升高），在这些电压作用下，氧化锌阀片的特性将会劣化。此外，由于在小电流区域内，氧化锌阀片的电阻温度系数为负值，运行中吸收过电压能量后，所引起的温升可能会导致避雷器热稳定的破坏。氧化锌避雷器与传统的一阀型有间隙的碳化硅避雷器相比，电气性能、技术参数和试验方法有所不同。其主要技术参数见表 4-7。

2. 主要电气参数

（1）额定电压。无间隙氧化锌避雷的额定电压为系统施加到其两端子间的最大允许工频电压有效值，它不等于系统的标称电压。如 10kV 电网中性点不接地或经消弧线圈接地的系统所采用的无间隙氧化锌避雷器的额定电压为 17kV。

（2）持续运行电压。无间隙氧化锌避雷器的持续运行电压，为允许持久地施加在氧化锌避雷器端子间的工频电压有效值。

表 4-7   无间隙金属氧化物避雷器技术参数

产品型号	避雷器额定电压	避雷器持续运行电压	系统标称电压	避雷器标称放电电流 /kV	直流1mA参考电压(不小于)/kV	残压(不大于) 陡波冲击电流 1/10, 5kA (1.5kA)	残压 雷电冲击电流 8/20, 5kA (1.5kA)	残压 操作冲击电流 30/60 0.25kA (0.1kA)	通流容量 $4/10\mu s$ 的大电流 /kA	通流容量 2ms 方波 /A	外绝缘水平 雷电冲击耐受电压 $1.2/50\mu s$ /kV	外绝缘水平 工频耐受电压 1min 湿干 /kV	0.75 U1mA 漏电流(不大于)/μA	爬电比距 /(mm/kV)	局部放电量(小于)/pC
	有效值/kV				/kV	峰值/kV									
HY5WS2 -12/35.8	12	9.6	10	5	18	41.2	35.8	30.6	65	100	75	30/42	50	35	10
HY5WS2 -17/50	17	13.6	10	5	25	57.5	50	42.5	65	100	75	30/42	50	32	10
HY1.5WS2 -0.3/1.3	0.3	0.26	0.22	1.5	0.6	1.49	1.3	1.1	10	100		2.0/3.0	25	250	10
HY1.5WS2 -0.5/2.6	0.50	0.45	0.38	1.5	1.2	2.98	2.6	2.2		100		2.5/4.0	25	156	10

注 1. H—复合绝缘外套；Y—金属氧化物；5 (1.5)—标称放电电流（kA）；W—无间隙结构；S—配电型；□/□—分子为避雷器额定电压，分母为标称放电电流下残压（kV）。

    2. 本表数值部分摘自《交流无间隙金属氧化物避雷器》（GB 11032—2000）。

（3）冲击电流残压。包括陡波冲击电流残压、雷击冲击电流残压和操作冲击电流残压。

（4）直流 1mA 参考电压。是避雷器在通过直流 1mA 时测出的避雷器上的电压。

3. 应用

在安装无间隙氧化锌避雷器时，应考虑系统中性点的接地方式，以及与被保护的设备的配合。长期放置后安装或带电安装，应先进行直流 1mA 参考电压试验，或进行绝缘电阻的测量，对 10kV 避雷器用 2500V 绝缘电阻表测量，绝缘电阻不低于 1000MΩ，合格后方可安装。

4. 金属氧化物避雷器的试验项目、周期和要求

金属氧化物避雷器的试验项目、周期和要求见表 4-8。

表 4-8   金属氧化物避雷器的试验项目、周期和要求

序号	项目	周期	要求	说明
1	绝缘电阻	（1）发电厂、变电所避雷器每年雷雨季节前； （2）必要时	（1）35kV 以上，不低于 2500MΩ； （2）35kV 及以下，不低于 1000MΩ	采用 2500V 及以上绝缘电阻表
2	直流 1mA 电压（U1mA）及 0.75U1mA 下的泄漏电流	（1）发电厂、变电所避雷器每年雷雨季节前； （2）必要时	（1）不得低于 GB 11032 规定值； （2）U1mA 实测值与初始值或制造厂规定值比较，变化不应大于±5%； （3）0.75U1mA 下的泄漏电流不应大于 50μA	（1）要记录试验时的环境温度和相对湿度； （2）测量电流的导线应使用屏蔽线； （3）初始值系指交接试验或投产试验时的测量值

序号	项　目	周　期	要　求	说　明
3	运行电压下的交流泄漏电流	(1) 新投运的 110kV 及以上者投运 3 个月后测量 1 次；以后每半年 1 次；运行 1 年后，每年雷雨季节前 1 次； (2) 必要时	测量运行电压下的全电流、阻性电流或功率损耗，测量值与初始值比较，有明显变化时应加强监测，当阻性电流增加 1 倍时，应停电检查	应记录测量时的环境温度、相对湿度和运行电压。测量宜在瓷套表面干燥时进行。应注意相间干扰的影响
4	工频参考电流下的工频参考电压	必要时	应符合 GB 11032 或制造厂规定	(1) 测量环境温度（20±15）℃； (2) 测量应每节单独进行，整相避雷器有一节不合格，应更换该节避雷器（或整相更换），使该相避雷器为合格
5	底座绝缘电阻	(1) 发电厂、变电所避雷器每年雷雨季前； (2) 必要时	自行规定	采用 2500V 及以上绝缘电阻表
6	检查放电计数器动作情况	(1) 发电厂、变电所避雷器每年雷雨季前； (2) 必要时	测试 3～5 次，均应正常动作，测试后计数器指示应调到"0"	

（二）阀形避雷器

1. 结　构

阀形避雷器主要由瓷套，火花间隙和阀形电阻片组成，其外形结构见图 4-44，阀形避雷器的优点是运行经验成熟，缺点是密封不严，易受潮失效，甚至引发爆炸。

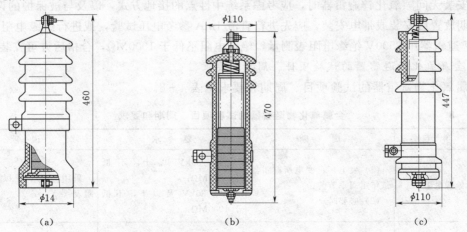

图 4-44　10kV 阀形避雷器外形结构图
(a) FS2-10 型；(b) FS3-10 型；(c) FS4-10 型

2. 工作原理

在正常情况下，阀形避雷器火花间隙有足够的绝缘强度，不会被正常工作电压击穿；如图 4-45 所示，当有雷电过电压时，火花间隙就被击穿放电。雷电压作用在阀形电阻上，电阻值会变得很小，把雷电流汇入大地。之后，作用在阀形电阻上的电压为正常的工作电压时，电阻值变得很大，限制工频电流通过，因此线路又恢复了正常对地绝缘。

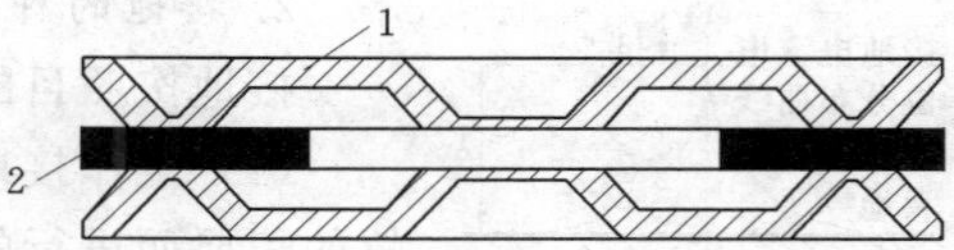

图 4-45　阀形避雷器的单位火花间隔
1—电极；2—云母绝缘片

3．主要电气参数

（1）避雷器额定电压。避雷器能够可靠地工作并能完成预期动作的负荷试验的最大允许工频电压，称为避雷器的额定电压。

（2）工频放电电压。这是与火花间隙的结构、工艺水平有关的参数，其具有一定的分散性、一般取工频放电电压平均值的±（7％～10％），规定为其上限。

（3）冲击放电电压和冲击电流残压。是供绝缘配合计算用的重要数据。选取标准冲击放电电压和标称放电电流残压中的一个最大者作为避雷器的保护水平。保护水平与避雷器额定电压（峰值）之比称为保护比，它是避雷器保护特性的一个指标其值愈低，保护性能愈优越。

二、接地装置

（一）接地装置的作用和对接地电阻的要求

1．接地装置的作用

为了保证电气设备的安全、可靠运行和人身安全，供电系统需要有符合规定的接地。所谓接地就是将供、用电设备、防雷装置等的某一部分通过金属导体组成接地装置与大地进行良好的连接。

从电力系统的中性点运行方式不同，接地可分为两类：一类是三相电网中中性点直接接地系统；另一类是中性点不接地系统。目前在我国三相三线制供电电压为 35kV、10kV、6kV、3kV 的配电线路中，一般均采用中性点不接地系统。0.4kV 的三相四线制低压配电线路，采用中性点直接接地系统；在 0.4kV 供电系统中接用的电气设备、凡因绝缘损坏而可能呈现对地电压的金属部位，均应接地。否则，该电气设备一旦漏电，将对人有致命的危险，如图 4-46 所示。

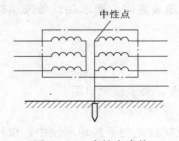

图 4-46　中性点直接
接地系统

接地的电气设备，因绝缘损坏而造成相线与设备金属外壳接触时，其漏电电流通过接地体向大地呈半球形流散。电流在地中流散时，所形成的电压降，距接地体愈近就愈大，距接地体愈远就愈小。通常当距接地体大于 20m 时，地中电流所产生的电压降已接近于零值。因此，零电位点通常指远距离接地体 20m 之外处，如图 4-47 所示。

电气设备接地引下导线和埋入地中的金属接地体的总和称为接地装置。

接地体又称为接地极，指埋入地中直接与土壤接触的金属导体或金属导体组，是接地电流流向土壤的散流件。利用地下金属构件、管道等作为接地体的称自然接地体；按设计规范要求埋设的金属接地极称为人工接地体。

接地线指电气设备需要接地的部位用金属导体与接地体相连接的部分，是接地电流由接地部位传导至大地的途径。接地线中沿建筑物面敷设的共用部分称为接地干线，电气设备金属外壳连接至接地干线部分称为接地支线。

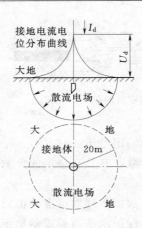

图 4-47 地中电流
和对地电压散流场

2. 接地的种类

接地按照目的要求不同可以分为下述几类。

（1）工作接地。所谓工作接地是因电气设备正常工作或排除事故的需要而进行的接地，例如图 4-46 中变压器低压侧中点接地便是工作接地。

（2）保护接地。所谓保护接地是为了防止电气设备金属外壳因绝缘损坏而带电而进行的接地。

（3）防雷接地。防雷接地是为了将雷电流引入大地而进行的接地。

（4）防静电接地。防静电接地是为了防止由于静电聚集而形成火花放电的危险，把可能产生静电的设备接地，如易燃油、汽、金属储藏的接地。

（5）防干扰接地。防干扰接地是为防止电干扰装设的屏蔽物的接地。

3. 对接地电阻的要求

接地装置的接地电阻是指接地线电阻、接地体电阻、接地体与土壤之间的过渡电阻和土壤流散电阻的总和。

（1）高压电气设备的保护接地电阻。

1）大接地短路电流系统：在大接地短路系统中，由于接地短路电流很大，接地装置一般均采用棒形和带形接地体联合组成环形接地网，以均压的措施达到降低跨步电压和接触电压的目的，一般要求接地电阻 $r_{jd} \leqslant 0.5\Omega$。

2）小接地短路电流系统：当高压设备与低压设备共用接地装置时，要求在设备发生接地故障时，对地电压不超过 120V，要求接地电阻

$$r_{jd} \leqslant 120/I_{jd} \leqslant 10\Omega$$

式中 I_{jd}——接地短路电流的计算值，A。

当高压设备单独装设接地装置时，对地电压可放宽至 250V，要求接地电阻

$$r_{jd} \leqslant 250/I_{jd} \leqslant 10\Omega$$

（2）低压电气设备的保护接地电阻，在 1kV 以下中性点直接接地与不接地系统中，单相接地短路电流一般都很小。为限制漏电设备外壳对地电压不超过安全范围，要求保护接地电阻

$$r_{jd} \leqslant 4\Omega$$

（二）接地装置的材料和接地体形式

1. 接地装置的材料

接地装置的材料，一般由钢管、角铁、铁带及钢绞线等制成。

（1）接地体的材料及规格。接地体的材料一般由钢管、铁带等制成，一般采用的钢管壁厚应大于 3.5mm，外径大于 25mm，长度一般为 2～3m。如果钢管直径超过 50mm 时，虽然管径增大，但散流电阻降低得很少。角钢接地体一般采用 50mm×6mm 或 40mm×5mm 的角钢，垂直打入地中，它也是具有钢管的效果。扁钢接地体，其截面不小于 100mm²，厚度不小于 4mm。一般应用 25mm×4mm 或 40mm×4 mm 的扁钢，埋深应不少于 0.5～0.8m 为宜。

（2）接地引下线的规格。接地引下线一般采用钢材为如下标准。

1) 圆钢引下线直径一般不小于 8mm。

2) 扁钢截面不小于 12mm×4mm。

3) 镀锌钢绞线截面不小于 25mm²。

对低压线路绝缘子铁脚接地可用简易引下线，例如直径为 6mm 的圆钢，或是两根 8 号铁线。与空气交界处引下线最好用镀锌钢材，或涂以沥青等防腐剂。

钢、铝、铜接地线的等效截面可参见表 4-9。

2. 接地体的形式和尺寸

根据土壤电阻率的不同，接地体的形式也是多种多样的，一般有以下几种。

（1）放射形接地体。放射形接地体采用一至数条接地带敷设在接地槽中，一般应用在土壤电阻率较小的地区。

（2）环状接地体。环状接地体是用扁钢围绕杆塔构成的环状接地体。

（3）混合接地体。混合接地体是由扁钢和钢管组成的接地体。

表 4-9　　　　　　　　　　　钢、铝、铜接地线的等效截面

材 料		钢/(mm×mm)	铝/mm²	铜/mm²
等效截面		15×2	—	1.3～2
		15×3	6	3
		20×4	8	5
		30×4 或 40×3	16	8
		40×4	25	12.5
		60×5	35	17.5～25
		80×8	50	35
		100×8	70	47.5～50

接地体按其埋入地中的方式有水平接地体和垂直接地体之分。

1) 水平接地体。该接地水平的埋入地中，其长度和根数按接地电阻的要求确定。接地体的选择优先采用圆钢，一般直径为 8～10mm。扁钢截面为 25mm×4mm～40mm×4mm。热带地区应选择较大截面；干寒地区，选择小截面。

2) 垂直接地体。该接地体是垂直打入地中，长度为 1.5～0.3m。截面按机械强度考虑，角钢为 20mm×20mm×3mm～50mm×50mm×5mm，钢管直径为 20～50mm，圆钢直径为 10～12mm。

（三）接地装置的维护

接地装置是电力系统安全技术中的主要组成部分。接地装置在日常运行中容易受自然界及外力的影响与破坏，致使接地线锈蚀中断、接地电阻变化等现象，这将影响电气设备和人身的安全。因此，在正常运行中的接地装置，应该有正常的管理、维护和周期性的检查、测试和维修，以确保其安全性能。

1. 新装接地装置后的验收内容

（1）按设计图纸要求（施工规范要求）检查接地线或接零线导体规格、导体连接工艺。

（2）连接部分采用螺栓夹板压紧的，其接触面可靠，螺栓应有防松动的开口垫圈。

（3）连接部分采用焊接的，应符合规程要求并保证焊接面积。

（4）穿过建筑物及引出地面部分，都应有保护套管。

（5）利用金属物体、钢轨、钢管等作为自然接地线时，在每个连接处都应有规定截面的跨接线。

（6）接规范要求涂刷防腐漆。

（7）接地电阻值应小于规定值。

2．接地装置运行中巡视检查内容

（1）电气设备与接地线、接地网的连接有无松动脱落等现象。

（2）接地线有无损伤、腐蚀、断股及固定螺栓松动等现象。

（3）有严重腐蚀可能时，应挖开距地面 50cm 处，检查接地装置引接部分的腐蚀程度。

（4）对移动式电气设备，每次使用前须检查接地线是否接触良好，有无断股现象。

（5）人工接地体周围地面上，不应堆放及倾倒有强烈腐蚀性的物质。

（6）接地装置在巡视检查中，若发现有下列情况之一时，应予修复。

1）遥测接地电阻，发现其接地电阻值超过原规定值时。

2）接地线连接处焊接开裂或连接中断时。

3）接地线与用电设备压接螺丝松动、压接不实和连接不良时。

4）接地线有机械性损伤、断股、断线以及腐蚀严重（截面减小 30%）时。

5）地中埋设件被水冲刷或由于挖土而裸露地面时。

模块 5　低压成套配电装置基本知识

将一个配电单元的开关电器、保护电器、测量电器和必要的辅助设备等电器元件安装在标准的柜体中，就构成了单台配电柜。将配电柜按照一定的要求和接线方式组合，并在柜顶用母线将各单台柜体的电气部分连接，于是构成了成套配电装置。配电装置按电压等级高低分为高压成套配电装置和低压成套配电装置，按电气设备安装地点不同分为屋内配电装置和屋外配电装置，按组装方式不同分为装配式配电装置和成套式配电装置。

一、低压配电装置分类

低压配电装置按结构特征和用途的不同，分为固定式低压配电柜（又称屏）、抽屉式低压开关柜以及动力、照明配电控制箱等。

（1）固定式低压配电柜按外部设计不同可分为开启式和封闭式。开启式低压配电柜正面有防护作用面板遮拦，背面和侧面仍能触及带电部分，防护等级低，目前已不再提倡使用。封闭式低压配电柜，除安装面外，其他所有侧面都被封闭起来。配电柜的开关、保护和监测控制等电气元件，均安装在一个用钢或绝缘材料制成的封闭外壳内。通常门与主开关操作有机械联锁，以防止误入带电间隔操作。

（2）抽屉式开关柜采用钢板制成封闭外壳，进出线回路的电器元件都安装在可抽出的抽屉中，构成能完成某一类供电任务的功能单元。功能单元与母线或电缆之间，用接地的金属板或塑料制成的功能板隔开，形成母线、功能单元和电缆三个区域。每个功能单元之间也有隔离措施。抽屉式开关柜有较高的可靠性、安全性和互换性，是比较先进的开关柜，目前生产的开关柜，多数是抽屉式开关柜。

（3）动力、照明配电控制箱。多为封闭式垂直安装。因使用场合不同，外壳防护等级也不同。它们主要作为工矿企业生产现场的配电装置。

低压配电系统通常包括受电柜（即进线柜）、馈电柜（控制各功能单元）、无功功率补偿柜等。受电柜是配电系统的总开关，从变压器低压侧进线，控制整个系统。馈电柜直接对用户的受电设备，控制各用电单元。电容补偿柜根据电网负荷消耗的感性无功量的多少自动地控制并联补偿电容器组的投入，使电网的无功消耗保持到最低状态，从而提高电网电压质量，减少输电系统和变压器的损耗。

二、常用低压成套配电装置

常用的低压成套配电装置有 PGL、GGD 型低压配电柜和 GCK（GCL）、GCS、MNS 抽屉式开关柜等。

（一）GGD 型低压配电柜

GGD 型低压配电柜适用于发电厂、变电所、工业企业等电力用户作为交流 50Hz、额定工作电压 380V、额定电流至 3150A 的配电系统中作为动力、照明及配电设备的电能转换、分配与控制之用。具有分断能力高、动热稳定性好、结构新颖合理、电气方案灵活、系列性适用性强、防护等级高等特点。

1. 型号

GGD 型低压配电柜的型号及含义如下所述。

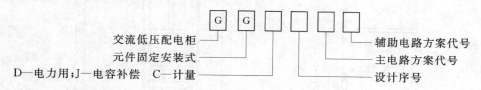

GGD 型低压配电柜按其分断能力不同可分为 1 型、2 型、3 型，1 型的最大开断能力为 15kA，2 型为 30kA，3 型为 50kA。

2. 结构特点

GGD 型配电柜的柜体框架采用冷弯型钢焊接而成，框架上分别有 $E=20mm$ 和 $E=100mm$ 模数化排列的安装孔，可适应各种元器件装配。柜门的设计考虑到标准化和通用化，柜门采用整体单门和不对称双门结构，清晰美观，柜体上部留有一个供安装各类仪表、指示灯、控制开关等元件用的小门，便于检查和维修。柜体的下部、后上部与柜体顶部，均留有通风孔，并加网板密封，使柜体在运行中自然形成一个通风道，达到散热的目的。

GGD 柜使用的 ZMJ 型组合式母线卡由高阻燃 PPO 材料热塑成型，采用积木式组合，具有机械强度高、绝缘性能好、安装简单、使用方便等优点。

GGD 型配电柜根据电路分断能力要求可选用 DW15（DWX15）～DW45 等系列断路器，选用 HD13BX（或 HS13BX）型旋转操作式隔离开关以及 CJ20 系列接触器等电器元件。GGD 型配电柜的主、辅电路采用标准化方案，主电路方案和辅助电路方案之间有固定的对应关系，一个主电路方案应若干个辅助电路方案。GGD 型配电柜主电路方案举例如图 4-48 所示，外形尺寸及安装示意图如图 4-49 所示。

GGD 型配电柜的外形尺寸为长×宽×高＝（400、600、800、1000）mm×600mm×2000mm。每面柜既可作为一个独立单元使用，也可与其他柜组合各种不同的配电方案，因此使用比较方便。

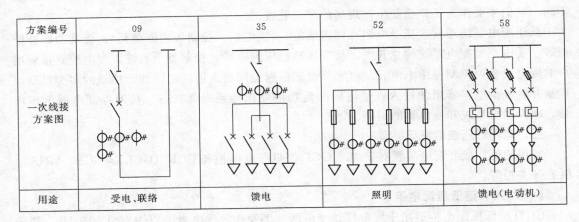

方案编号	09	35	52	58
一次线接方案图				
用途	受电、联络	馈电	照明	馈电（电动机）

图4-48　GGD配电柜主电路一次接线方案

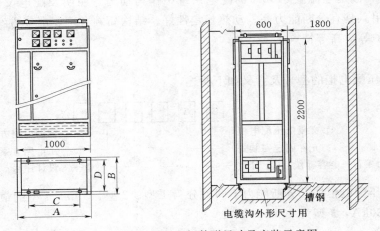

图4-49　GGD型配电柜外形尺寸及安装示意图

（二）GCL低压抽出式开关柜

1. 型号及含义

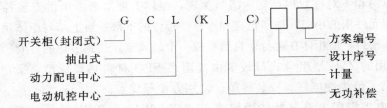

2. 结构特点

GCL系列抽出式开关柜用于交流50（60）Hz，额定工作电压660V及以下，额定电流400～4000A的电力系统中作为电能分配和电动机控制使用。

开关柜属间隔型封闭结构，一般由薄钢板弯制、焊接组装。也可采用由异型钢材，采用角板固定，螺栓连接的无焊接结构。选用时，可根据需要加装底部盖板。内外部结构件分别采取镀锌、磷化、喷涂等处理手段。

GCL系列抽出式开关柜柜体分为母线区、功能单元区和电缆区，一般按上、中、下顺序排列。母线室、互感器室内的功能单元均为抽屉式，每个抽屉均有工作位置、试验位置、断开位置，为检修、试验提供方便。每个隔室用隔板分开，以防止事故扩大，保证人身安全。GCL 系列抽出式开关柜根据功能需要可选用 DZX10（或 DZ10）等系列断路器、CJ20 系列接触器、JR 系列热继电器、QM 系列熔断保险等电器元件。其主电路有多种接线方案，以满足进线受电、联络、馈电、电容补偿及照明控制等功能需要。GCL 配电柜接线方案举例如图 4-50 所示，外形尺寸及安装示意如图 4-51 所示。

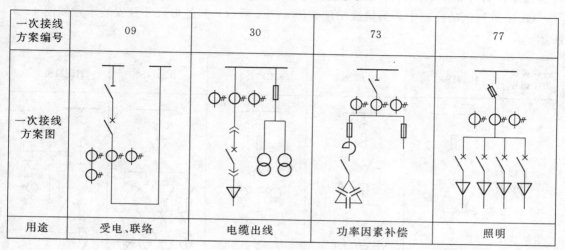

一次接线方案编号	09	30	73	77
一次接线方案图				
用途	受电、联络	电缆出线	功率因素补偿	照明

图 4-50　GCL 配电柜主电路一次接线方案

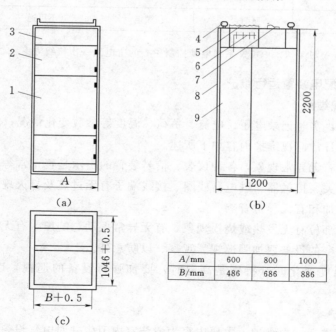

A/mm	600	800	1000
B/mm	486	686	886

图 4-51　GGD 型配电柜外形尺寸及安装示意图

（a）正视；（b）侧视；（c）柜底

1—隔室门；2—仪表门；3—控制室封板；4—吊环；5—防尘盖后门；6—主母线室；

7—压力释放装置；8、9—侧板

（三）GCK 系列电动控制中心

GCK 系列电动控制中心由各功能单元组合而成为多功能控制中心，这些单元垂直重叠安装在封闭式的金属柜体内。柜体共分水平母线区、垂直线线区、电缆区和设备安装区等4个互相隔离的区域，功能单元分别安装在各自的小室内。当任何一个功能单元发生事故时，均不影响其他单元，可以防止事故扩大。所有功能单元均能按规定的性能分断短路电流，且可通过接口与可非程序控制器或微处理机连接，作为自动控制的执行单元。

GCK 系列电动控制中心的接线举例如图 4-52 所示，其外形尺寸及安装示意如图 4-53 所示。

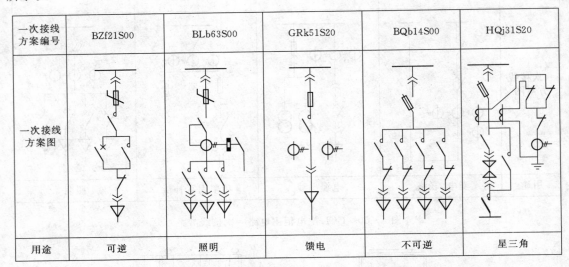

一次接线方案编号	BZf21S00	BLb63S00	GRk51S20	BQb14S00	HQj31S20
一次接线方案图					
用途	可逆	照明	馈电	不可逆	星三角

图 4-52 GCK 系列电动控制中心的主电路一次接线方案

三、低压成套配电装置运行维护

（一）日常巡视维护

建立运行日志，实时记录电压、电流、负荷、温度等参数变化情况；巡视设备应认真仔细，不放过疑点。日常巡视维护内容如下所述。

（1）设备外观有无异常现象，各种仪表、信号装置的指示是否正常等。

（2）导线、开关、接触器、继电器线圈、接线端子有无过热及打火现象；电气设备的运行噪声有无明显增加和有无异常音响。

（3）设备接触部位有无发热或烧损现象，有无异常振动、响声，有无异常气味等。

（4）对负荷骤变的设备要加强巡视、观察、以防意外。

（5）当环境温度变化时（特别是高温时）要加强对设备的巡视，以防设备出现异常情况。

（二）定期维护

配电室应每周进行一次维护，主要内容为清洁室内卫生并对电气设备进行全面检查。每季度应对配电室进行停电检修一次，主要内容如下所述。

（1）检查开关、接触器触点的烧蚀情况，必要时修复或更换。

（2）导体连接处是否松动，紧固接线端子、检查导线接头，如过热氧化严重应修复。

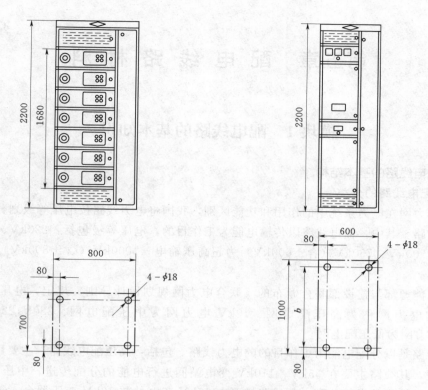

图 4-53 GCK 型配电柜外形尺寸及安装示意图

（3）检查导线，特别是导线出入管口处的绝缘是否完好。

（4）遥测装置线路的绝缘电阻及接地装置的接地电阻。

（5）接触部位是否有磨损，对磨损严重的应及时维修或更换。

（6）配电装置的除尘，盘柜表面的清洁及对室内环境进行彻底清扫。

（7）填写有关记录。

第五章 配电线路材料

模块 1 配电线路的基本知识

一、配电线路的基本结构

(一) 配电线路的分类

根据电力网在电力系统中的作用和功能区别，我国将电力线路按电压等级划分为输电线路和配电线路。其中，输电线路以传输电能为工作目的，电压等级包括：220kV、330kV 为高压输电；500kV、750kV（含±600kV）为超高压输电；1000kV（含±800kV）及以上为特高压输电。

按照原能源部与建设部联合颁布的《联合电力网规划设计导则》规定，电压等级在 35～110kV 的电力网称为高压配电网、10kV 电力网为中压配电网、380V/220V（或称 0.4kV）电力网为低压配电网。

配电线路是以分配电能为工作目的的电力线路。包括：高压配电线路，主要用于区域内的电能分配，其线路主要在 35kV、110kV 变电站间进行电能的分配传送。中压配电线路，主要用于小区域内的电能分配；其线路主要在 35kV 变电站与 10kV 变压器台、箱式变间进行电能的分配传送。低压配电线路：主要用于直接对用电设备的电能分配；其线路主要实现 10kV 变台、箱式变与低压用户用电设备的连接，从而达到完成电能的分配的目的。

(二) 架空配电线路的基本要求

1. 电网的额定电压

能使电力设备正常工作的电压称额定电压。各种电力设备，在额定电压下运行，其技术性能和经济效果最好。

电力线路的正常工作电压，应该与线路直接相连的电力设备额定电压相等。但由于线路中有电压降或称电压损耗存在，所以线路末端电压比首端要低。为使设备端电压与电网额定电压尽可能接近，取 $U_N=(U_1+U_2)/2$ 为电网的额定电压。其中 U_1、U_2 分别为电网首末端电压。

2. 对配电线路的要求

(1) 保证供电可靠性。对用户提供可靠的电力，实行不间断供电。为提高电力系统的供电可靠率，必须采取以下措施。

1) 采用优质、运行安全、性能稳定，在使用期不检修或少检修的电气设备。

2) 采用多次具有重合功能的重合器和线路分段器，以缩小停电面积和减小停电时间。

3) 改革现行的管理制度和管理方法，其中包括检修制度、清扫制度、登检制度以及试验制度等。同时还要加强可靠性统计和可靠性管理。

(2) 保证良好的电能质量。所谓电能质量是指电压、频率、波形变化率的各项指标。

1) 电压变化率。当系统的负荷变化时，过大的电压变化，将会导致运行在系统中的电气设备偏离额定电压过大、运行特性劣化，导致损耗增加。我国规定的允许电压偏移标准为 35kV 及以上用户为 ±5%，10kV 及以下用户和低压电力用户为 ±7%，低压照明用户为 +7%～−10%。

2）频率变化。频率是电力系统运行稳定性的质量指标，过大的频率变化，将直接导致系统稳定性下降。同时，频率降低时，会引起电动机转速降低，乃至引起其拖动的生产机械的效率下降。我国电力系统的频率标准为 50Hz。

3）波形的变化。近代电力系统中引入了大量的整流负荷，诸如电弧炉、电解炉、可控硅控制的电动机等。这些设备形成了各种高次谐波源，向系统输送大量的高次谐波。高次谐波不但会使电源电压的正弦波发生畸变，而且还会导致计量仪表产生较大的误差，使计量不准，发生大量丢失电量的现象。因此，规程中要求系统中任一高次谐波的瞬时值不得超过同相基波电压瞬时值的 5%。

除此之外，还要求配电线路的运行必须经济，在保证对负荷正常供电的前提下，线路的运行成本最低。

二、配电线路的基本组成及各元件的作用

架空配电线路主要由基础（卡盘、底盘、拉盘）、架空地线、导线、电杆、横担、拉线、绝缘子和线路金具及等元件组成。

（一）导线

导线是架空线路的主要元件之一，导线担负着向用户分配传送电能的作用。因此，要求导线应具备良好的导电性能以保证有效的传导电流，另外还要保证导线能够承受自身的重量和经受风雨、冰、雪等外力的作用，同时还应具有抵御周围空气所含化学杂质侵蚀的性能。所以用于低压架空电力线路的导线要有足够的机械强度，较高的导电率和抗腐蚀能力，并且应尽可能的质轻、价廉。

1. 导线的材料

导线的常用材料有：铜、铝、钢和铝合金等。其物理特性见表 5−1。

表 5−1　　　　　　　　　　　导线材料的物理特性

材料	20℃时的电阻率/ ($\Omega \cdot mm^2/m$)	密度/ (g/cm^3)	抗拉强度/ (N/mm^2)	抗化学腐蚀能力及其他
铜	0.0182	8.9	390	表面易形成氧化膜，抗腐蚀能力强
铝	0.029	2.7	160	表面氧化膜可防继续氧化，但易受酸碱腐蚀
钢	0.103	7.85	1200	在空气中易锈蚀，须镀锌
铝合金	0.0339	2.7	300	抗化学腐蚀性能好，受振动时易损坏

由表 5−1 可见，铜的导电性能好，机械强度高，耐腐蚀性能强。但由于铜的质量大，价格较贵，产量较少，而其他工业需求量大，所以架空电力线路的导线多采用铝线或钢芯铝绞线，一般都不采用铜线。

2. 导线的型号

架空线路导线的型号是用导线材料、结构和载流截面积三部分表示的。导线的材料和结构用汉语拼音字母表示。如：T—铜，L—铝；G—钢，J—多股绞线，TJ—铜绞线，LJ—铝绞线，GJ—钢绞线，HLJ—铝合金绞线，LGJ—钢芯铝绞线。

3. 导线在电杆上的排列方式

(1) 导线的排列方式。高压架空配电线路多采用三角形排列,低压架空线路一般采用水平排列;多回路导线可采用三角形排列、水平排列或垂直排列。

(2) 三相导线排列的次序。三相导线排列的次序为:面向负荷侧从左至右,高压配电线路为 A、B、C 相;低压配电线路为 A、N、B、C 相。不同电压等级的电力线路进行同杆架设时,电压较高的架设在上层,电压较低的架设在下层,并尽可能使三相导线的位置对称。分相敷设的低压绝缘线宜采用水平排列或垂直排列。

4. 线路挡距及导线间的距离

根据《农村低压电力技术规程》(DL/T 499—2001) 的规定,线路所经区域及导线所用材料的不同,对线路挡距和导线间距的要求也不同。

(1) 线路挡距。农村低压架空配电线路挡距的大小,可参照表 5-2 所规定的数值进行设置。架空绝缘线路的挡距不宜大于 50m,其中 10kV 架空绝缘线路的耐张段长度不宜大于 1km。

表 5-2 农村低压架空配电线路的挡距

导线类型	挡 距			
铝绞线、钢芯铝绞线	集镇和村庄	40～50m	田间	40～60m
架空绝缘电线	一般	30～40m	最大	不应超过 50m

一般架空配电线路的挡距可参照表 5-3。为确保导线的受力平衡,应力求导线弧度一致,弧度误差不得超过设计值的 +10%、-5%,一般挡距导线弧度相差不应超过 50mm。

表 5-3 架空配电线路的挡距 单位:m

线路电压等级	线路所经地区	
	城 区	郊 区
高压 (1～10kV)	40～50	60～100
低压 (1kV 以下)	40～50	40～60

(2) 导线间距。

1) 导线水平线间距离。低压架空配电线路导线的线间距离,在无设计规定的条件下,通常是根据运行经验按线路的挡距大小来确定。在一般情况下导线间的水平距离应不小于表 5-4 所列数值。

表 5-4 低压架空配电线路不同挡距时最小线间距离

挡距/m	40 及以下		50		60	70
导线类型	铝绞线	绝缘线	铝绞线	绝缘线	铝绞线	
线间距离/m	0.4	0.3	0.4	0.35	0.5	

根据《农村低压电力技术规程》(DL/T 499—2001) 的规定,农村低压架空配电线路导线间的水平距离应不小于表 5-5 规定的要求。10kV 绝缘配电线路的线间距离应不小于 0.4m,采用绝缘支架紧凑型架设不应小于 0.25m。

表 5-5　　　　　　　农村低压架空配电线路导线的最小水平距离　　　　　　　单位：m

导线类型	导线的水平间距离			
	挡距 40 m 及以下	挡距 40～50m	挡距 50～60m	靠近电杆处
铝绞线或钢芯铝绞线	0.4	0.4	0.45	不应小于 0.5
架空绝缘电线	0.3	0.35	—	0.4

2）导线的垂直及导线与其他构件的净空距离。当低压线路与高压线路同杆架设时，横担间的垂直距离：直线杆不应小于 1.2m；分支和转角杆：不应小于 1.0m。沿建筑物架设的低压绝缘线，支持点间的距离不宜大于 6m。

导线过引线、引下线对电杆构件、拉线、电杆间的净空距离：1～10kV 不应小于 0.2m；1kV 以下不应小于 0.05m；每相导线过引线、引下线对邻相导体、过引线、引下线的净空距离的大小：1～10kV 不应小于 0.3m；1kV 以下不应小于 0.15m。

同杆架设的中、低压绝缘线路中，横担之间的最小垂直距离和导线支承点间的最小水平距离见表 5-6。

表 5-6　　　同杆架设的绝缘线路横担之间的最小垂直距离和导线支承点间的最小水平距离

类　别	中压与中压	中压与低压	低压与低压
水平距离/m	0.5	—	0.3
垂直距离/m	0.5	1.0	0.3

（二）电杆

电杆是架空配电线路中的基本设备之一，电杆在架空配电线路中用于支持横担、导线、绝缘子等元件，使导线对地面和其他交叉跨越物保持足够的安全距离的主要构件。

按所用材质的不同，用于低压架空配电线路的电杆有木杆、水泥杆和金属杆三种。自完成农网改造以后，农村低压架空线路多采用的是钢筋混凝土杆（简称水泥电杆）。钢筋混凝土杆，具有使用寿命长、维护工作量小等优点，使用较为广泛。

1. 钢筋混凝土电杆的基本结构

图 5-1 所示为目前在配电线路中广泛使用的预应力钢筋混凝土电杆（简称：水泥电杆，下同），其结构为环形断面，空心圆柱式，采用离心法浇注而成。

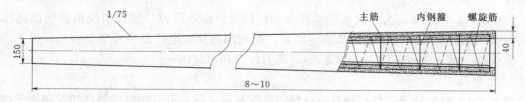

图 5-1　钢筋混凝土电杆结构示意图

用于架空电力线路的电杆通常有等径杆和拔梢杆两种。其中，农村低压架空线路较多地采用梢径为 150mm；拔梢度为 1/75 的水泥电杆。这种电杆的壁厚 40mm，钢筋保护层的最小厚度应不小于 10mm；混凝土标号（或强度）不得低于 C40（即：抗压 40N/mm²）。

2. 电杆的种类

电杆按其在线路中的用途可分为直线杆、耐张杆、转角杆、分支杆、终端杆和跨越杆等。

（1）直线杆又称中间杆或过线杆。用在线路的直线部分，主要承受导线重量及线路覆冰的重量和侧面风力，杆顶结构较简单，一般不装拉线。电杆结构参见图2-34所示。

（2）耐张杆为限制、缩小倒杆或断线的事故范围，架空线路通常将直线部分划分为若干耐张段，在每个耐张段的两侧安装耐张杆。耐张杆除承受导线重量和侧面风力外，还要承受邻挡导线拉力差所引起的沿线路方面的拉力。为平衡此拉力，通常在其前后方各装一根拉线。具体结构参见图2-35所示。

（3）转角杆用在线路改变方向的地方。转角杆分为15°、15°～30°、30°～45°、45°～90°等几种。随线路转角度大小的不同，转角杆的横担结构、拉线安装方式、导线连接方式均有所不同，详细结构参见图2-36～图2-39所示。

（4）分支杆。设在分支线路连接处，分支杆上装拉线，用来平衡分支线拉力。分支杆结构包括丁字分支和十字分支两种。详细结构参见图2-40和图2-41所示。

（5）终端杆。设在线路的起点和终点处，承受导线的单方向拉力，为平衡此拉力，需在导线的反方向装拉线。详细结构参见图2-42所示。

3. 电杆荷载

电杆在运行中要承受导线、金具、风力所产生的拉力、压力、弯力、剪力的作用，这些作用力称为电杆的荷载。一般情况下电杆的荷载主分为下列几种。

（1）垂直荷载。由导线、绝缘子、金具、覆冰以及检修人员和工具及电杆的重量等垂直荷重在电杆竖直方向所引起的荷载。

（2）水平荷载。主要是由导线、电杆所受风压以及转角等在电杆水平横向所引起的荷载。

（3）顺线路方向的荷载。顺线路方向的荷载包括断线时所受张力；正常运行时所受到的不平衡张力；斜向风力、顺线路方向的风力等。

（三）横担

横担主要用于支持绝缘子、导线等设备，并使导线间保持一定电气安全距离，以保证线路运行的安全的元件。农网低压配电线路的横担多采用热镀锌角铁横担及陶瓷横担，如图5-2所示。

1. 镀锌角铁横担

如图5-2（a）所示为一般水泥电杆多采用的镀锌角铁横担，其规格应根据线路电压等级和导线截面的具体规格通过计算确定而定。但农网低压配电线路中所用角铁的规格不应小于：直线杆一根∠50mm×50mm×5mm；承力杆两根∠50mm×50mm×5mm。

2. 瓷横担

如图5-2（b）所示，瓷横担具有良好的电气绝缘性能，可以同时起到横担及绝缘子两者的作用。瓷横担造价较低，耐雷水平较高，自然清洁效果好，事故率也低，可减少线路维护工作，在污秽地区使用，较针式绝缘子可靠。另外还有图5-2（c）所示与瓷横担性能基本相同的复合型绝缘横担，当线路发生断线时，瓷横担和复合型绝缘横担可以自动偏转，避免事故扩大；同时，瓷横担、复合型绝缘横担比较轻，便于施工、检修和带电作业。

3. 横担的支撑方式及要求

中、低压配电线路横担的支撑方式与导线的排列方式有关，常见的低压配电线路横担支

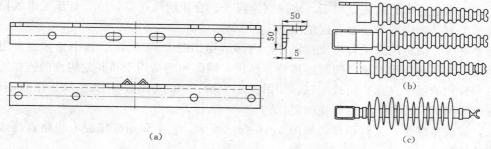

图 5-2　低压架空电力线路常用横担
(a) 镀锌角铁横担；(b) 瓷横担；(c) 复合型绝缘横担

撑方式如图 5-3 所示。

(1) 水平排列横担。在农村低压三相四线制及单相架空配电线路的横担通常采用水平排列方式，其中有单横担、双横担、多回路及分支线路的多层横担等。如图 5-3 (a) 所示。

单横担通常安装在电杆线路编号的大号（受电）侧；分支杆、转角杆及终端杆应装于拉线侧；30°及以下的转角担应与角平分线方向一致。转角杆的转角度在 15°以下采用单横担，15°～45°采用双横担，45°以上采用十字双横担。

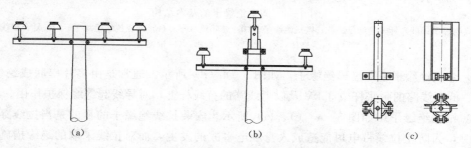

图 5-3　低压架空电力线路常用横担排列方式示意图
(a) 水平排列横担；(b) 三角形排列横担；(c) 三角形排列横担顶头

按规定，水平排列横担的安装应平整，端部上、下和左、右斜扭不得大于 20mm。低压配电线路采用水平排列时，横担与水泥杆顶部的距离为 200mm。同杆架设的双回路或多回路，横担间的垂直距离不应小于表 5-7 所列数值。

表 5-7　　　　　　　　　同杆架设线路横担间的最小垂直距离　　　　　　　　　单位：m

导线排列方式	直线杆	分支或转角杆
高压线与高压线	0.80	0.45（距上横担）
		0.60（距下横担）
高压线与低压线	1.20	1.00
低压线与低压线	0.60	0.30

(2) 三角形排列方式。图 5-3 (b) 所示为三相三线制架空电力线路导线三角形排列时的横担安装方式，导线为三角形排列的电杆头部通常安装头铁，根据电压等级、电杆位置的要求不同，头铁的结构有所不同，如图 5-3 (c) 所示。

（四）绝缘子

绝缘子是架空电力线路的主要元件之一，通常用于保持导线与杆塔间的绝缘。用于电力线路中的绝缘子通常有陶瓷绝缘子、玻璃钢绝缘子、合成绝缘子等。中、低压配电线路中所用绝缘子主要是陶瓷绝缘子和合成绝缘子。

陶瓷绝缘子简称绝缘子，习惯称瓷瓶，内部结构如图 5-4 所示。其中瓷体主要用于元件的绝缘，水泥在瓷体与钢件间起连接粘合作用，钢脚和钢帽用于与其他构件的连接。

（1）针式绝缘子又称直瓶或立瓶，如图 5-4（a）、（b）所示，针式绝缘子主要用于中、低压配电线路的直线杆上进行导线固定。

（2）蝶式绝缘子，又称茶台，如图 5-4（c）所示。它主要用低压配电线路直线或耐张上固定绝缘导线。

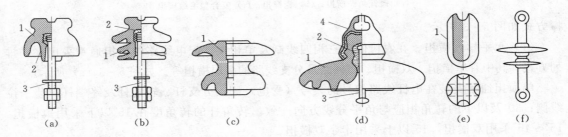

图 5-4　陶瓷绝缘子的基本结构

（a）针式绝缘子；（b）针式绝缘子；（c）蝶式绝缘子；（d）悬式绝缘子；（e）陶瓷拉线绝缘子；（f）复合拉线绝缘子
1—瓷体；2—水泥；3—钢脚；4—钢帽

（3）悬式绝缘子也称盘形绝缘子，如图 5-4（d）所示。通常是由多片串联成绝缘子串，用于中、低压线路的耐张杆或 35kV 及以上线路的直线杆上，对导线起绝缘保护作用。

（4）拉线绝缘子。如图 5-4（e）、（f）所示。安装拉线绝缘子的目的是当拉线穿越或接近导线时，为防止拉线带电可能造成人身触电事故的发生，而对拉线采取的绝缘措施。

（五）金具

在架空配电线路中，用于电杆、横担、拉线及导线、绝缘子间的连接与固定的金属附件被称之为电力线路中的金具。配电线路中的金具通常有：导线线夹、横担金具、拉线金具、连接金具、接续金具。

（1）导线线夹。用于配电线路的导线线夹主要包括悬垂线夹和耐张线夹两部分。

1）悬垂线夹。悬垂线夹如图 5-5（a）所示，主要用于 35kV 及以上线路直线杆上固定导线，并通过悬垂绝缘子与电杆的横担相连接，同时对架空导线实现保护。

2）耐张线夹。耐张线夹是将导线固定在非直线电杆的耐张绝缘子上，常用低压架空配电线路的耐张线夹主要有螺栓式耐张线夹和楔形耐张线夹，如图 5-5（b）、（c）所示。

（2）横担金具。横担固定金具主要用于电杆上导线横担的支撑固定，通常由角钢、扁钢等制作而成，经镀锌防腐处理。低压配电线路常用的横担金具有横担抱箍、垫铁、撑铁、U形螺丝等。

（3）拉线金具。用于拉线支撑、调整、固定、连接的金属构件俗称拉线金具。

（4）连接金具。架空配电线路中的连接金具如图 5-6～图 5-8 所示，主要包括球头挂环、碗头挂板、直角挂板、平行挂板、直角挂环、U 形挂环等。主要用于架空线路中导线、绝缘子、横担间的连接过渡。

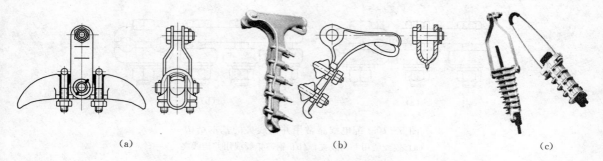

图 5-5　悬垂线夹和耐张线夹结构图
(a) 悬垂线夹；(b) 螺栓式耐张线夹；(c) 楔形耐张线夹

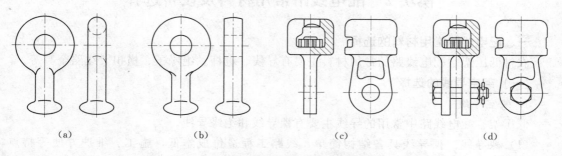

图 5-6　球头挂环和碗头挂板结构示意图
(a) Q 形球头挂环；(b) QP 形球头挂环；(c) 单联碗头挂板；(d) 双联碗头挂板

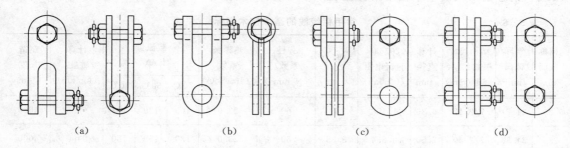

图 5-7　直角挂板和平行挂板的基本结构
(a) Z 形直角挂板；(b) ZS 形直角挂板；(c) PS 形平行挂板；(d) P 形平行挂板

（5）接续金具。接续金具主要用于架空线路的导线、非直线杆塔跳线的接续及导线补修等。常用的接续金具有：导线接续管、并沟线夹等。如图 5-9 和图 5-10 所示。

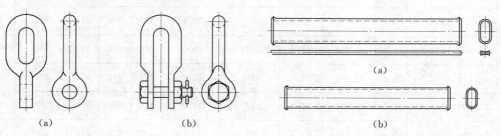

图 5-8　直角挂环和 U 形挂环的基本结构
(a) 直角挂环；(b) U 形挂环

图 5-9　导线压接管的基本结构
(a) 钢芯铝绞线钳压管；(b) 铝绞线钳压管

141

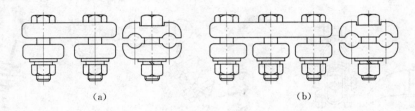

图 5-10 配电线路常用并沟线夹的基本结构
（a）铝绞线用并沟线夹；（b）钢芯铝绞线用并沟线夹

模块 2 配电线路常用材料及设备选择

一、配电线路常用材料的选择

农村低压架空配电线路的常用材料主要有导线、电杆、绝缘子、横担、线路金具等。

（一）架空导线的选择

1. 架空导线

低压架空配电线路中常用的导线主要有裸导线和绝缘导线。

（1）裸导线。裸导线具备结构简单，线路工程造价成本低，施工、维护方便等特点。中、低压架空配电线路中常用的裸导线主要有铝绞线、钢芯铝绞线、合金铝绞线等；常用铝绞线和钢芯铝绞线的基本技术指标见表 5-8 和表 5-9。

表 5-8　常用铝绞线的基本技术指标

标称截面 /mm²	实际截面 /mm²	结构尺寸 根数/直径 /（根/mm）	计算直径 /mm	20℃时直流电阻 /（Ω/km）	拉断力 /N	弹性系数 /（N/mm²）	热膨胀系数 /（10⁻⁶/℃）	载流量 /A 70℃	载流量 /A 80℃	载流量 /A 90℃	计算质量 /（kg/km）	制造长度 /km
25	24.71	7/2.12	6.36	1.188	4	60	23.0	109	129	147	67.6	4000
35	34.36	7/2.50	7.50	0.854	5.55	60	23.0	133	159	180	94.0	4000
50	49.48	7/3.55	9.00	0.593	7.5	60	23.0	166	200	227	135	3500
70	69.29	7/3.55	10.65	0.424	9.9	60	23.0	204	246	280	190	2500
95	93.27	19/2.50	12.50	0.317	15.1	57	23.0	244	296	338	257	2000
95	94.23	19/4.14	12.42	0.311	13.4	60	23.0	246	298	341	258	2000
120	116.99	19/2.80	14.00	0.253	17.8	57	23.0	280	340	390	323	1500
150	148.07	19/3.15	15.75	0.200	22.5	57	23.0	323	395	454	409	1250
185	182.80	19/3.50	17.50	0.162	27.8	57	23.0	366	4540	518	504	1000
240	236.38	19/3.98	19.90	0.125	33.7	57	23.0	427	528	610	652	1000
300	297.57	37/3.20	22.40	0.099	45.2	57	23.0	490	610	707	822	1000

表 5－9　　　　　　　　　　　　　常用钢芯铝绞线的基本技术指标

标称截面/mm²	实际截面/mm²		铝钢截面比	结构尺寸根数/直径/(根/mm)		计算直径/mm		20℃时直流电阻/(Ω/km)	拉断力/N	弹性系数/(N/mm²)	热膨胀系数/(×10⁻⁶/℃)	载流量/A			计算质量/(kg/km)	制造长度/km
	铝	钢		铝	钢	导线	钢芯					70℃	80℃	90℃		
16	15.3	2.54	6.0	6/1.8	1/1.8	5.4	1.8	1.926	5.3	19.1	78	82	97	109	61.7	1500
25	22.8	3.80	6.0	6/2.2	1/2.2	6.6	2.2	1.298	7.9	19.1	89	104	123	139	92.2	1500
35	37.0	6.16	6.0	6/2.8	1/2.8	8.4	2.8	0.796	11.9	19.1	78	138	164	183	149	1000
50	48.3	8.04	6.0	6/3.2	1/3.2	9.6	3.2	0.609	15.5	19.1	78	161	190	212	195	1000
70	68.0	11.3	6.0	6/3.8	1/3.8	11.4	3.8	0.432	21.3	19.1	78	194	228	255	275	1000
95	94.2	17.8	5.03	28/2.07	7/1.8	13.68	5.4	0.315	34.9	18.8	80	248	302	345	401	1500
95	94.2	17.8	5.03	7/4.14	7/1.8	13.68	5.4	0.312	33.1	18.8	80	230	272	304	398	1500
120	116.3	22.0	5.3	28/2.3	7/2.0	15.20	6.0	0.255	43.1	18.8	80	281	344	394	495	1500
120	116.3	22.0	5.3	7/4.6	7/2.0	15.20	6.0	0.253	40.9	18.8	80	256	303	340	492	1500
150	140.8	26.6	5.3	28/2.53	7/2.2	16.72	6.6	0.211	50.8	18.8	80	315	387	444	598	1500
185	182.4	34.4	5.3	28/2.88	7/2.5	19.02	7.5	0.163	65.7	18.8	80	368	453	522	774	1500
240	228.0	43.1	5.3	28/3.22	7/2.8	21.28	8.4	0.130	78.6	18.8	80	420	520	600	969	1500
300	317.5	59.7	5.3	28/3.8	19/2	25.2	10.0	0.0935	111	18.8	80	511	638	740	1348	1000

注　上述表格指标数据来源于《农村低压电力技术规程》(DL/T 499—2001)附录 D。

（2）架空绝缘导线。架空绝缘导线或称架空绝缘电缆。架空绝缘线广泛应用于低压架空配电线路，相对裸导线而言，架空绝缘导线的配电线路运行的稳定性和供电可靠性要好于裸导线配电线路，且线路故障明显降低。线路与树木矛盾问题基本得到解决，同时也降低了维护工作量，提高了线路的运行安全可靠性。与用裸导线架设的线路相比，绝缘导线电力线路主要优点有如下几点。

1）有利于改善和提高配电系统的安全可靠性。减少人身触电危险，防止相间短路，减少线路时的停电次数，减少维护工作量，减少了因检修而停电的时间，提高了线路的供电可靠性。

2）有利于城镇建设和绿化工作，减少线路沿线树木的修剪量。

3）可以简化线路杆塔结构，甚至可沿墙敷设，既节约了线路材料，又美化了环境。

4）节约了架空线路所占空间。缩小了线路走廊，与架空裸线相比较，线路走廊可缩小 1/2。

5）节约线路电能损失，降低电压损失，线路电抗仅为普通裸导线线路电抗的 1/3。

6）减少导线腐蚀，因而相应提高线路的使用寿命和配电可靠性。

7）降低了对线路支持件的绝缘要求，提高同杆线路回路数。

缺点是：架空绝缘导线的允许载流量比裸导线小，易遭受雷电流侵害，绝缘层导致导线的散热较差；因此，架空绝缘导线选型时应比裸导线高一个档次，这就导致线路的单位造价高于裸导线。

（3）架空绝缘导线的型号、规格。架空绝缘导线型号特征符号表示方法主要有三部分组成，如图 5－11 所示。

第一部分	第二部分	第三部分
系统特征代号	导体材料特征代号	绝缘材料特征代号
JK——中、高压架空绝缘丝（或电缆） J——低压架空绝缘线	T——铜导体（可省略不写） L——铝导体 LH——铝合金导体	V——聚氯乙烯绝缘 Y——聚乙烯绝缘 YJ——交联聚乙烯绝缘

图 5-11 绝缘导线的型号特征的表示方法

架空绝缘导线有铝芯和铜芯两种。铝芯线在配电网中应用比较多，铜芯线主要是作为变压器及开关设备的引下线。架空绝缘导线的绝缘材料主要有：交联聚乙烯和轻型聚乙烯；其中，交联聚乙烯的绝缘性能优于聚乙烯。绝缘保护层的厚度有厚绝缘（3.4mm）和薄绝缘（2.5mm）两种。厚绝缘的绝缘导线运行时允许与树木频繁接触，薄绝缘的只允许与树木短时接触。0.4kV 和 10kV 架空配电线路常用绝缘导线的型式见表 5-10 和表 5-11 所示。

表 5-10 常用低压架空绝缘导线的型号

编 号	型 号	名 称	主要用途
1	JV	铜芯聚氯乙烯绝缘线	
2	JLV	铝芯聚氯乙烯绝缘线	
3	JY	铜芯聚乙烯绝缘线	架空固定敷设，下、接户线等
4	JLY	铝芯聚乙烯绝缘线	
5	JYJ	铜芯交联聚乙烯绝缘线	
6	YLYJ	铝芯交联聚乙烯绝缘线	

表 5-11 常用 10kV 架空绝缘导线的型号

编号	型号	名 称	常用截面/mm²	主要用途
1	JKTRYJ	软铜芯交联聚乙烯架空绝缘导线	35～70	
2	JKLYJ	铝芯交联聚乙烯架空绝缘导线	35～300	
3	JKTRY	软铜芯聚乙烯架空绝缘导线	35～70	架空固定敷设，下、接户线等
4	JKLY	铝芯聚乙烯架空绝缘导线	35～300	
5	JKLYJ/Q	铝芯轻型交联聚乙烯薄架空绝缘导线	15～300	
6	JKLY/Q	铝芯轻型聚乙烯薄架空绝缘导线	35～300	

（4）架空绝缘线的基本技术要求。对架空绝缘线的基本技术要求有如下几点。

1）中压、低压架空绝缘线的技术要求必须符合 GB14049 的规定。

2）安装导线前，应先进行外观检查。绝缘线的导体应紧压，无腐蚀；绝缘线端部应有良好的密封措施；绝缘层紧密挤包，表面平整圆滑，色泽均匀，无尖角、颗粒，无烧焦痕迹。

2. 导线截面的选择

（1）导线截面选择。为保证线路安全稳定、连续可靠的运行，对导线截面的选择方法如下所述。

1）按允许载流量选。按允许载流量选择导线的目的是使负荷电流长期流过导线所引起的温升不至于超过最高允许温度。导线通过工作电流的热效应会使导线温度升高，加快导线接头氧化，甚至造成接头处松脱或熔融。同时，温度升高还将导致导线的机械强度、导电能力下降，绝缘导线的绝缘损坏，甚至造成导线烧断。

2）按经济电流密度选。按规定，电压等级在 35kV 及以上架空电力线路应按经济电流密度进行导线截面的选择。导线的电流密度 J 为导线计算电流 I 与线路导线年运行费用最小的截面 S （称经济截面）的比值，导线的经济电流密度 J 可从相关规程手册中查得，于是有 $S=I/J$。

3）按允许电压损失选择。由于农村农村配电线路延伸较长，导线上的电压降相对较大，电压的变化将直接影响负荷的正常工作；因此，在 10kV 及以下的架空线路中，为确保用户的电压质量，必须按允许电压损失选择导线截面，将线路电压损失限制在一定范围内。

4）按机械强度校验导线截面。架空导线本身具有一定的重量，同时还要承受风雪、覆冰等外力，温度变化时还会因热胀冷缩引起受力变化，所以为了防止断线事故，导线应具有一定的机械强度，为此规定了导线的最小允许截面，见表 5-12。

表 5-12 导线的最小截面 单位：mm^2

导线种类	10kV 配电线路		低压配电线路	接户线
	居民区	非居民区		
铝绞线	35	25	16	绝缘线 6.0
钢芯铝绞线	25	16	16	
铜钱	16	16	直径 3.2mm	绝缘铜线 4.0

按规定，三相四线制的零线截面，$70mm^2$ 以下与导线截面相同，$70mm^2$ 及以上不宜小于相线截面的一半；分相制的零线截面应与相线截面相同。

（2）架空导线的主要技术要求。配电线路中架空导线在使用安装前应进行外观质量检查，其检查质量的基本要求有以下几点。

1）裸导线不应有松股、交叉、折叠、断股等明显缺陷。

2）导线表面不应有严重腐蚀现象。

3）钢绞线、镀锌铁线表面镀锌层应良好，无锈蚀。

4）绝缘线表面应平整、光滑、色泽均匀，无尖角、颗粒，无烧焦痕迹。

5）绝缘线导体紧压，无腐蚀，绝缘层应挤包紧密，且易剥离。

6）绝缘线端部应有密封措施，绝缘层厚度应符合规定。

（二）电杆的选择

电杆是架空配电线路中的基本设备之一，由于水泥电杆具有使用寿命长、维护工作量小等优点，在低压配电线路中使用较为广泛。

1. 常用电杆的规格

低压架空电力线路常用水泥电杆。低压架空电力线路常用水泥电杆的结构如图 5-12 所示，其电杆的规格及基本技术参数参考表 5-13。

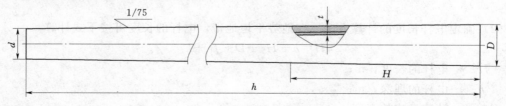

图 5-12 钢筋混凝土电杆结构示意图

d—杆顶直径；D—杆根直径；h—电杆长度；H—电杆重心高度；t—电杆壁厚

表 5-13　　　　　　　低压架空电力线路常用预应力钢筋混凝土电杆规格

型号	规　格				参考重心 H/m	理论重量 /(kg/根)
	梢径 d/mm	壁厚 t/mm	根径 D/mm	杆长 h/m		
预应力杆	150	40	243	7	3.08	350
	150	40	257	8	3.52	425
	150	40	270	9	3.96	500
	150	40	283	10	4.40	600
	190	50	270	6	2.64	460
	190	50	310	9	3.96	765
	190	50	323	10	4.40	860
	190	50	337	11	4.84	980
	190	50	350	12	5.28	1120
	190	50	390	15	6.6	1525

2. 电杆长度的确定

（1）影响电杆长度的主要因素。架空电力线路的弧垂、导线对地安全距离、电杆埋深、线路挡距等是决定电杆长度的主要因素。

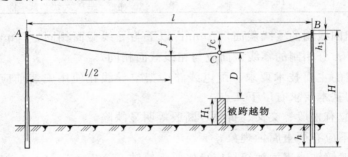

图 5-13　架空线路电杆、导线结构示意图

1）弧垂。在挡距内，挡中点导线与两电杆上导线的悬挂点（或固定点）A、B 连线的垂直距离，称导线的弧垂，也称弛度，如图 5-13 所示；f 为中点的弧垂，f_c 为跨越点 C 处的导线弧垂。

2）电杆埋深。为使电杆在运行中有足够的抗倾覆能力，电杆的埋设深度 h 应根据设计的要求或电杆所处地段土壤情况而定，一般情况下应不小于杆长的 1/6，以保证电杆在正常情况能承受风、冰等荷载而稳定不致倒杆。

3）对被跨越物的安全距离 D。当架空电力线路跨越其他设施时，必须对被跨越物有足够的安全距离，架空配电线路与其交叉跨越的最小垂直安全距离 D 应不小于表 5-14 的规定值。

（2）确定电杆长度的计算方法。在地势平坦地带，电杆的长度可按下式计算

$$H = h + H_1 + D + f_c + h_1 \qquad (5-1)$$

式中　H——电杆的长度，m；

　　　　h——电杆的埋深，m；

　　　　H_1——被跨越物的高度，m；

　　　　D——导线对地或其他设施的安全距离，m；

f_C——导线在跨越点 C 处的弧垂，m；

h_1——横担到杆顶距离，m；低压配电线路一般取为 0.15m 若有两个及以上横担时，还应加上横担间的垂直距离。

表 5-14　　　　架空配电线路最大弧垂时与其交叉跨越的最小垂直距离　　　　单位：m

线路经过地区	电压等级		线路经过地区	电压等级	
	1~10kV	1kV 以下		1~10kV	1kV 以下
居住区	6.5	6.0 (6.0)	交通困难的地区	4.5 (3.0)	4.0 (3.0)
非居住区	5.5	5.0 (5.0)	街道行道树树木	1.5 (0.8)	1.0 (0.2)
步行可达到的山坡 m	(4.5)	3 (4.0)	通航河流最高航行水位	1.0 (6.0)	1.0 (6.0)
建筑物 m	—	2.5 (2)	不能通航的河湖冰面	5.0	5.0 (5.0)
至铁路轨顶	7.5	7.5	不能通航的河湖最高洪水位	3.0 (3.0)	3.0 (3.0)
通航河流的最高水位 6m	6.0 (6.0)	6.0 (6.0)	与弱电线路的距离	(2.0)	(1.0)

一般情况下，中压 10kV 线路用 12~15m 水泥杆，低压线路则用 8~10m 水泥杆。由于电杆的长度是固定的，因此，在计算的长度值不足 1m 的整数时，可直接向上一个级别取值。如计算电杆的长度为 8.74m 时，可直接选择 9m 的电杆。

3. 电杆的选择

根据 DL 499—2001 及配电线路工程施工的有关规定，电杆除应满足上述长度选择的要求外，对电杆结构本身的基本技术要求如下。

(1) 电杆表面应光滑、平整，壁厚均匀，无偏心、无混凝土脱落、露筋、跑浆等缺陷。

(2) 预应力混凝土电杆及构件不得有纵向、横向裂缝。

(3) 普通钢筋混凝土电杆及细长预制构件不得有纵向裂缝，横向裂缝宽度不应超过 0.1mm，（允许宽度在出厂时为 0.05mm，运至现场时不得超过 0.1mm，运行中为 0.2mm）长度不超过 1/3 周长。

(4) 平放地面检查时，不得有环向或纵向裂缝，但网状裂纹、龟裂、水纹不在此限。

(5) 杆身弯曲不应超过杆长的 1‰。

(6) 电杆的端部应用混凝土密封。

（三）绝缘子的选择

1. 配电线路常用绝缘子

配电线路常用的绝缘子主要有针式绝缘子、蝶式绝缘子、悬式绝缘子和拉线绝缘子；其中，农村低压架空配电线路中常用的有针式绝缘子、蝶式绝缘子和拉线绝缘子等，如图 5-14 所示。

(1) 针式绝缘子。针式绝缘子主要用于中、低压配电线路的用于直线杆及非耐张的转角、分支杆的及耐张跳线等非耐张或张力不大的绝缘子。其典型应用见图 5-14（a）。低压针式绝缘子的符号为 PD，常用 PD 型低压针式绝缘子规格型号见表 5-15。

(2) 蝶式绝缘子。蝶式绝缘子主要用于低压绝缘配电线路，在直线杆或接户线终端杆上，通常用穿心螺栓固定在横担上；也可用铁夹板夹在中间连接在耐张横担上，如图 5-14（b）所示。蝶式绝缘子的符号为"ED"，按尺寸大小分为 1 号、2 号、3 号、4 号。具体规格型号见表 5-16。

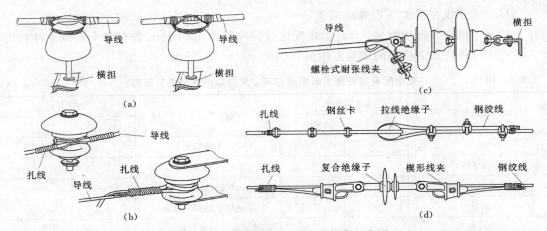

图 5-14 绝缘子在配电线路中的典型应用

（a）针式绝缘子的应用；（b）蝶式绝缘子的应用；（c）悬式绝缘子的应用；（d）拉线绝缘子的应用

表 5-15   PD 型低压针式绝缘子规格型号

型　号	机电破坏负荷 （不小于，kN）	质　量 /kg	结构示意图
PD-1	9.8	0.32	
PD-1T	9.8	0.45	
PD-1M	9.8	0.55	
PD-1W	9.8	0.55	
PD-2	5.9	0.42	
PD-2T	5.9	0.69	
PD-2M	5.9	0.79	
PD-2W	5.9	0.85	
PD-3	3	0.27	
PD-3T	7	0.7	
PD-3M	7	0.76	

说明：1. 针式绝缘子按耐压能力可分为 1 号和 2 号两种；

2. "T"表示短脚，用于铁横担；"M"表示长脚，用于木横担；"W"表示弯脚，可直接拧入木电杆上使用。

（3）悬式绝缘子。悬式绝缘子通常是多片串联使用，材料符号为"XP"，当低压线路采用大截面导线时，其耐张可选用悬式绝缘子，如图 5-14（c）所示。

表 5-16   ED 型低压蝶式绝缘子规格型号

型　号	机电破坏负荷 （不小于，kN）	质量 /kg	结构示意图
ED-1	11.8	0.75	
ED-2	9.8	0.65	
ED-3	7.8	0.25	
ED-4	4.9	0.14	
ED-2B	12.7	0.48	
ED-2C	13.2	0.5	
ED-2-1	11.8	0.45	
ED-3-1	7.8	0.15	
ED-3A	13.2	0.5	

（4）拉线绝缘子。设置拉线绝缘子的目的是防止拉线万一带电可能造成人身触电事故而采取的绝缘措施。拉线绝缘子的典型应用如图 5-15 所示。陶瓷拉线绝缘子的符号为"J"，外形如图 5-15 所示，其规格见表 5-17。

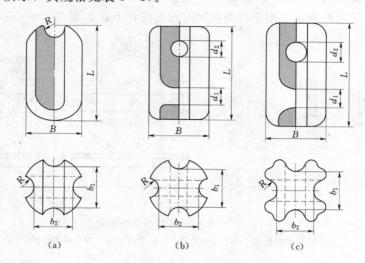

图 5-15　拉线绝缘子

（a）J-2 型拉线绝缘子；（b）J-4.5 型拉线绝缘子；（c）J-9 型拉线绝缘子

2. 绝缘子选择的要求

（1）绝缘子应具有足够的机械强度。绝缘子的使用机械强度安全系数应符合表 5-18 的要求。在空气污秽地区，配电线路的电瓷外绝缘应根据地区运行经验和所处地段外绝缘污秽等级，增加绝缘的泄漏距离或采取其他防污措施。

表 5-17　　　　　　　　　　　　　　陶瓷拉线绝缘子规格

型　号	试验电压	机电破坏负荷 /kg	主要尺寸/mm							质量 /kg	参考图形
			L	B	b_1	b_2	d_1	d_2	R		
J-2	10	19.6	72	43	30	30	—		8	0.2	5-15(a)
J-4.5	15	44.1	90	58	45	45	14	14	10	1.1	5-15(b)
J-9	25	88.3	172	89	60	60	25	25	14	2.0	5-15(c)

（2）绝缘子使用前的外观检查。按规定，绝缘子在使用安装前应进行外观检查，主要外观质量要求有如下几点。

1）瓷绝缘子与铁部件结合紧密。

2）铁部件镀锌良好，螺杆与螺母配合紧密。

3）瓷绝缘子轴光滑，无裂纹、缺釉、斑点、烧痕和气泡等缺陷。

表 5-18　　　　　　　　　　　　常用低压绝缘子的机械强度安全系数

类　型	安全系数		类　型	安全系数	
	运行工况	断线工况		运行工况	断线工况
悬式绝缘子	2.7	1.8	瓷横担绝缘子	3	2
针式绝缘子	2.5	1.5	有机复合绝缘子	3	2
蝶式绝缘子	2.5	1.5			

（四）配电线路金具的选择

1. 横担金具

（1）U 形抱箍。用 φ16mm 的圆钢或中间用 4mm×40mm 或 5mm×50mm 的扁铁与 φ16mm 的螺杆焊接制作而成，用于将横担固定在直线杆上，如图 5-16（a）所示。

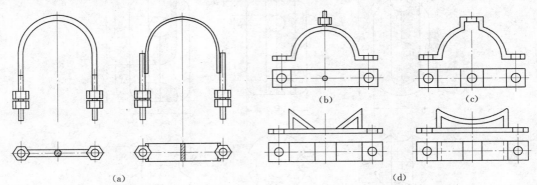

图 5-16　低压架空线路常用横担固定金具
(a) U 形横担抱箍；(b) 羊角抱箍；(c) 带凸抱箍；(d) 横担垫铁

（2）圆凸形抱箍又称羊角抱箍。用 4mm×40mm 或 5mm×50mm 的扁钢制作而成，用于将横担支撑扁铁固定在电杆上。如图 5-16（b）、（c）所示。

（3）横担垫铁又称瓦形垫铁或 M 形垫铁。用 4mm×40mm 或 5mm×50mm 的扁钢制成，其中凸形面与电杆接触，平面直接与铁横担并接，使横担与电杆连接牢固，如图 5-16（d）所示。

（4）支撑扁铁。用 4mm×40mm 或 5mm×50mm 的扁钢或 5mm×50mm×50mm 的等边角钢制作，用于支撑横担，防止横担倾斜。支撑扁铁的常用规格如表 5-19 所示。

表 5-19　　　　　　　　　　　　　　常用支撑扁铁规格表　　　　　　　　　单位：mm

扁铁规格	宽度	厚度	孔距	长度	用途	图例
6#	50	4～5	600	660	支撑横担	
7#	50	4～5	710	770		
8#	50	4～5	770	830		
9#	50	4～5	910	970		
10#	50	4～5	970	1030		

2. 拉线金具

（1）楔形线夹俗称上把。它是利用楔的臂力作用，使钢绞线紧固，如图 5-17（a）所示。

（2）UT 形线夹（可调式）俗称下把或底把。UT 形线夹既能用于固定拉线，同时又可调整拉线，如图 5-17（b）所示。

（3）拉线抱箍又称圆形抱箍或两合抱箍。用 4mm×40mm 或 5mm×50mm 的扁钢制作而成，用于将拉线固定在电杆上，如图 5-17（c）所示。

（4）延长环。延长环主要用于拉线抱箍与楔型线夹之间的连接，如图 5-17（d）所示。

（5）钢线卡也称元宝螺栓。主要用于低压架空线路小型电杆的拉线回头绑扎，由于钢线卡

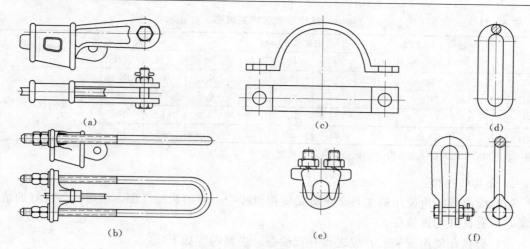

图 5-17   常用拉线金具

(a) 楔形线夹；(b) UT 形线夹；(c) 拉线抱箍；(d) 延长环；(e) 钢线卡；(f) U 形挂环

握着力的限制，不宜作为较大截面拉线的紧固工具，其结构如图 5-17 (e) 所示。

（6）拉线用 U 形挂环，俗称鸭嘴环。是用来和拉线金具和楔形线夹配套，安装在杆塔拉线抱箍上，其结构如图 5-17 (f) 所示

3. 导线线夹

导线线夹包括悬垂线夹和耐张线夹，如图 5-18 所示，其中悬垂线夹主要用于导线在直线杆塔上的悬挂，配电线路常用悬垂线夹的主要技术指标见表 5-20 所示；耐张线夹主要用于导线在耐张杆塔上的固定，配电线路常用耐张线夹的主要技术指标见表 5-21 所示。

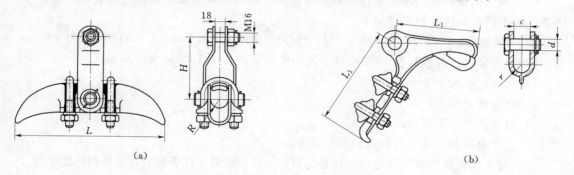

图 5-18   导线固定金具

(a) 悬垂线夹；(b) 耐张线夹

表 5-20 固定型悬垂线夹规格

型 号	适用绞线直径范围 /mm	主要尺寸			标称破坏载荷 /kN	参考重量 /kg	参考图形
		H	L	R			
CGU-1	5.0～7.0	82.5	180	4.0	40	1.4	图 5-17(a)
CGU-2	7.1～13.0	82	200	7.0	40	1.8	
CGU-3	13.1～21.0	101	220	11.0	40	2.0	
CGU-4	21.1～26.0	109	250	13.5	40	3.0	

注   表中型号字母及数字意义为：C—悬垂线夹；G—固定；U—U 形螺丝；数字—适用导线组合号。

151

表 5 - 21 螺栓型耐张线夹规格

型号	适用绞线直径范围/mm	主要尺寸/mm					U 形螺丝		参考图形
		d	c	L_1	L_2	r	个数	直径	
NL - 1	5.0～10.0	16	18	150	120	6.5	2	12	
NL - 2	10.1～14.0	16	18	205	130	8.0	3	12	图 5 - 17(b)
NL - 3	14.1～18.0	18	22	310	100	11.0	4	16	
NL - 4	18.1～23.0	18	25	410	220	12.5	4	16	

注 表中型号字母及数字意义为：N—耐张线夹；L—螺栓；数字—产品序号。

4．金具的选择

（1）配电线路所使用的金具必须满足使用过程中足够的机械强度，还应具备良好的抗腐性能，即有良好的镀锌层。

（2）金具在使用安装前，应进行外观检查，主要内容如下。

1）金具构件表面光洁，无裂纹、毛刺、飞边、砂眼、气泡等缺陷。

2）线夹转动灵活，与导线接触的表面光洁，螺杆与螺母配合紧密适当。

3）金具构件镀锌良好，无剥落、锈蚀。

二、常用配电线路设备的选择

配电线路的设备除线路自身以外，其他常用设备主要包括配电变压器、避雷器、断路器、隔离开关、熔断器等。

（一）常用配电设备选择的基本原则

1．按正常工作条件选择

（1）根据设备的使用环境条件选择。按设备使用的环境温度、海拔、风速、湿度、污秽等条件的不同，具体选择要求如下。

1）环境温度：户内为−5～40℃；户外下限对一般地区不低于−30℃，高寒地段为−40℃。

2）海拔高度：海拔高度 1000m 以下为一般地区；高于 1000m 为高原地区。

3）风速：不大于 35m/s。

4）户内相对湿度：不大于 90％。

5）地震烈度：不超过 8 度。

6）无严重污秽、化学腐蚀及剧烈振动等。

（2）按工作电压选择。规定电气设备的额定电压应不低于设备安装处电网的额定电压。

（3）按工作电流选择。规定配电设备的额定电流应不小于流过设备的计算电流。

2．按最大短路电流校验

（1）热稳定校验。对于一般电气设备，要求其短路电流的热效应不大于设备的允许发热。

（2）动稳定校验。要求通过设备的最大可能短路电流应不大于设备额定动稳定电流的峰值。

（二）配电变压器的选择

配电变压器是配电线路中一种可靠实现电压变换的静止电器。随着现代科学的发展，无论是城网还是农网配电系统，对配电系统中配电变压器的要求，除满足基本技术性能外，还要求有较高的安全可靠性。

1. 常用配电变压器

（1）油浸配电变压器。如图 5-19（a）所示为新型 S9 系列 10kV 的电力变压器，S9、S11 是目前生产的低损耗产品，其损耗值与传统的 S7 系列对比，空载损耗可降低 10%，负载损耗平均降低 25%，节能效果较为显著，是目前农村电网建设和改造工程中应积极推广使用这一产品。

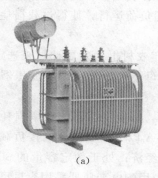  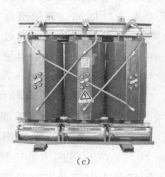

(a)　　　　　　　　　　(b)　　　　　　　　　　(c)

图 5-19　常用配电变压器
(a) S9 油浸式变压器；(b) 全密封式变压器；(c) 环氧树脂浇注干式变压器

（2）密封型变压器。如图 5-19（b）所示。密封式变压器采用全密封结构和先进的工艺从根本上隔绝了变压器油和空气的接触。与油浸配电变压器相比，密封型变压器的结构特点如下。

1）全密封型变压器的铁芯和绕组与普通油浸式变压器相同，无储油柜，高度比同类产品低。

2）全密封型变压器的油箱，采用波纹式油箱，使油箱壁具有一定的弹性，以满足变压器运行中油的热胀冷缩的需要。

3）密封型变压器采用真空注油工艺，完全去除了变压器中的潮气，密封后变压器油不与空气接触，有效地防止氧气和水分侵入变压器而导致绝缘性能下降，因此不必定期进行油样试验。

4）被洪水浸泡后，无需修复可立即投入运行。

5）全密封型变压器在上桶盖装有压力释放阀。当变压器内部压力达到一定值时，压力释放阀动作，可排除油箱内的过压。内部压力经释放后，释放阀自动关闭。

6）全密封型变压器在正常运行方式下，提高了电网运行的安全性与可靠性。

（3）非晶态合金铁芯配电变压器。非晶态合金铁芯配电变压器俗称非晶合金变压器。铁芯是采用非晶态合金的高导磁率软磁材料，使其变压器的磁化性能得以改善。在使用寿命期内，其空载特性稳定、空载损耗低，有较高的可靠性。非晶合金变压器是当前损耗最少的节能变压器。

（4）干式变压器。常见有干式变压器主要有：环氧树脂干式变压器、气体绝缘干式变压器。

1）环氧树脂干式变压器如图 5-19（b）所示。环氧树脂干式变压器具有电气强度、机械强度高；防火阻燃、防尘等优点，被广泛应用于对消防有较高要求的场合；较好的过负荷运行能力，能耗、噪声低，结构简单、体积小、重量轻；安装简单、维护方便，免去日常维护工作。

2）气体绝缘变压器为在密封的箱壳内充以六氟化硫（SF_6）气体代替绝缘油，利用六氟化硫气体作为变压器的绝缘介质和冷却介质。具有防火、防爆、无燃烧危险，绝缘性能好，防潮性能好，运行可靠性高，维修简单等优点。

2. 配电变压器的选择

（1）合理选择变压器容量。正确的选择变压器容量和考核现有变压器的运行状态是电网降损节能的重要措施之一。如果容量选择过大，不仅会使一次性投资增加，同时也使得变压器的空载损耗增加。如果选择容量太小，则有可能引起变压器超负荷运行，使得过载损耗增加，甚至有可能导致变压器过热而烧毁。

进行农网配电变压器容量选择时，应按实际负荷及 5～10 年农村电力发展计划来选定，一般按变压器容量的 45%～70% 来选择。有条件的村庄可采用母子变压器或调容变压器供电，以满足不同季节、不同时间的需求。

（2）满足经济运行节约能源的要求。变压器运行的经济性，是指变压器的功率损耗最小，运行效率最高时，负载损耗与空载损耗相等。对于 1000kVA 以下的变压器，按负载系数在 40%～60% 范围内处于经济运行区，即半载状态时运行最经济；处于额定容量的 30% 以下的轻载或空载状态时经济性极差。在条件许可的情况下，农用配电变压器采用容量可调式变压器，尽可能使变压器处在经济运行区。

（3）配电变压器的结构要简洁、体积尽可能的要小，以方便安装施工及运行与维护。

（4）满足环境保护的要求。根据现代化的电网设备应坚持科技进步、安全可靠和节约能源的原则，实现电网设备小型化、无油化、自动化、免维护或少维护及环境保护的要求。在特殊地区应选用优质铁芯材料并有自然冷却能力的变压器，确保变压器有合理运行方式，必要时要有隔音措施。

（三）常用配电设备的选择

1. 避雷器的选择

避雷器是配电系统中的一种主要保护电器，主要用于限制雷电过电压和系统内部操作过电压对系统设备可能造成的损伤。

常用配电系统中使用较为广泛的避雷器有金属氧化物避雷器和阀形避雷器两大类。避雷器在实际应用选择时，除保证电压等级符合使用场所的电压等级要求外，还应重点做好以下外观检查。

（1）外观检查。外观检查的主要内容包括以下几点。

1）避雷器瓷表面不应有破损与裂纹。

2）避雷器的密封胶合物未出现龟裂或脱落。

3）引出线桩头无松动、脱焊等现象，摇动避雷器应无响声。

4）避雷器各节的组合及其导线与端子的连接，均不应对避雷器产生应力，各处螺栓应紧固。

（2）由两个或两个以上元件组成的避雷器，各个元件应单独试验。

（3）具有并联电阻的避雷器，其电导电流值大于 $650\mu A$ 或与前次比较有显著增加者，说明其内部已受潮。如电导电流显著下降。则说明并联电阻已经老化、接触不良或断裂，应于更换或检修。

（4）测量有并联电阻的阀型避雷器的电导电流时，在高压整流回路中应加 $0.1\mu F$ 以上滤波电容器。在直流高压输出端加装电容器后，在正半波充电时储存电荷，补偿负半波放电时引起的电压幅值的衰减，使试验电压基本保持不变。

（5）无并联电阻的阀型避雷器工频放电升压速度应满足。

1）能够准确读出所升电压值时，可以快速升压直到避雷器击穿为止，当所升电压超过额定电压后的时间要尽可能缩短。

2）当在低压侧测量高压侧所升电压值时，升压速度应控制在：对 10kV 及以下避雷器为 $3\sim5kV/s$；对 $20\sim35kV$ 避雷器为 $15\sim20kV/s$；一般升压至避雷器放电 $3.5\sim7s$ 即可满足要求。

（6）在进行工频耐压试验时，为了避免避雷器放电时烧损火花间隙，应限制通过火花间隙的电流不大于 0.7A，放电后应在 0.5s 内切断试验电源，所以在被试品回路中应选择限流电阻，且在试验变压器低压侧装设过流速断装置。

如放电后，在 0.5s 内不能切断试验电源，则所选择的保护电阻应保证避雷器放电以后流过的电流一般不大于 $15\sim20mA$。

（7）阀型避雷器在进行工频放电电压试验时，应避开试验电源上电焊机的工作，以免波形畸变，影响测试值的准确性。

（8）避雷器的工频放电电压值与气温有关，所以应记录试验时的气温。如现场所测得的工频放电电压超过规定范围，应换算成标准大气条件下的工频放电电压值，以判断是否在合格范围内。

2. 断路器选择的基本要求

断路器是电力系统中重要的控制和保护设备。在系统正常运行时，断路器可以可靠的接通和断开电路；故障状态下，断路器通过自身或与其他保护设备配合，迅速切断故障电流，并将故障电路断开，从而实现对电气设备的保护。

配电系统中的断路器包括高压和低压两大类，其中高压断路器具备良好的灭弧能力，主要用于 10kV 及以上的配电设备的控制和保护；低压断路器主要用于 10kV 以下低压配电设备的控制和保护。

（1）高压断路器的选择。根据高压断路器的工作环境及系统运行的要求，选择高压断路器时，应重点注意以下几点。

1）根据安装处的环境条件选择断路器的类型。电压在 $6\sim110kV$ 的断路器，可选真空断路器、SF_6 断路器或少油断路器。

2）合理地选择断路器的安装类别。户外的高压断路器选择时，应根据实际环境污秽和等级情况，合理地选择断路器的安装类别，以保证断路器在户外工作环境中能够安全稳定的运行。

3）正确选择断路器的工作电压。为保证断路器能可靠稳定工作，断路器在运行中长期承受的电压不得超过其额定值。断路器的额定电压应等于或大于系统最高电压见表 5-22。

表 5-22　　　　　　　　　　　　断 路 器 的 额 定 电 压

额定电压/kV	最高电压/kV	额定电压/kV	最高电压/kV
3	3.5	20 (15)	23 (17.5)
6	6.9	35	40.5
10	11.5	63	72.5

4) 正确选择断路器的额定电流和开断、关合短路电流。高压断路器的额定电流是指高压断路器在正常运行时，断路器允许的最大工作电流；即可以持续运行的负荷电流。高压断路器的开断短路电流是指额定短路电流中的交流分量有效值；高压断路器的关合短路电流是指额定短路电流中的最高峰值，是额定短路开断电流值的 2.5 倍。

高压断路器没有规定的持续过电流能力，在选定断路器的额定电流时应计及运行中可能出现的任何负荷电流，把它们当作长期作用对待。断路器开断、关合短路电流值应大于或等于所在网络短路电流的计算值。

5) 断路器热稳定校验短路电流热效应不大于规定时间内的允许热效应。

6) 动稳定校验的冲击短路电流应不大于断路器的额定动稳定电流的峰值。

7) 断路器的操作机构应与操作的断路器及其负荷等级相匹配。室内一般选用电磁操作机构，室外选用弹簧机构为佳。

8) 选用国家质量认证的产品。

（2）低压断路器的选择。低压断路器（也有称为自动开关）是一种不仅可以接通和分断正常负荷电流和过负荷电流，还可以接通和分断短路电流的开关电器。低压断路器在电路中除起控制作用外，还具有过负荷、短路、欠压和漏电保护等保护功能。低压断路器可以手动直接操作和电动操作，也可以远方遥控操作。

低压断路器的选用：额定电流在 600A 以下，且短路电流不大时，可选用塑壳断路器；额定电流较大，短路电流亦较大时，应选用万能式断路器。选用原则如下所述。

1) 断路器额定电流应不小于负载工作电流。

2) 断路器额定电压应不小于电源和负载的额定电压。

3) 断路器脱扣器额定电流应不小于负载工作电流。

4) 断路器极限通断能力应不小于电路最大短路电流。

5) 线路末端单相对地短路电流/断路器瞬时（或短路时）脱扣器整定电流应不小于 1.25。

6) 断路器欠电压脱扣器额定电压应与线路额定电压相等。

3. 隔离开关的选择

隔离开关也被称为隔离刀闸，是电气系统中重要的开关电器。隔离开关的触头全部敞露在空气中，使电路形成明显的断开点，便于线路检修和重构系统运行方式。

隔离开关的选择时除不选择开断电流和关合电流外，其他选择要求与高压断路器的选择要求基本相一致。

隔离开关的形式按安装地点不同分为屋内式和屋外式；按绝缘支柱数分为单柱式、双柱式和三柱式；按操作级数可分为三极联动、单极操作两种；按隔离开关的动作方式可分为闸刀式、旋转式、插入式。因此，选择隔离开关的类型时，应根据其使用场所和相应的电流、电压及最大短路冲击电流合理地选择其隔离开关的型号。

4. 高压熔断器的选择

高压熔断器是配电系统动力和照明线路的一种保护器件，当发生短路或过大电流故障时，能迅速切断电源，保护线路和电气设施的安全，但熔断器不能准确保护过负荷。

熔断器分为高压和低压两大类。用于 3～35kV 的为高压熔断器；用于交流 220V、380V 和直流 220V、440V 的为低压熔断器。高压熔断器又分为户内式和户外式两种；具体选择要求如下所述。

（1）首先根据安装地点的工作环境和使用条件，选择采用户外或户内型。

（2）熔断器的额定电压一般不应小于安装处被保护设备的电网额定电压。

（3）根据负载特性熔断器的额定电流应大于或等于熔体的额定电流（一般熔体的额定电流可选为熔断器具的 0.3～1.0 倍）；熔断器熔体的额定电流可选为负荷电流的 2 倍左右。

（4）对所选定的熔断器的开断电流进行校核；要求流过限流熔断器的可能最大短路电流应小于其最大开断电流；当电源在最小运行方式时，短路电流应大于其最小开断电流；而通过户外跌落式熔断器的最大短路电流应在熔断器开断电流的上限和下限之间。

（5）熔断器的动稳定校验和热稳定校验，其结果应符合对熔断器和被保护设备动稳定和热稳定的有关规定的要求。

第六章 配电线路施工

模块 1 配电线路施工基本知识

一、电杆基础施工

根据线路结构的划分，杆塔以下埋入土壤中的部分结构（接地体除外）统称为基础；中、低压配电线路的基础主要有底盘、拉盘和卡盘，其外形结构如图 6-1 所示。其中，底盘为电杆的主要基础，卡盘、拉盘是为提高电杆抗倾覆能力而设置的辅助基础。

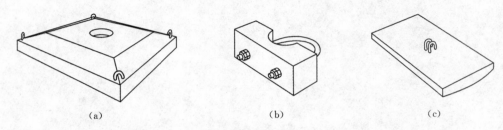

(a)   (b)   (c)

图 6-1 配电线路常见基础结构示意图

(a) 底盘；(b) 卡盘；(c) 拉盘

电杆基础施工的基本工艺流程如图 6-2 所示。具体基础施工的过程及相关技术要求如下所述。

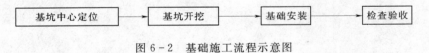

基坑中心定位 → 基坑开挖 → 基础安装 → 检查验收

图 6-2 基础施工流程示意图

（一）电杆基础坑位中心定位

根据线路施工的操作规程规定，基坑开挖施工前应按设计要求对基坑中心进行定位。架空电力线路直线杆顺线路方向位移不应超过设计挡距：35kV 为 1%、10kV 及以下为 5%；横线路方向偏移不应超过 50mm；转角杆、分支杆横线路、顺线路方向的位移不应超过 50mm。确定基坑中心后，做好基坑中心的控制桩，以利于开挖检查以及后续工序正确进行。

（二）电杆基础的开挖

1. 电杆基坑深度

电杆基坑深度应符合设计规定的要求。当设计明确规定时，坑深偏差应为 +100mm、-50mm；若设计无要求时，埋设深度可按经验取杆高的 1/6~1/5。

在设计未作规定时，电杆基础坑的挖掘深度可参照表 6-1 进行确定；但遇土质松软、流沙、地下水位较高等情况时，应作特殊处理。

表 6-1

电 杆 埋 设 深 度

杆长/m	8.0	9.0	10.0	11.0	12.0	13.0	15.0	18.0
埋深/m	1.5	1.6	1.7	1.8	1.9	2.0	2.3	2.6~30

2. 挖掘要求

（1）一般土质条件下，当采用人工方法立杆时，电杆坑的挖掘，对无底盘主杆基坑应比杆根略大一些，但不能过大。马道的坡度与地水平面成 45°角，为便于开挖，应成阶梯形逐级向主坑方向进行，如图 6-3（a）所示。若采用吊车立杆时，基坑的挖掘按图 6-3（b）所示进行。

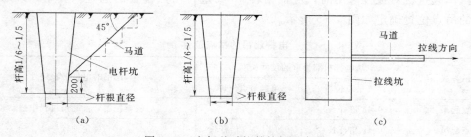

图 6-3　电杆基础坑的挖掘示意图

（a）杆坑挖掘断面图；（b）拉线坑平面图；（c）吊车立杆时杆坑挖掘断面图

（2）拉线坑。先挖出主坑、后挖马道。主坑中心位置为拉线中心桩水平延长一个拉线坑深度（一般与电杆埋深相同），如图 6-3（c）所示。马道由拉棒出口处向下倾斜，按图 6-3（a）所示高出坑底 200mm。马道越窄越好，一般用钢钎操作。

（三）电杆基础安装的要求

配电线路电杆基础的安装施工如图 6-4 所示，具体安装的技术要求如下所述。

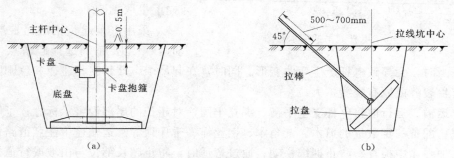

图 6-4　电杆基础安装施工示意图

（a）底盘和卡盘的安装；（b）拉盘的安装

（1）底盘安装。底盘与电杆中心线垂直，找正后填土夯实。底盘安装允许偏差符合电杆允许偏差规定；底部土层尽可能地以原土为主。

（2）卡盘基础。安装前将基础下部土壤分层回填夯实，安装位置、方向、深度符合设计要求；卡盘安装位置允许偏差为±50mm；设计无要求时，上平面距地面不应小于 500mm。

直线杆（段）卡盘应与线路平行，且直线段电杆左、右侧交替设置；承力杆卡盘埋设在承力侧；卡盘与电杆的连接应紧密。

（3）拉盘安装。保证拉线与电杆的夹角不小于 45°，当受地形限制时，不应小于 30°。

拉盘的埋设深度和方向应符合设计要求；拉棒与拉盘应垂直，连接处采用双螺母，露出地面长度 500～700mm；安装后应立即回填土、分层夯实，非硬化处理位置应增设防沉降土台，其高度不小于 300mm。

二、电杆的组装

（一）电杆搬运

混凝土电杆装卸方法有多种方式。条件允许可采用汽车起重机进行起吊装卸，也可利用滚动装卸的方法进行装卸。

（1）汽车起重机起吊装卸。一般情况下拔梢电杆的重心在距杆根 0.44 倍杆长的位置。当采用汽车起重机对拔杆起吊时，应根据表 6-2 进行吊点位置的选定。其中，采取两点起吊方式的吊点位置确定如图 6-5 所示。

表 6-2 电杆起吊的吊点位置

起吊方式	从电杆根部量取的尺寸长度		起吊时电杆的稳定性
	第一吊点位置	第二吊点位置	
单点起吊	0.44 倍杆长	—	重心较难控制，且起吊过程中摆动较大
两点起吊	0.19 倍杆长	0.19＋0.5 倍杆长	稳定性较好

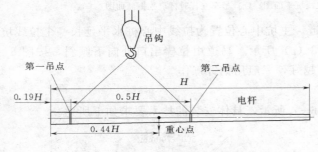

图 6-5 电杆起吊捆绑示意图

例如：起吊 8m 的拔梢电杆，采用两点起吊时，吊绳的吊点位置如下。

第一点的位置：从根部往上量取 $0.19 \times 8 = 1.52$m 处；

第二点的位置：从第一点的位置再往上量取 $0.5 \times 8 = 4$ m；或从杆根向上量取 $1.52 + 4 = 5.52$m。

采用汽车起重机起吊混凝土电杆时，一定要正确选择起吊点，当起吊点选择不当时，会导致电杆产生弯曲变形。同时，在起吊中，严禁互相碰撞和急剧坠落，以防电杆产生裂缝或原有裂缝扩大。

汽车运输。运行前将电杆支垫平衡、绑扎牢固，对超长的尾部设警示标志；了解运输道路的路况；配备一定数量的道木、三角木、钢丝绳、千斤顶等。运输途中注意道路情况、控制车速、加强途中检查、防止捆绑松动；通过弯道时，防止超长部位与山坡或行道树碰刮。

（2）滚动装卸。滚动装卸的方法是将跳板或木杠搭在汽车或小平车上，用两根白棕绳采用双回头的方法，分别设置在距杆根、杆梢适当距离。双回头白棕绳的一头绑在车体上，另一头则采用人力牵拉，利用电杆的滚动，进行电杆的装卸。所用的跳板或木杠一定要结实牢靠，坡道应平缓，应有防止跳板或木杠下滑的措施，两端速度均匀、用力一致，尽量使电杆保持平衡。

当汽车运输不能到达杆位时，采用人力运行。一般使用众人抬起搬运。当仅当地面平坦情况下可采用滚动搬运，但保持匀速，避免发生意外。

（二）组装

电杆的装配按设计图纸进行组装，其组装方式分为立杆前地面组装或电杆起立后进行杆上组装。组装前对电杆进行外观检查。混凝土电杆不得有环向或纵向裂缝；平放地面杆身弯曲不应超过杆长 1/1000；表面应平整光滑，无混凝土脱落、露筋、跑浆等缺陷；杆顶必须用水泥封堵。

所用的横担及相配套金具均为热浸镀锌件，外观质量及规格必须符合设计和验收规范的要求。

绝缘子表面应干净光滑，不应有裂纹、缺釉、破损等缺陷。低压配电线路绝缘子使用500V 或 1000V 绝缘电阻表摇测绝缘电阻，其值不应小于 20MΩ。

地面组装时，先将电杆按顺线路方向调整到立杆位置，直线杆的单横担应装于受电侧，如图 6-6（a）所示，先把横担 U 形抱箍套在电杆横担安装位置，依次装入横担垫铁、横担、垫片、螺帽，调整横担位置拧紧螺母。常见的装配结构如图 6-6（b）所示。

终端、转角、分支、耐张杆的横担一般由两根角铁横担组成，安装时要注意正反面，不要装错。横担靠四根螺栓及两块垫铁固定在电杆上。其装配结构如图 6-6（c）所示。

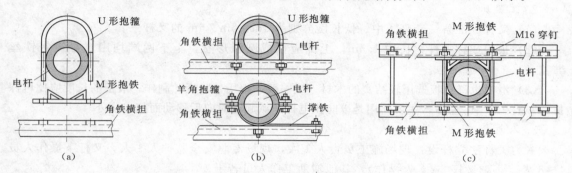

图 6-6 钢筋混凝土杆横担的常见安装方法
（a）横担的安装方法；（b）单横担的安装；（c）双横担的安装

（三）质量要求

（1）螺栓通过部件的中心线，螺杆与构件面垂直，螺母拧紧后，露出的丝扣不应少于2 个。

（2）螺栓穿入方向。顺线路方向由送电侧穿入，横线路方向（面向受电侧）由左向右穿入，垂直地面的螺栓由下向上穿入。

（3）横担与电杆垂直，上下倾斜或左右偏扭的偏差不大于横担长度的 1‰，单横担装于受电侧，转角杆单横担装于拉线侧，二层及以上横担，横担间距一致、保持平行、同一垂直面。

（4）撑铁一般装在左侧，撑铁上端与横担连接，下端用抱箍固定在电杆上。

三、电杆起立

中、低压架空配电线路施工中，电杆起立的方法很多，下面简要介绍低压架空线路施工中几种典型的电杆起立方法。

（一）人力叉杆起立电杆

如图 6-7 所示，人力叉杆立杆法是一种操作简便且适宜于起立较小（不宜超过 12m）电杆的立杆方法。此方法具有：工器具少，工具结构简单、易加工，特别适宜就地取材；操作过程简单，立杆的方法灵活性好，参入立杆的人员容易组织等特点。

图 6-7 人力叉杆法立杆现场图

1. 人力叉杆起立电杆的危险点及防止措施

（1）危险点。人力叉杆法立杆主要危险点为：倒杆伤人。

（2）防止措施。所有工作人员应服从现场负责人的统一指挥；严格控制电杆起立过程中的平衡受力，避免大的冲击而出现电杆受力失控的现象；确保所有工具的合格使用。

2. 工器具

（1）叉杆。准备一套高、中、低长度分别为 4m、5m、6m 的叉杆三套。

（2）顶板或称顶杆，长约 1.5m，上部应砍成圆弧形状，上下两端均用 8 号镀锌铁丝绑扎。

（3）滑板也称挡板选用较结实的木材（或一般工程用竹跳板）制作；滑板的长度应比坑深长，一般在 2.5m 左右，主要作用是以防止电杆开始起立时向后移动而超出坑外。

3. 人员分工

人力叉杆法立杆设：现场施工负责人 1 人，现场专职安全监护人 1 人，叉杆下操作人员 4～8 人（每副叉杆 2～4 人操作），其他辅助工作人员若干。

4. 起立操作步骤

立杆前，检查电杆质量和现场布置无误，将滑板放入电杆坑内，使杆根靠在滑板上，便于杆根滑入坑内，滑板应由有经验的农电工掌握并指挥；同时，在电杆顶部拴好临时拉线后，立杆开始，具体操作步骤如图 6-8 所示。

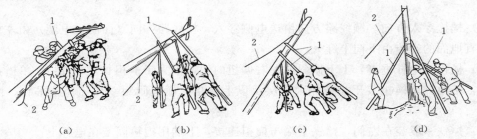

图 6-8 人力叉杆法起立电杆过程分解示意图
(a) 抬起杆头；(b) 支叉杆；(c) 倒换叉杆；(d) 起立后撑杆
1—叉杆；2—牵引控制绳（兼作临时拉线）

（1）电杆抬头。由 8～10 人组成 4～5 组，每两人用一副抬杠抬起电杆头部，并借助顶板支持杆身重量，每抬起一次，顶板就向杆根移动一次，将杆身抬起的同时使杆根逐渐滑入坑内，如图 6-8 (a) 所示。

（2）撑叉杆。待杆身起立到一定的高度即可用第一副短叉杆将电杆支撑住，撤去顶板，另一副叉杆做准备,如图 6-8(b)所示。

(3)倒换叉杆。当前方用绳拉,后方用叉杆将电杆顶到一定的高度时,支上第二副较长叉杆,均匀往起顶杆。两副叉杆交替向电根部移动。并利用叉杆两边用力的大小来调整电杆的方向。

(4)人力牵引。当叉杆到一定的角度,受力较小时,叉杆应向下移。在移动时,要先移动一副并使之吃上力以后,再移动另一副,以此交替往起顶杆,如图 6-8(c)所示。当电杆滑到坑底时,即可撤去滑板,并用绳索牵引使电杆和叉杆同时起立。

(5)电杆调整固定。当电杆起立到 80°左右时,应将一根叉杆移至杆身的另一侧,并锁好四周的临时拉线,以防电杆倾倒,如图 6-8(d)所示。

电杆立起之后,应进行找正,即电杆位置的调整。杆身调整,包括顺线路方向的调整和横线路方向的调整。

(6)回填土。电杆立起并调正后,应立即回填土并分层夯实(规定:每填 300mm 厚的土夯实一次)。填满后,地面上还要堆一个高为 300mm 方形台,防止下沉后填土不足。待杆基回填土完全牢固后,才可撤去叉杆和进行登杆工作。

(二)单抱杆起立电杆

单抱杆立杆的主要特点是:过程简单,操作方便;起立方法灵活;起重量大,小型单木抱杆可起立 8m～15m 的电杆。

1．单抱杆立杆的危险点及防止措施

(1)危险点。单抱杆立杆的主要危险点为:断抱杆和倒杆伤人。

(2)防止措施。严格对抱杆的外观质量进行检查,确保抱杆的质量合格;合理调整抱杆四周拉线的受力,确保抱杆的工作稳定性;匀速起吊,杆下工作人员应随时注意起吊过程中电杆的运动,避免由于其他障碍物而影响电杆的起吊平稳。电杆直立后,应立即制动电杆临时拉线。

2．工器具

(1)抱杆。小木抱杆或小型金属抱杆 1 根,抱杆的有效高度应大于电杆吊点高度的 1～1.5m,安全系数应不低于 2。

(2)主牵引绳。钢丝绳 1 根,长度满足施工场地布置要求,安全系数应不低于 4.5。

(3)抱杆临时拉线。白棕绳 4 根,安全系数应不低于 3.5。

(4)电杆控制绳。白棕绳 4 根,安全系数应不低于 3.5。

(5)滑轮。2 只。

(6)角铁桩。6 根,临时拉线固定用 4 根,抱杆座脚和牵引设备处各用 1 根。

另外,用于立杆的辅助工具还有撬杠(钢钎)、千斤套、垫木等。

3．人员分工

采用单抱进行电杆起立时,应设现场施工负责人 1 人;现场专职安全负责人(监护人)1 人;杆下操作人员 2 人;四周临时拉线控制人员各 1 人;其他辅助工作人员若干。

4．电杆起立操作步骤

单抱杆立杆的分解过程如图 6-9 所示,具体起立操作过程如下。

(1)起吊受力检查。现场施工负责人宣布立杆开始,启动牵引设备,电杆抬头 0.5m 至图 6-9 所示位置②左右时,停止牵引,安全负责人督促现场工作人员对各部位受力进行检查。

（2）电杆起立。确认各部位受力正常后，继续起立。当电杆起立到30°左右，即图6-9所示位置③时，操作人员应通过电杆顶部的临时控制绳调整电杆在空间的位置，同时，杆根处的操作人员应控制电杆根的位置，避免电杆与抱杆及抱杆的拉线碰撞。

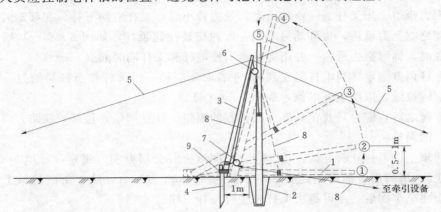

图6-9 单抱杆起立电杆过程分解图

1—电杆；2—杆坑；3—抱杆；4—角桩；5—临时拉线；6—起吊滑轮；
7—转向滑轮；8—牵引绳；9—锁脚

（3）电杆落位。当电杆起立即将离地，接近图6-9所示位置④时，应放慢牵引速度，同时，杆根下工作人员应注意控制电杆根部，使其缓慢进入杆坑，避免抱杆受到冲击。

（4）电杆调整固定。如图6-9所示电杆进入杆坑位置⑤后，现场负责人应注意指挥工作人员调整电杆临时控制绳，并慢速控制松放牵引绳，使电杆垂直下落至坑底。

（5）回填土。调整电杆四周控制绳使电杆中心位置及垂直度达到设计和规范的要求后，制动四周控制绳，杆坑回填土。回填土的要求与人力叉杆方法的回填土的要求一致。

根据规程要求，检查、验收电杆各部件安装质量符合设计和规范的要求，现场负责人宣布清理现场，电杆的起立完成。

（三）三脚架法立杆

如图6-10所示，三脚架立杆是一种所需工器具少、操作人员少、操作工序简单的立杆方法。

1. 三脚架法立杆的危险点分析及防止措施

（1）危险点。三脚架法立杆主要危险点为：倒杆伤人。

（2）防止措施。

1）所有工作人员应服从现场负责人的统一指挥。

2）严格控制电杆起立过程中的三脚架平衡受力，始终保持电杆平稳的起立且速度均匀，避免大的冲击而出现电杆受力失控的现象。

3）确保三脚架等所有工具的合格使用，并严格控制各支腿的受力平衡。

4）除指挥人及指定杆根、三脚架支腿控制操作人员外，其他人员必须远杆高的1.2倍以外的距离。

5）电杆没有完成回填稳定前，不允许上杆作业。

图 6-10 三脚架法起立电杆

（3）其他安全事项。工作人员要明确分工，密切配合，在居民区和交通道路上施工时，应有专人看守；立杆过程中，禁止工作人员杆下穿越、逗留，杆坑内严禁有人工作；在起重三脚抱杆的起吊过程中，随重物的提升，抱杆整体起吊重心上移，从而导致抱杆的稳定性下降；因此，采用起重三脚抱杆起立电杆时，电杆的长度应以不大于 10m 为宜。

2. 工器具

采用起重三脚架立杆法所需的主要工器具包括以下种类。

（1）起重工具。三脚架一副、手拉链条葫芦（或其他牵引设备）一套、铁钎两根、钢丝绳套、白棕绳。

（2）防护用具。安全绳（或安全遮栏）、安全帽和个人工具等。

3. 人员分工

采用三脚架立杆法应设现场指挥员 1 人、杆下操作人员 2 人、三脚监控人员 3 人、安全监护人员 1 人及辅助人员 3～4 人。

4. 电杆起立操作过程

三脚架抱杆起立电杆的操作过程如图 6-11 所示，具体操作步骤如下。

（1）起吊受力检查。现场指挥员完成场地检查后，下达起吊命令，杆下工作人员拉动手链开始电杆的起吊。当电杆抬头到图 6-11 所示位置②，距离地面约 0.5m 时应停止牵引，由各工位工作人员对所在点的各部位受力进行全面检查，对可能出现的不正常现象，应查明原因并及时处理，只有在确认所有受力正常后，方可继续起吊。

（2）电杆起吊。

1）重新进入起吊后，在图 6-11 所示位置②～③的起立过程中，由杆下操作人员应均匀地拉动葫芦手链，杆根工作人员用钢钎拨动杆根，保持电杆向杆坑位处缓慢平稳地前移。

2）当电杆起立至图 6-11 所示③～④的过程中，随着电杆的起立角度的不断增大杆下及四周控制操作人员应随时注意电杆重心的变化，随时调整电杆重心的位置及起立方向，以确保起立过程的安全。

3）当电杆起立超过 75°以上时，如图 6-11 所示④～⑤的过程，应适当放慢牵引速度，同时四周控制绳应适当调整力度，避免电杆起立过程的不必要摆动，以保证三脚架在电杆重

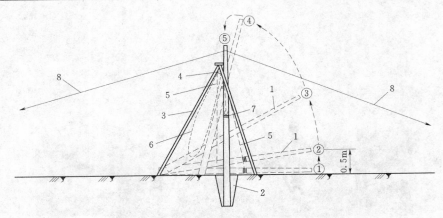

图 6-11 三脚架起立电杆的过程分解图

1—电杆；2—杆坑；3—三脚架抱杆；4—链条葫芦；5—牵引链条；6—手拉链条；7—千斤套；8—电杆临时拉线

心上移时的工作稳定性。

（3）电杆定位。如图 6-11 所示位置⑤，当电杆进入杆洞后，杆下工作人员反方向拉动链条，慢慢将电杆下落，并注意在下落过程中避免电杆根与洞壁间发生接触而阻碍电杆的下落。

电杆落位后，应调整葫芦及电杆四周控制临时拉线的力度将电杆校正；并在电杆垂直度校正后及时地按规定进行杆坑的回填土。

根据线路施工的要求，回填时，应每填入 200mm 厚度夯实一次。直到满足设计及验收规程的要求，清理现场工具，立杆过程结束。

（四）吊车起立电杆

吊车起立电杆是借助吊车的起重能力取代传统抱杆完成电杆的起吊安装的一种立杆工艺。吊车立杆适合于交通条件便利的道路两侧及能够通行到位且土质相对较好的田间地头，吊车立杆具有立杆速度快，相对所需人员、工具少，操作方便、灵活等特点。

由于吊车司机属于特殊工种的操作，专业上被称之为特种作业人员；按规定，进行吊车起吊的操作人员应是经专业培训合格、并取得相应的合格证的专业人员。

1. 危险点分析及控制措施

（1）危险点。吊车立杆的主要危险点：高空落物伤人。

（2）控制措施。

1）进行电杆捆绑时，捆绑一定要牢固、稳定；不允许有滑动的可能性。

2）吊车起吊及旋转的过程中，禁止有人在吊物下方行走、逗留及工作。

3）吊车旋转时动作应均匀、速度适当慢一点，避免吊臂旋转过程中电杆出现过大的摆动。

4）严格控制吊车在旋转或吊臂伸缩的同时进行重物的提升操作。

5）电杆未填实稳固前，禁止吊车进行撤钩操作。

（3）其他安全事项。

1）合理安排起吊路线，严禁吊车的吊件从人身或驾驶室上越过。

2）在吊车工作期间，吊车吊臂上及构件上严禁有人或浮置物。

3）为保证施工现场的安全和作业秩序，在过往人员较多或相对人员集中的地方立杆时应设安全围栏，防止行人误入作业区。

2. 作业前准备

(1) 人员安排分工。现场工作(指挥)负责人,1人;吊点捆绑扎人员,1人;杆下作业人员,2人;其他辅助作业人员,若干。

(2) 工器具。吊车,1台;电杆运输车,1台;吊点千斤,1根,安全系数不低于10;其他辅助工具及挖掘、夯实工具等。

(3) 吊车定位。吊车的定位应根据吊车的具体机械性能确定。进行吊车立杆时,首先应保证吊车的落位处的地形应基本平整,且地基稳固;同时应根据现场的具体情况合理地安排吊车与杆坑中心及电杆运输车间的距离(即:吊车的回转半径),既要让吊车有安全稳定的工作环境和足够的运转空间,同时又要严格控制作业范围。

3. 操作过程及主要技术要求

吊车立杆的操作过程如图 6-12 所示,具体操作步骤如下所述。

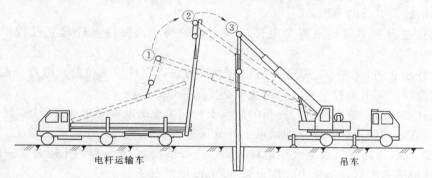

图 6-12　吊车起立电杆过程分解示意图

(1) 捆绑电杆吊点。采用吊车立杆时,对电杆吊点位置的选择,首先应保证高于电杆重心,以确保电杆起吊后杆头向上;其次还应考虑电杆的弯矩承受能力,以确保电杆起立后,杆身质量不受到影响。因此,一般情况下,吊点的位置应选择在略高于电杆重心且不超过1m 的位置为宜。

采用钢丝绳千斤套进行吊点捆绑时,钢丝绳应在电杆上至少缠绕 2 圈且外圈应压住内圈,然后用卸扣锁好后直接挂在吊车的吊钩上。

(2) 起吊电杆。当捆绑人员完成挂钩离开电杆后,现场工作负责人下令起吊,由吊车司机启动机器缓慢提升电杆;当杆头起立后到如图 6-12 所示位置①时,吊车应停机进行系统的受力检查,确认各部位受力正常、电杆无异常反应时,继续垂直提起电杆(禁止横向拖拉电杆),直到电杆全部腾空,如图 6-12 所示位置②。

(3) 电杆落位。吊车司机在现场工作负责人的指挥下,缓慢地转动吊车,将电杆由运输车上方转向电杆基础坑的上方,并在负责人的指挥和地面杆下作业人员的配合下,将电杆缓慢地放入基坑内,直到杆根全部落地,如图 6-12 所示位置③。

(4) 电杆调整固定。杆下作业人员在电杆落稳并调整好电杆的位置,向坑内填土(最多不宜超过坑深的1/3)并将杆根部分夯实后;现场指挥人员分别在纵、横向指挥吊车司机操作吊臂,将电杆的垂直度调整达到设计和验收规程的要求,然后,吊车停机,但仍保持受力状态。

(5) 回填土。地面工作人员按规定进行电杆基础坑内分层回填土,并逐层夯实,直到达到设计和验收规范的要求。

杆身全部稳固后，杆上作业人员上杆撤出吊车挂钩，并完成杆上横担的安装；检查无误后下杆清理现场，结束立杆作业。

（五）立杆注意事项

根据电力生产安全操作规程的有关规定，进行立杆操作时，立杆现场设专人统一指挥、统一信号。开工前应讲明施工方法及信号、明确分工、密切配合、服从指挥，在居民区和交通道路上施工时，应有专人看守。起立过程中应重点注意以下方面。

（1）各工位作业人员应严格按现场负责人的指令操作，同时，还应接受安全监护人的监护。

（2）无论采用什么起立方法，在电杆离地面 0.5～1m 时，应停止起立，观察各处受力情况，确认无异常后冲击试验、再次检查无异常后方可继续。

（3）立杆过程中杆坑内或坑口处严禁有人工作，除指挥及指定杆下操作人员外，其他人员远离 1.2 倍杆高以外的范围。

（4）起立过程中尽可能地避免电杆出现大幅的摆动，保持电杆起立过程平稳、速度均匀。

（5）电杆起立到 80°左右（或采用直插式立杆方法，在杆根落位前）时停止起吊，控制好四周临时拉线，调节电杆至直立，避免不必要的晃动。

（6）电杆直立后，应立即进行杆根的回填土；回填土的基本要求如下所述。

1）电杆立起并调正后，应立即回填土并分层夯实，拉线坑、杆坑的回填土，应每填入 300mm 夯实一次，（15m 及以上大型电杆基础，应每填入 200mm 厚的土层夯实一次）。

2）基坑填满夯实后，地面上还应设置 300mm 的防沉土台。

3）在拉线和电杆易受洪水冲刷的地方，应设保护桩或采取其他加固措施。

四、架线施工

（一）准备工作

为了确保架线工作的顺利进行和施工安全，应做好组织工作，每位成员明确任务与职责。如人员分工：每只线轴、每根导线拖放、每基电杆均应设置 1 名技工，沿线各重要交叉、跨越处设专门人员监视，专门人员负责放线段沿线通讯、线路通道内障碍物的检查、处理等工作。

1. 道路的疏通

为保证放线工作的顺利进行及日后线路运行的要求，放线前应对线路通道内的树障、可能影响线路正常运行的其他障碍物进行清理。

2. 放线滑轮安装

架空电力线路放线时，应使用铝制滑轮放线，中、低压配电线路绝缘导线放线时，应使用装有橡胶护套的放线滑轮。小型放线滑轮有下悬式和上扛式两种，其安装方式及放线滑轮的结构如图 6-13 所示。

3. 搭设跨越架

架空电力线路放线跨越公路、铁路及通信线路和其他不能停电的电力线路时，应提前与相关设施的主管部门取得联系，在办理必要的工作手续后进行跨越架（也称越线架）的搭设。其搭设的形式如图 6-14 所示，具体设的要求如下。

（1）跨越架与被跨越物间的安全距离要符合有关规定的要求。

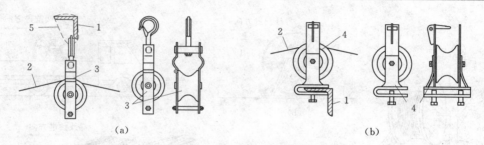

图 6-13 放线滑轮的安装示意图
(a) 下悬式放线滑轮；(b) 上扛式放线滑轮
1—横担；2—导线；3—下悬式放线滑轮；4—上扛式放线滑轮；5—千斤套

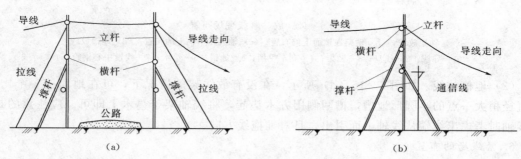

图 6-14 放线跨越架的搭设形式
(a) 双边跨越架；(b) 单边跨越架

（2）跨越架的搭设可根据被跨越对象搭设成单边、双边及全封闭等形式。

（3）跨越架顶端的材料应采用木杆或竹竿等非金属材料，以避免对导线造成的不必要磨损。

（4）跨越架的搭设结构应牢固、稳定、可靠。

（5）进行带电或临近带电体跨越架的搭设，必须由具备带电作业专业能力的专业人员完成搭设。

4. 临时拉线设置

紧线前做好耐张杆、转角杆和终端杆的拉线，然后分段紧线。并在耐张段两终端杆及横担加装可靠的临时拉线，具体设置要求如下。

（1）临时拉线的方向应为放线段线路中心的延长线上。

（2）临时拉线的对地夹角应不大于 45°。

5. 线轴的布置

低压架空配电线路的放线通常在一个耐张段内进行，其线轴的布置应根据最节省劳力和减少接头的原则。如图 6-15 所示，人力放线的方法有三脚架放线和地槽放线。

（1）三脚架放线。如图 6-15（a）所示，放线架一般采用槽钢和角钢做成三脚架，槽钢内装有螺旋升降装置，用钢管或圆钢穿过线轴两端架到三角的升降孔内，然后提升丝杠使线轴升到一定的高度（线轴边缘离开地面 50~100mm 即可），使线轴架空并能旋转。

图 6-15（b）、(c) 所示，为带制动刹车的专用三脚架放线，其中，图 6-15（b）轴架利用地锚以地面支撑进行导线展放。图 6-15（c）以汽车为平台，利用汽车制动能力定位，直接在车上进行导线展放，图 6-15（c）方式特别适用于进行绝缘导线的展放。

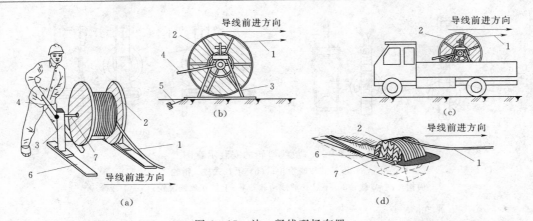

图 6-15 放、紧线现场布置

(a) 轴架放线；(b) 轴架在地面上的布置；(c) 轴架在车辆上的布置；(d) 地槽放线

1—导线；2—线盘；3—轴架；4—刹车手柄；5—地锚；6—垫木；7—线盘中心钢管

(2) 地槽放线。如图 6-15 (d) 所示，在没有放线架的情况下，可在地面挖一个比线轴直径稍大一点的半圆形地槽，槽两侧用方木垫起，将线轴架于垫木上即可。应注意的是：搁线轴时考虑出线端从线轴上面引出，且对准拖线方向。

6. 紧线场的布置

低压架空配电线路的放、紧线场地布置示意图如图 6-16 所示。紧线的方式根据导线截面的大小和耐张段的长短，可选用人力紧线、紧线器紧线、绞磨紧线等方法。为防止出现横担扭转，可同时紧两根边线（即先紧两边线，后紧中相导线）。

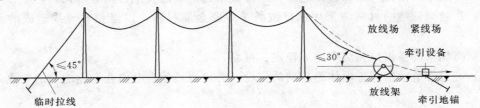

图 6-16 紧线场地布置示意图

（二）导线展放

架空配电线路的导线展放方法有人力展放、小型牵引机械展放及汽车拖放等方式。放线过程中应重点控制好以下几个方面的工作。

(1) 放线架应架设牢固，线盘处应设专人看管，并经常和领线人保持联系。

(2) 人力牵引时拉线人之间保持适当距离，尽量不使导线拖地，领线员控制速度、注意方向，保持通信联系、防止导线交叉，如图 6-17 所示。

(3) 放线段沿线关键部位（如交叉、跨越等）设专人观察、护线，防止导线被障碍物挂住，保证导线顺利通过滑轮、跨越物；导线经过岩石等坚硬地面处铺设稻草等软物，防止导线摩擦、损伤。

(4) 跨越公路、铁路、通信线路和不能停电的电力线路时，提前与相关主管部门取得联系，办理相关手续搭设跨越架。道路两端专人看守、加装标志牌、围栏等措施，必要时得到有关部门协助。

图 6-17　人力拖线

(三) 导线质量检查处理

在展放过程中设专门人员检查导线。发生磨伤、断股、扭曲、金钩、断头等现象，做好标记并及时发出信号，停止牵引、进行专门处理。

(1) 一般损伤处理。导线在同一处的损伤符合下列情况时，应用 0 号砂纸磨光，可不作补修。

1) 单股损伤深度小于直径的 1/2。

2) 钢芯铝绞线、钢芯铝合金绞线损伤截面积小于导电部分截面积的 5%，且强度损失小于 4%。

3) 单金属绞线损伤截面积小于 4%。

(2) 导线损伤修补的规定。导线损伤补修处理标准应符合表 6-3 的规定。

(3) 导线在同一处损伤有下列情况之一者，将损伤部分截断，以直线连接处理。

1) 损失强度或损伤截面积超过表 6-3 补修管补修的规定。

2) 连续损伤长度已超过补修管能补修的范围。

3) 钢芯铝绞线的钢芯断一股。

表 6-3　　　　　　　　　　　　导线损伤补修处理标准

导 线 类 别	损 伤 情 况	处 理 方 法
铝绞线	导线在同一处损伤程度已经超过①规定，但因损伤导致强度损失不超过总拉断力的 5% 时	以缠绕或修补预绞丝修理
铝合金绞线	导线在同一处损伤程度损失超过总拉断力的 5%，但不超过 17% 时	以补修管补修
钢芯铝绞线	导线在同一处损伤程度已经超过②规定，但因损伤导致强度损失不超过总拉断力的 5%，且截面积损伤又不超过导电部分总截面积的 7% 时	以缠绕或修补预绞丝修理
钢芯铝合金绞线	导线在同一处损伤的强度损失已超过总拉断力的 5% 但不足 17%，且截面积损伤也不超过导电部分总截面积的 25% 时	以补修管补修

① "同一处"损伤截面积是指该损伤处在一个节距内的每股铝丝沿铝股损伤最严重处的深度换算出的截面积总和。
② 当单股损伤深度达到直径的 1/2 时按断股论。

4) 导线出现灯笼且直径超过导线直径的 1.5 倍而又无法修复。

5) 金钩、破股已形成无法修复的永久变形。

(四) 紧线施工

紧线前检查导线有无被障碍物挂住，发现导线接头是否被滑轮、横担、树枝、房屋等卡住应停止紧线，并妥善处理。工作人员不得跨在导线上或站在转角侧内，防止意外跑线时抽伤。

1. 收、紧线施工的基本方法

低压配电线路收、紧线主要有人力牵引紧线和利用紧线器收紧线两种方法。其操作方法原理如图 6 - 18 所示。

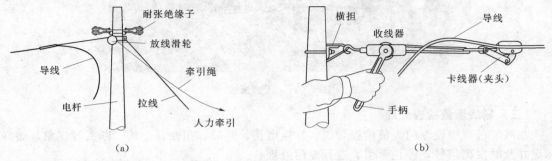

图 6 - 18　紧线操作原理示意图

(a) 人力牵引紧线法示意图；(b) 紧线器紧线法示意图

(1) 人力紧线法。导线截面较小、耐张段较短可采用人力紧线。导线通过耐张横担上的放线滑轮，依靠地面工作人员力量牵引、控制导线的方法完成紧线和挂线，如图 6 - 18 (a) 所示。

(2) 紧线器（或称收线器、收线车）紧线法。导线截面较大，耐张段较短时，通过人力紧线达到一定程度（专业上称之为收余线），再用紧线器控制导线，按图 6 - 18 (b) 所示，在弧垂观测人员的指挥下调节紧线器完成紧线。

2. 紧线注意事项

(1) 紧线前导线放在铝制滑轮中，不得将导线放在横担或绝缘子上；检查导线有无挂住现象、两端耐张杆及其横担的临时拉线或永久拉线是否可靠。

(2) 紧线由专人统一指挥、明确信号。

(3) 保证每基电杆、交叉、跨越点有人监视，确保导线顺利越过滑轮、跨越点，注意导线上弹。

(4) 紧线、弧垂观测同时进行、紧密配合、严格控制紧线的速度，如图 6 - 19 所示。

图 6 - 19　紧线与弧垂观测的操作示意图

（五）挂线施工

架空电力线路挂线方法与紧线、导线的固定方式有关。架空配电线路放线施工紧线前，一般先将放线侧耐张杆上的挂线完成，另一端的挂线则在完成紧线后进行，其挂线方式如图

6-20 所示。其中，图 6-20 (a) 所示为低压配电线路蝶式耐张绝缘子的挂线，图 6-20 (b) 所示为 10kV 螺栓式耐张线夹的挂线。具体挂线操作方法如下。

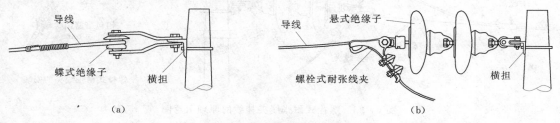

图 6-20　导线在耐张杆横担上的固定方法示意图
(a) 耐张蝶式绝缘子挂线；(b) 耐张悬式绝缘与挂线

1. 收线前的挂线

在放线端将导线、绝缘子、金具等按设计图纸的要求在地面完成组装，杆上工作人员在地面工作人员配合下将绝缘子串固定在杆塔指定位置上，如图 6-21 所示。

2. 紧线后的挂线

在完成弧垂观测后，由于导线具有张力，习惯称为带张力挂线。避免导线收得过紧、导致张力过大（俗称过牵引力）的现象。

(1) 二次张力挂线。紧线完成、杆上作业人员在导线固定点划印，将导线放回地面，由地面操作人员将导线固定在绝缘子串上，量取引流线（俗称"跳线"）的长度，剪去余线；如图 6-22 所示进行二次紧线、将组装的导线、绝缘子串连接在杆塔指定位置上。

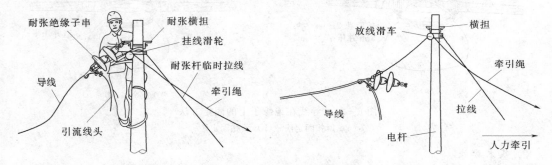

图 6-21　不带张力挂线的原理示意图　　图 6-22　螺栓式耐张线夹二次紧线示意图

(2) 一次张力挂线。导线与金具、绝缘子的组装并悬挂在杆塔上的工作由杆上作业人员完成，如图 6-23 所示。当采用紧线器收线时，先将收线器的固定端挂在耐张线夹上，完成导线弧垂观测后，将导线与耐张线夹进行比对、留足引流线长度、开断导线，在裸导线固定处进行铝包带的缠绕，穿入线夹、盖上压条、拧紧螺栓后松开收线车。

3. 挂线注意事项

(1) 严格按照设计要求进行金具、绝缘子串的组装，各部件连接质量满足线路运行安全的要求。

(2) 人力牵引挂线时地面人员与杆上人员密切配合、保持匀速、把握牵引力量，避免出现冲击。

(3) 紧线器挂线时注意观察、控制导线弧垂，避免出现过牵引而导致倒杆、断线事故。

(4) 杆上作业人员操作时，地面操作人员避开电杆下方的工作，防止高空落物伤人。

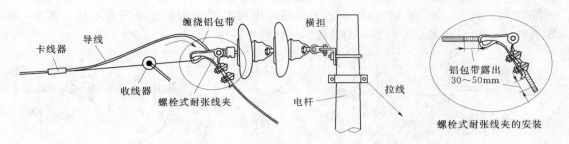

图 6-23 螺栓式耐张线夹挂线的原理示意图

(六) 导线在绝缘子上的固定

1. 固定方法

架空配电线路导线在直线杆绝缘子上的固定方法有顶扎法和颈扎法两种。

(1) 顶扎法。该固定方法有两种要求,一种称为"2、4、6"法则,将导线放在绝缘子顶槽,扎线经绝缘子顶部 2 匝、颈部 4 匝、两端导线各 6 匝,如图 6-24 (a) 所示,另一种称为"4、6、9"法则,适用于截面在 35mm² 以上的导线,扎线经绝缘子顶部 4 匝 (俗称压双花)、颈部 6 匝、两端导线各 9 匝的规则固定导线。

(2) 颈扎法。该固定法称为"2、6、7"法则。导线放在绝缘子线路外角颈部,扎线经绝缘子线路外角侧 2 匝、两端导线各 6 匝、线路内角侧 7 匝的规则,如图 6-24 (b) 所示。

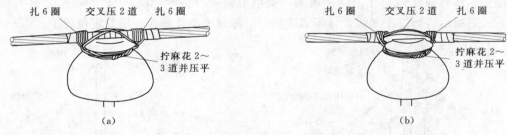

图 6-24 导线在绝缘子上的固定方法
(a) 顶扎固定法;(b) 颈扎固定法

2. 基本要求

(1) 裸铝导线缠包铝带,缠绕方向与导线外层扭向一致,长度为固定接触部分及两端各 30mm。

(2) 铝包带缠绕紧密、平整,尾端应压在导线与绝缘子接触处的内侧。

(3) 扎线过程应按规定的步骤进行,绑扎方法正确、规范。

(4) 扎线直径不小于 2mm,且与导线的材质相同。

(5) 扎线匝间紧密、平整、垂直于导线,每一圈压平收紧后,再进行下一圈的缠绕。

(6) 完成规定匝数将扎线两端收紧、对扭不少于三个回合、剪去余线,压平紧贴绝缘子颈部。

五、导线架设施工质量验收的基本要求

(1) 按导线质量要求进行导线的外观质量检查。

(2) 金具组装配合良好,外观质量符合下列要求。

1) 表面光洁,无裂纹、毛刺、飞边、砂眼、锌层脱落等缺陷。

2）转动灵活，与导线接触面符合要求。

3）镀锌良好，无锌皮剥落、锈蚀现象。

（3）导线不得有磨伤、断股、扭曲、金钩、断头等现象。

（4）螺栓式耐张线夹保证握着力不小于导线最大使用拉力的 90%。

（5）10kV 及以下架空配电线路在同一挡距内，同一根导线接头不应超过 1 个，导线接头位置与固定处间隔应大于 0.5m，当有防震装置时，应在防震装置以外。

（6）10kV 及以下架空线路导线弧垂误差不应超过设计值的 ±5%，同挡内各相导线弧垂宜一致，水平排列的导线弧垂相差不应大于 50mm，导线与被跨越物的距离符合运行安全的要求。

模块 2　登高工具及登杆操作方法

一、登高工具

电工常用登高工具有脚扣、登高板和梯子等，如图 6-25 所示。

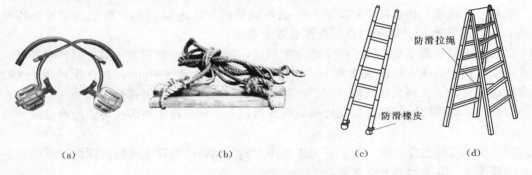

图 6-25　常用登高工具
(a) 脚扣；(b) 踩板；(c)、(d) 梯子

（一）脚扣

脚扣又称铁扣或爬钩，是用钢或铝合金材料制作的近似半圆形、带有皮带扣环和脚登板的轻便登杆工具。脚扣的扣环上裹有防滑橡胶，其外形如图 6-25 (a) 所示。

目前被广泛使用的带可调节伸缩弯的脚扣，通过调节弯钩的直径，使得脚扣在不同梢径水泥杆上的作业更加自如；脚扣登杆的攀登速度较快，但在杆上作业时没有登高板灵活舒适，加上脚扣在杆上作业，通常是单腿受力，易于疲劳，故脚扣适合于杆上短时间的作业。

脚扣适宜于晴天登杆作业。如果遇雨天、冰雪天、浓雾天，都不宜用脚扣登水泥杆；若雨天因工作情况紧急需要使用脚扣登杆时，应由主管安全技术负责人同意后，在裹有橡胶的扣环上紧密缠绕一层铝包带，以提高脚扣的防滑能力。

脚扣使用前必须仔细检查金属材料各部分焊缝无裂纹、腐朽以及无可目测的变形；脚扣带是否完好牢固，如有损坏应及时更换，不得用绳子或电线代替；橡胶防滑条（套）完好，无裂损、脱落。

按规定，脚扣应每年应进行一次静负荷试验，施加 1176N 静压力试验，持续时间 5min。

（二）登高板

登高板也称踩板或三角登高板，也是常用的水泥电杆登杆工具。登高板的板是选用质地坚韧的木材（如水曲柳、柞木等）加工成 30～50mm 厚长方形体的踏板，白棕绳或锦纶绳的两端系结在踏板两头的扎结槽内，在绳的中间穿上一个铁制挂钩而成，如图 6-25（b）所示。登高板具有载荷大、工作稳定、持久性能好的特点，适于稍径水泥电杆的攀登及长时间、较大负荷量的杆上作业。如：耐张杆、分支杆等双横担、多构件的杆上安装作业及杆上弧垂观测等工作。

使用前应检查踏板木质无腐朽、劈裂及其他机械或化学损伤；绳索无断股、松散、霉变、潮湿，绳索同脚踏板固定牢固；不缺件，铁钩无损伤及变形、焊接无裂缝。

按规定，登高板应每半年应进行一次静负荷试验，施加 2205N 静压力试验，持续时间 5min。

（三）梯子

电工常用的梯子有直梯和人字梯两种，图 6-25（c）所示直梯常用于户外登高作业，图 6-25（d）所示人字梯通常用于户内登高作业。

规定，竹（木）梯应每半年应进行一次静负荷试验，施加 1765N 静压力试验，持续时间 5min。实际工作中，梯子的使用应注意以下事项。

（1）梯子应坚固完整，梯子的支柱应能承受作业人员及所携带的工具、材料攀登时的总重量，硬质梯子的横木应嵌在支柱上，梯阶的距离不应大于 400mm，并在距梯顶 1m 处设限高标志，直梯子二端支柱与横木间应有防开脱措施。梯子不宜绑接使用。

（2）直梯的两脚应各绑扎胶皮之类防滑材料，人字梯应在中间绑扎两道防自动滑开的安全绳。

（3）电工在梯上作业时，为了扩大人体作业的活动幅度和保证不致因用力过度而站立不稳，应按图 6-26 所示的方法站立。

（4）登在人字梯上操作时，切不可采取骑马方式站立，以防人字梯两脚自动滑开时造成严重的工伤事故。骑马站立的姿势，对人体操作时也极不灵活。

（5）使用梯子时，要有人扶持或绑牢。

图 6-26 梯子上站立姿势

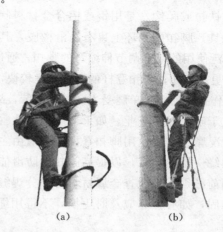

(a)　　　　　　(b)

图 6-27 登杆的基本方法
(a) 脚扣登杆；(b) 踩板登杆

二、登杆操作方法

登杆是进行低压架空配电线路安装、运行检修工作中的基本技能，常用的登杆方法有两种：即脚扣登杆和踩板登杆，如图 6-27 所示。

（一）登杆作业的危险点及预防措施

1. 登杆作业的危险点

登杆作业的主要危险点是：人体高空坠落。其具体情况如下所述。

（1）采用脚扣登杆时，在梢径杆的登杆过程中没有进行脚扣的调整，脚扣套杆时没有完全套牢、踏实及雨雪天杆身湿滑等，都有可能造成人体在杆上失去重心，而导致高空坠落事故的发生。

（2）采用踩板登杆时，当人体上、下踩板时，棕绳没有抓紧，身体重心控制不稳，踏板时用力不协调等，有可能造成人体重心偏移、棕绳脱手、踩板横向滑出（俗称踩板射箭），以至于人体高空坠落。

2. 防止措施

为防止登杆过程可能出现的工作人员高空坠落事故的发生，要求进行电杆的登杆过程中重点做好以下几点。

（1）严格地按登杆工具的使用要求正确、规范的使用登杆工具。

（2）杆上作业人员到达现场后，应严格地进行作业现场电杆的安全检查及有关防护措施的布置。

（3）杆上作业人员上、下登杆的过程中，应始终保持人体的身体平衡。

（4）每一步踏稳、落实后，再进行下一步的攀登。

（5）登杆过程中应始终保持注意力的集中，认真完成每个环节的操作要领，同时，还应保持足够的精神状态，避免疲劳作业。

（二）登杆作业准备工作

进行登杆作业时，杆上作业人员到达现场后，应由现场工作负责人员进行明确的人员分工。杆上作业人员应按规定穿工作服、穿工作鞋、戴安全帽、戴防护手套进入作业现场。登杆前的准备工作主要有以下内容。

1. 检查杆跟

在登杆前必须检查（电杆）杆跟部是否牢固，拉线杆的拉线是否出现松动的现象，如果发现问题应查明原因，并采取相应的安全防护措施后，方可登杆，以免登上电杆后造成倒杆事故。

2. 登杆工具外观检查

根据操作规程的相关规定，工作人员在登杆作业前，应对登杆工具进行外观质量及使用安全检查，具体登杆工具的检查方法及基本要求如下。

（1）脚扣的检查。应仔细检查脚扣有无断裂、腐蚀，脚扣皮带是否牢固可靠。若有，禁止使用。同时，还应仔细检查脚扣的安全试验标签是否在使用期限内，否则，禁止使用。

（2）踩板的检查。检查踩板的挂钩、挂环及白棕绳是否有异常，检查踏板与白棕绳的连接是否完好，同时还应检查踩板的安全试验标签，确认踩板的使用在安检有效期内，否则，禁止使用。

3. 登杆工具、安全带的冲击试验

在完成登杆工具的外观质量检查，确认登杆工具没有外观质量缺陷的条件下，为确保操作人员的生命安全，登杆前还应对所使用的登杆工具及安全用具进行人体载荷冲击试验，以确认登杆工具的安全性能。具体试验方法如图6-28所示。

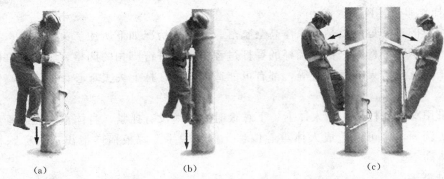

（a）　　　　　　　　　　（b）　　　　　　　　　　（c）

图6-28　登杆工具现场冲击试验
（a）脚扣冲击检查；（b）踩板冲击检查；（c）安全带冲击检查

（1）脚扣的人体冲击试验。将脚扣套在电杆上，离地0.5m左右处，借人体重量，猛力向下登踩，如图6-28（a）所示；在确认脚扣（包括脚套）无变形及任何损坏后才可以使用。

（2）踩板的人体冲击试验。将踩板套挂在电杆上适当高度，使踏板距离地面0.5m左右的高度，工作人员双手持挂点端棕绳踏上踩板，利用人体重量猛力向下冲击，如图6-28（b）所示；然后检查踩板无任何异常，以确认踩板的安全性能。

（3）安全带人体冲击试验。进行登杆工具冲击试验的同时，杆上作业人员应按图6-28（c）所示方法，双脚站在脚扣、踩板（或地面），将安全带挂在电杆上，按图6-28（c）所示箭头方向，利用人体的冲击作用力对安全带进行承力试验，确认安全带的安全性能符合安全规定的要求。

（三）登杆操作步骤

1. 脚扣登杆

根据安全规程的规定，工作人员完成登杆工具及安全用具的检查后，应报告现场工作负责人，经允许后，杆上作业人员方可进行登杆。

（1）上杆。登杆作业的上杆操作过程如图6-29所示。上杆前，杆上作业人员根据作业的要求，佩戴好相应的个人工具及作业过程中所需的吊绳（白棕绳或尼龙绳等）、工具包等。

1）首先在地面将双脚与脚套扣紧，双手扶住电杆，依次两脚将脚扣的铁环先后套入电杆踩紧，如图6-29（a）所示。

2）上杆后，应让人体贴近电杆站稳，将安全带套在电杆上，如图6-29（b）所示。

3）然后，如图6-29（c）所示，手持安全带依次换脚顺势向上攀登。

（2）登杆。杆上作业人员上杆后的登杆过程如图6-30所示。

1）如图6-30（a）所示，登杆人员手持安全带，抬头向上，依次一步一步地向上进行攀登。登杆过程中，登杆人员应保持身体的平衡、协调，并始终保持仰头向上的姿态，随时注意同杆上的其他电力线或障碍物的跨越。

(a)

(b)

(c)

图 6-29　脚扣上杆的过程分解图

(a) 人体上杆；(b) 套安全带；(c) 顺势向上攀登

2) 在登杆过程中，杆登人员攀登一段高度后，应适当调整脚环的大小，以防止因脚环过大而出现失脚落杆的事故。如图 6-30 (b) 所示。

3) 到达杆顶后，调整好个人的站位并系好安全带，站稳、扶好电杆准备进行杆上作业。如图 6-30 (c) 所示。

(a)

(b)

(c)

图 6-30　脚扣登杆的过程分解图

(a) 登杆；(b) 调整脚扣；(c) 杆上站位

（3）下杆。下杆的过程与上杆相反，但和上杆一样，在下杆的过程中必须始终注意手脚的协调配合。

1) 准备下杆时，如图 6-31 (a) 所示，先将安全带撤出原工作点，重新在电杆上套好。同时，应调整好人体的平衡，而后向下跨扣，依次左右换脚，应保持每次将铁环完全套入电杆踩牢；同时，双手持安全带并扶住电杆，保持身体重心稳定、手脚协调，一步一步地依次下杆。

2) 与上杆过程一样，在下杆一段高度后，同样应适当调整脚环的大小，以防止因脚环过小而扣不住电杆，以至于出现失脚落杆的事故，如图 6-31 (b) 所示。

3) 为保证下杆的顺利及安全，在登杆工作人员下杆过程中，同样应保持身体尽可能地贴近电杆，并始终低头向下，注意脚下的落扣及电杆上可能遇到的跨越物，如图 6-31 (c) 所示。

4) 下杆落地后，工作人员按规定清理完现场工具，向现场负责人报完工后，结束登杆

(a) (b) (c)

图 6-31 脚扣下杆的过程分解图

(a) 下杆准备；(b) 调整脚扣；(c) 下杆

操作。

2. 登高板登杆

进行踩板登杆前，应根据各人的身高和电杆的直径大小，适当调整好踩板的长度，具体做法是将踩板缠绕钩挂在电杆上，向上移至身体伸展达到的最大高度，此刻，踩板的高度不超过自己臀部的高度为宜。

踩板登杆的过程主要包括：上踩板、倒换踩板攀登、杆上站位及倒换踩板下杆几个环节。具体踩板的登杆过程及操作技术要求如下。

(1) 上踩板。

1) 如图 6-32 (a) 所示，先把一个踩板挂在一个电杆适当高度，另一个踩板背在肩膀上。

(a) (b) (c)

图 6-32 踩板上杆过程分解图

(a) 挂钩；(b) 上踩板；(c) 上杆站位

2) 挂好板后，左脚跨前一步，左手握住踩板的左边端，右手紧握踩板棕绳，如图 6-32 (b) 所示方法将右脚跨上踏板。然后手脚并用使身体上升，待人体重心转移到右脚上时，松开握住踩板的左手，趁势向上扶住电杆继续引体向上。

3) 当人体上升到一定程度时，右手松开踩板棕绳向上扶住电杆，并趁势调整身体立直。紧接着，按图 6-32 (c) 所示姿势将左脚绕过左边的棕绳后跨入登高板内，双脚八字形靠紧电杆，保持人体重心稳定，身体挺直。

（2）登杆。

1）当人体在踩板上站稳后，将另一踩板的棕绳挂钩套在电杆，一手握绳，另一手调整挂钩，双手协调地将挂点向上推到身体可能伸展的最高处，如图 6-33（a）所示。

图 6-33　踩板登杆过程分解图
（a）向上移挂钩；（b）攀登踩板；（c）回身取踩板；（d）重新上板

2）右手紧握住上踩板钩头下的松跟棕绳，左手握住左边的棕绳和板头。然后把左脚从棕绳外退出改成正踏在三角板内，接着将右脚跨上另一只登高板，如图 6-33（b）所示。

3）双手及右脚同时用力，使身体重心上移，同时左脚换位到棕绳与电杆间并勾住下踩板的棕绳，直到接近下踩板挂点处，弓身将左脚斜登在电杆上，并用左手脱开下踩板的挂钩，取出下踩板，如图 6-33（c）所示。

4）左手握住下踩板的棕绳，协调用力使身体的重心上移，将并左脚按站立姿态套入棕绳内侧，双脚八字形踏在踩板上，身体直立向上靠紧电杆，然后，做好进行下一级的攀登的准备，如图 6-33（d）所示。

5）重复上述 1）～4）的过程，依次顺序的轮换踩板，一步一步地向上攀登，直到作业点处站稳、扶好并系好安全带，作好高处作业的准备。如图 6-34 所示。

图 6-34　踩板杆
上站位

（3）下杆。下杆和上杆一样，必须保持手脚用力的配合协调，同时，还应动作应稳定、规范。具体下杆过程如下。

1）下杆时，首先按板上站立姿态，身体直立，左脚绕踩板绳，双脚八字形紧靠电杆，解开安全带，然后弓身将踩板绳在站立踩板的挂钩下方电杆上缠绕钩好，如图 6-35（a）所示。

2）右手握住上端受力踩板绳，左手握住下端踩板绳，身体重心下移，左脚向下横登电杆上，左手将踩板绳下移至左脚上方处收紧挂牢，并用左脚勾住下踩板绳，抽出左手，如图 6-35（b）所示。

3）双手握上踩板，左脚横登电杆，身体重心下移，顺势将右脚换至下踩板上，如图 6-35（c）所示。

4）下移左脚，左脚绕踩板绳，双脚八字形紧靠电杆，如图 6-35（d）所示，身体恢复站立。

5）身体站立稳定后，一手扶杆，一手握上踩板绳，如图 6-35（e）所示，向上绕圈方式抖动上踩板绳，取出踩板。

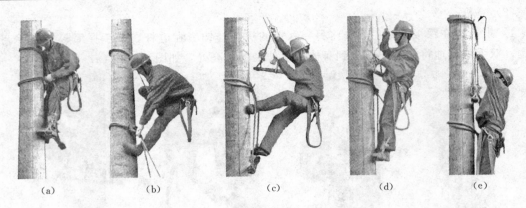

图 6-35 踩板下杆过程分解图

(a) 向下挂钩；(b) 下移踩板；(c) 向下攀登；(d) 恢复站位；(e) 取钩

6）重复 1）～5）的过程，依此顺序，轮换踩板直至到达地面，清理现场工具，完成登杆作业。

三、登杆作业的安全注意事项

登杆作业属于特种作业工作的性质，除了严格地遵守《中华人民共和国安全生产法》中有关特种作业人员必须持证操作的要求外，还应按照《电力生产安全操作规程》的要求，在操作过程中注意以下安全事项。

（1）现场工作人员必须穿工作服、工作鞋、戴安全帽、防护手套。

（2）在登杆前必须首先检查杆根是否牢固，有拉线的电杆，检查拉线的受力是否平衡。

（3）登杆工具使用前，一定要严格地检查其有无外观质量缺和是否在工具有效安检期内。

（4）按规定，登杆前应对登杆工具进行人体荷载冲击试验，检查其受力是否合格、可靠。

（5）必须按登杆工具的使用要求，正确、规范的使用登杆工具。

（6）上、下杆的每一步，必须使踩稳、踏实后，才能移动身体。

（7）如遇雨天或冰雪天以及浓雾天登杆时，宜用踩板登杆。

模块 3　白棕绳绳套及绳扣的制作

白棕绳是线路施工中必不可少的绳索工具，本节将结合实际的工程过程中的应用，介绍绳头的处理方法或绳头间的连接和各种工程常用绳扣的制作。

一、白棕绳的绳头处理及连接

进行白棕绳的绳头处理的目的是为保持白棕绳在使用过程中的方便、舒适，同时也可避免白棕绳出现散股，提高白棕绳的使用寿命。白棕绳的绳头处理方法主要有绳头编插及将绳头制作成绳环两种形式。

（一）白棕绳绳头的制作

（1）如图 6-36（a）所示，首先将剪断的白棕绳拧松至 250～300mm（或棕绳直径 10 倍）左右长度，分别把绳头的各个绳股（或称麻股）散开分成左、中、右三股，并按图 6-36（b）所示方式用大拇指压住三个绳股。

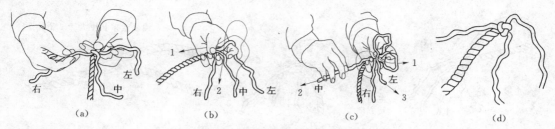

图 6-36 白棕绳的绳头制作过程分解图（一）
(a) 绳头散股；(b)、(c) 绳股的穿插；(d) 绳股端头的收紧
1、2、3—操作顺序

（2）将中间的绳股按图 6-36（b）中箭头"1"的方向，从外侧绕过食指翻向内侧，并按图 6-36（c）所示，将其压在大拇指下。

（3）将"左"边的绳股按图 6-36（b）中箭头"2"的方向，从左侧压住"中"股绕向右侧。

（4）如图 6-36（c）所示，按图中箭头"1"的方向，将"右"绳股压住左绳股，穿入"中"股绳圈内。

（5）将左、中、右三股绳头按图 6-36（c）所示箭头的顺序及方向，相互收紧，使绳头的端部形成一个平面，收紧后的外形如图 6-36（d）所示。

（6）将绳头的左、中、右各绳股按图 6-37（a）、（b）箭头所指方向，分别依次压一股挑一股，将每股绳头顺序的穿入主绳股中收紧。

（7）按上述（6）的操作，依次穿插三次（即三个捻距），分别将各绳股收紧，穿插完毕；将多余部分的绳股剪掉，形成如图 6-37（c）所示绳头。为使绳头更加紧密、美观，可将绳头放在地上用脚搓一下，白棕绳的绳头制作完成。

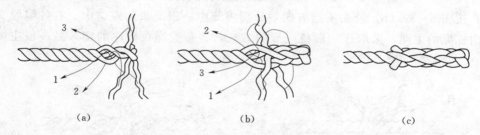

图 6-37 白棕绳的绳头制作过程分解图（二）
(a)、(b) 各绳股的穿插过程及方法；(c) 成型后的白棕绳绳头
1、2、3—操作顺序

（二）白棕绳绳环的制作

白棕绳绳头的另一种处理方式就是在白棕绳的终端将绳头制作成绳环，绳环的大小应根据实际工作的需要确定，一般可取绳环的长度为 200～300mm 左右，其具体的操作过程及要求如下所述。

（1）如图 6-38（a）所示，将剪断的绳头散开 250～300mm，使散开的尾绳与主绳合并形成一个所需大小的圆圈，并将主绳放在左边，散开的绳头放在右边。在合并处将主绳捻起一股，将紧贴的尾绳绳股插入主绳股中。

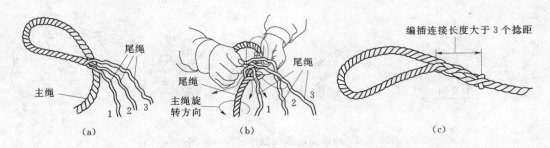

图 6-38　白棕绳的绳环制作过程分解图
(a) 散股；(b) 各棕股的穿插过程及方法；(c) 成型后的白棕绳绳环
1、2、3—操作顺序

(2) 如图 6-38 (b) 所示，首先将插入主绳的第 1 股绳头后收紧。用同样方法按图中主绳旋转箭头的方向，依次转动主绳，并按图 6-38 (b) 中箭头所指穿向完成第 2、3 绳股的穿插。

(3) 按上述方法参照绳头制作图 6-38 (a)、(b) 的过程，分别将 3 个绳股依次完成 3 个捻距（3 次）的穿插，并将各绳股收紧形成绳环。

(4) 剪去各绳股多余部分，白棕绳终端的绳环制作完成。为使其更加紧密、美观，可将绳头放在地上用脚搓一下。制作完成后的白棕绳套外形如图 6-38 (c) 所示。

（三）白棕绳的连接

白棕绳的连接方法有多种，其中，可以由两根白棕绳的绳套进行套接，为使用的方便，通常需将两根绳的绳头采用穿插连接的方式进行连接。具体连接方法及操作过程如下所述。

(1) 将需要连接的两根白棕绳端头拧松为 250~300mm，分别把绳头的各个棕（或麻）股散开分成左、中、右三股，按图 6-39 (a) 所示方式将两根绳头分别散开，分叉对齐。

(2) 按图 6-39 (b) 箭头所指方向，分别将其中一根绳头的左、中、右各绳股交叉对另一根白棕绳的主绳，采取压一股挑一股的方式，将每股绳头顺序的穿入另一根主绳股中收紧。

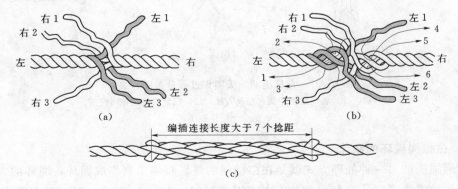

图 6-39　白棕绳接头的制作过程分解图
(a) 绳头散股交叉对接；(b) 各绳股的穿插过程及方法；(c) 成型后的白棕绳接头
1、2、3、4、5、6—操作顺序

(3) 同样按图 6-39 (b) 箭头所指方向，分别将每端绳股按步骤 (2) 的操作方法依次穿插三次，而后将所有绳股收紧。

（4）剪掉多余部分绳股，白棕绳的连接完成。为使接头更加紧密、美观，可将绳接头放在地上用脚搓一下，如图 6-39（c）所示。

二、白棕绳常用绳扣的制作

绳扣也称绳结，是低压配电线路工作人员进行低压架空配电线路安装施工、维护检修工作中完成捆、绑、拴、结等基本操作的必备技能之一。架空配电线路安装施工中常用绳扣主要有直扣、活扣、紧线扣、猪蹄扣、抬扣、倒扣、背扣、倒背扣、拴马扣、瓶扣、水手扣、"8"字扣等。

（一）直扣

直扣也被称之为平扣、接绳扣或十字扣，适用于荷载较轻的场合，其外形如图 6-40（a）所示。直扣具有能自紧、易解开的特点，可用于导线终端提升、收紧及绳索间的连接，如图 6-40（b）所示。具体操作方法如下所述。

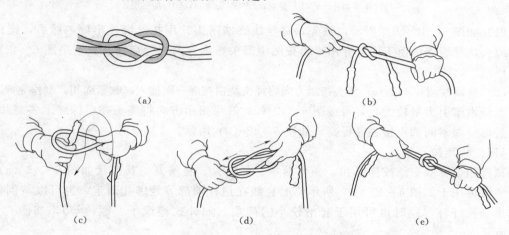

图 6-40 平结外形及制作方法

(a) 平结外形示意图；(b) 采用平结进行两根棕绳连接的应用；(c) 拧环穿绳头；(d) 整理过程；(e) 收紧成形

（1）左手握一端绳头回头，右手握另一端，从下向上穿过左手绳环，如图 6-40（c）所示。

（2）绳头穿过后，按图 6-40（c）箭头所指方向顺序将穿过的绳环从左手上面由外向里穿入左手绳环，如图 6-40（d）所示。

（3）按图 6-40（d）所示要求，双手分别握住两端的绳头，收紧呈图 6-40（e）所示形状，结束直扣的制作。

（二）活扣

活扣的用途与直扣基本相同，它主要用于需要迅速解开或绳扣解扣不方便的情况下。活扣的外形如图 6-41所示。

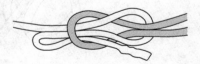

图 6-41 活扣外形图

活扣的制作方法与直扣基本一致，只是在活扣的制作时，按直扣的要求完成绳头的穿插后，需将用于自解的一端绳头从原圈中回头后抽出即可。

（三）紧线扣

紧线扣可在紧线时用来绑结牵引导线，也可用作绳索间的连接和电杆上下进行索具（如千斤套）的传递。紧线扣具有能自紧、结接牢靠、易解开的特点。如图6-42（a）所示为利用紧线扣对两根终端分别为绳环的绳头处理的绳索连接外形。以绑结牵引导线的紧线扣制作为例，具体的操作过程如下所述。

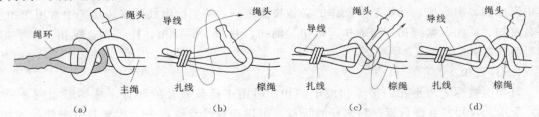

图6-42 紧线扣的制作过程分解图
(a) 紧线扣外形；(b) 穿绳；(c) 绳头绕插；(d) 加强绕插

（1）如图6-42（b）所示，首先，将导线终端回头并用扎丝绑扎牢固，然后，把白棕绳的绳头从导线圈内由下向上穿出，再按图中箭头指示方向进行穿插并收紧呈图6-42（c）所示形状。

（2）继续按图6-42（c）箭头指示方向将绳头绕白棕绳一圈插入，收紧绳扣，制作完成。

当绳索牵引力量较大时，可按图6-42（c）箭头指示方向将绳头在白棕绳上多绕几圈，收紧后可使绳索间的连接强度提高，如图6-42（d）所示。

（四）猪蹄扣

猪蹄扣也称双套结或梯形扣，操作简单、易扎紧、易解开，其形状如图6-43（a）所示。通常可用于如图6-43（b）所示临时拉线在抱杆顶部等处绑扎固定，也可以与倒扣组合垂吊细长杆件，同时也可用于起吊较小的荷重（如针式绝缘子、螺栓等），如图6-43（c）所示。

猪蹄扣的制作过程如图6-44所示，具体操作步骤如下所述。

（1）如图6-44（a）所示，双手同时握住绳子，左手由左向右、右手由右向左同时转动，分别拧成两个绳圈。

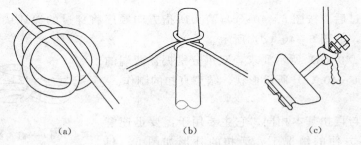

图6-43 猪蹄扣的外形及实际应用
(a) 猪蹄扣的外形；(b) 用猪蹄扣绑扎的电杆临时拉线；(c) 绝缘子吊装时的绑扎

（2）将左、右手绳圈按箭头方向同时向中间交叉，并把绳头压在绳圈内侧，如图6-44（b）所示；使用时将所需捆绑物体放入绳圈内，按图6-44（c）箭头指示方向收紧两绳头即可。

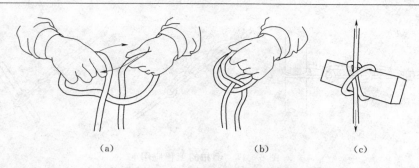

图 6-44　猪蹄扣的制作过程分解图

(a) 绕圈；(b) 两圈交叉；(c) 穿入捆绑物收紧

（五）抬扣

抬扣也称抬杠结；能够自紧、易调整、易解开，其外形如图 6-45（a）所示。抬扣主要用于麻绳索和棕绳进行重物的抬运，如图 6-45（b）所示。具体制作方法如下所述。

（1）如图 6-46（a）所示，用左手将绳头的一端折回握住，然后将白棕绳套在重物上（练习时可用脚踩在绳子中间），右手拿绳另一端，使左右手举起致平胸的位置；右手拿绳按图示箭头指向，由内向外在左手大拇指上绕一圈或两圈，然后在左手大拇指下面绕一圈。

（2）用左手大拇指压住绕过的绳圈，如图 6-46（b）所示，右手握左手先前绳头的回头绳圈，左手顺手将下面绳圈从大拇指上方绳圈中拉出。

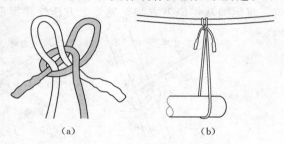

图 6-45　抬扣的外形及作用

(a) 抬扣的外形；(b) 抬扣的实际应用

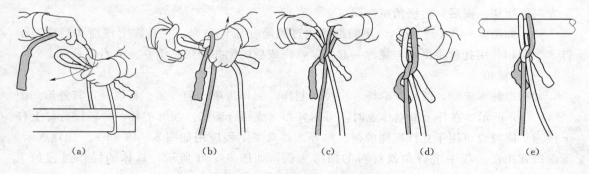

图 6-46　抬扣的制作过程分解图

(a) 右手绳头绕圈；(b) 左手套圈；(c) 收紧绳圈；(d) 整理；(e) 套入抬杠

（3）左右手握住绳圈并调整两绳圈的大小一致，如图 6-46（c）所示。

（4）将绳扣收紧，穿入扁担或木杠即可抬起物体，如图 6-46（d）、（e）所示。

（六）倒扣

倒扣也称拴柱扣，具有操作简洁、灵活、结锁牢固、不易解开，通常用于工程中做临时晃绳封桩用；适用于麻绳、白棕绳及钢丝绳制作，倒扣在工程中的典型应用如图 6-47 所示。

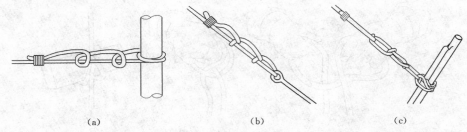

(a)　　　　　　　　　(b)　　　　　　　　　(c)

图 6-47　倒扣的工程应用
(a) 水平拴在电杆上；(b) 拴在拉棒上；(c) 拴在角铁桩上

倒扣的应用通常根据不同的条件、不同的对象，其拴桩（柱）的方式略有不同，但制作的方法过程相同。下面以角铁桩作临时拉线时，倒扣在角铁桩上的制作方法为例，具体操作步骤如下所述。

（1）首先用晃绳的尾绳在角桩上绕 2～3 圈，如图 6-48 (a) 所示，然后按图中箭头指向，将尾绳从幌绳下方绕至晃绳上方压住晃绳后回头绕角桩一圈。

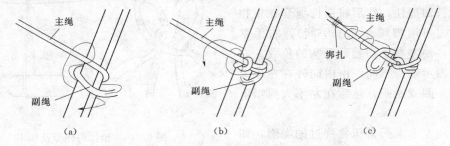

(a)　　　　　　　　　(b)　　　　　　　　　(c)

图 6-48　倒扣的制作过程分解图
(a) 桩上缠绕；(b) 副绳绕主绳和角桩缠绕；(c) 倒扣后副绳与主绳并齐扎头

（2）将尾绳由角桩另一侧绕出后，如图 6-48 (b) 所示箭头指向绕过晃绳，并由晃绳上方向下压绕一圈后，再绕角桩一圈。

（3）如图 6-48 (c) 所示，尾绳继续绕过晃绳并压住晃绳，在晃绳上按箭头指向至少打 3 个倒扣并用扎丝将尾绳与晃绳一起扎紧，完成后的倒扣外形见图 6-47 (c) 所示。

（七）背扣

背扣也称木工结，适用于麻绳、白棕绳制作，制作简单、能自紧、易解开，其外形如图 6-49 (a) 所示。在杆上高空作业时，可用背扣（或结合倒扣）捆绑工具、材料进行杆上杆下传递；同时也可用于立杆幌绳的捆、绑等。其典型工程应用如图 6-49 (b)、(c) 所示。下面以背扣在工程中进行角铁材料的捆绑为例，如图 6-50 所示，具体的操作过程如下所述。

（1）左手握长（主）绳一端，右手握短（副）绳，如图 6-50 (a) 所示，将副绳绕角铁至另一侧主绳下方，使其成为圆圈。

（2）用短头绕主绳如图 6-50 (a) 箭头指向从圆圈内压主绳穿入，然后绕副绳 3～4 圈。如图 6-50 (b) 所示。

（3）转动绳圈，将绕好的背扣绳调整到主绳的角桩背面，同时，将主绳收紧，并将绳头压在主绳的绳圈下，背扣制作完成。如图 6-50 (c) 所示。

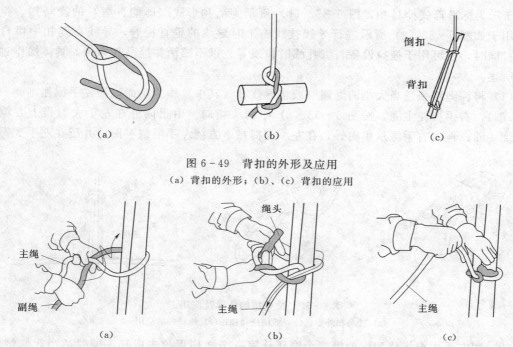

图 6-49　背扣的外形及应用
(a) 背扣的外形；(b)、(c) 背扣的应用

图 6-50　背扣的制作过程分解图
(a) 角桩上套绳；(b) 副绳绕桩缠绕；(c) 收紧主绳

（八）倒背扣

倒背扣是倒扣和背扣的组合应用，具有倒扣和背扣的特点，同时，倒背扣的结稳定性相对较倒扣和背扣单独使用时要好，如图 6-51 (a) 所示。此结可用于杆上作业进行上下细长杆构件（如横担等）的传递；同时可用来拖拉较重且较长的物体，可防止物体转动。具体操作步骤如下所述。

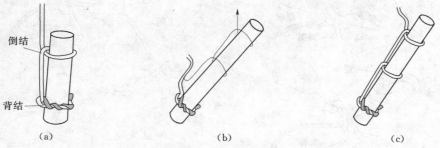

图 6-51　倒背扣的制作过程分解图
(a) 倒背扣的外形；(b) 下端背扣；(c) 上部倒扣

（1）首先，按背扣的操作步骤，在长杆件一端完成背扣的操作，如图 6-51 (b) 所示。

（2）根据杆件的长短，按图 6-51 (b) 箭头所示方向，将白棕绳拧一绳圈，依次在杆件上倒扣（根据杆件的长短，至少 1 次），并将每个倒扣绳圈收紧，如图 6-51 (c) 所示。

（九）拴马扣

拴马扣适用于麻绳、白棕绳制作，能自紧、易解开、拴结牢固的特点，其中图 6-52

（a）所示为标准形式拴马扣，图6-52（b）所示为活扣形式（即能自解）的拴马扣。拴马扣可用于如图6-52（c）所示进行导线挂线施工时导线的垂直提升，导线在绳扣中可自由滑动；同时，还可用于拖拉设备，绑扎临时拉线等。以不带活扣拴马扣为例，具体操作过程如下所述。

（1）将棕绳绕一适当大小的绳圈（或将导线套入其中）作为副绳，用左手握住副绳一端（绳头端），右手握住主绳，按图6-53（a）中箭头指向，由里向外在左手大拇指上方绕左手绳绕一圈；再将右手绳从里向外，在左手大拇指下方绕左手绳绕一圈，并压在左手大拇指下方。

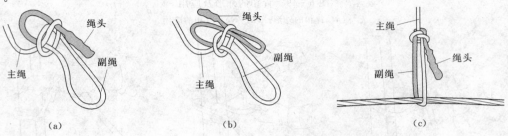

图6-52 拴马扣的外形及应用
(a) 拴马扣外形；(b) 活结拴马扣；(c) 拴马扣的应用

（2）用左手大拇指将主绳的第二个绳环从第一个绳环里拉出成环，同时适当收紧结环，如图6-53（b）所示。

（3）右手握绳头，将绳头穿入左手拉出的环中，如图6-53（c）所示。

（4）如图6-53（d）箭头方向所示，用右手握住主绳左手握绳圈及绳头，双手相互收紧，拴马扣制作完成。

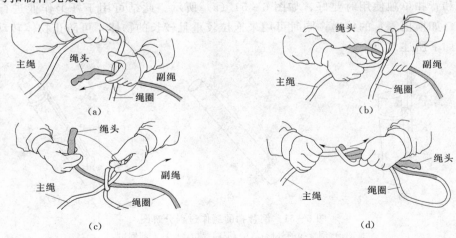

图6-53 拴马扣的制作过程分解图
(a) 主绳在副绳上绕圈；(b) 收副绳的绳圈；(c) 绳头穿入收出的绳圈中；(d) 收紧绳扣

（十）瓶扣

瓶扣主要用于麻绳、棕绳制作；结实可靠、越拉越紧、易解开，其外形如图6-54（a）所示。瓶扣适用于拴绑起吊圆柱形物体（如起吊瓷套管等物体），物件吊起后不易摆动；瓶扣捆绑圆柱物体的应用见图6-54（b）、（c）所示。具体操作过程如下所述。

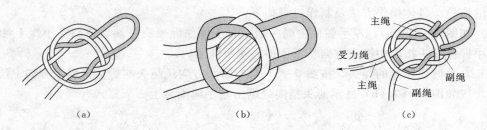

图 6-54　瓶扣的外形及作用
（a）瓶扣外形；（b）瓶扣捆绑圆柱物体的应用；（c）瓶扣的安全应用

（1）如图 6-55（a）所示，取一棕绳，分别同向且同侧绕左、右两个绳圈，先将左圈平移到右圈位置，然后，按图中箭头的指向，将左圈从右圈中拉出形成中圈，并将中圈压在左圈上。

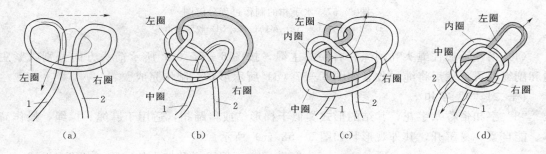

图 6-55　瓶扣的制作过程分解图
（a）形成两个绳圈；（b）套入后收出第三个绳圈；（c）从中形成第四个绳圈；（d）收紧的操作
1、2 分别为两个绳头

（2）适当调整中圈的大小，穿过中、左圈，将绳头 1 侧棕绳从里拉出，形成内圈，并将内圈压在中圈上，如图 6-55（b）所示。

（3）穿过内圈，将左圈子从中圈中拉出，同时将右圈和中圈向下翻，如图 6-55（c）所示。

（4）如图 6-55（d）所示，分别收紧绳头 1、2 和拉出的左绳圈，在结中套入所捆绑的物件，继续将结收紧，制作完成。

瓶扣使用时，可将吊绳系于拉出的左绳圈上，绳头 1、2 作地面人员辅助控制；若用单绳（绳头 1 或绳头 2 侧棕绳）时，为防意外，可将拉出的左绳圈继续在内绳圈上压一道，应使绳头处于主绳和副绳的中间；如图 6-54（c）所示。

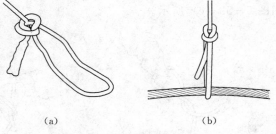

图 6-56　水手扣的外形及应用
（a）水手扣外形一；（b）水手扣的应用

（十一）水手扣

水手扣又称滑子结，其外形结构如图 6-56（a）所示。水手扣结绳迅速、拉紧不死扣、易解脱。水手扣常用于图 6-56（b）所示导线在挂线过程中的垂直提升，它可使导线在绳扣中自由滑动。同时，水手扣还可用于进行设备的拖拉。具体操作方法及制作过程如下。

（1）如图6-57（a），左手握住主绳一端，右手握住绳短头一端，搭到左手绳上端拧成环，右手握住绳头按图中箭头方向从下面插入左手绳圈内。

（2）右手握住穿过的绳头，按图6-57（a）箭头方向压绳头端后从主绳下方向上绕出。

（3）按如图6-57（b）所示箭头指向继续由左手绳圈自上而下穿入。

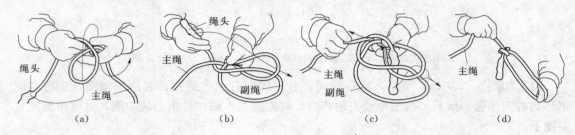

图6-57　水手扣的制作过程分解图
(a) 拧绳环；(b)、(c) 穿插过程；(d) 收紧成形

（4）换左手握住绳头和副绳，右手握主绳，按图6-57（c）所示箭头方向分别收紧主绳和副绳即可。然后将绳扣收紧如图6-57（d）所示形状，制作完成。

（十二）"8"字扣

"8"字扣俗称八字花，其结的形式类似于梯形结或猪蹄扣，适用于麻绳、棕绳，操作简单、能自紧、易解开，其外观形状如图6-58（a）所示。

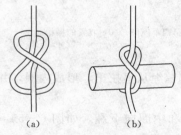

图6-58　"8"字扣的外形及作用
(a) "8"字扣的外形；(b) "8"字扣的应用

"8"字扣可用于提升较小的荷重，如图6-58（b）所示；同时，还可用于缩短腰绳、登高踩板的棕绳长度，也能捆绑在电杆的杆头上，用于电杆起立后的调整临时拉线。具体操作步骤如下所述。

（1）双手持绳，用左手握住一端绳头，将绳头向下拧成环，如图6-59（a）所示。

（2）右手握住左手绳头，将绳头由左手绳圈下向上穿入，如图6-59（b）所示。

（3）左、右手分别持两端绳头，将绳环收紧即成，如图6-59（c）所示。

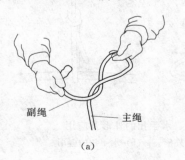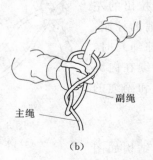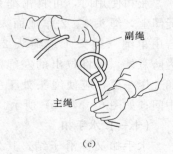

图6-59　"8"字扣的制作过程分解图
(a) 主、副绳绞圈；(b) 绳头穿圈；(c) 绳扣收紧

模块 4 拉线的制作与安装

架空配电线路特别为了平衡导线或风压对电杆的作用，通常采用拉线来加固电杆；拉线的设置是低压架空配电线路必不可少的一项安全措施。

一、拉线的种类与构成

低压架空配电线路中，根据拉线的用途和作用不同，拉线一般可分为普通拉线、人字拉线、十字形拉线、水平拉线、共用拉线、V 形拉线、弓形拉线等几种形式。

（一）拉线的分类

（1）普通拉线。应用在终端杆、转角杆、分支杆及耐张杆等处，主要用来平衡固定架空线的不平衡荷载，其形状如图 6-60（a）所示。

（2）人字拉线。由两根普通拉线组成，装在线路垂直方向的两侧，多用中间直线杆用来加强电杆防风倾倒的能力，视具体的环境条件每隔 5~10 基电杆装设一人字拉线，如图 6-60（b）所示。

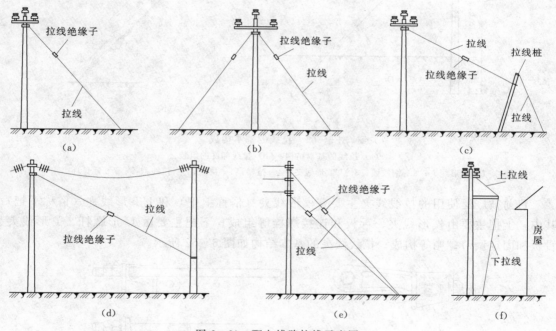

图 6-60 配电线路拉线示意图

（a）普通拉线；（b）人字拉线；（c）水平拉线；（d）共用拉线；（e）V 形拉线；（f）弓形拉线

（3）十字形拉线。装设在耐张杆处，以加强耐张杆的稳定性，顺线路和横线路方向装人字形拉线，称十字形拉线。

（4）水平拉线又称为高桩拉线。用于不能直接做普通拉线的地方，如跨越道路等地方，为了不妨碍交通，装设水平拉线。水平拉线跨越道路时，对路面中心的垂直距离不应小于 6m；拉线桩的倾斜角宜采用 10°~20°，拉线坠线上端拉线抱箍距杆顶的距离为 0.25m，如图 6-60（c）所示。

（5）共用拉线。应用在线路的直线线路上，当线路直线杆沿线路方向出现不下平衡张力时（如同一直线杆上一侧导线粗，另一侧导线细），装设普通拉线又没有条件，因此在两杆之间装设共用拉线，如图 6-60（d）所示。

（6）V 形拉线。主要用在电杆较高，横担较多，且同杆多条线路使电杆受力不均匀，为了平衡电杆的受力，可在张力合成点上下两处安装 V 形拉线，如图 6-60（e）所示。

（7）弓形拉线。主要安装在受地形和周围环境的限制而不能直接安装普通拉线的地方，如图 6-60（f）所示。

（二）拉线的基本组成

架空配电线路拉线的结构主要由上把（楔形线夹）、下把（UT 形线夹）的钢绞线三大部分组成，如图 6-61 所示。

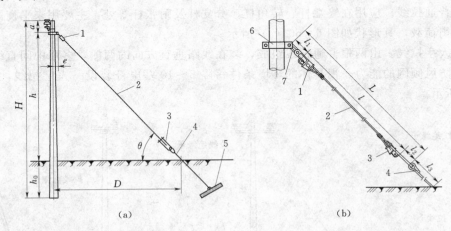

图 6-61 拉线的基本构成

（a）拉线的基本结构；（b）拉线部件的组装

1—楔形线夹；2—钢绞线；3—UT 形线夹；4—拉棒；5—拉盘；6—拉线抱箍；7—延长环

目前被广泛使用的拉线线夹主要有楔形线夹（俗称上把）和 UT 形线夹（俗称下把）；其中，上把主要由楔形线夹、舌板和连接螺栓等组成；下把主要由 U 形螺杆、T 形线夹、舌板和固定调节螺帽等构成；拉线线夹的基本结构如图 6-62 所示。

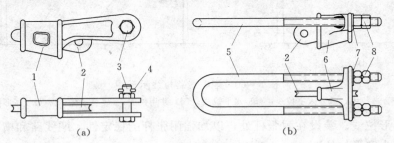

图 6-62 拉线线夹的基本结构

（a）楔形线夹；（b）UT 形线夹

1—楔形线夹；2—舌板；3—连接螺栓；4—插销；5—U 形螺杆；

6—T 形线夹；7—垫片；8—固定调节螺帽

（三）拉线长度的计算

如图 6-61 所示，设：拉线的有效长度 L，则有

$$L=\frac{h}{\sin\theta-l_3}=\frac{D-e}{\cos\theta-l_3} \tag{6-1}$$

$$h=H-h_0-a$$

式中 h——拉线的挂点高，m；

D——拉线棒出土点至电杆中心的水平距离，m；

l_3——拉线棒出土长度，m；

e——拉线挂点至电杆中心的水平距离，m；

θ——拉线对地面（水平面）的夹角，(°)；

H——电杆的长度，m；

h_0——电杆的埋深，m；

a——拉线挂点至杆顶的距离，m。

若拉线的实际下料长度（钢绞线的裁线长度）为 L'，则有

$$L'=L-l_1-l_2+0.8 \tag{6-2}$$

式中 l_1——上把的有效长度，m；

l_2——下把的有效长度，m；

0.8——钢绞线预留长度，m；其中，上端预留 0.3～0.4m；下端预留长度 0.4～

0.5m；实际工程中，对于新安装线路的拉线长度可参照表 6-4 选取。

表 6-4 拉 线 长 度 对 照 表

电杆长度/m		5	8	10	12	15
拉线长度/m	拉线对地夹角 45°时	8.5	11.4	14.2	17	19.8
	拉线对地夹角 60°时	7	9.3	11.6	13.9	16.2

二、拉线制作与安装的危险点及预防措施

（一）拉线制作与安装过程的主要危险点

（1）拉线线夹制作过程的主要危险点。钢绞线划伤和反弹伤击操作人员。

（2）拉线安装过程的主要危险点。更换运行线路拉线时，拉线触及带电体造成操作人员的触电伤害；杆上安装人员高空坠物伤人或杆上人员高空坠落的伤害；检修更换受力杆拉线时，电杆倾倒伤人。

（二）防止措施

（1）拉线线夹制作时，操作人员应严格按照规定着装，按规定的程序及工艺要求进行拉线线夹的制作，制作过程应握紧、握稳钢绞线，并保持线头的方向远离操作者。

（2）为避免触电事故的发生，对运行线路检修更换拉线或临近有带电线路危及施工安全时，应配合停电，并验电挂接地线。

（3）为防止高空坠落应采取以下控制措施。作业人员登杆前，检查登杆工具是否安全可靠，确认无误后方可登杆；登杆时做到："脚踩稳、手扒牢、一步一步慢登高，到达指定工作位，安全二带系牢靠"；站位后，将安全带应系在牢固可靠的构件上，转换工作位置时，应重新系好安全带。

（4）为防止杆上作业人员高空坠物伤人，应采取的控制措施主要包括：地面人员尽量避免停留在杆下；地面人员戴好安全帽；工具材料用绳索传递，避免高空坠物；操作跌落丝具

时，操作人员应选好操作位置，防止丝具管跌落伤人。

（5）为防受力电杆倾倒伤人。在对受力电杆（如耐张、T接、终端、转角杆）检修更换拉线时，应根据拉线受力情况，用钢丝绳或直径较大的白棕绳打上临时拉线，且临时拉线必须牢固可靠。

三、拉线制作及安装前的准备工作

拉线制作及安装前的准备工作内容主要有：人员安排、分工，材料、工具的选择，现场检查等。

（一）人员安排

现场进行拉线安装作业所需工作人员至少应由两人共同完成；其中，地面制作时，一人制作，另一人辅助配合；杆上安装时，一人登杆安装操作，另一人地面监护和配合。

（二）主要材料及工器具选择及准备

（1）制作及安装材料。进行拉线制作及安装的主要材料有：楔形线夹、UT形线夹各一套；拉线抱箍1副、延长环（或板）1个，如图6-63（a）、（b）所示；长度足够且满足规定要求的钢绞线，用于钢绞线绑扎的10#镀锌铁丝或钢线卡若干，20#细扎丝等，如图6-63（c）、（d）所示。

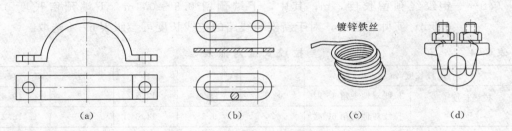

图6-63　拉线制作、安装的主要材料
(a) 拉线抱箍；(b) 连接板（环）；(c) 扎线；(d) 钢线卡

拉线线夹与钢绞线的配套，一般情况下可按表6-5进行选择。其他材料均以设计要求为主。

表6-5　　　　　　　　　　　　拉线线夹与钢绞线的配合

名称	楔形线夹	UT形线夹	钢绞线	备　注
规格	NX-1	NUT-1	GJ-25～GJ-35	详细安装要求以线路设计为主
	NX-2	NUT-2	GJ-50～GJ-70	

（2）主要工器具。进行拉线安装作业的主要工具有以下几种。

1）登杆工具（脚扣或踩板均可）、安全带、安全帽、吊绳（白棕绳）。

2）断线钳、钢圈尺、皮尺及个人工具（包括手钳、扳手、螺丝刀）。

3）用于检修运行线路拉线更换作业时的主要工器具：包括停电操的绝缘操作杆、验电器、接地线、绝缘手套、绝缘鞋、标示牌等。

（三）作业现场检查

进行拉线安装前，应根据操作任务单的要求，详细核实相应工作杆位的编号，并检查杆根是否牢固，拉线基础是否稳定，拉盘的位置、方向是否符合规定的要求。

四、拉线的制作与安装

（一）楔形线夹的制作

拉线上把（楔形线夹）制作的具体操作过程如下所述。

（1）裁线。由于镀锌钢绞线的钢性较大，在制作拉线下料前应用细扎丝在拉线计算长度处进行绑扎，避免散股；如图 6-64（a）所示，然后用大剪将其断开。

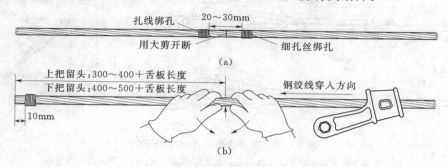

图 6-64 楔形线夹制作过程分解图（一）

(a) 裁线；(b) 穿线弯环

（2）穿线。取出楔形线夹的舌板，将拉线穿入楔形线夹，并根据舌板的大小在距离拉线端头 300mm 另加舌板长度处做弯线记号，如图 6-64（b）所示。

（3）弯拉线环。如图 6-65（a）所示，用双手将钢绞线在记号处弯一小环，然后用脚踩住主线，一手拉住线头，另一手握住并控制弯曲部位，协调用力将钢绞线弯曲成环；同时，为保证拉线环的平整，最好应将端线按图示箭头方向，将线环在主线的两边换边弯曲。

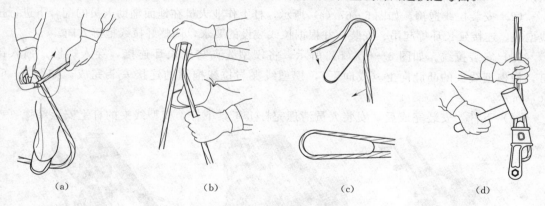

图 6-65 楔形线夹制作过程分解图（二）

(a) 弯线；(b) 整形；(c) 钢绞线合舌板；(d) 线夹装配

（4）整形。为防止钢绞线出现急弯，将做好的拉线环如图 6-65（b）所示的方式，分别用膝盖抵住钢绞线主线、尾线进行整形，使其呈如图 6-65（c）上图所示的开口销状，以保证钢绞线与舌板间结合紧密，如图 6-65（c）所示。

（5）装配。拉线环制作完成后，将拉线的回头尾线端从楔形线夹凸肚侧穿出，放入舌板并适度地用木锤敲击，使其与拉线与线夹间的配合紧密，如图 6-65（d）所示。

（6）绑扎。在尾线回头端距端头 30～50mm 的地方，对拉线进行绑扎，绑扎时可以使用钢丝卡按图6-66（a）的方法进行捆绑，也可采用图6-66（b）所示方法，用12#镀锌铁丝将主线和尾线合并缠绕80mm以上，使拉线的回头尾线与主线间的连接牢固。

（7）防腐处理。按拉线安装施工的规定要求，完成制作后应在扎线及钢绞线的端头涂上红（防锈）漆，以提高拉线的防腐能力，如图6-66所示。

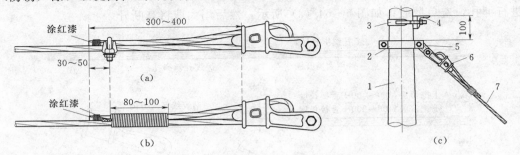

图6-66 楔形线夹制作要求及安装

（a）钢线卡扎头的固定方式；（b）扎丝扎头的固定方式；（c）楔形线夹的安装

1—电杆；2—拉线抱箍；3—横担抱箍；4—横担；5—延长环；6—楔形线夹；7—拉线

（二）楔形线夹的安装

拉线上把制作完成后，便可进行拉线的杆上安装。拉线的杆上安装示意图如图6-66（c）所示，具体安装步骤如下所述。

（1）登杆。根据上杆作业的要求，在地面完成对电杆杆身、杆根、登杆工具等外观检查，确认上杆作业条件具备，并取得现场施工负责人的允许后，带上吊绳（白棕绳或尼龙绳）、个人工具上杆，并在指定位置站好位、系好安全带。

（2）安装拉线抱箍。如图6-67（a）所示，杆上作业人员在地面辅助人员的配合下进行拉线抱箍、连接延长环等起吊、安装，并根据拉线装设的要求，调整好拉线抱箍方向。

（3）安装拉线。如图6-67（b）所示，将楔型线夹与延长环连接，穿入螺栓，插入销钉，使楔型线夹的凸肚向上（或向下），楔型线夹与拉线抱箍的连接安装完成，如图6-67（c）所示。

（4）下杆。安装完成后，安装人员清理完杆上工具下杆，楔型线夹的杆上安装结束。

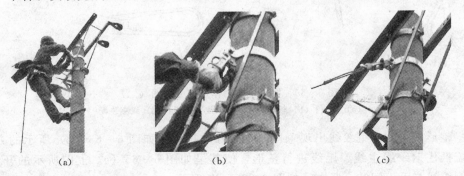

图6-67 拉线上把安装过程分解图

（a）安装拉线抱箍；（b）安装楔形线夹；（c）安装连接完成

（三）拉线下把——UT形线夹的制作及安装

如图6-68所示，UT形线夹的安装与制作均在地面上同时进行。具体安装作业流程如下所述。

（1）收紧拉线。如图 6-68（a）所示，选用与钢绞线规格相同的卡线器（也称夹头）在适当的高度将钢绞线卡住，在拉线棒环的下方装一小千斤套（钢丝绳套）或 U 形环，将紧线器（也有称为收线车）挂在千斤套上并与卡线器连接，调整紧线器，将拉线收紧到设计要求的角度（设计对部分转角杆有预偏角度的要求）；如果拉线环境条件需要安装警示杆的情况下，应在卡线前在拉线上穿入警示杆。

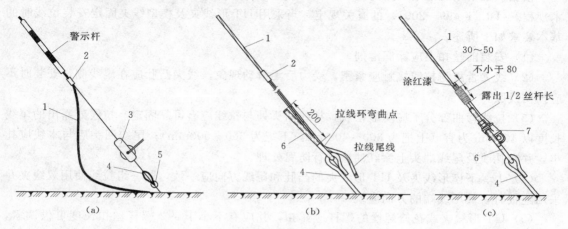

图 6-68 UT 形线夹的制作安装示意图
（a）收紧调整拉线；（b）制作下拉线环；（c）安装 UT 形线夹
1—钢绞线；2—卡线器；3—紧线器；4—拉棒；5—千斤套；6—U 形螺杆；7—T 形线夹

（2）制作拉线环。拆下 UT 形线夹的 U 形螺栓（也称 U 形丝杆），取出舌板，放在一边备用；将 U 形螺栓从拉棒环穿入，抬起 U 形螺栓，在用手拉紧拉线尾线，对比 U 形螺栓从螺栓端头向下量取 200mm 的距离（应根据具体线夹的型号确定）。

（3）装配。将拉线从 UT 形线夹穿出（回头尾线从 UT 形线夹凸肚侧穿出）装上舌板，按图 6-65（d）方式用手锤敲击，使拉线环与舌板能紧密配合。

（4）安装调整。将 U 形螺栓丝杆涂上润滑剂，重新套进拉棒环后穿入 UT 形线夹，使 UT 形线夹凸肚方向与楔型线夹方向一致，装上垫片、螺帽，调节螺母使拉线受力，而后撤出紧线器。

（5）完成安装。在 UT 形线夹出口量取拉线露出长度（不超过 500mm），将多余部分剪去；而后在尾线距端头 30～50mm 的地方，用 10# 镀锌铁丝由上向下缠绕不少于 800mm 的绑扎长度，如图 6-68（c）所示，使拉线的回头尾线与主线间的连接牢固，并将扎线尾线拧麻花 2～3 圈；而后按规定在扎线及钢绞线端头涂上红漆，以提高拉线的防腐能力。

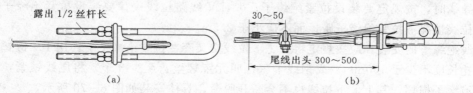

图 6-69 UT 形线夹的安装要求示意图
（a）正面图形；（b）侧面图形

拉线调好后，应将 U 形螺栓上两个螺母拧紧（最好采用防盗螺帽），螺母拧紧后螺杆应露扣，并保证有不小于 1／2 丝杆的长度以供调节，其舌板应在 U 形螺栓的中心轴线位置，如图 6－69（a）所示。如果采用钢线卡进行绑扎，则按图 6－69（b）所示的要求进行固定。

（6）清理现场。完成 UT 形线夹的安装后，按要求清理施工现场，拉线安装作业结束。

五、拉线安装的基本要求

根据《架空绝缘配电线路的施工及验收规程》（DL／T 602—1996）及《农村低压电力技术规程》（DL／T 499—2001）的有关规定，当采用 UT 形线夹及楔型线夹固定安装拉线时的基本要求如下所述。

（1）安装前丝扣上应涂润滑剂。

（2）线夹舌板与拉线接触应紧密，受力后无滑动现象，线夹凸肚应在尾线侧，安装时不应损伤线股。

（3）拉线弯曲部分不应明显松脱，拉线断头处与拉线应有可靠固定。拉线处露出的尾线长度以 400mm 为宜（上把为 300～400mm，下把为 300～500mm）；尾线回头后与本线应扎牢，并在扎线及尾线端头上涂红油漆进行防腐处理。

（4）上、下楔形线夹及 UT 形线夹的凸肚和尾线方向应一致，同一组拉线使用双线夹并采用连板时，其尾线端的方向应统一。

（5）UT 形线夹或花篮螺栓的螺杆应露扣，并应有不小于 1/2 螺杆丝扣长度可供调紧，调整后，UT 形线夹的双螺母应并紧，花篮螺栓应封固。

（6）水平拉线的拉桩杆的埋设深度不应小于杆长的 1/6，拉线距路面中心的垂直距离不应小于 6m，拉桩坠线与拉桩杆夹角不应小于 30°，拉桩杆应向张力反方向倾斜 10°～20°，坠线上端距杆顶应为 250mm；水平拉线对通车路面边缘的垂直距离不应小于 5m。

（7）拉线应根据电杆的受力情况装设。正常情况下，拉线与电杆的夹角宜采用 45°，如受地形限制，可适当减少，但不应小于 30°。

（8）拉线装设方向一般在 30°及以内的转角杆设合力拉线，拉线应设在线路外角的平分线上；30°以上的转角杆拉线应按线路导线方向分别设置，每条拉线应向外角的分角线方向移 0.5～1.0m；终端杆的拉线应设在线路中心线的延长线上；防风拉线应与线路方向垂直。

（9）拉线坑深度按受力大小及地质情况确定，一般为 1.2～2.2m 深，拉线棒露出地面长度为 500～700mm。拉线棒最小直径应不小于 16mm。拉线棒通常采取热镀锌防腐，严重腐蚀地区，拉线棒直径应适当加大 2～4mm 或采取其他有效的防腐措施。

（10）当拉线位于交通要道或人易接触的地方，须加装警示套管保护。套管上端垂直距地面不应小于 1.8m，并应涂有明显红、白相间油漆的标志。

（11）一般情况下水泥杆可以不装拉线绝缘子，但当 10kV 线路的拉线从导线之间穿过或跨越导线时，按规定要装设拉紧绝缘子；0.4kV 线路拉线一律要装设拉紧绝缘子，且要求在断拉线情况下拉紧绝缘子距地面不应小于 2.5m。

拉线绝缘子的安装，应按规定将上、下拉线交叉套在拉线绝缘子上，用 10# 镀锌铁丝绑扎（绑扎长度不少于 100mm）或钢线卡（也叫元宝螺丝，至少 3 个）将尾线锁紧，这样即使拉线绝缘子损坏，其上、下拉线也不会断开脱落，具体安装如图 6－70 所示。

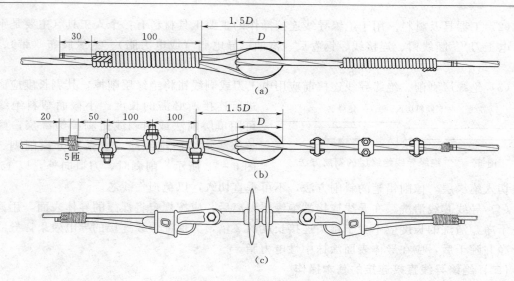

图 6-70　拉线绝缘子的安装

（a）镀锌铁丝绑扎方式安装；（b）钢线卡固定方式安装；（c）复合拉线绝缘子的安装方法

模块5 导 线 连 接

导线的连接方法包括导线间的直接连接及导线间通过接续管（连接板或接触线夹）连接，本文主要介绍小截面单芯导线及多芯绝缘导线的直接连接及大截面裸导线压接操作的基本技术要求和操作过程中的主要注意事项。

一、绝缘导线直接连接

（一）绝缘导线直接连接的工艺流程

绝缘导线的直接连接操作主要包括：单股导线的缠绕、多股导线的插接等方法。连接操作通常分为绝缘层剥离、芯线连接操作及绝缘层恢复绑扎三个阶段。导线缠绕、插接方法连接操作的基本工艺流程如图6-71所示。

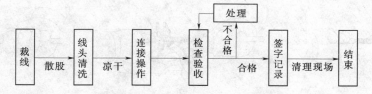

图 6-71　导线缠绕、插接方法连接操作的基本工艺流程图

1. 危险点及防止措施

（1）危险点。进行绝缘导线连接操作的主要危险点是线头伤人。

（2）防止措施。操作人员应与辅助操作人员保持一定的距离，操作过程中尽可能的相互提示，同时，尽可能地保持线头的长度在规定的长度范围内。

2. 准备工作

（1）人员分工。一般情况下，进行导线连接操作可由两人协作进行，其中主要操作人员一人，辅助配合人员一人。

（2）工器具及材料。用于绝缘导线连接操作的主要工具材料有：个人工具（主要是钢丝钳、电工刀）、断线钳、连接线、钢卷尺、汽油、导电脂（或电力脂）、绝缘胶布（带）、木锤等。

（3）绝缘层剥削。绝缘导线连接前应用电工刀或剥线钳将绝缘层削掉，其剥长度应满足

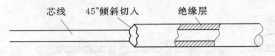

图 6-72 绝缘导线绝缘层的剥离方法

进行连接所必需的长度。小截面塑料绝缘线可用单层削法或用剥线钳剥掉绝缘层；橡胶绝缘线或多层绝缘线，宜采用分段削剥。如图 6-72 所示，削剥时，刀口向外，以 45°角倾斜切入绝缘层，像削铅笔的斜削方法，不可垂直切入，以免损伤线芯。

（4）导线芯线清洗。在导线连接端绝缘层剥离后，应按规定将裸露的导体表面，用汽油擦洗干净，清洗的长度应不少于接头连接长度的 2 倍，为保证导线连接的导电效果，导线清洗干净并晾干后，应在导体表面涂抹中性电力脂。

（二）绝缘导线直接连接的基本操作

1. 小截面单股绝缘导线绞接法

小截面单股导线采用绞接法连接的外形如图 6-73 所示；本方法适用于截面在 6mm^2 及以下单股同直径绝缘导线的连接。连接操作在完成接头处的绝缘剥削，并对接头处进行清洗、涂上导电脂后开始。具体操作过程如下所述。

图 6-73 单股导线铰接法接头外形

（1）如图 6-74（a）所示，先将两连接导线线芯呈 X 形相交，然后互相绞合 2～3 圈，如图 6-74（b）所示。

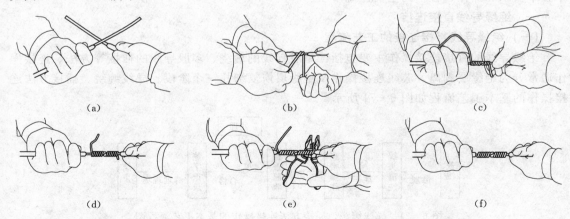

（a） （b） （c）

（d） （e） （f）

图 6-74 单股绝缘导线铰接操作过程分解图

（a）两接头芯线交叉；（b）两芯线绞合；（c）铰合缠绕芯线；（d）两端芯线缠绕线头；（e）剪去余线；（f）完成连接

（2）如图 6-74（c）所示，两操作人员互相配合，将每根线头分别紧贴在另一根线上，顺序向两端紧密、整齐的缠绕 5～6 圈；一人操作完成后，另一人再进行操作，如图 6-74（d）所示。

（3）缠绕完成后，如图 6-74（e）所示，由其中一人用手钳剪去多余线头，然后钳平绑线端头，完成连接，如图 6-74（f）所示。

2. 单股绝缘导线绑接法

单股绝缘导线采用绑接法接头的外形如图 6-75 所示，较大截面（如 6mm² 以上）的单芯绝缘导线进行连接时，为保证导线连接后有足够的连接强度，通常采用补强绑扎的方法进行。具体绑接的操作过程如下所述。

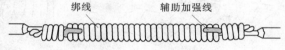

图 6-75 单股导线绑接法接头外形

（1）如图 6-76（a）所示，完成导线线头进行清洗处理后，先将两线头并合在一起，再敷一根同样截面、与剥削线头同等接头长度的辅助裸线。

（2）然后用直径不小于 2mm 的扎线，从中间向两端顺序缠绕，直至距导线绝缘层端头 20～30mm 处，如图 6-76（b）所示。

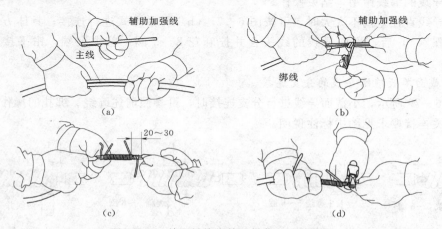

图 6-76 单股导线绑接法操作过程分解图
（a）合并线头并加辅助线；（b）用扎线进行绑扎；（c）完成绑扎缠绕；（d）剪去余线

（3）将辅助线折起，扎线继续缠绕 3～5 圈后与线头拧麻花 2～3 转，如图 6-76（c）所示。

（4）如图 6-76（d）所示，用手钳剪去多余线头，拍平辅助线及线头，全部连接操作完成。

3. 不同截面导线的连接

对不同截面的单芯铜导线的连接通常可采用绑扎的方式进行，其绑扎连接的两种方法接头的外形如图 6-77 所示。以图 6-77（a）的连接形式为例，具体操作方法步骤如下所述。

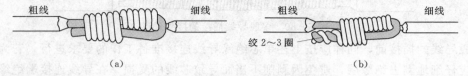

图 6-77 不同截面导线连接的接头外形图
（a）连接方法一；（b）连接方法二

（1）首先将两不同截面的绝缘导线分别剥去一定长度的绝缘层，粗线剥头短一点，由于细线用作绑扎，因此，细线可适当长一点；然后，按规定要求对线头进行清洗，并将芯线涂上导电脂。

（2）如图 6-78（a）所示，开始绑扎时，先将细导线在粗导线上紧密缠绕 5～6 圈。

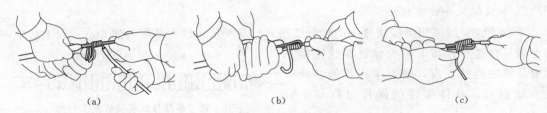

图 6-78 不同截面导线连接的操作过程

(a) 在粗线上缠绕细线；(b) 折弯粗导线；(c) 折线后的缠绕

（3）翻折粗导线线头，使其紧压在缠绕层上，如图 6-78（b）所示。

（4）如图 6-78（c）所示，继续用细线头顺序缠绕 3～5 圈，剪去多余线头，分别将粗导线和细导线的绑线钳平，结束操作。

当两导线直径差别不太大时，可按图 6-77（b）所示方式进行连接；具体方法是在完成上述步骤（4）后，将两导线的线头合并拧麻花 2～3 圈，剪去余端，钳平接口，操作完成。

4. 小截面单股绝缘导线的分支连接

如图 6-79 所示，小截面导线进行分支连接时，可参照前述缠绕、绑扎的操作方法进行连接，相关连接要求见图中标注说明。

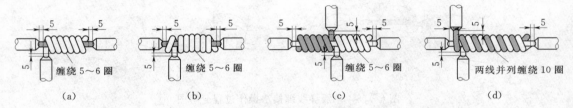

图 6-79 小截面单股绝缘导线的分支连接方法示意图

(a)、(b) T形连接；(c)、(d) 十字连接

5. 多股小截面绝缘导线的直接连接

两多股导线直接时，通常采用插接（也称叉接）的方法进行，其插接接头的外形如图 6-80 所示。此方法既可用于小截面的多股绝缘导线，也适用于小截面的多股裸导线。

图 6-80 多股导线插接的接头外形

多股导线的插接前，同样应按上述单芯绝缘导线连接准备工作的要求进行，若为绝缘导线，则应仔细地剥去绝缘层，避免因剥削不当而导致芯线的受损。在导线连接端绝缘层剥离后，应按规定将裸露的导体表面，用汽油擦洗干净，然后涂抹电力脂，以提高接头的导电能力。

多股导线插接的操作通常需两人配合完成，具体操作方法如下所述。

（1）如图 6-81（a）所示，将铝绞线打开拉直，经过擦洗后将两端多芯线相互交叉；然后分别向两侧用手钳拍平，如图 6-81（b）所示。

（2）按图 6-81（c）所示，取其中任意一股由叉接处（中间）向一端顺序缠绕 5～6 圈，

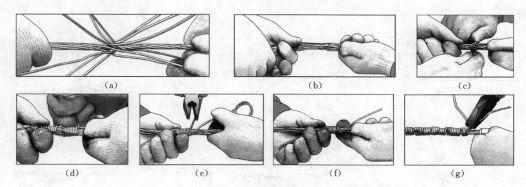

图 6-81　多股导线叉接操作过程分解图（一）

(a) 芯线散股后交叉对接；(b) 芯线平薄主线上；(c) 取一对芯线交叉；(d) 换股缠绕；

(e) 剪去芯线多余线茬；(f) 换股缠绕；(g) 绞紧端头尾线

而后再换另一根，把没完成缠绕的一根压在里面，继续缠绕 5～6 圈，如图 6-81（d）所示；当缠绕 2～3 圈时，应将前面压下的一股线头抽出剪去多余线茬、压平，如图 6-81（e）、(f) 所示。

（3）按上述方法依次顺序缠绕全部线股；在最后一股芯线缠绕时，将其与此前缠绕后压在下面的线头合并，用手钳拧麻花 3～4 转，收紧尾端，如图 6-81（g）所示。

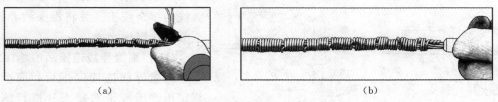

图 6-82　多股导线叉接操作过程分解图（二）

(a) 剪去多余线头；(b) 拍平尾线紧贴主线

（4）如图 6-82（a）所示，用手钳剪掉多余线头，拍平线头，使之贴紧导线，接头的一端制作完成。

（5）用上述同样的方法再做另一端。

（6）用木锤拍平全部剪去线头所露出的线茬，排直并敲紧接头，如图 6-82（b）所示，连接操作完成。

6. 多股小截面绝缘分支线的连接

多股小截面绝缘分支导线连接的方法很多，一般情况下可以采用线夹连接，也可以用缠绕绑扎的方法直接连接。多股小截面绝缘分支导线直接连接的操作方法及过程如下所述。

（1）根据连接导线的大小分别对干线及分支线进行绝缘层的剥削，其干线与分支线的剥削长度由缠绕的长度确定；干线的绝缘层剥削应由接头点的两端向中间进行，如图 6-83（a）所示。

（2）完成干线及分支线芯的清洗处理后，将分支线散股拉直并分边成两组，如图 6-83（b）所示。

（3）用平口螺丝刀在主干线上找一缝插入，将主干线头分开成两股；将其中一股分支线从干线中部平口螺丝刀张开的缝中穿入，另一股分支线垂直敷在干线的芯线上，如图

205

6－83（c）所示。

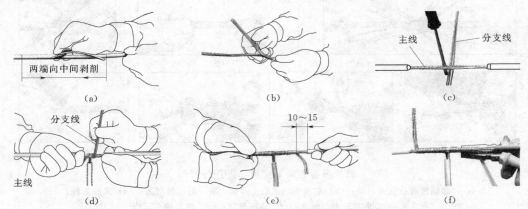

图 6－83　多股分支导线连接操作过程分解图
(a) 主线绝缘层剥削；(b) 分边；(c) 分支线插入主线中；(d) 分支线绕主线缠绕绑扎；
(e) 完成缠绕绑扎；(f) 剪去多余线头

（4）取其中一股分支线，按图 6－83（d）的方法使其与干线绕向相反的方向顺序缠绕至绝缘层端头 10～15mm 处，并同样的方法完成另一端的缠绕绑扎，如图 6－83（e）所示。

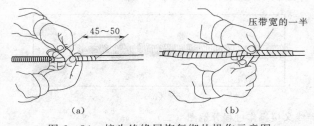

图 6－84　接头绝缘层恢复绑扎操作示意图
(a) 绝缘包扎缠绕距离；(b) 绝缘带缠绕方式

（5）如图 6－83（f）所示，剪去绑线的多余线头，并将端头线茬拍平，全部连接操作完成。

（三）绝缘导线连接后的绝缘恢复

绝缘导线连接完毕后，应严格按规定用绝缘胶带对接头处进行缠绕包扎，以恢复接头处的绝缘，从而保证接头处的绝缘性能。

常用的绝缘带有：橡胶带、黑胶布、塑料带、聚酯带。

1. 室内导线接头的包扎

进行室内导线接头的绝缘包扎时，如图 6－84（a）所示，先在绝缘层上缠绕 40～50mm；缠绕的过程中应每周重叠压缠绝缘胶带的带宽一半，如图 6－84（b）所示。依次包紧芯线裸露的连接部分至另一端绝缘层。

按规定，进行室内绝缘导线的绝缘恢复时，其接头处的绝缘带至少需包扎两层以上。

2. 室外导线接头的包扎

室外导线接头的包扎，应采用防水和防潮能力较强的自粘塑料带进行，其包扎方法按室内导线接头包扎的方法进行。包扎时，首先在底层缠绕至少一层防水和防潮能力较强的自粘塑料带，而后在表面继续缠绕绝缘带；为保证室外导线接头包扎的绝缘强度，要求绝缘带的缠绕应达到 4～5 层。

（四）绝缘导线直接连接的主要技术要求

（1）严格按规定的工艺流程进行操作，操作方法、步骤必须正确。

（2）进行缠绕绑扎时，扎线的缠绕必须紧密、整齐。

（3）对多股导线采用叉接时，各股连接的线茬应尽可能地处在接头表面的同一平面上。

（4）采用插接时，接头处的电阻应不大于等长导线的电阻。

（5）采用插接时，接头处的机械强度应不小于导线计算拉断力的90％。

（6）接头绝缘的恢复强度应达到设计和规程规定的绝缘水平。

二、导线压接

一般情况下，截面在 $70mm^2$ 及以上的导线连接主要采用接续管或接头线夹进行压接，导线的压接方法主要有钳压、液压两种形式。其中，直线接续管的压接形式如图 6-85 所示。

钳压法连接是在压接管表面按一定间隔进行压槽，如图 6-85（a）所示；由于操作机构的影响，钳压的方法仅限于截面在 $240mm^2$ 及以下的钢芯铝绞线、铝绞线、铜绞线的连接，钳压法不能压接钢绞线。

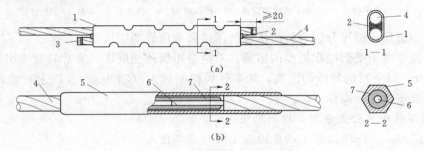

(a)

(b)

图 6-85 导线的压接方法示意图

(a) 钢芯铝绞线钳压连接（搭接）；(b) 钢芯铝绞线液压连接（对接）

1—椭圆接续管；2—衬垫；3—扎线；4—钢芯铝绞线；5—圆形接续管；6—钢芯；7—圆形接续钢管

液压法连接是将导线压接管表面压紧成正六边形，如图 6-85（b）所示，液压法适用于所有大小截面及各种材质的导线。

导线压接法连接操作的主要工艺流程如图 6-86 所示。

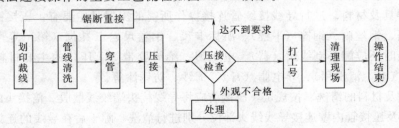

图 6-86 导线压接操作的基本工艺流程

（一）导线压接施工作业准备

1. 导线压接钳

导线压接操作的主要工器具是压接钳（或称压接机构、压接器具），根据压接方式的区别，用于钳压管连接操作的钳压钳和用于液压管连接操作的液压钳；根据压接钳的动力产生方式，压接钳分为手动式压接钳和液压式压接钳两大类，如图 6-87 所示。

导线压接钳（或压接机）的种类很多，其主要由操作手柄、压模、传动机构及卡具等部分组成。手动钳压钳的出力取决于操作手柄或传动机构力臂的长短，图 6-87（a）所示压接钳的作用力是由转动手柄通过螺杆传递施压，较省力，可用于较大截面的导线；图 6-87（b）所示压接钳为液压系统，省力且操作较手动压接钳灵活，适用于各种不同截面的导线

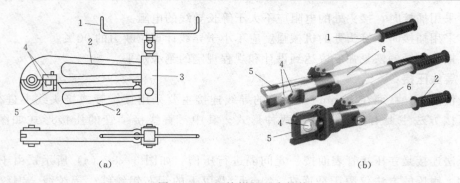

图 6-87 压接钳的基本结构

(a) 手动式压接钳；(b) 液压式压接钳

1—操作手柄；2—固定手柄或固定体；3—传动机构；4—压模；5—卡具；6—液体缸

压接。同时，更换压模可分别进行钳压管的压接和液压管的压接。

导线压接钳由于受到操作机构的影响，不论是钳压还是液压，通常只能应用于相对截面较小（240mm² 以下）的导线的连接，如果导线截面较大（240mm² 及以上）时，最好还是使用专门有液压机进行操作。

2. 导线压接的危险点分析与控制措施

（1）危险点。导线压接施工的危险点主要有设备伤人。

（2）防护措施。进行压接操作的工作人员应由经过专业训练、考核，合格的专业人员；操作时应正确、规范地使用工器具，加强压接工器具的维护保养，确保压接工器具的正常工作。

3. 作业前准备

（1）人员安排。进行导线接续管的压接操作通常需两人配合进行，其中，一人操作，另一人协助配合进行辅助工作。工作人员应按规定进行着装，穿工作服，戴安全帽，穿工作鞋。

（2）工器具及材料。进行导线接续管连接操作所需的工器具主要有：压接钳、规格对应的压模、钢锯、钢丝刷、钢锉（平锉）、游标卡尺、钢卷尺、工具包（箱）等；另外，进行绝缘导线压接时还应配备剥线钳（器）、电工刀、绝缘胶带等。压接的主要材料包括：压接管（套件）、汽油（清洗用）、导电脂（膏）、棉纱、防锈漆等。

（3）导线及材料的清洗。按规定，压接前应将导线接头端绞线散股 2 倍接头的长度，用棉纱团沾汽油将及压接管内壁连接导线线头部位分别进行清洗，晾干后在导线的连接部位的铝质接触表面，涂一层电力复合脂，用细钢丝刷清除表面氧化膜，保留涂料等待压接。

（二）导线的压接操作

根据图 6-86 所示导线压接操作的工艺流程，导线压接操作的步骤及要求如下所述。

1. 导线的钳压连接操作

（1）裁线。钳压操作前应按导线连接质量的要求进行线头的裁剪，裁去导线受损伤（或多余的）部分。裁线前，应在线头距裁线处 1～2cm 处，用 20# 铁线进行绑扎好，以避免进行导线锯割时出现散股，如图 6-88（a）所示。

裁线时，用钢锯垂直导线轴线进行锯割，锯割时应由外层向内层逐层进行，最后锯钢芯。完成锯割后，用平锉和砂纸打磨锯口毛刺至光滑（清洗后不允许再用砂纸打磨）。然后按图 6-88（b）所示要求进行散股清洗、涂电力脂后，再用细钢丝刷（禁止用铜丝刷）清

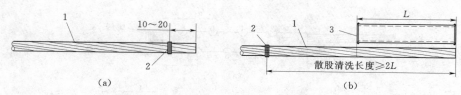

图 6-88 导线的散股与清洗要求

(a) 绑扎裁线；(b) 散股清洗

1—导线；2—扎线（20[#]镀锌铁丝）；3—接续管（铝管）

除表面氧化膜，保留涂料进行压接。

（2）穿管。如图 6-89（a）所示，为保证压接质量及连接部位的准确，将接续管穿入一端导线后，应用记号笔在导线上按压接尺寸的要求做上"端口记号"（即在导线上进行端口位置的划印，简称"划印"）。

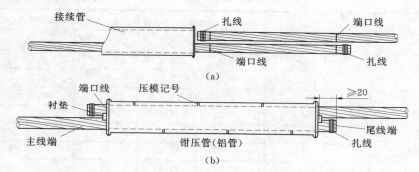

图 6-89 钳压连接的划印穿管示意图

(a) 导线划印；(b) 压接管划印

按图 6-89（b）的要求，经比对确认无误后，先将连接的两根导线的端头，穿入铝压管中，而后在两导线间穿入衬垫（钢芯铝绞线钳压连接有衬垫，铝绞线钳压连接则无衬垫）。穿管后，应保证两端头导线尾线的出头露出管外部分不得小于 20mm。

正常情况下，钳压接续管清洗完成晾干后，按照相应规格的压接管的有关技术标准，用红蓝铅笔在压接管表面对压模的位置进行标识，如图 6-89（b）中的"压模记号"。

（3）压接。根据导线的结构，钳压操作按图 6-90 的规定逐模进行施压。其中，图 6-90（a）所示为铝绞线的压模顺序，图 6-90（b）所示为钢芯铝绞线的压模顺序。

压接时，每模的施夺速度及压力应均匀一致，每模按规定压到指定深度后，应保持压力 30s 左右的时间，以使压接管及相应的导线渡过疲劳期而达到定型；避免由于压力松弛太快，出现金属性反弹影响而最终的压接握着力（压接强度）。

（4）外观检查。按规定，导线完成钳压后必须进行外观质量检查，压接管的质量外观检查包括外观表面形态及外观尺寸两个部分。

1）压接管外表的检查。压接后的接续管的外观不允许有裂纹，表面应光滑，如压管弯曲不超过管长的 2% 时，可用木锤调直；若压管弯曲过大或有裂纹的，要重新压接。

2）压接管尺寸的检查。钳压管的压后主要检查尺寸包括：压口数及压口尺寸，如图 6-90 中的 a1、a2、a3 及压口深度 D；导线钳压压接后的压口数及压后尺寸应符合表 6-6 规定的要求；否则，应锯断后重接。

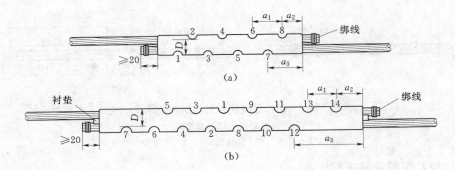

图 6-90 导线钳压连接施压的压模顺序
(a) LJ-50 铝绞线；(b) LGJ-35 钢芯铝绞线

表 6-6　　　　　　　　　　　　导线钳压压口数及压尺寸

导 线 型 号		压口数	压口尺寸 D /mm	钳压部位尺寸/mm		
				a_1	a_2	a_3
铝绞线	LJ—16	6	10.5	28	20	34
	LJ—25	6	12.5	32	20	36
	LJ—35	6	14.0	36	25	43
	LJ—50	8	16.5	40	25	45
	LJ—70	8	19.5	44	28	50
	LJ—95	10	23.0	48	32	56
	LJ—120	10	26.0	52	33	59
	LJ—150	10	30.0	56	34	62
	LJ—185	10	33.5	60	35	65
钢芯铝绞线	LGJ—16/3	12	12.5	28	14	28
	LGJ—25/4	14	14.5	32	15	31
	LGJ—35/6	14	17.5	34	42.5	93.5
	LGJ—50/8	16	20.5	38	48.5	105.5
	LGJ—70/10	16	25.0	46	54.5	123.5
	LGJ—95/20	20	29.0	54	61.5	142.5
	LGJ—120/20	24	33.0	62	67.5	160.5
	LGJ—150/20	24	36.0	64	70	166
	LGJ—185/25	26	39.0	66	74.5	173.5
	LGJ—240/30	2×14	43.0	62	68.5	161.5

（5）打工号。导线接头钳压完成并经专人（专职质检人员或工程监理）检查合格后，操作人员在压接管上打下自己的操作工号，并在接续管两端及出头尾线上涂红漆。

（6）操作结束。经操作人员与检查人员的压接质量检查、验收，并在相应记录表格中签字，清理现场工具，结束作业。

2. 导线的液压连接操作

一般情况下，为保证液压连接时导线接头的连接强度，对截面在 185mm² 及以下的铝绞线、铜绞线及钢芯铝绞线等，可直接采用手动液压钳进行压接；当导线截面在 240mm² 及以上时，应使用具备相应功率的液压机进行连接。具体液压连接的操作过程如下所述。

（1）裁线。铝绞线、铜绞线及钢绞线进行割线的操作，参照钳压方式进行。钢芯铝绞线割线时应按图 6-91（a）的要求，分别先后进行内层铝股和外层铝股的切割，切割时应注意避免伤及内导线芯线，以免影响连接强度；钢芯铝绞线切割后的外观如图 6-91（b）所示。

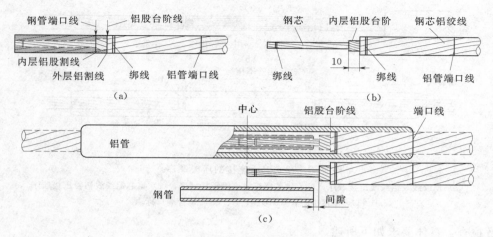

图 6-91　钢芯铝绞线的割线与穿管检查
(a) 切割划印；(b) 切割后的形状；(c) 穿管印记检查

（2）穿管。铜绞线、铝绞线、钢绞线穿管与钳压方式的穿管基本一致；钢芯铝绞线穿管时，应先穿入铝管，然后再穿钢管。

钢芯铝绞线穿管时，应对照压接管表面标识的记号进行印记核对，确保导线在接续管中的位置对称且符合设计和规程的要求，如图 6-91（c）所示。比对时应特别注意钢管与铝股台阶的间隙是否满足设计和规定的要求。

（3）压接。经穿管比对检验，确认割线一切符合设计和验收规范的要求后，开始压接操作。

1）铝绞线的压模顺序。由于铝绞线内部没有钢芯，所以进行液压连接时，只需进行铝管的压接；为保证接续管能够平衡受力，接续管应对称地将导线连接；因此，压接前应在接续管的中央做上标识，并以此为基准，分别进行施压。铝绞线的压模顺序如图 6-92（a）所示。

对其他单金属材料导线（如钢绞线、铜绞线等）压接时，同样应按图 6-92（a）所示的压模顺序进行，先压中间，再由中间向一端顺序施压，压完一端后，再压另一端。

2）钢芯铝绞线的压模顺序。进行钢芯铝绞线液压对接方式连接操作时，通常是先将内层的钢管压完后，再进行外层铝管的压接；其钢管和铝管的压接顺序如图 6-92（b）、（c）所示。

3）压接时，每模的压力及速度应基本一致，压模压下到位后，应保持压力 30s 左右，以使压接管能够稳定定型。同时，为确保压接的连续性，相邻两模间应重叠 5～8mm。

4）压接顺序进行的过程中，应保持管面的平行，避免出现扭曲。

（4）外观检查。同钳压连接操作检查一样，液压连接后应对压接管的外观及压接尺寸分

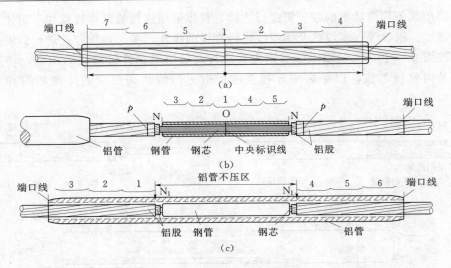

图 6-92 液压连接的压模顺序

（a）钢绞线及铝绞线压接顺序；（b）钢芯铝绞线钢管压接顺序；（c）钢芯铝绞线铝管压接顺序

O—压接中心；p—绑线；N、N_1—钢管端口标志

别进行检查，具体要求如下所述。

1）压接管外表检查。液压连接后的接续管表面应光滑、平整，无飞边、裂纹、毛刺，出现飞边时应将其锉平后，再用 $0^{\#}$ 砂纸打磨光滑。

液压后的接续管横截面应为正六边形。六棱柱表面应平行，不允许扭曲；当弯曲度超过要求时，可在原有的基础上进行校正式的补压（以已压两模的交界作为补压的压模中心），仍不能校正的应锯断后重压接。

2）压接尺寸检查。液压接续应检查的主要尺寸是六边形的对边距。按规定，液压连接操作完成后，接续管每个截面处只允许有一个对边距的最大值。其对边距的允许最大值 S 可根据下式计算

$$S = 0.866 \times 0.993D + 0.2 \qquad (6-3)$$

式中　D——液压接续管的外径尺寸，mm；

　　　S——六边形的对边距尺寸，mm。

当对边距超过标准时，应对其表面进行补压，补压后仍不能达到要求时，应查找原因，若因压模变形，应更换压模后补压，确认由压接错误操作导致不合格时，应锯断重新压接。

（5）打工号。导线接头经专人（专职质检人员或工程监理）检查合格后，操作人员应在压接管上打下自己的操作工号，并在接续管两端涂上红漆。

（6）操作结束。经操作人员与质检人员的检查、验收，并在相应表格上签字后，清理现场工具，结束作业。

（三）导线压接的操作注意事项

（1）导线避雷线的压接施工属于隐蔽工程的施工，对压接施工的质量检查、验收应按隐蔽工程验收检查的规定在施工的全过程进行。

（2）进行外观尺寸测量时，应使用精度不低于 0.1mm 的游标卡尺测量。

（3）液压及钳压后出现的飞边、毛刺及表面未超过允许的损伤应锉平并用砂纸磨光。

（4）液压及钳压后出现明显超过标准的缺陷时，应按规定进行割断重接。

（5）压接后的接续管弯曲度不得大于2%，有明显弯曲时应校直，校直后的连接管严禁有裂纹，达不到规定时应割断重接。

（6）压接出现锌皮脱落时应涂防锈漆或富锌漆进行防腐补强处理。

三、裸导线损伤的缠绕绑扎

在施工及运行的过程中，架空裸导线可能因各种原因受到不同程度的损伤，当损伤程度较轻时，可在规程规定的范围内采取绑扎的方法进行补强处理。架空裸导线的具体绑扎方法有三种，如图6-93所示。

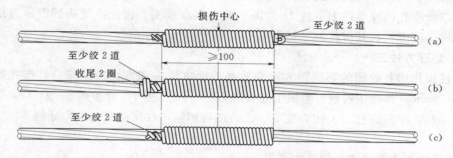

图6-93　导线损伤的绑扎处理方法
(a) 处理方法一；(b) 处理方法二；(c) 处理方法三

（一）裸导线损伤的绑扎前的准备工作

为保证导线绑扎后的导电性能符合导线修补质量要求有关规定的要求，在导线损伤处绑扎修复前，应使用钢丝刷和汽油将损伤处（大于绑扎长度）导线及扎线清洗干净，晾干后，在导线上涂一层导电脂。

（二）处理方法一

裸导线损伤处理的第一种方法如图6-93（a）所示。具体操作过程如下所述。

（1）取一与导线材料相同且直径不小于2mm的扎线，将扎线在距尾线端头150mm处对折并拧麻花2~3道，以导线受损中心为基准，在距离受损中心50mm（若绑扎长度需超过100mm时，应取总长的一半）处将尾线平行并贴紧导线，扎线顺导线绕圈，如图6-94（a）所示。

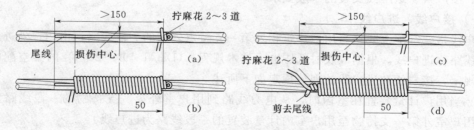

图6-94　导线损伤的绑扎处理方法及过程分解图
(a) 方法一起头绑扎；(b) 中间绑扎；(c) 方法二、三起头绑扎；(d) 收尾绑扎

（2）由右向左依次顺序地将扎线在导线上紧密缠绕绑扎100mm长度以上，如图6-94（b）所示。

（3）将扎线与尾线合并，用手钳拧麻花2~3道，剪去多余线头，并用手钳轻轻拍平线头，使之紧贴导线，绑扎完成。最终外形如图6-93（a）所示。

（三）处理方法二

裸导线损伤绑扎处理的第二种方法如图6-93（b）所示。其具体的操作过程如下所述。

（1）取一与导线材料相同且直径不小于2mm的扎线，将扎线在距尾线端头150mm处折直弯，以导线受损中心为基准，在距离受损中心50mm（若绑扎长度需超过100mm时，应取总长的1/2）处将尾线平行并贴紧导线，以扎线直弯横向顺导线绕圈，如图6-94（c）所示。

（2）由右向左依次顺序地将扎线在导线上紧密缠绕绑扎100mm长度以上，将扎线和尾线合并拧麻花2～3道，剪去尾线线头（短头），如图6-94（d）所示。

（3）继续将扎线在导线上平绕2～3圈，剪去多余线头，将扎线线头圆滑地缠绕并紧贴导线，完成全部绑扎，其绑扎外形如图6-93（b）所示。

（四）处理方法三

裸导线损伤绑扎处理的第三种方法实质是前面方法一和方法二的综合，绑扎效果如图6-93（c）所示。其操作过程可参照上述处理方法一和二进行，即按图6-94（c）所示方法进行起头绑扎，中间绑扎与上述方法一、二的过程相同，收尾参照（二）处理方法一的步骤（3）进行。

（五）导线损伤缠绕绑扎的基本要求

（1）绑线的直径应不小于2mm。

（2）绑线的材质应与导线材料相同。

（3）扎线绑扎缠绕方向与导线的绕向一致。

（4）绑扎应紧密、光滑、平整，其缠绕过程禁用手钳（钢丝钳）卡（夹）线收紧，以避免造成二次损伤。

（5）绑扎中心应以损伤中心为基准，当小范围连续损伤时，应取其受损范围中心为基准。

（6）绑扎长度应不少于100mm。

模块6 低压接户、进户线及安装

一、接户线、进户线安装的一般要求

（一）接户线、进户线

接户线指架空配电线路与用户建筑物外第一支持点之间的一段线路；由用户外进入用户室内的线路称进户线。根据《农村低压电力技术规程》（DL/T 499—2001）的架空配电线路的有关规定，接户线和进户线的划分规定如下所述。

（1）当用户计量装置在室内时，从电力线路到用户室外第一支持物的一段线路为接户线；从用户室外第一支持物至用户室内计量装置的一段线路为进户线。

（2）当用户计量装置在室外时，从电力线路到用户室外计量装置的一段线路为接户线；从用户室外计量装置出线端至用户室内第一支持物或配电装置的一段线路为进户线。

（3）高压接户线是指电压等级在1kV及以上中压配电线路由跌落式熔断器或柱上式开关引到建筑物的线路。

（4）低压接户线是指从0.4kV及以下低压配电线路到用户室外第一支持物的一段线路；

低压接户线通常使用绝缘线；根据导线拉力大小，直接选用针式或蝶式绝缘子固定。

（5）进户线的进户点位置应尽可能靠近供电线路且明显可见，便于施工维护，进户线所在房屋应坚固、不漏水。进户线应采用绝缘导线，其截面按允许载流量选择。

（二）低压接户线和进户线的基本要求

（1）低压接户线的相线和中性线或保护线应从同一基电杆引下，其挡距不宜超过 25m，超过 25m 时应加装接户杆。但接户线的总长度（包括沿墙敷设部分）不宜超过 50m。沿墙敷设的接户线以及进户线两支持点间的距离不应大于 6m。

（2）低压接户线与低压线路如系铜线与铝线连接，应采取铜铝过渡方式连接。

（3）低压接户线与进户线采用绝缘导线，外露部位应严格地按规定进行绝缘处理。

（4）低压接户线的进户端对地面的垂直距离不宜小于 2.5m。

（5）低压接户线不应从 1～10kV 引下线间穿过、不应跨越铁路。

（6）低压接户线挡距内不允许有接头。

（7）两个电源引入的接户线不宜同杆架设。

（8）低压接户线与主杆绝缘线连接后应按规定进行绝缘密封处理。

（9）接户线零线在进户处应有重复接地，接地必须可靠，接地电阻符合规定的要求。

（10）低压接户线、进户线与通信线、广播线等弱电线路交叉时，其垂直距离不应小于。

1）接户线进户线在弱电线路的上方时为 0.6m。

2）接户线、进户线在弱电线路的下方时为 0.3m。

如不能满足上述要求，应采取隔离措施。

（11）进户线穿墙时，应套装硬质绝缘套管，穿墙绝缘管应内高外低，露出墙壁部分的两端不应小于 10mm；导线在室外应做滴水弯，滴水弯最低点距地面小于 2m 时进户线应加装绝缘护套。

（12）进户线与弱电线路必须分开进户。

二、危险点分析与控制措施

（一）危险点

低压接户、进户线安装的主要危险点包括：触电伤害、高空坠落、高空坠物伤人和电杆倾倒伤人。

（二）防护措施

（1）防触电伤害。防止架空线路突然带电，严格按操作规程进行验电、挂接地线；严防误登、误操作，登杆前核对线路双重名称及杆号确与工作票或任务书一致，设专人监护，确认无误后方可登杆或操作。

（2）防高空坠落。登杆前对登高工具的外观检查、冲击试验，确无异常后开始登杆；使用合格的登杆工具上、下杆，全程使用安全带；安全带应系在牢固可靠的构件上，转换工作位置时，不得失去后备绳保护。

（3）防高空坠物伤人。地面人员戴好安全帽、避免杆下停留；工具材料用绳索传递，尽量避免高空坠物。

（4）防电杆倾倒伤人。检查杆根、杆身完好性，检查拉线受力、腐蚀以及完整性等确无异常后登杆。

三、低压接户线及进户线的安装

(一) 作业前准备

安装前的准备工作内容:选择路径、人员分工、工具材料选择、制定施工方案和办理相应的工作手续等。

1. 选择路径

同一个用电单位(用户)只应有一个进户点。进户点的位置应尽可能靠近供电线路,明显可见、便于施工维护;进户端墙体坚固、不漏水。

2. 工具材料选择

(1) 工器具。验电器、接地线、绝缘手套、标示牌、遮栏;脚扣或登高板、安全帽、安全带;个人保安线、防护服、绝缘鞋、线手套;断线钳、铁锹、尺子、电工常用工具、梯子、冲击钻、移动电源。

(2) 导线。导线最小截面不应小于:铜导线 $10mm^2$、铝导线 $16mm^2$。低压接户线和室外导线应采用耐气候型的绝缘电线,其截面应按用户实际负荷、允许安全载流量进行选择。但绝缘导线的最小截面不得小于表 6-7 所示的规定值。

表 6-7　　　　　　　　　　　　　低压接户线的最小截面

架设方式	挡距/m	绝缘铜线/mm²	绝缘铝线/mm²
自电杆引下	10 及以下	2.5	6.0
	10~25	4.0	10.0
沿墙敷设	6 及以下	2.5	4.0

(3) 支撑物选择。选用针式或蝶式绝缘子。其绝缘子和接户线支架按下列规定选用。

1) 导线截面在 $16mm^2$ 及以下时,可采用针式绝缘子,支架宜采用不小于 $50mm \times 50mm$ 的扁钢或 $\angle 40 \times 40 \times 5mm$ 角钢,也可采用 $50mm \times 50mm$ 的方木。

2) 导线截面在 $16mm^2$ 以上时,应采用蝶式绝缘子,支架宜采用 $\angle 50 \times 50 \times 5mm$ 的角钢或 $60mm \times 60mm$ 的方木。

低压蝶式绝缘子与导线配合参考表见表 6-8。

表 6-8　　　　　　　　　　低压蝶式绝缘子与导线配合参考表

绝缘子型号	适用导线/mm²	绝缘子型号	适用导线/mm²
ED-1	95~185	ED-3	16~35
ED-2	50~70	ED-4	10 及以下

3) 使用金属支撑物,应采用热浸镀锌防腐。

(4) 其他材料。$\phi 16 \times 190U$ 形螺栓,穿钉螺栓,安普线夹、自动空气开关(带剩余电流动作保护装置)或熔断器,单或三相电能表;防水自粘胶带、电力复合脂、细钢丝刷、0号砂纸。

3. 人员分工及要求

作业人员 2 人,指定 1 人为工作负责人。

工作负责人交代工作任务,进行人员分工,应明确专责监护人(由工作负责人担任)的监护范围和监护对象及其安全责任等。

作业人员检查登高工具、安全工器具、工器具合格证应齐全,并都在试验周期内,准备齐全。

（二）接户侧安装

安装接线前，墙上支架已安装，支架对地距离不应低于 2.7m；表箱已安装，表箱底部距地面高度为 1.8～2.0m。

操作流程：绝缘子安装→导线展放→导线绑扎。

1. 绝缘子安装

绝缘子的安装形式如图 6-95 所示。

（1）根据接户线的大小，合理配置相应的绝缘子，采用蝶式绝缘子时，其规格应符合表 6-8 的要求。

图 6-95　绝缘子安装

（2）绝缘子安装牢固，螺栓由下向上穿，且垫片齐全，紧固螺栓受力均匀。

2. 接户端安装

（1）安装方式。接户线分相固定，线间最小距离应不少于表 6-9 规定的数值。沿墙敷设时，支撑物间距以不超过 6m 为宜。

表 6-9　　　　　　　　　分相架设的低压绝缘接户线的线间最小距离

架 设 方 式		挡距/m	线间距离/mm
自电杆上引下		25 及以下	150
沿墙敷设	水平排列	4 及以下	100
	垂直排列	6 及以下	150

（2）固定要求。

1）导线在绝缘子上固定，应用直径不小于 2.5mm 的单股铜芯塑料绝缘线绑扎，绑扎长度应符合表 6-10 的规定。

表 6-10　　　　　　　　　绝缘导线在绝缘子上的绑扎长度

导线截面/mm²	绑扎长度/mm	导线截面/mm²	绑扎长度/mm
10 及以下	≥50	25～50	≥120
16 及以下	≥80	70～120	≥200

2）导线在绝缘子固定处使用绝缘自粘胶带缠绕，缠绕长度应超出绝缘子接触部位两侧各 30mm。

3）在用户墙上使用挂线钩、悬挂线夹、耐张线夹（有绝缘衬垫）和绝缘子固定。

4）挂线钩应固定牢固，可采用穿透墙的螺栓固定，内端应有垫铁，混凝土结构的墙壁可使用膨胀螺栓，禁止用木塞固定。

（3）T 接要求。

1）必须从低压配电线路电杆引接，两端应设绝缘子固定，且绝缘子上应防止瓷裙积水。

2）接户线 "N" 形接入线路上，防止雨水从线芯浸入。

3）接头处使用绝缘自粘胶带处理，缠绕长度应超出绑扎部位各 30mm，应每圈压叠带宽的 1/2。

3. 进户线的安装

进户线的安装如图 6-96 所示。通常使用热浸镀锌角钢支架加装绝缘子来支持接户线和进户线。

（1）进户线应采用护套线或硬管布线，其长度一般不宜超过 6m，最长不得超过 10m。进户线应选用绝缘良好的导线。导线截面应满足允许安全载流量、用电最大负荷电流。

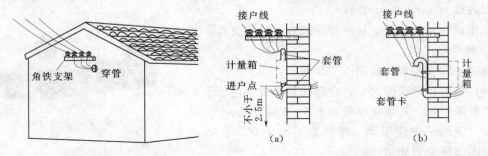

图 6-96　进户线入户的安装示意图

图 6-97　接户、进户线穿墙安装示意图
(a) 计量箱室外进户；(b) 计量箱室内进户

（2）计量箱在室外时，进户线穿墙时，应套上瓷管、钢管或塑料管，如图 6-97（a）所示。采用钢管时，每户进户线必须同金属管穿入。

（3）计量箱在室内时，进户线的安装应有足够的长度，如图 6-97（b）所示，户内一般接于总熔断器盒。户外与接户线连接应保持 200mm 的弛度，户外进户线一般不应短于 800mm。

4. 导线绑扎

接户线终端绑扎的形式如图 6-98（a）所示，操作过程如图 6-98（b）～（g）所示，绝缘导线在绝缘子上的绑扎长度应符合表 6-4 的要求。

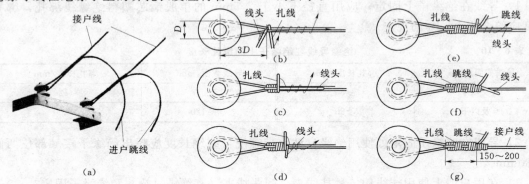

图 6-98　接户线终端导线绑扎操作过程分解示意图
(a) 接户终端固定方式；(b)、(c)、(d)、(e)、(f)、(g) 绑扎操作过程分解

（1）导线在绝缘子上绕一圈、尾线长度适当，把扎线盘成圆盘。扎线一端留出长为 200～250mm 短头、把其夹在导线合缝间，如图 6-98（b）所示。

（2）然后将扎线在两导线上缠绕 4～5 圈，如图 6-98（c）所示。

（3）按压短头、折回二线之间，扎线将导线与扎线短头缠绕、挑起扎线短头用扎线缠绕导线各 3～4 圈，如图 6-98（d）～（f）所示到达要求尺寸。

（4）挑起跳线，如图 6-98（f）所示，扎线在主导线、扎线短头上缠绕 3 圈后，把扎线和其短头对扭 3～4 回合，剪去余线后压平，如图 6-98（g）所示。

（三）电源侧安装

操作流程：横担安装→绝缘子安装→紧线绑扎→接电前检查验收→引流线安装→竣工。

登杆前必须完成杆根基础、杆身、拉线（如有拉线）、电杆埋深及登高工具、安全带的荷重冲击试验等现场上杆前的准备工作。然后，经工作负责人的允许登杆，开始电源侧的安装作业。

（1）作业人员在上杆人体至距线路 70cm 时停止登杆，系好安全带、保险绳，进行验电、挂接地线。进入操作位置时，先在距杆顶适当的位置系好安全带、保险绳和传递绳，并确认安全无误后，根据规程规定需要时按要求挂好个人保安线。

站位时，操作人员的身体站立姿势应根据操作内容的需要随时进行调整，操作者在电杆右侧（或由身体右侧提升物体）作业时，右脚在下，左脚在上，即身体重心放在右脚，以左脚辅助；在电杆左侧（或由身体左侧提升物体）作业时，应左脚在下，右脚在上，即身体重心放在左脚，以右脚辅助，如图 6-99 所示。

（2）横担、绝缘子安装。如图 6-100 所示，横担安装位置适当，距上层横担不小于 30cm，横担方向应与下户端接户线的方向垂直，且安装应紧固、横平、不歪扭；绝缘子安装紧固。

 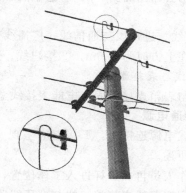

图 6-99　从左侧传递物件的站姿　　　　图 6-100　接户线与低压线路电源连接

（3）接户导线固定。

1）为保证接户线受力一致的要求，在接户横担上对称地收紧接户线，保证线与线间的弧垂一致，外观整齐、舒展。

2）将导线按规定的要求进行绑扎固定，扎线方法可按图 6-98 所示要求进行，也可按图 6-101 所示蝶式绝缘子的终端绑扎方法进行，其终端绑扎长度见表 6-11。

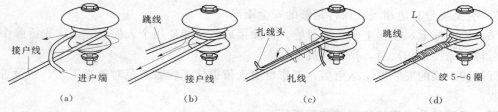

图 6-101　接户线进户终端导线绑扎过程分解示意图
（a）～（d）操作过程

表 6 - 11   低压导线在蝶式绝缘子上的绑扎长度

导线种类	导线规格 /mm²	绑线直径 /mm	绑扎长度 L /mm	导线种类	导线规格 /mm²	绑线直径 /mm	绑扎长度 L /mm
单股线直径	φ3.2 以下	2.0	≥40	多股线截面	16~25	2.0~2.3	≥100
	φ3.2~3.53	2.0~2.3	≥60		35~50	2.5~3.0	≥120
	φ4.0	2.0~2.3	≥80		70 及以上	2.5~3.0	≥150

（四）验收、接电

1. 表箱检查

表箱内各电气元件安装平整、牢固；电气距离符合要求；电能表、开关或熔断器容量选择合适；检查合格后断开开关或熔断器。

2. 接户线检查

（1）接户线应舒展、无扭曲、弧垂一致。

（2）接户线距地面的跨越高度满足规程的要求；具体内容如下所述。

1）接户线和进户线对公路、街道和人行道的垂直距离，在电线最大弧垂时，不应小于下列数值：①公路路面为 6m；②通车困难的街道、人行道为 3.5m；③不通车的人行道、胡同为 3m。

2）接户线、进户线与通信线、广播线交叉时，其垂直距离不应小于下列数值：①接户线、进户线在上方时为 0.6m；②接户线、进户线在下方时为 0.3m。

3. 接户线与表箱连接

接户端与表箱连接牢固，电能表接线盒应加封。

（五）接通电源

与主干线电源连接时，T 接点应呈现"N"形，如图 6-100 中所示放大图形。具体操作过程如下所述。

（1）操作人员再次登杆进入工作位置，并做好安全措施；

（2）使用安普线夹将接户线与低压线路连接，如果主干线为铝线，接户线为铜线，则需用铜铝过渡线夹进行连接；安普线夹、导线接触表面清洁、涂抹电力复合脂；其引流线的安装顺序及要求如下所述。

1）先搭接零线，后相线。

2）用安普线夹安装引流线时，线头一般指向电源侧，且与绝缘子间距不小于 150mm。

3）T 接处引流线制作"N"形防水弯。

4）导线搭接处的防水罩安装合格，否则，应做防水处理。

5）引流线与其他相线应保持足够的安全距离。

（3）检查杆上、横担上确无遗留物，拆除接地线（如使用个人保安线，应先拆除个人保安线后再拆除接地线）后，操作人员下杆。

低压接户线的安装施工结束后，工作负责人依据施工验收规范对施工工艺、质量进行自查验收。

四、接户线及进户线的安装注意事项

（一）一般规定

（1）接户线、进户线安装应在停电条件下进行。施工完成，经外观检查验收合格、清理工作现场后，进行合闸冲击试验，试验合格后办理相应的工作和用电手续后对用户供电。

（2）低压接户线不得跨越铁路或公路，应尽量避免跨越房屋。在最大风偏情况下，接户线不应接触树木和其他建筑物。

（3）接户线最大弧垂时对公路、街道和人行道及周围其他物体的最小距离不应小于表 6 - 12 规定的数值。

表 6 - 12　　　　　　　　　　接户线对部分设施的最小距离

类　别	最小距离/m	类　别	最小距离/m
到通车公路路面道路的垂直距离	6.0	在窗户上方	0.3
通车困难的街道、人行道	3.5	在阳台或窗户下方	0.8
不通车的人行道胡同、小道	3.0	与窗户或阳台的水平距离	0.75
到房顶	2.5	与墙壁、构架的水平距离	0.05

（二）接户线安装的注意事项

当接户线挡距超过规定要求或进户端低于 2.5m 及因其他安全需要时，需加装接户杆（也称下户杆），如图 6 - 102 所示。

使用热浸镀锌铁附件（横担、支撑物）、ED 型绝缘子。单相接户线角钢规格不应小于∠40×40×5mm，三相四线的不应小于∠50×50×5mm 角铁，线间距离不应小于 150mm。

（三）进户线安装的注意事项

（1）管口与接户线第一支持点的垂直距离宜在 0.5m 以内。

（2）护线管室外处做防水弯头，弯头或管口应向下。

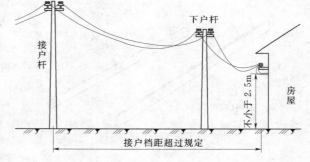

图 6 - 102　接户线通过进户杆进户的示意图

（3）护线管内高外低，以免雨水灌入，硬管露出墙壁外部分不应小于 30mm。

（4）用钢管穿墙时，同一回路交流的所有导线必须穿在同一根钢管内，且管的两端应套护圈。

（5）导线在穿管内严禁有接头。

（6）进户线与通信线、闭路线、IT 线等应分开穿管进户。

模块 7　配电线路接地装置及接地安装

一、接地装置的形式及技术要求

电力系统为了保证电气设备的可靠运行和人身安全，不论在发电、供电、配电都需要有符合规定的接地。接地装置的安装直接影响电气设备的运行安全和人身安全。

接地装置主要由接地引下线和接地体共同组成，其中，接地引下线将电力线路或电气设备受到过电压冲击时所产生的过电流引入接地体，而后由接地体向大地释放。

（一）接地体的形式

（1）根据电气设备的种类及土壤电阻率的不同，接地体主要有图6－103所示几种形式。

1）环形接地体，是用扁钢围绕杆塔构成的环状接地体。

2）放射形接地体，采用一至数条接地带敷设在接地槽中，一般应用在土壤电阻率较小的地区。

3）混合形接地体，是由扁钢和钢管组成的接地体。

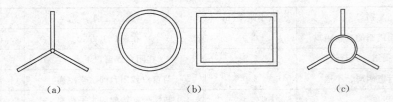

图6－103 接地体常见的几种形式（一）

（a）放射形；（b）环形；（c）混合形

（2）如图6－104所示，根据埋设方式，接地体分为水平埋设接地体和垂直插入式接地体。

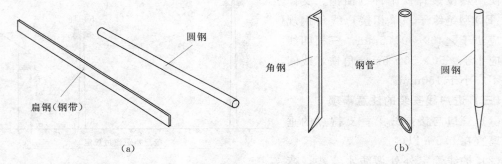

图6－104 接地体常见的几种形式（二）

（a）水平接地体；（b）垂直接地体

1）水平接地体，该接地体水平的埋入地中，其长度和根数按接地电阻的要求确定。接地体的选择优先采用圆钢，一般直径为8～10mm。扁钢截面为25mm×4mm～40mm×4mm。热带地区应选择较大截面；干寒地区，选择较小截面。如图6－104（a）所示。水平接地体的常见形式见图6－103。

2）垂直接地体，该接地体是垂直打入地中，长度为1.5～3m。截面按机械强度考虑，角钢为20mm×20mm×3mm～50mm×50mm×5mm，钢管直径为20～50mm，圆钢直径为10～12mm，如图6－104（b）所示；垂直接地体的常见形式如图6－105所示。

（二）接地体的埋设要求

进行接地体的埋设施工时，应根据接地装置的形式，并结合当地地形情况进行定位。在选择接地槽位置时，应尽量避开道路、地下管道及电缆等；进行地势的选择时，应避开接地体可能受到山水冲刷的地段，防止自然条件的侵害。具体要求如下所述。

（1）水平敷设接地体的埋设。应保证接地槽的深度符合设计要求，一般为0.5～0.8m，可耕地应敷设在耕地深度以下，在使用机耕的农田中，接地体的埋深以不小于0.8m为宜；

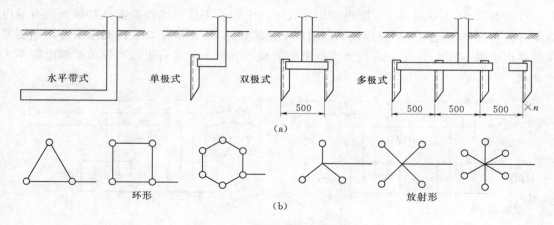

图 6-105　垂直接地体的布置形式
(a) 剖面；(b) 平面

接地槽的开挖宽度以工作方便为原则，为了减少土方工程量，一般宽度为 0.3～0.4m。

接地槽底面应平整，不应有石块或其他影响接地体与土壤紧密接触的杂物。接地体应平直，无明显弯曲；放射型接地体间不允许交叉，两相邻接地体间的最小水平距离应不小于 5m。倾斜地形应沿等高线敷设。

(2) 垂直接地体的埋设。采用垂直接地体时，应垂直打入，并与土壤保持良好接触。

钢管的规格及打入土壤中的深度应符合设计要求，打管时应采用打管器，将接地体垂直打入地中并应防止其晃动，以免增加接地电阻。

（三）接地体埋设的注意事项

(1) 在挖水平接地槽过程中，如遇大块石等障碍物可绕道避开，但必须保证：若接地装置为环形，改变后仍保持环形；接地装置若为放射形，改变后仍保持放射形。

(2) 铁带敷设之前应予以矫正，在直线段上不应有明显的弯曲，而且要立着敷设。

(3) 在山区及土壤电阻率大的地区，尽量少用管型接地装置，而采用表面埋入式的接地装置。

(4) 接地装置的连接应可靠。连接前，应清除连接部位的铁锈及其附着物。

(5) 接地沟的回填宜选取无石块及其他杂物的泥土，并应夯实。在回填后的沟面应设有防沉层，其高度宜为 100～300mm。

（四）接地引下线的基本安装要求

(1) 接地引下线的规格、与接地体的连接方式应符合设计规定。

(2) 接地引下线与接地体连接，应便于解开测量接地电阻。

(3) 杆塔的接地引下线应紧靠杆身，每隔一定距离与杆身固定一次。

(4) 电气设备的接地引下线必须使用有效的金属连接，不允许以设备的外壳，电杆的构件等代替。

（五）接地装置接地电阻的技术标准

(1) 100kVA 及以上配电变压器低压中性点的工作接地电阻不大于 4Ω，100kVA 以下者接地电阻不大于 10Ω。

(2) 非电能计量装置电流互感器的接地电阻不大于 10Ω。

（3）如图 6-106 所示，在配电变压器低压侧中性点不接地或经高阻抗接地、所有受电设备外露可导电部分用保护接地线（PEE）单独的接地 IT 系统中，装设高压击穿熔断器的保护接地电阻不宜大于 4Ω，在高土壤电阻率的地区（沙土、多石土壤）保护接地电阻不大于 30Ω。

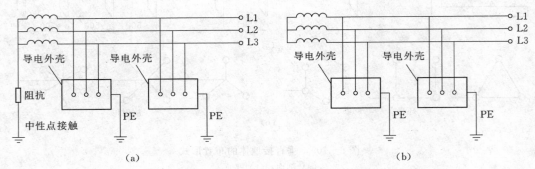

图 6-106 IT 系统接地方式

（a）中性点经高阻抗接地；（b）中性点不接地

（4）如图 6-107 所示，配电变压器低压侧中性点直接接地、系统的中性线（N）与保护线（PE）合一，且系统内所有受电设备外露可导电部分用保护线（PE）与保护中性线（PEN）相连接的 TN-C 系统中保护中性线的重复接地，当容量不大于 100kVA、重复接地点不少于 3 处时，接地电阻不大于 30Ω。

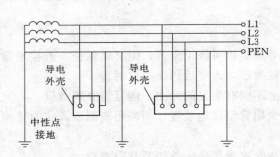
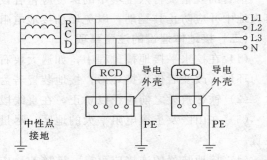

图 6-107 TN-C 系统接地方式   图 6-108 TT 系统接地方式

（5）如图 6-108 所示，配电变压器低压侧中性点直接接地，系统内所有受电设备的外露可导电部分用保护接地线（PE）接至电气设备上与电力系统的接地点无直接关连接地极上的 TT 系统中，在满足剩余电流动作保护器的动作电流的情况下，受电设备外露可导电部分的保护接地电阻，可按下式确定

$$R_e \leqslant U_{lom}/I_{op} \tag{6-4}$$

式中　R_e——接地电阻，Ω；

$\quad U_{lom}$——通称电压极限，在正常情况下可按 50V（交流有效值）考虑，V；

$\quad I_{op}$——剩余电流保护器的动作电流，A。

（6）在 IT 系统中，受电设备外露可导电部分的保护接地电阻，必须满足

$$R_e \leqslant U_{lom}/I_k \tag{6-5}$$

式中　R_e——接地电阻，Ω；

U_{lom}——通称电压极限，在正常情况下可按 50V（交流有效值）考虑，V；

I_k——相线与外露可导电部分之间发生阻抗可忽略不计的第一次故障电流，I_k 值要计及泄漏电流，A。

（7）不同用途、不同电压的电力设备，除另有规定者外，可共用一个接地体，接地电阻应符合其中最小值的要求。

（六）降低接地电阻的措施

（1）延伸水平接地体，扩大接地网面积。

（2）在接地坑内填充长效化学降阻剂，但不允许使用具有腐蚀性的盐类（如食盐）。

（3）外引低土电阻率区接地，如将接地体延伸到潮湿低洼处。

二、接地装置安装的危险点与防止措施

（1）安装、埋设接地体时，应防止榔头伤人。

（2）进行接地体焊接加工时，应防止触电及电弧灼伤眼睛。

（3）使用切割机进行材料切割时，应做好防护措施，防止对人身的危害。

三、接地装置安装的基本要求

1. 作业条件

接地装置的安装施工应在良好的天气下进行，如遇雷、雪、雾不得进行作业，风力过大不易操作。

2. 人员分工

接地装置的安装施工设：工作监护人（1 名）、主要操作人（1 名）和辅助操作人（若干）。

3. 作业工具、材料配备

进行接地装置加工、安装施工所需工器具、材料见表 6－13 和表 6－14。

表 6－13　　　　　　　　　接地装置加工、安装所需工器具

序号	名　称	规　格	单　位	数　量	备　注
1	电焊机		台	1	
2	切割机		台	1	
3	榔头		把	1	
4	管钳		把	1	
5	活扳手		把	1	
6	个人防护用具		套	3	

表 6－14　　　　　　　　　接地装置加工、安装所需材料

序号	名称	规格	单位	数量	备注
1	角钢	$20\text{mm}\times20\text{mm}\times3\text{mm}\sim50\text{mm}\times50\text{mm}\times5\text{mm}$	m	2.5	
2	钢管	$\phi20\sim50\text{mm}$	m	2.5	
3	扁钢	$25\text{mm}\times4\text{mm}\sim40\text{mm}\times4\text{mm}$	m	2.5	
4	铜线	25mm^2	m	若干	
5	铝线	35mm^2	m	若干	
6	螺栓、螺杆		套	若干	
7	合金接线端子	25mm^2、35mm^2	个	若干	

四、接地装置安装施工

（一）垂直接地体的安装施工

垂直接地体的布置形式如图 6-109 所示，其每根接地极的垂直间距应不小于 5m。

1. 垂直接地体的制作

垂直安装的人工接地体，一般采用镀锌角钢、钢管或圆钢。

（1）规格。角钢边厚不应小于 4mm；钢管壁厚度不应小于 3.5mm；角钢或钢管的有效截面积不应小于 48mm²；圆钢，直径不应小于 10mm。角钢边宽和钢管管径均不小于 50mm；长度一般在 2.50~3m 之间（不允许短于 2m）。

（2）制作。所用材料不应有严重锈蚀。遇有弯曲、不平材料必须矫直后方可使用。角钢下端加工成尖形，尖端在角脊上，并且两个斜边应对称，如图 6-109（a）；钢管制单边斜削，保持一个尖端，如图 6-109（b）所示。

2. 垂直接地体的安装

安装时一般要先挖地沟，再采用打桩法将接地体打入地沟以下。接地体的有效深度不应小于 2m，其埋设示意见图 6-110。

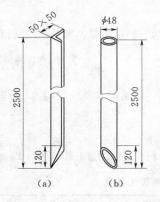

图 6-109 垂直接地体的制作
(a) 角钢；(b) 钢管

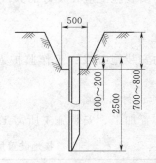

图 6-110 垂直接地体的埋设

（1）开挖地沟。地沟深度一般为 0.8~1m，沟底留出一定空间以便于打桩、焊接引线操作。

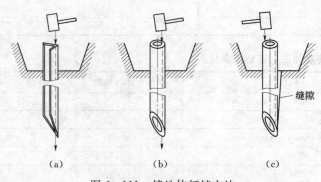

图 6-111 接地体打桩方法
(a) 角钢打桩；(b) 钢管打桩；(c) 接地体偏斜

（2）打桩。接地体为角钢时，应用锤子敲打角钢的角脊线处，如图 6-111（a）所示。如为钢管时，则锤击力应集中在尖端的顶点位置，如图 6-111（b）所示。否则不但打入困难，且不宜打直，使接地体与土壤产生缝隙见图 6-111（c），从而增加接地电阻。

3. 连接引线和回填土

接地体按要求打桩完毕后，即可进行接地体的连接与回填土。

（1）连接引线。根据接地线连接的要求，在地沟内将接地引线与接地体采用电焊连接牢固。

（2）回填土。连接完成后，应选用素土回填、夯实，降低接地电阻。

（二）水平接地体

1. 水平接地体的制作

水平接地体的结构形式见图 6-103，一般采用热浸镀锌圆钢或扁钢。圆钢直径应不小于 8mm；扁钢截面积应大于 100mm^2，厚度不小于 4mm。接地体的长度一般由设计确定。材料应无严重锈蚀或弯曲不平现象，否则应矫直或更换。

2. 水平接地体的安装

（1）带形。为几根水平布置的圆钢或扁钢并联而成，埋设深度不小于 0.6m，数量由设计确定。

（2）环形。一般采用圆钢或扁钢，水平埋设于距地面 0.7m 以下，环形直径（或边长）、材料规格由设计确定。

（3）放射形。放射根数多为 3 根或 4 根（或更多），埋设深度不小于 0.7m，每根的放射长度由设计确定。

（三）人工接地线的安装

人工接地线一般包括接地引线、接地干线和接地支线等。

1. 人工接地线的材料

为使接地连接可靠、具备一定机械强度，人工接地线一般采用热浸镀锌扁钢或圆钢制作。移动式电气设备或钢制导线连接困难时，可采用有色金属作为人工接地线。但严禁使用裸铝导线作接地线。

（1）工作接地线。配电变压器低压侧中性点的接地线一般应采用截面 35mm^2 以上的裸铜导线；容量 100kVA 以下时，可采用截面为 25mm^2 的裸铜导线。

（2）接地干线。通常选用不小于 12mm×4mm 的热浸镀锌扁钢或直径不小于 6mm 的镀锌圆钢。

（3）移动电器。移动电器的接地支线必须采用铜芯绝缘软型导线。

（4）中性点不接地系统。在中性点非直接接地的低压配电系统中，电气设备接地线的截面应根据相应电源相线的截面确定和选用：接地干线一般为相线的 1/2，接地支线一般为相线的 1/3。

2. 人工接地线的安装方法

（1）接地干线与及接地体的连接。与角钢或钢管连接时一般采用焊接连接，并牢固可靠。

1）焊接要求。接地网各接地体间的连接干线应采用宽面垂直安装，连接处应采用电焊连接并加装镶块以增大焊接面积，如图 6-112。焊接后应涂刷沥青或其他防腐涂料。如无条件焊接时可采用螺栓压接（不常使用），并应在接地体上装设地干线连接板。

2）提供接地引线。如需另外提供接地引线时，可将接地干线安装敷设在地沟内。或采用焊接备用接地线引到地面下 300mm 左右的隐蔽处，再用土覆盖以备使用。

3）不提供接地线。如不需另外提供接地引线，接地干线则应埋入至地面 300mm 以下，在与接地体的连接区域可与接地体的埋设深度相同。地面以下的连接点应采用焊接，并在地

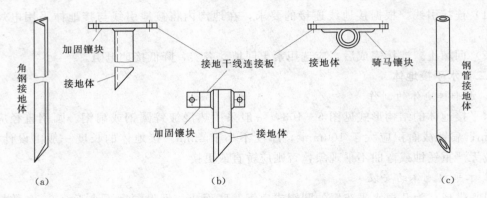

图 6 - 112 垂直接地体焊接接地干线连接板

(a) 角钢顶端连接板；(b) 角钢垂直面装连接板；(c) 钢管垂直面装连接板

面标明接地干线的走向和连接点的位置，以便于检修。

（2）接地干线的安装要求。

1）接地线的敷设。接地干线应水平和垂直敷设（也允许与建筑物的结构线条平行），在直线段不应有弯曲现象。安装的位置应便于维修，并且不妨碍电气设备的拆卸与检修。

2）接地线的间距。接地干线与建筑物或墙壁间应留有 15～20mm 的间隙。水平安装时离地面的距离一般为 200～600mm，具体数据由设计决定。

3）支点间距及安装。接地线支持卡子之间的距离：水平部分为 1～1.5m；垂直部分为 1.5～2m；转弯部分为 0.3～0.5m。图 6 - 113 是室内接地干线安装示意图。接地干线支持卡子应预埋在墙上，其大小应与接地干线截面配合。

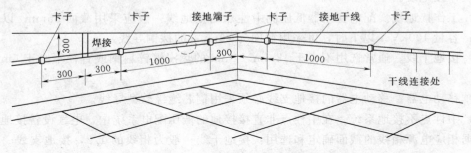

图 6 - 113 室内接地干线安装图

4）接线端子设置。接地干线上应装设接线端子（位置一般由设计确定），以便连接支线。

5）接地线的引出、引入。接地干线由建筑物引出或引入时，可由室内地坪下或地坪上引出或引入，其做法如图 6 - 114 所示。

6）接地线的穿越。接地线穿越墙壁或楼板时应加钢管保护。钢管伸出墙壁至少 10mm，楼板上至少伸出 30mm，楼板下至少伸出 10mm。接地线穿过后，钢管两端要用沥青棉纱封严。

7）接地线的跨越。接地线跨越门框时可将接地线埋入地面下，或让接地线从门框上方通过，其安装做法如图 6 - 115 所示。

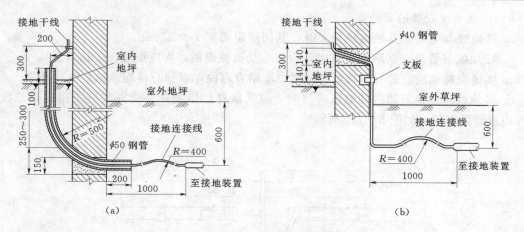

图 6-114　接地干线由建筑物内引起

(a) 接地线由室内地坪下引出；(b) 接地线由室内地坪上引出

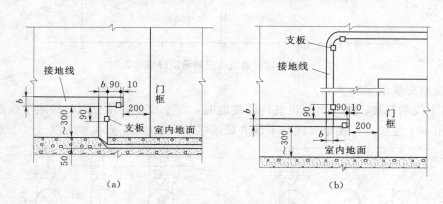

图 6-115　接地线跨越门框的做法

(a) 接地线埋入门下地中；(b) 接地线从门框上方跨越

8) 接地线的连接。接地线必须采用搭接焊接。圆钢与角钢或扁钢搭焊长度至少为圆钢直径 6 倍，如图 6-116 (a)、(b)、(c) 所示；扁钢搭焊长度为扁钢宽度的 2 倍，如图 6-116 (d) 所示；如采用多股绞线连接时，使用接线端子连接，如图 6-116 (e) 所示。

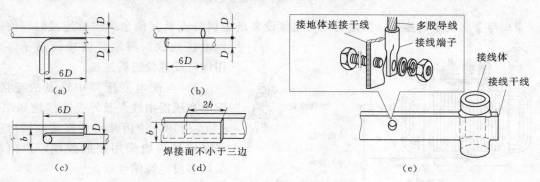

图 6-116　接地干线的连接

(a) 圆钢直角搭接；(b) 圆钢与圆钢搭接；(c) 圆钢与扁钢搭接；(d) 扁钢直接搭接；(e) 扁钢与多股导线的连接

9）接地干线安装的其他要求。

a. 接地线与电缆或其他电线交叉时，其间隔距离至少为 25mm。

b. 接地线与管道、铁路等交叉时，为防止受机械损伤，均应加装保护钢管。

c. 接地线跨越或经过有震动的场所时，应略有弯曲，以便有伸缩余地，防止断裂。

d. 接地线跨越建筑物的伸缩沉降缝时，应采取补偿措施。补偿方法可采用将接地线本身弯曲成圆弧形状，如图 6-117 所示。

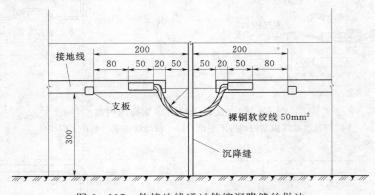

图 6-117 软接地线通过伸缩沉降缝的做法

（3）接地支线的安装要求。

1）与干线的连接。多个电气设备均需接地时，每个设备必须分别与接地干线独立连接，且不得共用一个连接点。接地支线与干线并联连接如图 6-118（b）所示。

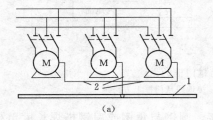
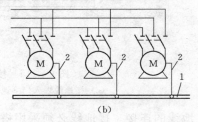

图 6-118 接地线跨越门框的做法

（a）错误；（b）正确

1—接地干线；2—接地支线

2）与金属构架的连接。接地支线与电气设备的金属外壳及其他金属构架连接时，使用软型接地线、两端装设接线端子，采用螺钉或螺栓进行连接。

3）与配电变压器中性点的连接。配电变压器中性点及外壳的接地如图 6-119 所示。使用并沟夹连接，接地引线在户外一般采用多股绞线，户内多采用多股绝缘铜导线。

4）接地支线的穿越。明装敷设的接地支线穿越墙壁或楼板时应加钢管

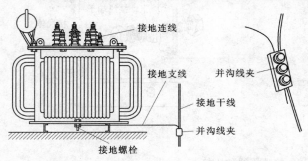

图 6-119 变压器中性点及外壳的接地线连接

保护。

5）不同金属接地支（引）线不得直接连接，两端装设合金接线端子，采用螺栓进行连接。

6）接地支线的连接。当接地支线需要加长，在固定敷设时，必须连接牢固；用于移动电器的接地支线不得有接头。接地支线的每一个连接处，都应置于明显处，以便于维护和检修。

7）沿杆塔敷设的接地引下线应紧靠杆身、相隔一定距离固定于杆身。

8）电气设备的接地引下线必须使用有效的金属连接，不允许以设备的外壳、杆塔构件等代替。

模块 8　剩余电流动作保护装置的安装与维护

剩余电流作保护装置（俗称剩余电流动保护器、漏电保护器或"RCD"），也称低压触电保安器，是一种行之有效的防止低压触电的保护设备。剩余电流动作保护装置是指电路中带电导体对地故障所产生的剩余电流超过规定值时，能够自动切断电源或报警的保护装置，包括各类剩余电流动作保护功能的断路器、移动式剩余电流动作保护装置和剩余电流动作电气火灾监控系统、剩余电流继电器及其组合电器等。

在低压电网中安装剩余电流动作保护装置是防止人身触电、电气火灾及电气设备损坏的一种有效的防护措施。

一、剩余电流动作保护装置的选用

（1）剩余电流动作保护装置必须选用符合《剩余电流动作保护装置的一般要求》（GB 6829—2008）规定，并经国家经贸委、国家电力公司指定的低压电器检测站检验合格公布的产品。

（2）剩余电流动作保护装置安装场所的周围空气温度最高为 $+40^\circ\text{C}$，最低为 -25°C 或 -5°C，海拔不超过 2000m，对于高海拔及寒冷地区装设的剩余电流动作保护装置，可与制造厂协商定制。

（3）剩余电流动作保护装置安装场所应无爆炸危险、无腐蚀性气体，并应注意防潮、防尘、防振动和避免日晒。

（4）剩余电流动作保护装置的安装位置，应避开强电流线和电磁器件，避免磁场干扰。

（5）剩余电流动作总保护在躲开电力网正常漏电情况下，剩余动作电流应尽量选小，以兼顾人身和设备的安全。总保护的额定动作电流宜为可调挡次值，其最大值见表 6-15。

表 6-15　　　　　　　　剩余电流动作总保护额定动作电流　　　　　　　单位：mA

电网漏电情况	非阴雨季节	阴雨季节
漏电流较小的电网	75	200
漏电流较大的电网	100	300

实现完善的分组保护后，剩余电流动作总保护的动作电流是否在阴雨季节增至 500mA 由省供电部门决定。

（6）剩余电流动作保护装置的额定电流应为用户最大负荷电流的 1.4 倍为宜。

（7）剩余电流动作末级保护器的漏电动作电流值，应小于上一级剩余电流动作保护的动作值，但应不大于以下几项规定。

1）家用、固定安装电器，移动式电器，携带式电器以及临时用电设备不大于 30mA。

2）手持电动器具为 10mA，特别潮湿的场所为 6mA。

（8）剩余电流动作中级保护器，其额定剩余电流动作电流应介于上、下级剩余电流动作电流值之间。具体取值可视电力网的分布情况而定。

（9）上下级保护间的动作电流级差应按下列原则确定。

1）分段保护上下级间级差为 1.5 倍。

2）分级保护为两条支线，上下级间级差为 1.8 倍。

3）分级保护为三条支线，上下级间级差为 2 倍。

4）分级保护为四条支线，上下级间级差为 2.2 倍。

5）分级保护为五条支路以上，上下级间级间级差为 2.5 倍，但是对于保护级差尚应在运行中加以总结，从而选用较为理想的级差。

（10）三相保护器的零序互感器信号线应设断线闭锁装置。

（11）选择触（漏）电保护的三条参考原则。

1）总保护的容量应按出线容量的 1.5 倍选。总保护的动作电流选在该级保护范围内的不平衡电流的 2～2.5 倍范围内为宜。

2）总保护与用户的分级保护应合理配合。总保护的额定动作电流是用户分保护额定动作电流的 2 倍，动作时间 0.2s 为宜。

3）每户尽量不选用带重合闸功能的保护器，若选用时，应拨向单延挡，封去多延挡，防止重复触电事故的发生。

二、剩余电流动作保护装置的安装

（一）作业前的准备

（1）工具准备。电工通用工具 2 套、个人防护工具 2 套。

（2）材料准备。剩余电流动作保护装置 1 只、铜导线若干。

（3）人员安排。剩余电流动作保护器安装工作设工作监护人 1 名、安装操作人员 1 名。

（二）农村电网剩余电流动作保护装置的基本安装方式

1. 总保护的安装方式

根据《农村低压电力技术规程》（DL/T 499—2001）规定，剩余电流动作保护装置的应选用下述的任一装设方式：安装在电源中点接地线上、安装在电源进线回路上、安装在各出线回路上。

（1）安装在电源中点接地线上。其安装方法如图 6-120（a）所示。

由于 TT 系统的中性点是直接接地的，在接地前，将中性线直接穿越或缠绕几匝后穿越剩余电流动作保护装置的零序电流互感器铁芯后再行接地，作为 TA 的一次绕组，TA 的二次绕组的输出送至放大元件 M 再驱动执行元件 T。这种保护方式特点是：只要网内任一回路发生接地故障或触电事故，当故障电流达到动作值时，则开关将会断开总电源。该方式存在的问题主要有以下几个。

1）当网络供电范围增大，各相对地的不平衡泄漏电流增加（特别是雨季），常引起误动。

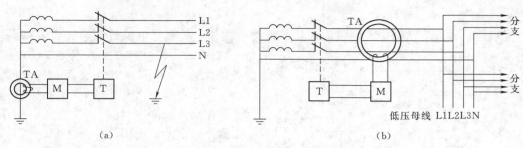

图 6-120   总保护安装方式示意图
(a) 安装在电源中点接地线上；(b) 安装在进线回路

2）如果想躲避正常的不平衡漏电流将保护的电流整定值增大，对人身的触电保护功能降低。

3）抗电磁干扰差。

(2) 安装电源的主进线回路上。如图 6-120 (b) 所示，即将剩余电流动作保护装置安装在变压器低压侧引出的主进线回路上。此时是 4 根导线一并穿入，中性点就近接地，零线不能再接地，重复接地必须拆除。

这种接线方式的主要优点有：只用一套剩余电流动作保护装置则可保护全网且由于相线和零线皆穿越 TA，故其抗电磁干扰强。但存在的问题如下所述。

1）动作电流值大，对人体触电保护功能差。

2）阴雨季节，网络绝缘电阻下降，易引起误动。

3）事故停电波及全网。

(3) 安装在电源的出线回路上。如图 6-121 (a) 所示，这种接线分别保护各支回路，当某支路发生单相接地或触电，当故障电流达保护装置的动作值时，则可断开该回路的电源开关。

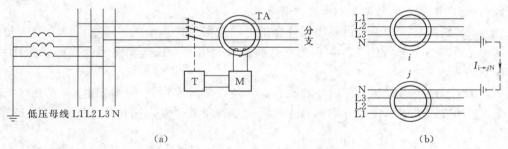

图 6-121   总保护安装在主出线回路上的原理示意图
(a) 接线方式；(b) 多分支零线电流示意图

此时应该注意的是：各分支回路的零线应避免通过大地而产生电的联系，如图 6-121 (b) 所示，正常情况下，各分路的 TA 中无异常电流，保护装置可以正常工作；当某分支上发生触电事故时，故障支路的 TA 可有效地检测到漏电流，则使得保护装置动作。

当若干分支回路经大地相接时，由于各支路中的用电负荷不平衡，于是将有不平衡电流出现，因此，尽管不发生触电事故，某些情况下，TA 也可能检测出异常电流而造成误动。

2. 末端保护的安装

按规定，在 TT 系统中，网络内除Ⅱ、Ⅲ类电器外，所有受电设备均需装设末级保护。

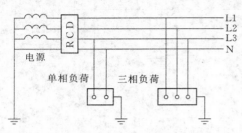

如图 6-122 所示，装设的方式是直接安装在用户屋内熔丝盒（保险）的出线上，具体位置如下所述。

（1）装在接户的配电箱内。

（2）装在动力配电箱内。

（3）装在用户屋内熔丝盒的出线端。

（三）剩余电流动作保护装置的安装接线

图 6-122　末端保护的安装原理示意图

根据《剩余电流动作保护器的安装与运行》（GB 13955—2005）的规定，在 TT、TN 系统供电方式中安装剩余电流动作保护器的接线如下所述。

1. TT 供电系统的设备剩余电流保护器的接线

TT 供电系统中的一般保护与漏电保护的接线方式如图 6-123 所示。

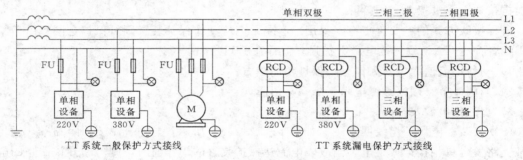

图 6-123　TT 系统剩余电流动作保护装置的安装接线方式示意图

2. TN-C 供电系统的设备剩余电流保护器的接线

（1）TN 供电系统中一旦设备出现外壳带电，接零保护系统能将漏电电流上升为短路电流，这个电流是 TT 系统的 5.3 倍，熔断器的熔丝会熔断，低压断路器会立即动作而跳闸，使故障设备断电。

（2）TN 系统节省材料、工时，在我国和其他许多国家广泛得到应用，可见比 TT 系统优点多。TN 方式供电系统中，根据其保护零线是否与工作零线分开而划分为 TN-C 和 TN-S 等两种。

（3）TN-C 方式供电系统是用工作零线兼作接零保护线，可以称作保护中性线，可用 PEN 表示。TN-C 供电系统中的一般保护与漏电保护的接线方式如图 6-124 所示。

（4）TN-C 方式供电系统只适用于三相负载基本平衡情况。由于 TN-C 供电方式有可能使设备的外壳带电，有不安全的因素，因此，现行农村电网中已很少使用这种接线方式。

3. TN-S 供电方式的设备剩余电流保护器的接线

（1）TN-S 供电方式是把工作零线 N 和专用保护线 PE 严格分开的供电系统，TN-S 供电系统中的一般保护与漏电保护的接线方式如图 6-125 所示。

（2）系统正常运行时，专用保护线上不有电流，只是工作零线上有不平衡电流。PE 线对地没有电压，所以电气设备金属外壳接零保护是接在专用的保护线 PE 上，安全可靠。

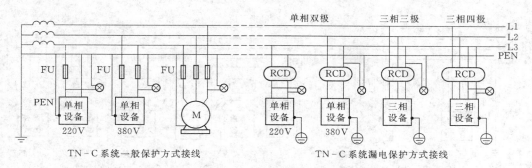

图 6-124　TN-C 系统剩余电流动作保护装置的安装接线方式示意图

（3）TN-S 供电系统中工作零线只用作单相照明负载回路，专用保护线 PE 不许断线，也不许进入漏电开关。

（4）TN-S 方式供电系统安全可靠，适用于工业与民用建筑等低压供电系统。在建筑工程工施工前的"三通一平"（电通、水通、路通和地平）必须采用 TN-S 方式供电系统。

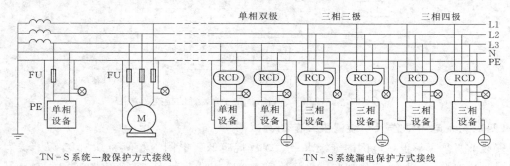

图 6-125　TN-S 系统剩余电流动作保护装置的安装拉线方式示意图

4. TN-C-S 方式供电系统的设备剩余电流保护器的接线

在建筑施工临时供电中，如果前部分是 TN-C 方式供电，而施工规范规定施工现场必须采用 TN-S 方式供电系统，则可以在系统后部分现场总配电箱分出 PE 线，如图 6-126 所示。

（1）TN-C-S 系统的工作零线 N 与专用保护线 PE 相联通，可以降低电动机外壳对地的电压，然而又不能完全消除这个电压。负载越不平衡，PE 线又很长时，设备外壳对地电压偏移就越大。所以要求负载不平衡电流不能太大，而且在 PE 线上应作重复接地。

（2）PE 线在任何情况下都不能进入剩余电流保护器，因为线路末端的剩余电流保护器动作会使前级剩余电流保护器跳闸造成大范围停电。

（3）对 PE 线除了在总箱处必须和 N 线相接以外，其他各分箱处均不得把 N 线和 PE 线相连，PE 线上不许安装开关和熔断器，也不得用大顾兼作 PE 线。

5. 整体式漏电保护装置的基本接线

如图 6-127 所示为 TN-S 供电系统中采用四极式漏电保护装置的末端保护接线示意图。根据 TN-S 方式供电系统的特点和漏电保护装置使用的要求，进行漏电保护装置安装接线时，漏电保护装置负载侧的线路必须保持独立，即负载侧的线路（包括相线和工作零线）不得与接地装置连接，不得与保护零线连接，也不得与其他电气回路连接。

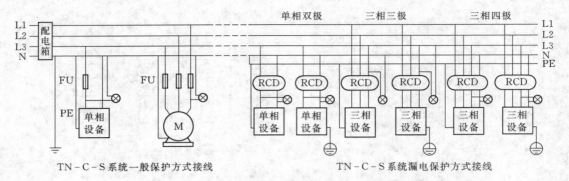

图 6-126 TN-C-S 系统剩余电流动作保护装置的安装拉线方式示意图

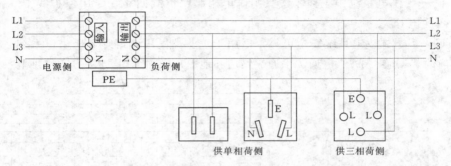

图 6-127 末端剩余电流动作保护装置的接线示意图

（四）剩余电流动作保护装置安装前的测试

安装前必须了解低压电网的绝缘水平。规程规定低压电网绝缘值为 0.5MΩ 以上。为了保障保护器的正常运行，必须达到所要求的绝缘水平。因此，要进行绝缘电阻测试。测试时，多数用直接测量法、使用 500V 绝缘电阻表。电网绝缘电阻测试在无电的情况下进行。

（1）测试前，拆除低压电网中所有设备的接地线，包括零线的重复接地、三孔插座的接地线。

（2）测量单相阻值，断开非测相与中性线连线。绝缘电阻表 E 端与地相连，L 端与被测相连接。

（3）测量三相阻值，不需断开非测相与中性线连线。测得任一相的阻值即能反映三相绝缘水平。低压电网无三相负荷可将 U、V、W、N 相连与绝缘电阻表 L 端连接，绝缘电阻表 E 端与地相连。

（4）上述是带着配电变压器二次绕组所测得的绝缘电阻。但是剩余电流动作保护装置检测低压网络及设备的泄漏电流。测试时断开低压总开关和负荷开关，分相测量为宜。

采用间接法测绝缘电阻的方法有两种：①电流表法，设一个直流电源，测得相、地回路中的电流数值 I，用 $R = E/I$ 计算绝缘电阻；②用电压表法，设一电压源，加装保护电阻（约 1Ω），测 N 与地间电压，用 $I = U/R$，则 $R' = (E - U)/I$ 计算。

（五）剩余电流动作保护装置安装

（1）严格按照产品说明书的要求接线，使用的导线截面积应符合要求。

（2）剩余电流动作保护装置标有"电源侧"和"负荷侧"时，按标识正确接线。

（3）安装组合式剩余电流动作保护装置时，主回路导线并拢穿过空心式零序电流互感器，两端保持大于 15cm 距离后分开，防止无故障条件下因磁通不平衡引起误动作。

（4）使用剩余电流动作保护装置的低压电网的保护接地电阻应符合要求。

（5）总保护采用电流型剩余电流动作保护装置时配电变压器的中性点必须直接接地。在保护范围内，零线不得重复接地。零线和相线保持相同的良好绝缘；且零线和相线在保护器间不得与其他回路共用。

（6）电源侧朝上、垂直于地面安装。安装场所无腐蚀气体、无爆炸物，防潮防尘防震，防阳光直晒，周围空气温度上限不超过 40℃，下限不低于 −25℃。

（六）剩余电流动作保护装置安装后的调试

（1）安装漏电总保护的低压电力网，其漏电电流应不大于保护器额定漏电动作电流的 50%，达不到要求时应进行整修。

（2）装设漏电保护的电动机及其他电气设备的绝缘电阻应不小于 $0.5M\Omega$。

（3）装设在进户线上的漏电断路器，其室内配线的绝缘电阻，晴天不宜小于 $0.5M\Omega$；雨季不宜小于 $0.08M\Omega$。

（4）保护器安装后应进行如下检测。

1）带负荷分、合 3 次，不得有误动作。

2）用试验按钮试跳 3 次，应正确动作。

3）分相用试验电阻接地试验各一次，应正确动作（试验电阻整机上自带在电路中），此电阻在电路中称为模拟电阻。

三、安全分析

剩余电流动作保护装置对接地故障电流有很高的灵敏度，能在数十毫秒的时间内切断以毫安计的故障电流，即使接触电压高达 220V，高灵敏度的剩余电流动作保护装置也能快速切断使人免遭电击的危险，这是众所周知的。但剩余电流动作保护装置只能对其保护范围内的接地故障起作用，而不能防止从别处传导来的故障电流引起的电击事故，如图 6−128 所示。

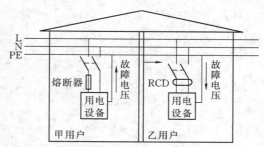

图 6−128 中，乙用户安装了剩余电流动作保护装置，而相邻的甲用户却是安装了熔断器来作为保护。在使用过程中，若甲用户随意将熔丝截面加大，并且使用电器不经心而导致电

图 6−128　剩余电流动作保护拒动图

气设备绝缘损坏，由于故障电流不能使熔丝及时熔断而切断故障，此时故障电压通过 PE 线传导至乙用户的用电设备上，由于剩余电流动作保护装置不动作，致使乙用户存在了引起电击事故的安全隐患，这种例子在当前的城市用电设计规范的前提下是不存在的。

模块 9　导线在绝缘子上的固定绑扎

中、低压架空配电线路的导线主要是通过针式绝缘子或蝶式绝缘子与电杆上的横担连接，其导线在绝缘子上固定的效果直接影响架空配电线路运行的安全稳定性。本节将重点介绍中、低压配电线路的裸导线和绝缘导线在针式绝缘子上固定的基本操作工艺流程及主要技术要求。

一、裸导线（钢芯铝绞线）在绝缘子上的固定绑扎

裸导线在绝缘子上固定绑扎的操作过程，主要包括缠绕铝包带和扎线绑扎两个部分。其中，铝包带的缠绕主要用于导线在直线杆和普通转角杆针式绝缘子上的固定。

（一）铝包带的缠绕

按规定，为避免钢芯铝绞线在绝缘子上的绑扎点处可能因长期震动而造成的损伤，达到保护导线的目的，通常对钢芯铝绞线在绝缘子上的绑扎点一定范围内绑扎铝包带，具体绑扎方法如下：

（1）取适当长度 1mm×10mm 规格的铝包带，由两端对卷，如图 6-129（a）所示，由导线绑扎处中间分别向两端缠绕。

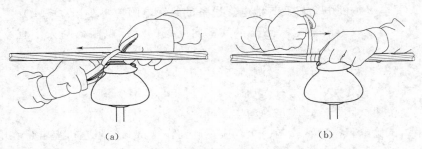

(a)　　　　　　　　　　(b)

图 6-129　铝包带缠绕过程

(a) 底（或内）层缠绕；(b) 面（或外）层缠绕

（2）当底层一端缠绕至端头后，再回头向中点完成面层的缠绕，如图 6-129（b）所示。

（3）一端缠绕完成后，同样的方法完成另一端的缠绕，如图 6-130（a）所示。

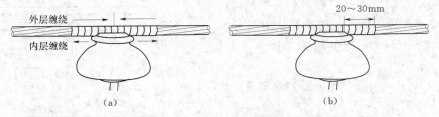

(a)　　　　　　　　　　(b)

图 6-130　铝包带缠绕的要求

(a) 缠绕顺序；(b) 缠绕尺寸

（4）分别剪去端头多余部分，并将断头压在导线绑扎中点处靠绝缘子的内侧，铝包带的缠绕完成。

（5）铝包带缠绕的要求。铝包带缠绕的要求如图 6-130（b）所示，具体缠绕要求如下所述。

1）铝包带缠绕长度应大于导线绑扎长 2～3cm。

2）铝包带的缠绕应紧密、平整，同一层面不允许重叠。

3）铝包带的尾端必须要压在导线与绝缘子接触处的内侧。

（二）直线绑扎法

直线绑扎法是将导线固定在绝缘子顶部的槽内，所以又叫顶扎法，如图 6-131 所示。

顶扎法适用于导线在直线杆绝缘子上的连接固定。

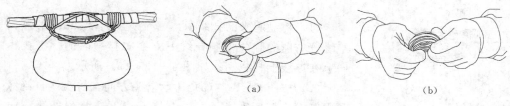

图 6－131　顶扎法外形图

图 6－132　扎丝的缠绕
（a）扎丝盘大拇指缠绕；（b）盘绕成形的扎丝

进行绝缘子绑扎时，为方便操作，首先应按图 6－132 所示方法将扎丝盘绕成圈；即将扎丝（直径不小于 2mm）绕成一小圈套在右手大拇指上，顺序由里向外将扎丝依次绕圈，直至多余扎丝绑扎留头时满足绑扎要求。

绝缘子顶扎法的具体操作过程如下所述。

（1）将扎丝留出长度为 250mm 的短头由绝缘子右侧导线下方自脖颈外侧穿入，将盘线在绝缘子脖颈的外侧由导线的下方绕到导线上方，使盘线与导线绕向同向缠绕三圈，如图 6－133（a）所示。

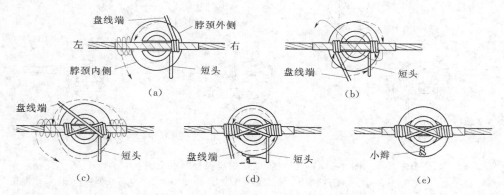

图 6－133　绝缘子顶扎法步骤分解示意图
（a）右内侧导线绑扎；（b）左内侧导线绑扎；（c）顶层交叉缠绕绑扎；（d）左右外侧导线绑扎；（e）收尾绑扎

（2）按图 6－133（a）所示箭头方向，将盘起来的扎线由绝缘子的脖颈外侧绕到绝缘子另一侧导线的下方，用上述同样的方法缠绕三圈，如图 6－133（b）所示。

（3）按图 6－133（b）所示箭头方向，将盘线自绝缘子脖颈的内侧绕到右侧导线下面，穿向导线外侧向上，经过绝缘子顶部交叉压住导线；然后再从绝缘子左侧向下经过导线由脖颈外侧绕过导线，经过绝缘子顶部交叉压住导线。如图 6－133（c）所示。

（4）按图 6－133（c）所示箭头方向，继续用上述的方法将扎线分别在绝缘子两侧导线上分别缠绕三圈。如图 6－133（d）所示。

（5）按图 6－133（d）所示箭头方向，将盘线从绝缘子左侧绝缘子的脖颈内侧，经导线下方绕绝缘子脖颈一圈与短头在绝缘子脖颈内侧中间拧一小辫，剪断余扎线并将小辫压平。如图 6－133（e）所示。

（三）转角绑扎法

转角绑扎法是将导线固定在针式绝缘子外侧的瓶颈上，所以又称为颈扎法。颈扎法多用于线路 15°以内转角处将导线固定在绝缘子脖颈外侧上的连接，如图 6-134 所示。具体操作步骤如下所述。

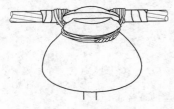

图 6-134 颈扎法外形图

（1）将盘起来的扎线留出一个长度为 250mm 的短头，由绝缘子右侧的脖颈外侧导线下方穿向脖颈内侧，将扎线由下向上在导线上扎三圈；如图 6-135（a）所示。

（2）按图 6-135（a）所示箭头方向，将盘线自绝缘子脖颈内侧短头下从绝缘子左向右绕导线下从脖颈外侧绕向上方在导线扎三圈，如图 6-135（b）所示。

（3）把盘起来的扎丝自绝缘子脖颈绕到另一侧，从导线上方在脖颈外侧交叉压在导线上，然后从导线下方继续由脖颈内侧自右向左绕到另一侧，从导线下方在脖颈外侧再次交叉压导线由上方引出，如图 6-135（c）所示。

（4）然后用扎丝在绝缘子脖颈内侧绕过导线，分别在两端导线上每端扎三圈，如图 6-135（d）所示。

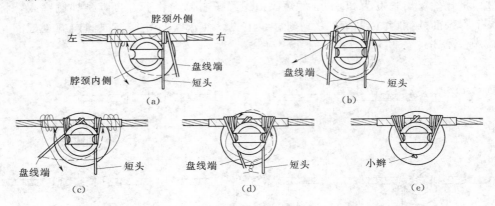

图 6-135 绝缘子颈扎法步骤分解示意图
（a）右内侧导线绑扎；（b）左内侧导线绑扎；（c）交叉压线绑扎；（d）左右外侧导线绑扎；（e）收尾绑扎

（5）把盘起来的扎丝在绝缘子脖颈的导线下方绕一圈，最后将扎丝与短头在绝缘子脖颈内侧中间拧一小辫，剪去多余部分压平，完成绑扎，如图 6-135（e）所示。

（四）终端绑扎法

终端扎法主要用于耐张杆处导线在绝缘子脖颈上的固定连接，本方法主要适用于低压架空配电线路导线通过碟式绝缘子在终端、耐张杆上的固定安装，其外形如图 6-136 所示。具体操作步骤及相关技术要求如下所述。

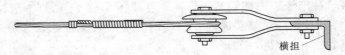

图 6-136 导线在碟式绝缘子上的终端绑扎

（1）首先按要求量取导线的回头长度并在回头处做好记号，再将导线按绑扎形状预先成形，套在绝缘子上，并留有不少于 800mm 的搭头（引流线）尾线。将绑线一端留出长度为 200～250mm 的短头，在距绝缘子中心 100～200mm 处夹在导线和折回导线之间，如图 6-

137（a）所示。

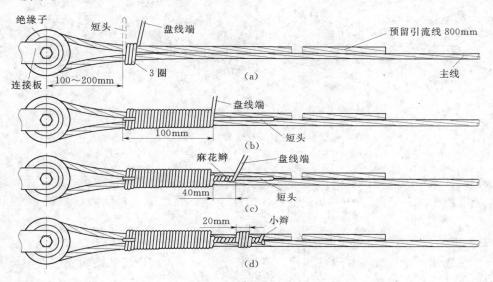

图 6-137　导线的终端绑扎过程分解图
(a) 起头绑扎；(b) 折压短头绑扎；(c) 收紧主扎线；(d) 收尾绑扎

（2）绑线在导线上绑扎三圈，用短头压住绑线置入两线槽之间。然后将绑线继续在导线上绑扎，以达到绑扎长度 100mm 左右，如图 6-137（b）所示。

（3）用手钳将绑线与短头拧麻花达 40mm 左右。如图 6-137（c）所示。

（4）同样将短头压入两线之间，以绑线继续绑扎 20mm 左右，与短头拧一小辫，剪断压平，如图 6-137（d）所示。

二、绝缘导线在绝缘子上的固定绑扎

下述绝缘导线在绝缘子上的固定绑扎方法，适用于低压架空配电线路；当导线相对截面较小，线路绝缘子为蝶式绝缘子时，低压架空电力线路及用户的接户线、下户线等，均可参照下述方法进行导线在绝缘子上的固定绑扎。

（一）绝缘胶带的缠绕绑扎

绝缘导线在绝缘子上绑扎时，通常在导线与绝缘子的接触部分应缠绕绝缘胶带，以实现为对导线进行保护，具体的绝缘胶带缠绕方法可参照上述导线接头绝缘修复缠绕绑扎的要求进行，其绑扎长度以超过接触部分的长度 30~50mm 为宜。

（二）直线段导线在蝶形绝缘子上绑扎

此方法适用于低压架空配电线路在直线杆及转角 5°以内的转角杆上，绝缘导线与蝶形绝缘子的固定绑扎，具体操作过程及方法如下所述。

（1）把导线紧贴在绝缘子颈部嵌线槽内，把绑线（直径不小于 2mm 的塑料绝缘线）短头一端留出足够的嵌线槽中绕一圈和在导线上绕 10 圈的长度，将绑线压在导线上，并与导线成 X 状相交，如图 6-138（a）所示。

（2）把绑线从导线右下侧绕嵌线槽背后至导线左边下侧，按逆时针方向绕正面嵌线槽，与前圈绑线交叉从导线右边上侧绕出，如图 6-138（b）所示。

（3）接着将扎线贴紧并围绕绝缘子嵌线槽背后至导线左边下侧，在贴近绝缘子处开始，将扎线在导线上紧缠 10 圈（或不少于 10 圈）后，剪除余端，如图 6 - 138 (c) 所示。

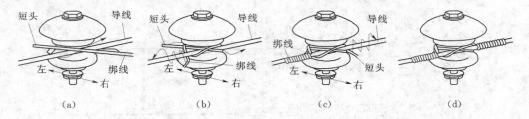

图 6 - 138　绝缘导线在直线杆蝶形绝缘子上绑扎过程分解图
(a) 捆绑导线绝缘子；(b) 扎线缠绕绝缘子；(c) 扎线缠绕导线；(d) 完成绑扎

(4) 把扎线的另一端围绕嵌线槽背后至导线右边下侧，也在贴近绝缘子处开始，将轧线在导线上紧缠 10 圈（或不少于 10 圈）后，剪除余端，完成绑扎后的效果如图 6 - 138 (d) 所示。

（三）在始、终端支持点蝶形绝缘子上的绑扎

此方法适用于绝缘导线在线路起始、终端杆上及下户、接户线的终端支持点与蝶形绝缘子的固定绑扎，具体操作过程及方法如下所述。

(1) 把收紧后（起始端应预留足够的引流线）的导线末端先在绝缘子嵌线槽内缠绕 1 圈，如图 6 - 139 (a) 所示。

(2) 接着把导线的端线压住第 1 圈已缠绕的导线，再围绕第 2 圈后，将两导线（主线和端线）合并在绝缘子的中间，如图 6 - 139 (b) 所示。

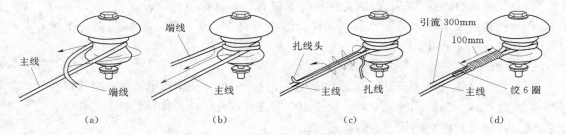

图 6 - 139　绝缘导线在终端杆蝶形绝缘子上绑扎过程分解图
(a) 导线缠绕绝缘子；(b) 合并导线；(c) 扎线绑扎导线；(d) 收尾绑扎

(3) 把扎线短的一端由下向上在两导线间隙中穿入，并将扎线端头嵌入两导线末端并合处的凹缝中，扎线按图 6 - 139 (c) 中箭头指向把两导线上紧密地缠绕在一起。

(4) 当扎线在两导线上紧缠不少于 100mm 长度后，将扎线与扎线端头用钢丝钳紧绞 5～6 圈，剪去余端，把绞线端头紧贴在两导线的夹缝中，完成绑扎，绑扎后的效果如图 6 - 139 (d) 所示。

三、导线在绝缘子上固定安装的工艺要求

为保证导线在绝缘子上固定安装的质量，根据相关规程的规定，其基本工艺要求如下所述。

(1) 为保证绑扎的外观质量，所用扎线事先应盘绕成小卷，且要求盘绕整齐、圆滑。

(2) 按规定方法进行正确的绑扎，步骤应完整。

(3) 绑线的缠绕绑扎必须紧密，每一圈压平收紧后，再进行下一圈的缠绕。

模块 10 10kV 配电变压器及台架安装

　　10kV 配电变压器的安装方式有很多种。但概括起来可以分为两大类：①室内安装；②室外安装。室外安装根据其容量的大小，装设地区如市区、农村、郊区的不同以及吊运是否方便等，一般分为杆塔式，台墩式和落地式三种。本部分内容主要介绍两种杆塔式的安装方法。

一、杆塔式变压器台分类

　　杆塔式是将配电变压器安装在户外杆上的台架上，其中最常见的两种方法为单杆式和双杆式。

（一）单杆式配电变压器台

　　单杆配电变压器台又称"丁字台"。当容量在 30kVA 及以下时一般采用单杆配电变压器台架。这种安装方式是将配电变压器、跌落式熔断器和高压避雷器装在一根水泥杆上，杆身应向组装配电变压器的反方向倾斜 13°～15°。这种配电变压器台的优点是结构简单，安装方便，用料和占地面积都比较少，对比双杆配电变压器台能节省造价约 33％，如图 6-140（a）所示。

（二）双杆式配电变压器台

　　双杆配电变压器台又称"H 台"，当在 50～315kVA 时一般应采用双杆式配电变压器台。配电变压器台由一主杆和一副杆组成，主杆上装有跌落式熔断器及引下电缆，副杆上有二次反引电缆。双杆配电变压器台比单杆配电变压器坚固，如图 6-140（b）所示。

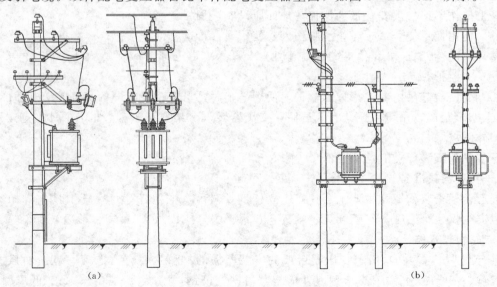

图 6-140　10kV 配电变压器台

（a）单杆式配电变压器台；（b）双杆式配电变压器台

二、配电变压器台架安装时危险点控制及安全注意事项

（一）立杆的危险点及控制措施

1. 危险点

立杆的危险点主要有：倒杆及重物砸伤等。

2. 控制措施

（1）工作负责人在开工前必须熟悉施工现场，制定严格的施工计划，并认真组织工作班成员学习，做到人人明确施工任务、方法、安全技术措施。

（2）立杆工作现场由专人统一指挥、统一信号。工作人员明确分工，密切配合，服从指挥，在居民区和交通道路附近进行施工应设专人看守。

（3）立杆时，应使用合格的起重设备，严禁超载；不得将临时拉线固定在可能移动的物体上或其他不可靠的物体上。

（4）杆顶离地面0.5~1m后，应做一次全面受力检查，确无问题、经冲击试验、复检无异常后再继续起立，起立过程应控制速度均匀，各部位受力平稳，防止杆身滚动、倾斜。

（5）起吊过程中，吊臂（或抱杆）下方严禁有人逗留。立杆过程中坑内严禁有人，除指挥人、指定人员外，其他人员必须远离1.2倍杆高的距离以外。现场人员必须戴好安全帽。

（6）电杆只有在杆基回填土全部夯实后，方可撤除叉杆和拉绳。

（二）杆、架上作业的危险点及控制措施

1. 危险点

杆、架上作业的主要危险点包括：高空坠落、高空坠物伤人、感应电及触电伤人等。

2. 控制措施

（1）线路作业前，必须对线路做好安全技术措施；对一经操作即可送电的分段开关、联络开关，应设专人看守。

（2）上杆前检查登杆工具及脚钉是否完好；作业人员必须戴安全帽，使用合格的安全工具，杆上操作不得失去安全带的保护，地面应设安全围栏。

（3）使用扳手应合适，防止滑脱伤人，使用绳索传递物件。

（4）10kV带电、低压停电的杆塔作业，与10kV带电部分应保持大于0.7m的安全距离并设专人监护。

（5）变压器起吊由专人指挥和监护，使用吊车时，吊臂距停电设备及以上带电部位保持2m以上安全距离；吊臂下严禁有人逗留，变压器转入台架或调整位置时，杆上作业人员站在台架外侧。

三、台架安装作业的准备工作

（一）工器具准备

进行台架安装作业的主要工器具有：立杆工具（吊车或抱杆等）登杆工具（脚扣）、安全带、安全帽、个人工具、钢卷尺、工具包、水平仪（或尺）、工具袋、吊绳、滑车等。

（二）材料准备

进行图6-140（b）所示变压器台架的安装所需的材料主要有：抱箍（包括加强抱箍、羊角抱箍、二合抱箍等），支承台内外横担，衬铁，槽钢，踏脚板，靠背、高、低压引线横担及衬铁，跌落式熔断器横担，低压刀闸、绝缘子、跌落式熔断器及避雷器，连接螺栓等，如图4-141（a）所示。

按规定，开工前应根据设计图纸的要求，在现场认真清点材料，如图4-141（b）所示。

（三）人员安排

变压器台架的安装作业属于集体作业项目，通常应由多人配合进行；其中，参入作业的

图 6-141　材料准备

(a) 安装台架的主要材料；(b) 现场清点材料

主要工作人员安排如下。

现场工作负责人：1 人，全面负责安装作业现场的人员协调、分工及现场作业指挥。

杆上安装工作人员：2～4 人，全面负责杆上安装作业。

地面配合人员：2 人，负责地面材料的组装，捆绑并协助杆上人员进行材料的起吊、传递。

安全监护人：1 人，全面负责作业现场的安全监护。

在人员充足的前提下，为加快安装速度，保证上层结构安装的方便，最好每根电杆上安排两人进行配合操作。

（四）开班前会

开工前，现场负责人应根据施工措施的要求，通过班前会的形式，向工作人员宣读工作票，交代人员分工、安装作业顺序、质量要求及安全注意事项等有关事宜，使大家明确各自的工作任务和相应的安全、技术的要求，以保证安装工作的顺利进行。

四、配电变压器台架的安装

（一）水泥杆、变压器台架及附属金具的组装

（1）杆根距离检察。按本章模块 1 的立杆方法，根据设计的要求及现场的具体情况，选择一合适的方法，完成两个电杆的起立，进行台架安装时，操作人员应根据设计图纸的要求在现场进行台架根开的检察。如图 6-142 所示。

（2）量取台架高度。杆上作业人员在检查完登杆工具和安全带，确认合格安全无误，在得到现场工作负责人的许可后，开始登杆作业；作业人员在适当高度的位置正确站位后，挂好安全带；根据台架设计图纸规定的尺寸要求，杆上人员在地面人员的配合下测量台架安装高度的位置。

图 6-142　测量检查电杆根开

（3）承台安装。如图 6-143（a）所示，地面作业人员按施工方案制定的安装顺序，在地面清理、捆绑所需的安装材料，配合杆上作业人员进行起吊安装作业。

首先进行台架加强型抱箍及衬铁抱箍的安装，如图 6-143（b）所示。安装时，杆上作

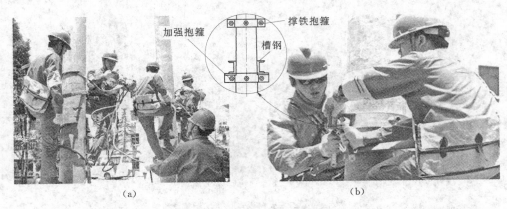

图 6-143 承台加强抱箍安装
(a) 左侧加强抱箍安装；(b) 右侧加强抱箍安装

业人员应相互配合，动作应协调规范。

加强型抱箍、螺栓的安装方向应严格按规定进行，连接螺栓紧固力度应按规定收紧。衬铁抱箍安装在加强型抱箍上方，抱箍安装固定后，挂上衬铁，其抱箍紧固螺栓应在完成支承台的安装、调整后进行紧固。

(4) 变压器台横梁安装。完成支持抱箍安装后，再安装变压器台横梁。变压器台横梁水平度不超过其长的 1‰。在变压器台副杆上距变压器台横梁上方 1.8m、5.8m 处分别安装低压开关横担、低压横担，低压开关横担与低压横担之间等距离安装 3 套电缆抱箍。变压器台主杆距杆顶 2.5m 处安装高压熔断器横担；距变压器横梁上方 1.8m、距杆顶 3.5m 处安装电缆抱箍，其间再等距离安装 3 套电缆抱箍。

(5) 螺栓穿向要求。水平顺线路者，由电源侧向负荷侧穿入；横线路位于两侧者向外穿入，中间的由左向右穿（面向受电侧），垂直的由下向上穿。螺栓均应加装垫片、且不超过 2 个；螺栓紧固后露出 3～5 扣，不得偏少或过多。

(二) 配电变压器、跌落式熔断器、避雷器安装前的检查

(1) 检查绝缘件有无破裂、掉瓷等缺陷，各处有无渗油现象，油位是否正常。

(2) 表面不得锈蚀，油漆完整。

(3) 外壳无机械损伤、箱盖螺丝紧固齐全、密封衬垫严密良好、外观完好，防腐层无损坏、脱落。

(4) 规格型号与设计相符。

(5) 瓷件良好，瓷件光洁，无裂纹，无损坏，无污垢。

(6) 操作机构灵活，分、合指示正确可靠。

(7) 刀刃合闸时接触紧密，合闸深度应符合要求，且三相同期。

五、户外柱上配电变压器的安装

(一) 变压器的起吊

户外柱上配电变压器的吊装一般采用机械（吊车）和人工起吊等方法。

(1) 吊车起吊。吊车可到达的地方，均可以采用吊车起吊来安装。吊装时用一根足够强度的钢丝绳套斜对角套在变压器外壳的吊环内，吊钩置于钢丝绳套中心；如用两根钢丝绳套，其长度一致、分别套在变压器外壳高、低压的吊环内，吊钩置于变压器重心。起吊由专人统一指挥、缓慢调整吊车臂，待变压器置于安装位置中心徐徐放下钢丝绳，变压器平稳后固定在横梁上。固定完后才可拆放吊钩和钢丝套。

（2）人工起吊。吊车不能到达或无吊车情况下采用人工起吊。工具为两个静滑轮、两个动滑轮组成滑轮组。吊装时用一根足够强度的钢丝绳套斜对角套在变压器外壳的吊环内，吊钩置于钢丝绳套中心；如用两根钢丝绳套，其长度一致、分别套在变压器外壳高、低压的吊环内，吊钩置于变压器重心。起吊由专人统一指挥、缓慢拉动组丝，并在变压器外壳绑上两根控制绳，调整变压器的方向，待变压器置于安装位置中心，徐徐回收控制绳子，变压器处于平稳状态后固定在横梁上。固定完后才可拆放滑轮组的保护。

（二）配电变压器的固定

配电变压器在横梁上固定有两种

（1）用两根足够强度角铁、螺栓将变压器底座与横梁夹住。

（2）固定变压器专用小金具。但不准用铁丝固定。

（三）跌落式熔断器、避雷器的安装

依据设计图纸或距杆顶 2.5m 位置高压熔断器横担，将高压熔断器、避雷器安装在相应的位置上（避雷器安装在熔断器进线侧）。

变压器的高、低压侧应分别装设熔断器。高压熔断器横担标准线对地面的垂直高度不低于 4.7m、水平距离不应小于 0.6m、熔丝管轴线与铅垂线成 15°～30°倾角。低压熔断器底部对地面垂直距离不低于 4.5m、水平距离不少于 0.35m。

高压熔丝的选择原则：100kVA 以下变压器按一次侧额定电流的 2～3 倍，100kVA 及以上的变压器按高压侧额定电流的 1.5～2 倍；低压侧按额定电流选择。例如 100kVA、10kV/0.4kV 的变压器，高压侧额定电流为 5.78A，选用 15A 的熔丝，低压侧额定电流为 144A，选用 150A 的熔丝。

（四）跌落式熔断器及避雷器的接引

高压熔断器、避雷器等接线端一般都用相应的设备线夹或接线端子。避雷器的接地端、变压器外壳及低压侧中性点、熔断器横担四点共同接入接地装置，使用截面不小于 25mm² 或 35mm² 的多股铜线或铝绞线。接地电阻必须符合规程规定值：容量在 100kVA 以下其接地电阻不大于 10Ω；容量在 100kVA 及以上接地电阻不应大于 4Ω。接地装置施工完毕应进行接地电阻测试，合格后方可回填土。变压器外壳必须良好接地，使用螺栓连接。

六、柱上变压器的投运

投入运行前必须对变压器进行全面检查，如不符合运行条件应立即处理。检查内容如下所述。

（1）打开阀门、再次排放空气。

（2）接地良好。

（3）套管完好清洁、油位正常、无渗油。

（4）引线连接良好，相位、相序符合要求。

（5）电气距离符合运行要求，无短路、接地或遗留物。

（6）计量装置配置、安装正确。

上述检查无误后方可对变压器进行第一次受电。正常后可带一定负荷运行 24h，无问题后投运。

第七章 电 力 电 缆

模块1 低压电力电缆基本知识

一、低压电力电缆线路概述

低压电力电缆线路是将电缆敷设于地下、水中、沟槽等处的电力线路。低压电力电缆具有以下特点。

(1) 供电可靠，不易受外界影响。

(2) 不占地面空间，不受地面建筑物的影响。

(3) 地下敷设，有利于人身安全。

(4) 运行维护简单。

由于电缆线路有以上优点，在城市中心地带、居民密集处、高层建筑、工厂内部、重要负荷及一些特殊的场所，考虑到安全和城市美观，一般都采用电力电缆线路。

二、低压电力电缆的型号

为了便于按电力电缆特点和用途统一称呼，使设计、订货、缆盘标记更为简易和防止出现差错，用型号表示不同门类的产品，使其系列化、规范化、标准化、统一化。我国电缆产品型号的编制原则如下所述。

(1) 我国电缆产品的型号由大写的汉语拼音字母和阿拉伯数字组成。用字母表明电力电缆的类别特征、绝缘种类、导体材料、内护层材料、其他特征等，见表7-1。

表7-1　　　　　　　　　　　电缆型号中各字母的含义

类别特征	绝缘种类	导体材料	内护层材料	其他特征
K—控制 C—船用 P—信号 B—绝缘电线 ZR—阻燃 NH—耐火	Z—纸 X—橡胶 V—聚氯乙烯（PVC） Y—聚乙烯（PE） YJ—交联聚氯乙烯（XLPE）	T—铜芯（省略） L—铝芯	Q—铅包 L—铝包 Y—聚乙烯护套（PE） V—聚氯乙烯护套（PVC） H—橡套	D—不滴漏 F—分相金属套 P—屏蔽 CY—充油

(2) 对外护层则在汉语拼音字母之后用两个阿拉伯数字表示，第一位数字表示铠装层，第二位数字表示外被层，见表7-2。

(3) 部分特点由一个典型汉字的第一个拼音字母或英文缩写来表示，如橡胶聚乙烯绝缘用橡（XIANG）的第一个字母X表示；为了减少型号字母的个数，最常见的代号可以省略，如导体材料在型号中只用L表明铝芯，铜芯T字省略，电力电缆符号省略。

一根电缆的规格除标明型号外，还应说明电缆的芯数、截面、工作电压和长度，如YJLV-3×150-10-400表示：铝芯、交联聚乙烯绝缘、双钢带铠装、聚氯乙烯外护套，3芯、150mm²、电压为10kV、长度为400m的电力电缆。

表 7 - 2　　　　　　　　　　　　　　电缆外护层代号的含义

第一位数字		第二位数字	
代　号	铠装层类型	代　号	外被层或外护套
0	无	0	无
1	—	1	纤维外被
2	双钢带	2	聚氯乙烯外护套
3	细圆钢丝	3	聚乙烯外护套
4	粗圆钢丝	4	—

各种型号电缆在实际应用的选型时，既要保证电缆安全运行，能适应周围环境、运行安装条件的需要，同时还要经济、合理。

三、低压电力电缆的种类及特点

(一) 油纸绝缘电缆

(1) 黏性浸渍纸绝缘电缆。成本低；工作寿命长；结构简单，制造方便；绝缘材料来源充足；易于安装和维护；油易流淌，不宜作高落差敷设；允许工作场强较低。

(2) 不滴流浸纸绝缘电缆。浸渍剂在工作温度下不滴流，适宜高落差敷设；工作寿命较黏性浸渍电缆更长；有较高的绝缘稳定性；成本较黏性浸渍纸绝缘电缆稍高。

(二) 塑料绝缘电缆

(1) 聚氯乙烯绝缘电缆。安装工艺简单；聚氯乙烯化学稳定性高，具有非燃性，材料来源充足；能适应高落差敷设；维护简单；聚氯乙烯电气性能比聚乙烯稍低；工作温度高低对其机械性能有明显影响。

(2) 聚乙烯绝缘电缆。介电性能优良，工艺性能好，易于加工，耐热性差，受热易变形，易燃。

(3) 交联聚乙烯绝缘电缆。允许温升高，载流量大；有优良的节电性能；适宜于高落差敷设。

(4) 橡胶绝缘电缆。柔软性好，易弯曲，在很大温差范围内具有弹性，适宜作多次拆装的线路；有较好的电气性能、机械性能和化学稳定性；耐热、耐油性能差，只能作低压电缆使用。

低压电缆线路选择电缆时，一般优先选择交联聚乙烯电缆。

四、低压电力电缆的结构

低压电缆线路比 10kV 中压电缆线路电缆结构简单，有单芯、两芯、三芯、四芯、五芯、多芯等。低压电缆结构主要分为线芯（导体）、绝缘层、保护层三部分。

(1) 线芯。线芯是电缆的导电部分，用来传输电能，是电缆的主要部分。目前电力电缆的线芯都采用铜或铝，铜比铝导电性能好、机械性能高，但铜比铝价高。

(2) 绝缘层。它是将线芯与大地以及不同相的线芯间在电气上彼此隔离，从而保证电能输送，是电缆结构中不可缺少的组成部分。

(3) 保护层。保护层的作用是保护电缆免受外界杂质和水分的侵入，以及防止外力直接损坏电缆，因此它的质量对电缆的使用寿命有很大的影响。保护层一般是由内衬层、外护层（铠装层和外被层或外护套）等几个部分组合而成的。

模块 2　低压电力电缆的敷设施工

目前电缆敷设仍然是动员较多的人力进行敷设。机械化敷设电缆也正在一些工程中应用，方法是采用电动输送机和电动牵引机，分别推送和曳引电缆。这样敷设时人数大为减少，但准备工作较多，机械维修工作量大，对于电力电缆敷设施工安装操作，重点介绍直埋电缆敷设、室内及沟道内电缆敷设安装操作程序及电缆敷设的质量标准。

一、危险点分析与控制措施

（1）挖掘电缆沟前应了解地下设施埋设情况，并采取措施防止损坏地下设施或发生触电事故。

（2）敷设电缆前，应将电缆盘架设稳固，并将电缆盘上突出的钉子等拔掉，以防转动时操作人员。

（3）人力施放电缆时，每人所承担的质量不得超过 35kg。所有人员均应站在电缆的同一侧，在拐弯处应站在其外侧。往地下放电缆时，应先后顺序轻轻放下，不得乱放。

（4）施放电缆时，不得在易坍塌的沟边 0.5m 以内行走。在墙洞、沟口、管口及隔层等处施放电缆时，人员应距洞口处 1m 以上。

二、作业前的准备

（一）电缆敷设施工相关图纸资料的掌握

（1）熟悉电缆施工图并根据图纸编制施工方案。

（2）了解电缆线路设计图，一般包括：了解该工程的设计方案，所需要各种材料、工器具。明确电缆起始点至终点的具体位置。

（二）电缆线路的路径选择

电缆线路在正常条件情况下，其寿命在 20 年以上，且线路不易变动，因此必须慎重选择合适的电缆线路路径。当施工中发现有异常情况不利电缆线路今后安全运行时，施工人员应向有关部门提出更改设计，使电缆线路的路径更加合理，其原则如下所述。

（1）安全运行方面。尽可能避免各种外来损坏，提高电缆线路的供电可靠性。

（2）经济方面。从投资最省的方面考虑。

（3）施工方面。电缆线路的路径必须便于施工和投运后的运行维护。

（三）电缆保护管的加工及埋设

电缆从沟道至设备这一段常常是穿管敷设的，为了是保护电缆不受机械损伤和避免过多的砌筑分支沟道。由于电缆保护管要在土建施工时配合土建进行预埋。这样就要求施工人员不仅要熟悉电缆施工图纸，了解电气设备的布置情况和设备的接线位置，才能将位置预埋准确。

（四）电缆支架配制和安装

除直埋于地下的电缆外，电缆都要敷设于支架上，电缆支架现有角钢架、装配式支架及混凝土电缆支架等多种。其中角钢支架历史最长，因其强度高，能适用各种场合，制作也还方便，所以仍广泛应用；装配式支架的立柱和翼板是工厂制造的，现场安装比较方便，对于加快施工进度、节约钢材，有显著的效果，在生产厂房中已大量使用。混凝土电缆支架，在电缆沟内大量应用。

（五）电缆的搬运、保管、检查和封端

（1）电缆的搬运。电缆应缠在盘上竖立运输，人力推动时应顺电缆圈匝缠紧的方向或盘上标明的箭头方向滚动，以免造成电缆松散、缠绞。车辆运输时，电缆盘立放于车上并临时固定。卸车时不许将盘抛下，要顺跳板滚下或吊运。短电缆可以按规定最小弯曲半径卷成圈，四点捆紧后搬运。

（2）电缆的保管。电缆应集中保管，分类存放，盘上应标明型号、电压、芯数、截面及长度等，并有制造厂的合格证。存放地点要干燥，地基坚实，易于排水，电缆盘排列整齐，盘之间应有通道，便于随时领取，电缆盘应立放禁止平放。

（3）电缆检查。对于新到现场的电缆都应作一次外观检查，除检查电缆盘的完整与否以外，尚应检查电缆端头封头情况。规格型号不清的电缆，要剥开查明后，重新标志于盘上。在保管期间应每三个月全面检查一次，平时发现缺陷也要及时处理。

（4）电缆封端。塑料电缆和橡皮电缆也应封端防水分进入，水分浸入后铠装易锈蚀，还会促进绝缘老化。封端方法可以用塑料封头套，也可以用黏性塑料带包缠。

（六）电缆施工工具准备

电缆施工中除去一般常用工具必须备齐以外，尚应备齐有关专用工具，工程开始前应对专用工具进行清理检查维修，使之处于完好状态。

（1）电缆敷设的专用工具。电缆敷设若是人工敷设，其专用工具有：电缆放线架、滑车等。机械敷设其专用工具有：电动牵引机、电缆输送机、防捻器等。

（2）电缆标示牌。放电缆前，一定要将电缆标示牌准备好，电缆标示牌上应有以下内容：电缆编号、电缆型号规格、起点、终点等。

（3）电缆接头的专用工具。主要有：电缆剥、切、削专用工具、机械压力钳、燃气喷枪、电工工具、电烙铁及相关材料等，皆应配备齐全。

冬季施工，电缆存放地点在敷设前 24h 内的平均温度以及敷设现场的温度如果低于表7-3中规定的数值时，要采取加热电缆的措施，否则不能敷设。

表 7-3　　　　　　　　　　　　　　电缆最低允许敷设温度

电缆类型	电缆结构	最低允许敷设温度/℃
控制电缆	耐寒护套橡皮绝缘聚氯乙烯护套全塑电缆	−20、−15、−10
塑料绝缘电力电缆	高低压电缆	0
油浸纸绝缘电力电缆	充油或一般油纸	−10 或 0
橡皮绝缘电力电缆	橡皮或聚氯乙烯护套铅护套钢代铠装	−15、−7

三、电缆敷设的质量标准及步骤

（一）电缆敷设的一般工艺质量要求

（1）电缆敷设应做到横看成线，纵看成行，引出方向一致，余度一致，相互间距离一致，避免交叉压叠，达到整齐美观。

（2）在下列地点，电缆应穿入保护管内。

1）电缆引入及引出建筑物、隧道、沟道处。

2）电缆穿过楼板及墙壁处。

3）引至电杆上或沿墙敷设的电缆离地面 2m 高的一段。

4）室内电缆可能受到机械操作的地方，室外电缆穿越道路时以及室内人容易接近的电缆距地面 2m 高的一段。

5）装在室外容易被碰撞处的电缆应加装保护管。保护管的埋入深度为 0.2～0.3m。

6）电缆穿越变、配电所层面，均要用防火堵料封堵。电缆穿入变、配电所的孔或洞均经封堵密封，有效防水。

（3）在下列地点，电缆应挂标示牌：电缆两端；改变电缆方向的转角处；电缆竖井口；电缆的中间接头处。

（4）电缆在下列各点用夹具固定：水平敷设直线段的两端；垂直敷设的所有支持点；电缆转角处弯头的两侧；电缆端头颈部；中间接头两侧支持点。

（5）单芯电缆的固定支架不应形成磁回路，如夹头应采用铜、铝或其他非磁性的材料。单芯电缆穿人的导管同样需要采用非磁性材料。

（6）电缆的弯曲半径与电缆外径的比值应符合表 7-4 的规定要求。

表 7-4 电缆最小允许弯曲半径与电缆外径的比值

电 缆 种 类	电缆护层结构	单 芯	多 芯
油浸纸绝缘电力电缆	铠装或无铠装	20	15
橡塑绝缘电力电缆	有金属屏蔽层	10	8
	无金属屏蔽层	8	6
	铠装		12
控制电缆	铠装		10
	非铠装		6

（7）控制电缆（尤其是用于电流回路）不允许有中间接头，只有在敷设长度超过制造长度才允许接头。

（8）多根电力电缆并列敷设时，电缆接头不要并排装接，应前后错开。接头盒用托板托置，并用耐电弧隔板隔开，托板及隔板两端要伸出接头盒 0.6m 以上。也可采用套一段钢管来保护。

（9）敷设电缆时，电缆应从电缆盘上端引出，用滚筒架起防止在地面摩擦，不要使电缆过度弯曲。注意检查电缆，电缆上不能有未消除的机械损伤（如压扁、拧绞、铠装严重锈蚀断裂等）。

（10）铠装电缆在锯切前，应在锯口两侧各 50mm 处用铁丝绑牢。塑料绝缘电缆作防水封端。

（11）机械牵引敷设电缆时，牵引强度不要大于表 7-5 所列数值。装牵引头敷设时，线芯承受拉力，一般以线芯导线抗拉强度的 25％为允许拉力。

（12）用机械牵引电缆时，线头必须装牵引头。短电缆可以用钢丝网套牵引，卷扬机的牵引速率一般为 6～7m/min。

表 7 - 5   **电缆最大允许牵引强度**

牵引方式	允许牵引强度/(kgf·cm^{-2})			
	铜芯	铝芯	铅包	铝包
牵引头	7	4		
钢丝网套			1	4

（13）敷设电缆时，应专人指挥，以鸣哨和扬旗为行动指令。路线较长时应分段指挥，全线听从指挥，统一行动。如人员不足，可分段敷设，但速度较慢。敷设中遇转弯或穿管来不及时，可将电缆甩出一定长度的大弯作为过渡，以后再往前拉。

（14）电缆进入沟道、隧道、竖井、建筑物、屏柜内以及穿入管子时，出入口应封闭。防止小动物、防水及防火等灾害。封闭方法可根据情况选择，如用玻璃丝棉、保温材料、铁板、油泥等。

（15）电缆敷设时常以铁丝临时绑扎固定，待敷设完毕后，应及时整理电缆，将电缆按设计位置排列放置，电缆理直，并按前述要求用卡子固定，补挂电缆牌等，在上屏的地方应留有适量的弯头裕度。

（16）电缆敷设后。在填土前，必须及时通知资料人员进行电缆和接头位置等的丈量登录和绘图。

（二）直埋电缆敷设操作步骤

室外电缆在无沟道相通的情况下，常用直接埋于地下的方式敷设。电缆必须埋于冻土层以下，沟底要求是良好的软土层，没有石块和其他硬质杂物，否则就应铺上不小于 100mm 厚的沙或软土层。电缆上面也要覆盖一层不小于 100mm 厚的软土或沙层。覆盖层上面用混凝土板或砖块覆盖，宽度超过电缆两侧各 50mm，防止电缆受机械损伤。板上面再将原土回填好。

直埋电缆要求有一定的机械强度，又要能抗腐蚀，因此要选用带麻被外护层的铠装电缆或有塑料外护层的铠装塑料电缆。敷设路线上有腐蚀性土壤时，应按设计规定处理，否则不能直埋，还应考虑有无其他危害。

电缆直埋敷设应有一定的波浪形摆放，以防地层不均匀沉陷损坏电缆。电缆中间接头盒应置于面积较大的混凝土板上，接头盒排列位置应互相错开，接头两端电缆要有一定的俗度。电缆及接头盒位置应设立标志桩，通常用混凝土制作方形或三角形标志桩。还应绘制电缆敷设位置图以便移交运行单位。

（三）室内、沟道及隧道内电缆敷设操作步骤

（1）沟道、隧道、室内电缆敷设除应按一般工艺要求进行。

（2）电缆沟内敷设安装电缆的方法和技术要求。由于电力网的迅速发展，电缆线路日益增多，许多地方采用直埋式敷设方法来安装的电缆线路，已很难适应电网的发展需要，于是用电缆沟方式敷设电缆线路的方法就产生了，这种方法一般能使几条电缆线路可上下、近距离安装。

1）电缆沟内的电缆敷设安装方法。一般电缆施工部门不自行建造电缆沟，故在电缆线路路径确定以后，需委托土建单位进行施工。电缆沟内敷设电缆的方法与直埋电缆的敷设方法相仿，一般可将滑车放在沟内，施放完毕后，将电缆放于沟底或支架上，并在电缆上绑扎记载线路名称的铭牌。敷设后，同样需按要求清理现场和及时、正确、清楚填好敷设安装的质量报表，交有关管理部门。

2）电缆沟的电缆敷设安装规范要求。

a. 敷设在不填黄沙的电缆沟（包括户内）内的电缆，为防火需要，应采用裸铠装或阻燃（或耐火）性外护层的电缆。

b. 电缆线路上如有接头，为防止接头故障时殃及邻近电缆，可将接头用防火保护盒保护或采取其他防火措施。

c. 电缆沟的沟底可直接放置电缆，同时沟内也可装置支架，以增加敷设电缆的数量。

d. 电缆固定于支架上，水平装置时，外径不大于 50mm 的电力电缆及控制电缆，每隔 0.6m 一个支撑；外径大于 50mm 的电力电缆，每隔 1.0m 一个支撑。排成正三角形的单芯电缆，应每隔 1.0m 用绑带扎牢。垂直装置时，每隔 1.0～1.5m 应加以固定。

e. 电力电缆和控制电缆应分别安装在沟的两边支架上。若不能，则应将电力电缆安置在控制电缆之上的支架上。

f. 电缆沟内全长应装设有连续的接地线装置，接地线的规格应符合规范要求。其金属支架、电缆的金属护套和铝装层（除有绝缘要求的例外）应全部和接地装置连接，这是为了避免电缆外皮与金属支架间产生电位差，从而发生交流电蚀或单位差过高危及人身安全。

g. 电缆沟内的金属结构物均需采取镀锌或涂防锈漆的防腐措施。

（四）管道内电缆的敷设操作步骤

电缆穿管敷设时，应先疏通管道，可用压缩空气吹净，或用粗铁丝绑上一点棉纱、破布之类通入管内清除污脏。管路不长时，可直接将电缆穿送入。当管线长或有两个直角弯时，可先将一根 8～10 号铁丝穿入管内，一端扎紧于电缆上，以后一头曳引，一头穿送，为了加强润滑，还可在管口及电缆上抹上滑石粉或工业凡士林。

（1）电缆穿入单管时，应符合下列规定。

1）铠装电缆与其他电缆不得穿入同一管内。

2）一根电缆管只允许穿一根电力电缆。

3）敷设于混凝土管、陶土管、石棉水泥管内的电缆，宜用塑料护套电缆，以防腐蚀。

（2）排管内电缆的敷设安装和技术要求。在一些无条件建造电线隧道和电缆沟，而路面又不允许经常开挖的地方，建造电缆排管也是一种简易有效的方法。排管是将预先造好的管子按需要的孔数排成一定的形式，有必要时再用水泥浇铸成一个整体。管子应用对电缆金属护层不起化学作用的材料制成，例如陶瓷管、石棉水泥管、波纹塑料管和红泥塑料管等。

1）排管的建设。根据市政道路的建设规划和城市电网的发展规划，制定排管设计方案，经有关部门批准后，由土建工程队伍实施。一般应在每隔 150～200m 处及排管转弯处和分支处，建筑一个工作井。工作井的实际尺寸需要考虑电缆接头的安装、维护、检修的方便。排管通向工作井应有不小于 0.1％的倾斜度，以便管内的水流向工作井。

2）敷设前的准备工作。准备工作如下：详细检查管子内部是否通畅，管内壁是否光滑，任何不平和有尖刺的地方都会造成电缆外护套的损坏。检查和疏通排管可用两端带刃的铁制心轴，其直径比排管内径略小些。用绳子扣住心轴的两端，然后将其穿入排管来回拖动，可消除积污并刨光不平的地方。用直径比排管内径略小的钢丝刷刷光排管内壁。排管口及工作井口应套以光滑的喇叭口管以达到平滑过渡的目的。

3）排管内电缆的敷设。排管内的电缆敷设基本方法和直埋电缆敷设相似。

a. 将电缆盘放在工作井底面较高一侧的工作井外边。然后用预先穿入排管内部表面无毛刺的钢丝绳与电缆牵引头相连。把电缆放入排管并牵引到另一个井底面较低的工作井。

b. 如果排管中间有弯曲部分，则电缆盘应放在靠近排管弯曲一端的工作井口，这样可减少电缆所受的拉力。

c. 牵引力的大小与排管对电缆的摩擦系数有关，一般约为电线重量的 $50\%\sim70\%$。

d. 为了便于施放电缆，减少电缆和管壁间的摩擦力，电缆入排管前，可在其表面涂上与其护层不起化学反应的润滑脂。

4）排管内的电缆敷设安装规范要求。

a. 一般敷设在排管内的电缆采用无铠装裸电缆或塑料外护套电缆。

b. 管内径不应小于电缆外径的 1.5 倍，且不得小于 100mm，以便于敷设电缆。管子内壁要求光滑，保证敷设时不损伤电缆外护套。

c. 敷设时的牵引力不得超过电缆最大的允许拉力。

d. 有接头的工作井内的电缆应有重叠。重叠长度一般不超过 1.5m。

模块3　电力电缆线路运行维护

一、电力电缆线路的运行维护要求

据统计，很大部分的电缆线路故障是因外来机械损伤产生的，因此为了减少外力损坏、消除设备缺陷保证可靠供电就必须对电缆线路作好巡视监护工作，以确保电全运行。

电缆线路的巡视监护工作由专人负责，配备专业人员进行巡视和监护，并根据具体情况制订设备巡查的项目和周期。下面介绍 35kV 及以下电压等级的电缆线路巡视监测工作的一般方法。

（一）巡视周期

（1）一般电缆线路每 3 个月至少巡视一次。根据季节和城市基建工程的特点应相应增加巡视的次数。

（2）竖井内的电缆每半年至少巡视一次。

（3）电缆终端每 3 个月至少巡视一次。

（4）特殊情况下，如暴雨、发洪水等，应进行专门的巡视。

（5）对于已暴露在外的电缆，应及时处理，并加强巡视。

（6）水底电缆线路，根据情况决定巡视周期。如敷设在河床上的可每半年一次，在潜水条件许可时，应派潜水员检查，当潜水条件不允许时，可采用测量河床变化情况的方法代替。

（二）巡视的工作内容

（1）对敷设在地下的电缆线路应查看路面是否有未知的挖掘痕迹，电缆线路的标桩是否完整无缺。

（2）电缆线路上不可堆物。

（3）对于通过桥梁的电缆，应检查是否有因沉降而产生的电缆被拖拉过紧的现象，是否有由于振动而产生金属疲劳导致金属护套龟裂现象，保护管或槽有否脱开或锈蚀。

（4）户外电缆的保护管是否良好，有锈蚀及碰撞损坏应及时处理。

（5）电缆终端是否洁净无损，有无漏胶、漏油、放电现象，接地是否良好。

（6）观察示温蜡片确定引线连接点有否过热现象。

（7）多根电缆并列运行时，要检查电流分配和电缆外皮温度情况，发现各根电缆的电流和温度相差较大时，应及时汇报处理，以防止负荷分配不均引起烧坏电缆。

（8）隧道巡视要检查电缆的位置是否正常、接头有无变形和漏油、温度是否正常、防火设施是否完善、通风和排水照明设备是否完好。

（9）电缆隧道内不应积水、积污物，其内部的支架必须牢固、无松动和锈烂现象。

（10）发现违反电力设施保护的规定而擅自施工的单位，应立即阻止其施工、对按规定施工的单位，应作好电缆地下的分布情况现场交底工作，并加强监视和配合施工单位处理好施工中发生的与电缆线路有关的问题。

二、电缆线路常见故障分析、排除

电缆故障是指电缆在预防性试验时发生绝缘击穿或在运行中因绝缘击穿、导线烧断等而迫使电缆线路停止供电的故障。本节作为电缆运行管理的主要内容，将全面叙述电缆线路的常见故障：类型、现象、危害、原因、处理。

（一）电缆线路故障的类型

1. 按故障部位划分

按故障部位划分电缆线路故障可分为以下几种。

（1）电缆本体故障。

（2）电缆附件故障。

（3）充油电缆信号系统故障。

2. 按故障现象划分

按故障现象划分电缆线路故障可分为以下几种。

（1）电缆导体烧断、拉断而引起电缆线路故障。

（2）电缆绝缘被击穿而引起电缆线路故障。

3. 按故障性质划分

按故障性质划分电缆线路故障可分为以下几种。

（1）接地故障。

（2）短路故障。

（3）断线故障。

（4）闪络性故障和混合故障。

（二）电缆线路故障的原因

在电缆线路的运行管理中，分析电缆故障发生的原因是非常重要的，从而达到减少电缆故障的目的。下面根据故障现象对不同部位的电缆线路故障进行详细分析。

1. 电缆本体常见故障原因

（1）电缆本体导体烧断或拉断。电缆本体的导体断裂现象在电缆制造过程中一般不存在，它一般发生在电缆的安装、运行过程中。

（2）电缆本体绝缘被击穿。电缆绝缘被击穿的故障比较普遍，其原因主要有以下几种。

1）绝缘质量不符合要求：绝缘质量受设计、制造、施工等多方面因素的影响。

2）绝缘受潮：绝缘受潮会导致绝缘老化而被击穿。

3）绝缘老化变质：电缆绝缘长期在电和热的双重作用下运行，其物理性能将发生变化，导致绝缘强度降低或介质损耗增大，最终引起绝缘损坏发生故障。

4）外护层绝缘损坏。对于超高压单芯电缆来讲，电缆的外护层也必须有很好的绝缘。否则，将大大影响电缆的输送容量或是造成绝缘过热而电缆损坏。

2. 电缆附件常见故障原因

这里所说的电缆附件指电缆线路的户外终端、户内终端及接头。电缆附件故障在电缆事故中居很大比例，且大部分布生在 10kV 及以下的电缆线路上，主要有以下原因。

（1）绝缘击穿。

（2）导体断裂。

（三）电缆线路常见故障缺陷的处理方法

电缆线路发生故障后，必须立即进行修理工作，以免水分大量侵入，扩大故障范围。消除故障必须做到彻底、干净，否则虽经修复可用，日久仍会引起故障，造成重复修理，损失更大。故障的修复需要掌握两项重要原则：①电缆受潮部分应予锯除；②绝缘材料或绝缘介质有碳化现象应予更换。

运行管理中的电缆线路故障可分为运行故障和试验故障。

1. 运行故障

运行故障是指电缆在运行中，因绝缘击穿或导体损而引起保护器动作突然停止供电的事故，或因绝缘击穿发单相接地，虽未造成突然停止供电但又需要退出运行的故障。运行中发生故障多半造成电缆严重烧伤，需消除故障重新接复，但单相接地不跳闸的故障尚可局部修理。

（1）电缆线路单相接地（未跳闸）。此类故障一般电缆导体的损伤只是局部的。如果是属于机械损伤，而故障点附近的土壤又较干燥时，一般可进行局部修理，加添一只假接头，即不将电缆芯锯断，仅将故障点绝缘加强即可。20～35kV 分相铅包电缆，修理单相或两相的则更多。

（2）电缆线路其他接地或短路故障。发生除单相接地（未跳闸）以外的其他故障时，电缆导体和绝缘的损伤一般较大，已不能局部修理。这时必须将故障点和已受潮的电缆全部锯除，换上同规格的电缆，安装新的电缆接头或终端。

（3）电缆终端故障。电缆终端一般留有余线，因此发生故障后一般进行彻底修复，为了去除潮气，将电缆去除一段后重新制作终端。

2. 试验故障

试验故障是指在预防性试验中绝缘击穿或绝缘不良而必须进行检修才能恢复供电的故障。

（1）定期清扫。一般在停电做电气试验时擦净即可。不停电时，应拿装在绝缘棒上的油漆刷子，在人体和带电部分保持安全距离的情况下，将绝缘套管表面的污秽扫去，如果是电缆漏出的油等油性污秽，可在刷子上沾些丙酮擦除。

（2）定期带电水冲。在人体和带电部分保持安全距离的情况下，用绝缘水管通过水泵用水冲洗绝缘套管，将污秽冲去。

3. 电缆的白蚁危害

白蚁的食物主要是木材、草根和纤维制品等，电缆的内、外护层并非是白蚁的食料，但在它们寻找食物的过程中会破坏电缆的外护层。白蚁能把电缆护层咬穿，使电缆绝缘受潮而损坏。因此电缆线路上还必须对白蚁的危害加以防治，其方法有以下几种。

（1）在发现有白蚁的地区采用防咬护层的电缆。

（2）当敷设前或敷设后对电缆线路还未造成损坏时，可采用毒杀的方法防止白蚁的危害。

4. 电缆线路的机械外力损伤的预防

电缆线路的机械外损占电缆线路故障原因的很大部分，而非电缆施工人员引起的电缆机械外损故障占了绝大部分，这对电缆线路的运行带来了严重的威胁，因此必须做好预防机械外损的工作，防止不必要的损坏。

三、电力电缆一般试验项目及标准

（一）电缆试验项目

电缆终端和中间接头制作完毕后，应进行电气试验，以检验电缆施工质量。电缆工程施工后的交接试验按照国家标准《电气装置安装工程电气设备交接试验标准》（GB50150—2006）的规定，应进行的试验项目如下所述。

（1）测量绝缘电阻。

（2）直流耐压试验及泄漏电流测量。

（3）检查电缆线路的相位。

（4）充油电缆的绝缘油试验。充油电缆还应进行护层试验、油流试验及浸渍系数试验等。

（二）绝缘电阻试验

测量绝缘电阻是检查电缆线路绝缘状况最简单、最基本的方法。测量绝缘电阻一般使用绝缘电阻表。测量过程中，应读取电压 15s 和 60s 时的绝缘电阻值 R15 和 R60，而 R60/R15 的比值称为吸收比。在同样测试条件下，电缆绝缘越好，吸收比的值越大。

电缆的绝缘电阻值一般不作具体规定，判断电缆绝缘情况应与原始记录进行比较，一般三相不平衡系数不应大于 2.5。由于温度对电缆绝缘电阻值有所影响，在做电缆绝缘测试时，应将气温、湿度等天气情况做好记录，以备比较时参考。

1kV 以下电压等级的电缆用 500～1000V 绝缘电阻表；1kV 以上电压等级的电缆用 1000～2500V 绝缘电阻表。

测量电力电缆绝缘电阻的步骤及注意事项如下所述。

（1）试验前电缆要充分放电并接地，方法是将电缆导体及电缆金属护套接地。

（2）根据被试电缆的额定电压选择适当的兆欧表，并做空载和短路实验，检查仪表是否完好。

（3）若使用手摇式绝缘电阻表，应将绝缘电阻表放置在平稳的地方，将电缆终端套管表面擦净。绝缘电阻表有 3 个接线端子：接地端子 E、屏蔽端子 G、线路端子 L。为了减小表面泄漏可这样接线：用电缆另一导体作为屏蔽回路，将该导体两端用金属软线连接到被测试的套管或绝缘上并缠绕几圈，再引接到兆欧表的屏蔽端子上。

（4）应注意，线路端子上引出的软线处于高压状态，不可拖放在地上，应悬空。摇测方法是"先摇后搭，先撤后停"。

（5）手摇绝缘电阻表，到达额定转速后，再搭接到被测导体上。一般在测量绝缘电阻的同时测定吸收比，故应读取 15s 和 60s 时的绝缘电阻值。

（6）每次测完绝缘电阻后都要将电缆放电、接地。电缆线路越长、绝缘状况越好，则接地时间越长，一般不少于 1min。

（三）交流耐压试验和泄漏电流测量

交流电压试验结合局部放电测量被证明效果良好。现场的局部放电试验主要是检查电缆附件及接头。因为电缆本身已进行出厂检验，现场还做了外护套试验，是不会有问题的。局部放电试验正广泛应用于现场试验。目前主要是利用超高频和超声波进行现场局部放电探测，测量点主要是接头和终端。

（四）电缆相位检查

电缆敷设完毕在制作电缆终端前，应核对相位；终端制作后应进行相位标志。这项工作对于单个用电设备关系不大，但对于输电网络、双电源系统和有备用电源的重要用户以及有并联电缆运行的系统有重要意义，相位不可有错。

核对相位的方法很多。比较简单的方法是在电缆的一端任意两根导体接入一个用干电池 2～4 节串联的低压直流电源，假定接正极的导体为 A 相，接负极的导体为 B 相，在电缆的另一端用直流电压表或万用表的 10V 电压挡测量任意两根导体。

第八章　动力及照明设备安装

模块 1　常用低压开关电器安装

低压开关电器是指电压在 1000V 及以下，在电力线路中起保护、控制或调整等作用的电气元件，主要包括低压开关、低压熔断器和低压断路器等。

一、作业内容

（1）隔离开关与刀开关的安装。

（2）低压熔断器安装。

（3）低压接触器安装。

（4）低压断路器安装。

二、危险点分析与控制措施

（1）人身触电。低压电气工作，应采取措施防止误入相邻间隔、误碰相邻带电部分；严格执行现场安全技术措施。

（2）电弧灼伤。低压电气带电工作应采取绝缘隔离措施防止相间短路和单相接地；使用的工具应有绝缘柄，其外露的导电部位应采取绝缘包裹措施，禁止使用锉刀、金属尺等工具。

（3）高处坠落。凡在坠落高度基准面 2m 及以上的高处进行的作业，都应视作高处作业。

（4）高空落物、碰伤。工具、材料传递应使用绳索，严禁上下抛掷，所有工作人员必须正确佩戴安全帽、使用安全防护用品。作业现场应装设安全围栏，悬挂标识牌。

三、操作步骤

（一）安装前的准备工作

（1）着装整齐，履行相关手续（保证安全的组织措施）。

（2）准备安装所需材料。材料外观检查、机械性能试验、电气性能检测、核对图纸及安装尺寸、检查附件材料的型号及数量是否符合要求。

（3）准备安装所需工、器具。一般为常用电工工具及仪表，特殊新产品应配有专用工具。

（二）作业过程

（1）核对现场设备名称编号。

（2）执行现场安全技术措施，确保人身安全。

（3）按安装图纸或产品说明书的要求安装设备及附件。

（4）检查接线是否正确。

（5）安装后的预操作试验。

（6）工作结束清理作业现场，拆除安全措施，汇报完工。

四、质量标准

（一）隔离开关与刀开关的安装质量标准

（1）动触点与固定触点的接触应良好；且刀片不应摆动，大电流的触点或刀片宜涂电力复合脂。

（2）双投刀开关在分闸位置时，刀片应可靠固定，不得自行合闸。

（3）安装杠杆操动机构时，应调节杠杆长度，使操作到位且灵活；开关辅助触点指示应正确。

（4）带熔断器或灭弧装置的负荷开关接线完毕后，检查熔断器应无损伤，灭弧栅应完好，且固定可靠；电弧通道应畅通，灭弧触点各相分闸应一致。

（5）刀开关安装的高度，一般 1.5m 左右为宜，但最低不应小于 1.2m，在行人容易触及的地方，刀开关应有防护外罩。

（6）转换开关和倒顺开关安装后，其手柄位置指示应与相应的接触片位置相对应；定位机构应可靠；所有的触点在任何接通位置上应接触良好。

（7）N 线上严禁安装可单独操作的单极开关电器；严禁隔离或断开 PE 线。

（8）其他种类隔离开关安装应符合现行规程、规范要求。

（二）低压熔断器安装质量标准

（1）熔断器及熔体的容量，应符合设计要求，与所保护电气设备的容量相匹配；对特殊电器元件保护专用的熔断器，严禁用其他熔断器替代。

（2）熔断器安装位置及相互间的距离，应考虑防止电弧飞落在临近带电部分，同时应便于更换熔体。

（3）有熔断指示器的熔断器，其指示器应装在便于观察一侧；带有接线标志的熔断器，应按标志进行接线。

（4）安装具有几种规格的熔断器，应在底座旁标明规格。

（5）管形熔断器两端的铜帽与熔体压紧，应接触良好。

（6）插入式断路器的固定触点的钳口，应有足够的压力。

（7）二次回路用的管形熔断器，如固定触点的弹簧片突出底座侧面时，熔断器间应加绝缘片，防止两相邻熔断器的熔体熔断时造成短路。

（三）低压接触器安装质量标准

（1）在接线正确的情况下，尽量使接线清晰美观。

（2）触点的接触应紧密，固定主触点的触点杆应固定可靠。

（3）当带有动断触点的接触器与磁力启动器闭合时，应先断开动断触点，后接通主触点；当断开时应先断开主触点，后接通断触点，且三相主触点的动作应一致，其误差应符合产品技术文件的要求。

（4）电磁启动器热元件的规格应与负载特性相匹配；热继电器的电流调节应按设计要求进行定值校验。

（5）在主触点不带电的情况下，启动线圈断、通电时主触点应动作正常，衔铁吸合后应无异常响声。

（6）可逆启动器或接触器的电气连锁装置和机械连锁装置的动作均应正确、可靠。

（四）低压断路器安装质量标准

（1）低压断路器的安装应符合产品技术文件的规定；当无明确规定时，宜垂直安装。

（2）低压断路器与熔断器配合使用时，熔断器应安装在电源侧。

（3）低压断路器操动机构的安装，应符合下列要求。

1）操作手柄或传动杠杆的开、合位置应正确；操作力不应大于产品的规定值。

2）电动操动机构接线应正确；合闸过程中，开关不应跳跃；开关合闸后，限制电动机或电磁铁通电时间的连锁装置应及时动作；电动机或电磁铁通电时间不应超过产品的规定值。

3）开关辅助触点动作应正确可靠，接触应良好。

4）抽屉式断路器的工作、试验、隔离3个位置的定位应明显。

5）抽屉式断路器空载时进行抽、拉数次应无卡阻，机械连锁应可靠。

（4）断路器各部分接触应紧密，安装牢靠，无卡阻、损坏现象，尤其是触点系统、灭弧系统应完好。

（5）各种开关电器在开断负荷电流时都产生弧光，尤其在开断短路电流时弧光更大。为了防止弧光短路和弧光烧损设备，对断路器等开关设备的安装应该满足下列要求。

1）要将开关设备的灭弧罩（或绝缘隔板）安装完好。

2）断路器安装时，要按说明书要求保证其与其他元件间有足够的垂直距离。如：630A以下的断路器与其上方刀开关间的垂直距离不小于250m；630A以上的断路器与其上方刀开关间的垂直距离不小于350m，便于运行，便于维护、检修。

（6）配有半导体脱扣装置的低压断路器，其接线应符合相序要求，脱扣装置的动作应可靠。

模块2　电动机启动控制方式及电路安装

电动机常用启动与控制方式包括：直接、Y-△、自耦变压器降压启动及正反转控制等。

一、工作内容

（1）三相电动机直接启动控制电路的安装。

（2）三相电机正、反向启动控制电路的安装。

（3）三相电机 Y-△启动控制电路的安装。

二、危险点分析与控制措施

（1）防人身触电。操作前拉开主电源刀闸，并做好防止误合刀闸的措施。检查接线是否正确应使用电工仪表，禁止用试送电的方法判断接线是否完成或接线是否正确。

（2）防止短路弧光伤人。接线完成送电操作时，应防止因接线错误造成短路电弧伤人。

（3）防意外人身伤害。正确使用工器具和个人劳动防护用品。

三、作业准备

（1）人员分工。电动机启动、控制电路安装作业设：现场工作负责人1人（兼安全监护人），安装操作人员1人，辅助工作人员若干。

（2）主要工具。一般为常用电工工具（一套）、便携式电钻（一把）及检测仪表，特殊新产品应配有专用工具。

（3）材料准备。进行安装作业所需材料见表 8-1；所有材料外观必须合格，绝缘无损伤，结构（机构）无明显质量问题。

（4）工作人员按规定着装，穿工作服、绝缘鞋、戴安全帽。严格按操作规程的要求履行相关操作手续。

表 8-1　　　　　　　　　　　　电动机启动、控制电路安装所需材料表

序　号	名　称	规　格	单　位	数　量
1	电动机	2.2kW（Y 系列）	台	1
2	三相隔离开关	20A	只	1
3	交流接触器	32A、380V	只	3
4	熔断器	15A	只	5
5	按钮	10A（常开）	个	2
6	按钮	10A（常闭）	个	2
7	热继电器	20A	个	1
8	端子	10A	组	1
9	导线	—		
10	螺钉及扎带	—		

四、操作步骤及安装质量标准

（一）三相电动机直接启动控制电路的安装

1. 熟悉电气原理图

图 8-1 所示为电动机单向启动控制线路的电气原理图。

电路的控制动作如下：合上刀开关 Qs。

（1）启动。

按下 SB2→KM 线圈得电—┌→KM 主触点闭合→电动机 M 得电启动、运行
　　　　　　　　　　　　└→KM 动合辅助触点闭合→实现自保

（2）停车。

按下 SB1→KM 线圈失电—┌→KM 主触点复位→电动机 M 断电停车
　　　　　　　　　　　　└→KM 动合辅助触点复位→自保解除

2. 绘制安装接线图

根据接线原理图和板面布置要求绘制安装接线图，绘成后给所有接线端子标注编号。绘制好的接线图如图 8-2 所示。

3. 检查电器元件

检查刀开关的三极触刀与静插座的接触情况；检查各主触点情况；按压其触点架观察动触点（包括电磁机构的衔铁、复位弹簧）的动作是否灵活；用万用表测量电磁线圈的通断，并记下直流电阻值；测量电动机每相绕组的直流电阻值，并作记录。此外，还要认真检查热继电器确认工作性能可靠。

4. 固定电器元件

按照接线图规定的位置将电器元件摆放在安装底板上。以保证主电路走线美观整齐。定位打孔后，将各电器元件固定牢靠。同时要注意将热继电器水平安装，并将盖板向上以利散热，保证其工作时保护特性符合要求。

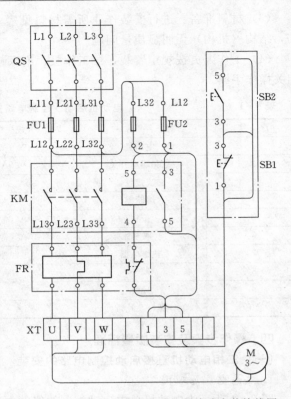

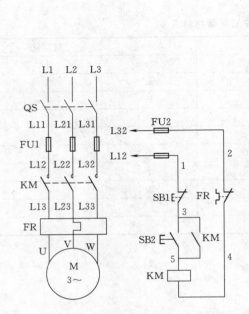

图8-1　三相电动机单向启动
控制线路电气原理图

图8-2　三相电动机单向启动控制线路安装接线图

5. 照图接线

从刀开关 QS 的下接线端子开始，先做主电路，后做辅助电路的连接线。

主电路使用导线的横截面积应按电动机的工作电流适当选取。将导线先校直，剥好两端的绝缘皮后成型，套上写好的线号管接到端子上。做线时要注意水平走线尽量靠近底板；中间一相线路的各段导线成一直线，左右两相导线应对称。三相电源线直接接入刀开关 QS 的上接线端子，电动机接线盒至安装底板上的接线端子之间应使用电缆连接。注意做好电动机外壳的接地保护线。

辅助电路（对中小容量电动机控制线路而言）一般可以使用截面积 $1.5mm^2$ 左右的导线连接。将同一走向的相邻导线并成一束。接入螺丝端子的导线先套好线号管，将芯线按顺时针方向绕成圆环，压接入端子，避免旋紧螺钉时将导线挤出，造成虚接。

6. 检查线路和试车

（1）对照原理图、接线图逐线核查。重点检查按钮盒内的接线和接触器的自保线，防止错接。

（2）检查各接线端子处接线情况，排除虚接故障。

（3）用万用表电阻挡检查，断开 QS，摘下接触器灭弧罩。

1）按点动控制线路的步骤、方法检查主电路。

2）检查辅助电路接好 FU2，作以下几项检查。

a. 检查启动控制将万用表笔跨接在刀开关 QS 下端子 L11、L31 处，应测得断路；按下

SB2，应测得 KM 线圈的电阻值。

　　b. 检查自保线路松开 SB2 后，按下 KM 触点架，使其动合辅助触点也闭合，应测得 KM 线圈的电阻值。

　　如操作 SB2 或按下 KM 触点架后，测得结果为断路，应检查按钮及 KM 自保触点是否正常，检查它们上、下端子连接线是否正确、有无虚接及脱落。必要时用移动表笔缩小故障范围的方法探查断路点。如上述测量中测得短路，则重点检查单号、双号导线是否错接到同一端子上了。例如：启动按钮 SB2 下端子引出的 5 号线应接到接触器 KM 线圈上端的 5 号端子，如果错接到 KM 线圈下端的 4 号端子上，则辅助电路的两相电源不经负载（KM 线圈）直接连通，只要按下 SB2 就会造成短路。再如：停止按钮 SB1 下接线端子引出的 3 号线如果错接到接触器 KM 自保触点下接线端子（5 号），则启动按钮 SB2 不起控制作用。此时只要合上隔离开关 QS（未按下 SB2），线路就会自行启动而造成危险。

　　c. 检查停车控制在按下 SB2 或按下 KM 触点架测得 KM 线圈电阻值后，同时按下停车按钮 SBI，则应测出辅助电路由通而断。否则应检查按钮盒内接线，并排除错接。

　　d. 检查过载保护环节摘下热继电器盖板后，按下 SB2 测得 KM 线圈阻值，同时用小螺丝刀缓慢向右拨动热元件自由端，在听到热继电器动断触点分断动作的声音同时，万用表应显示辅助电路由通而断。否则应检查热继电器的动作及连接线情况，并排除故障。

　　（4）试车。完成上述各项检查后，清理好工具和安装板检查三相电源。将热继电器电流整定值按电动机的需要调节好，经现场负责人（监护人）检查合格许可后，开始试车。其主要内容有以下几项。

　　1）空操作试验合上 QS，按下 SB2 后松开，接触器 KM 应立即得电动作，并能保持吸合状态；按下停止按钮 SB1，KM 应立即释放。反复操作几次，以检查线路动作的可靠性。

　　2）带负荷试车切断电源后，接好电动机接线，合上 QS、按下 SB2，电动机 M 应立即得电启动后进入运行；按下 SB1 时电动机立即断电停车。

　　（二）三相电机正、反向启动控制电路的安装

　　电动机正、反向启动控制方式是使用两只交流接触器来改变电动机的电源相序，使三相电机在控制回路的切换下，能正、反两个方向切换旋转。于是，控制电路的关键在于两只接触器不能同时得电动作，否则将造成电源短路。

　　1. 熟悉电气原理图

　　正、反向启动控制线路中的主电路使用两只交流接触器 KM1 和 KM2 分别接通电动机的正序、反序电源。其中 KM2 得电时，将电源的 U、W 两相对调后送入电动机，实现反转控制，主电路的其他元件的作用与单向启动线路相同。正、反向启动控制原理如图 8－3 所示。

　　辅助电路中，正反向启动按钮 SB2 和 SB3 都是有动合、动断两对触点的复式按钮。每只按钮的动断触点都串联在控制相反转向的接触器线圈通路里。当操作任意一只启动按钮时，其动断触点先分断，使相反转向的接触器断电释放，因而防止两只接触器同时得电动作。每只按钮上起这种作用的触点称为"联锁触点"，其两端的接线称为"联锁线"。每只接触器除使用一副动合触点进行自保外，还将一副动断触点串联在相反转向的接触器线圈通路中，以进行联锁，防止电源短路。其他元件的作用与单向启动线路相同。

　　线路控制动作如下：合上刀开关 QS。

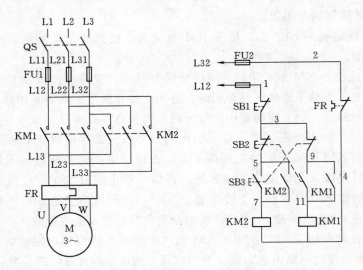

图 8-3　电动机正反启动控制线路（按钮联锁）电气原理图

（1）正向启动。

按下 SB2→KM1 线圈得电
- →KM1 动断辅助触点分断→实现联锁
- →KM1 主触点闭合→电动机 M 正向启动并运行
- →KM1 动合辅助触点闭合→实现自保

（2）反向启动。

先按 SB1→KM1 线圈失电
- →KM1 动合辅助触点复位→解除自保
- →KM1 主触点复位→电动机 M 断电
- →KM1 动断辅助触点复位→解除联锁

再按 SB2→KM2 线圈得电
- →KM2 动断辅助触点分断→实现联锁
- →KM2 主触点闭合→电动机 M 反向启动并运行
- →KM2 动合辅助触点闭合→实现自保

2．绘制安装接线图

电器元件的排布方式与按钮联锁线路完全相同。辅助电路中，将每只接触器的联锁触点并排画在自保触点旁边。认真对照原理图的线号标好端子号，如图 8-4 所示。

3．检查电器元件

认真检查两只交流接触器的主触点、辅助触点的接触情况，按下触点架检查各极触点的分合动作，必要时用万用表检查触点动作后的通断，以保证自保和连锁线路正常工作。检查其他电器、动作情况和进行必要的测量、记录、排除发现的电器故障。

4．固定电器元件

按照接线图规定的位置在底板上定位打孔和固定电器元件。

5．照图接线

接线的顺序、要求与单向启动线路基本相同，并应注意以下几个问题。

（1）从 QS 到接线端子板 XT 之间的走线方式与单向启动线路完全相同。两只接触器主触点端子之间的连线可以直接在主触点高度的平面内走线，不必向下贴近安装底板，以减少导线的弯折。

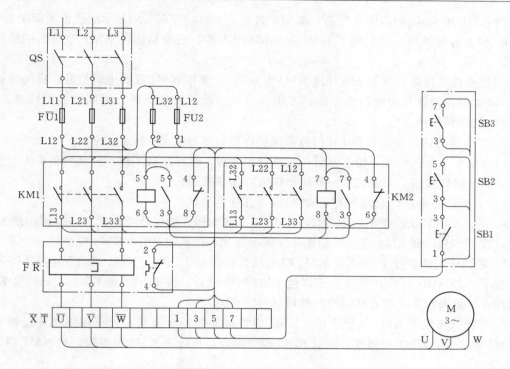

图 8-4　电动机正反向控制线路（辅助触点联锁）安装接线图

（2）做辅助电路接线时，可先接好两只接触器的自保线路，核查无误后再做连锁线路。自保线为单号，联锁线为双号，前者做在接触器线圈的前端，后者做在接触器线圈后端，这两部分电路没有公共接点，应反复核对，不可接错。

6. 检查线路和试车

（1）对照原理图、接线图逐线核查。重点检查主电路两只接触器之间的换相线及辅助电路的自保、联锁线路，防止错接、漏接。

（2）检查各端子处接线情况，排除虚接故障。

（3）用万用表检查。断开 QS，摘下 KM1、KM2 的灭弧罩，用万用表 R×1 挡测量检查以下各项。

1）检查主电路断开 FU2 以切除辅助电路。

a. 检查个相通路两支表笔分别接 L11～L21、L21～L31 和 L11～L31 端子，测量相间电阻值，未操作前应测得断路；分别按下 KM1、KM2 的触点架，均应测得电动机一相绕组的直流电阻值。

b. 检查电源换相通路两支表笔分别接 L11 端子和接线端子板上的 U 端子，按下 KM1 的触点架时应测得 R→0；松开 KM1 而按下 KM2 触点架时，应测得电动机一相绕组的电阻值。用同样的方法测量 L31～W 之间通路。

2）检查辅助电路拆下电动机接线，接通 FU2 将万用表表笔接于 QS 下端 L11、L31 端子，作以下几项检查。

a. 检查正反车启动及停车控制，操作按钮前应测得断路；分别按下 SB2 和 SB3 时，各应测得 KM1 和 KM2 的线圈电阻值；如同时再按下 SB1，万用表应显示线路由通而断。

b. 检查自保线路，分别按下 KM1 及 KM2 触点架，应分别测得 KM1、KM2 的线圈电阻值。

c. 检查连锁线路，按下 SB2（或 KM1 触点架），测得 KM1 线圈电阻值后，再同时轻轻按下 KM2 触点架使其动断触点分断，万用表应显示线路由通而断；用同样方法检查 KM1 对 KM2 的联锁作用。

d. 按前面所述的方法检查 FR 的过载保护作用，然后使 FR 触点复位。

（4）试车。上述检查一切正常后，检查三相电源，做好准备工作，经现场负责人（监护人）检查合格许可后，开始试车。具体操作内容如下所述。

1）空操作实验。合上刀开关 QS，做以下几项实验。

a. 正、反向启动、停车按下 SB2，KM1 应立即动作并能保持吸合状态；按 SB1 使 KM1 释放；按下 SB3，则 KM2 应立即动作并保持吸合状态；再按 SB1，KM2 应释放。

b. 联锁作用试验按下 SB2 使 KM1 得电动作；再按下 SB3，KM1 不释放且 KM2 不动作；按 SB1 使 MKI 释放，再按下 SB3 使 KM2 得电吸合，按下 SB2 则 KM2 不释放且 KM1 不动作。反夏操作几次检查联锁线路的可靠性。

c. 用绝缘棒按下 KM1 的触点键，KM1 应得电并保持吸合状态；再用绝缘棒缓慢地按下 KM1 触点键，KM1 应释放，随后 KM2 得电吸合；再按下 KM1 触点键，则 KM2 释放而 KM1 吸合。

作此项试验时应注意：为保证安全，一定要用绝缘棒操作接触器的触点键。

2）带负荷试车。切断电源后接好电动机接线，装好接触器灭弧罩，合上刀开关后试车。

试验正、反向启动、停车、操作 SB2 使电动机正向启动；操作 SB1 停车后，再操作 SB3 使电动机反向启动。注意观察电动机启动时的转向和运行声音，如有异常则立即停车检查。

（三）三相电机 Y－Δ 启动控制电路的安装

Y－Δ 启动线路常用于轻载或无载启动的电动机的降压启动控制。

1. 熟悉电气原理图

电动机 Y－Δ 启动控制方式通常有按钮转换和时间继电器转换两种形式。

（1）按钮转换电动机 Y－Δ 启动控制电路。如图 8－5 所示按钮转换的 Y－Δ 启动控制线路电气原理图。其中：KM1 是电源接触器，它得电时主触点将三相电源接到电动机的 U1、V1 和 W1 端子；KM2 是 Y 接触器，它的主触点上端子分别接电动机 U2、V2 和 W2 端子，而下端子用导线短接形成电动机三相绕组的"星连接"。KM3 是 Δ 接触器，它的主触点闭合时将电动机绕组接成 Δ 形。显然 KM2 和 KM3 不允许同时得电，否则它们的主触点同时动作会造成电源短路事故。

辅助电路中使用三只按钮，SB1、SB2、SB3 分别为停止、Y 启动、Δ 运行按钮，同时通过按钮联锁，保证 KM2 和 KM3 不能同时得电。为进一步防止电源短路，在 KM2 和 KM3 之间还设有辅助触点联锁。辅助电路的形式还可以防止人员误操作引起电动机启动顺序错误，如未操作 SB2 进行 Y 接启动而直接按下 SB3，由于 KM1 未动作，自保触点未闭合，线路将不能工作。

线路控制动作如下：合上刀开关 QS，Y－Δ 启动控制线路（按钮转换）。

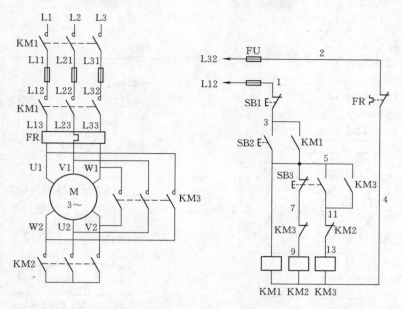

图 8-5　Y-△ 降压启动控制线路（按钮转换）电气原理图

1）Y 接启动。

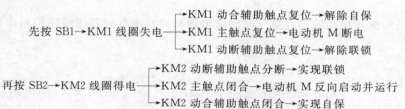

先按 SB1→KM1 线圈失电
→KM1 动合辅助触点复位→解除自保
→KM1 主触点复位→电动机 M 断电
→KM1 动断辅助触点复位→解除联锁

再按 SB2→KM2 线圈得电
→KM2 动断辅助触点分断→实现联锁
→KM2 主触点闭合→电动机 M 反向启动并运行
→KM2 动合辅助触点闭合→实现自保

2）△ 接运行。

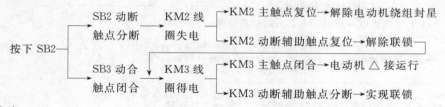

按下 SB3
SB2 动断触点分断　KM2 线圈失电
→KM2 主触点复位→解除电动机绕组封星
→KM2 动断辅助触点复位→解除联锁

SB3 动合触点闭合　KM3 线圈得电
→KM3 主触点闭合→电动机 △ 接运行
→KM3 动断辅助触点分断→实现联锁

3）停车。

按 SB1 ──→ 辅助电路断电 ──→ 各接触器释放 ──→ 电动机停车

（2）自动 Y-△ 启动控制线路（时间继电器转换）。图 8-6 是时间继电器转换的自动 Y-△ 启动线路的电气原理图。主电路与前述线路完全相同。辅助电路中增加了时间继电器 KT，用来控制电动机绕组 Y 接启动的时间和向 △ 接运行状态的转换。因而取消了运行控制按钮 SB3，线路在接触器的动作顺序上采取了措施：由 Y 接触器 KM2 的动合辅助触点接通电源接触器 KM1 的线圈通路，保证 KM2 主触点的"封星"线先短接后，再使 KM1 接通三相电源，因而 KM2 主触点不操作启动电流，其容量可以适当降低；在 KM2 与 KM3 之间设有辅助触点联锁，防止它们同时动作造成短路；此外，线路转入 △ 接运行后，KM3 的动断触点分断，切除时间继电器 KT，避免 KT 线圈长时间运行而空耗电能，并延长其寿命。

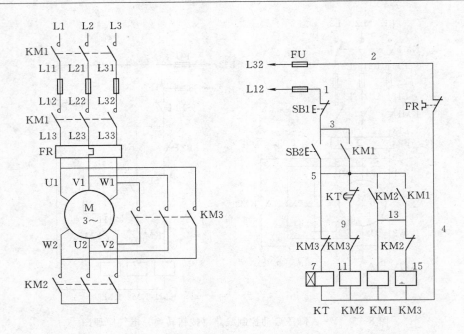

图 8-6　时间继电器转换的自动 Y-△ 启动线路的电气原理图

　　自动星三角减压启动控制线路（时间继电器转换）电气原理图线路控制动作如下：合上刀开关 QS。

　　1）启动。

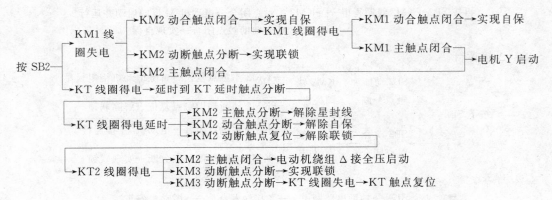

　　2）停车。

按 SB1→辅助电路断电→各接触器释放→电动机断电停车

　　2.绘制安装接线图

　　以图 8-6 为例，对应的接线图如图 8-7 所示。主电路中 QS、FU1、KM1 和 KM3 排成一纵直线，KM2 与 KM3 并列放置，以上布局与前述线路相同。将 KT 与 KM 在纵方向对齐，使各电器元件排列整齐，走线美观方便。注意主电路中各接触器主触点的端子号不得标错，辅助电路的并联支路较多，应对照原理图看清楚连线方位和顺序。尤其注意连接端子较多的 5 号线，应认真核对，防止漏标编号。

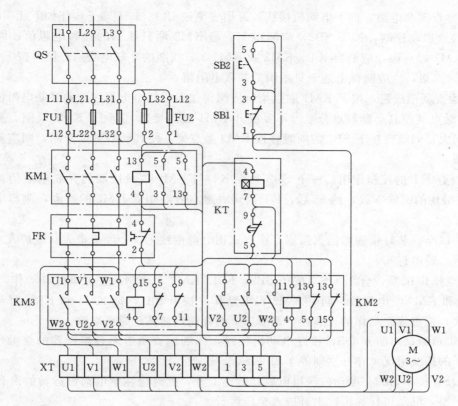

图 8-7　自动 Y-△ 减压启动控制线路（时间继电器转换）安装接线图

3. 检查电器元件

按前所述的要求检查各电器元件。首先检查延时类型，如不符合要求，应将电磁机构拆下，倒转方向后装回。用手压合衔铁，观察延时器的动作是否灵活，将延时时间调整到 5s 左右。

4. 固定电器元件

除按常规固定各电器元件以外，还要注意 JS7-1A 时间继电器的安装方位。如果设备运行时安装底板垂直于地面，则时间继电器的衔铁释放方向必须指向下方，否则违反安装要求。

5. 照图接线

主电路中所使用的导线截面积较大，注意将各接线端子压紧，保证接触良好和防止振动引起松脱。辅助电路中 5 号线所连接的端子多，其中 KM2 动断触点上端子到 KT 延时触点上端子之间的连线容易漏接；13 号线中 KM1 线圈上端子到 KM2 动断触点上端子之间的一段连线也容易漏接，应注意检查。

6. 检查线路和试车

按常规要求进行检查。

（1）用万用表检查。断开 QS，摘下接触器灭弧罩，万用表拨到 R×1 档，作以下各项检查。

1）按前所述的步骤、方法检查主电路。

2）检查辅助电路，拆下电动机接线，万用表笔接 L11、L31 端子，作如下几项测量。

a. 检查启动控制，按下 SB2，应测得 KT 与 KM2 两只线圈的并联电阻值；同时按下 SB2 和 KM2 触点架，应测得 KT、KM2 及 KM1 3 只线圈的并联电阻值；同时按下 KM1 与 KM2 的触点架，也应测得上述 3 只线圈的并联电阻值。

b. 检查联锁线路，按下 KM1 触点架，应测得线路中四个电器线圈的并联电阻值；再轻按 KM2 触点架使其动断触点分断（不要放开 KM1 触点架），切除了 KM3 线圈，测量的电阻值应增大；如果在按下 SB2 的同时轻按 KM3 触点架，使其动断触点分断，则应测得线路由通而断。

c. 检查 KT 的控制作用，按下 SB2 测得 KT 与 KM2 两只线圈的并联电阻值，再按住 KT 电磁机构的衔铁不放，约 5s 后，KT 的延时触点分断切除 KM2 的线圈，测得电阻值应增大。

（2）试车。装好接触器的灭弧罩，检查三相电源接线无误，经负责人（监护人）检查合格许可后，通电试车。

1）空操作试验，合上 QS，按下 SB2，KT、KM2 和 KM1 应立即得电动作，约经 5s 后，KT 和 KM2 断电释放，同时 KM3 得电动作。按下 SB1，则 KM1 和 KM3 释放。反复操作几次，检查线路动作的可靠性。调节 KT 的针阀，使其延时更准确。

2）带负荷试车断开 QS，接好电动机接线，仔细检查主电路各熔断器的接触情况，检查各端子的接线情况，作好立即停车的准备。

合 QS，按下 SB2，电动机应得电启动转速上升，此时应注意电动机运转的声音；约 5s 后线路转换，电动机转速再次上升进入全压运行。

模块 3 室内照明、动力设备的选用和安装

室内配线专指敷设在建筑物内的明线、暗线、电缆、电气器具的连接线，固定导线用的支持物和专用配件等总称为室内配线工程。

一、室内配线的组成

室内配线主要是进行电路与墙体或建筑构件的固定；电路的接续；电路的转弯及分支；电路与电气设备、开关、插座的连接；电路与其他设施的交叉跨越等。

室内是人们经常活动的场所，由于室内空间狭窄，人与线路接触机会多，电路若采用裸导线配线，则安全距离难以解决，故室内配线应采用符合国际规定的绝缘电线。室内配线分为照明线路和动力线路两种类型。

（一）照明线路的组成

一般室内照明线路主要由电源、用电设备、导线和开关控制设备组成，如图 8-8 所示。

线路首先进入配电箱（或配电盘），然后由分支线接到各个电灯或插座上。接线时要注意把熔体和开关接在相线上，这样开关断开后，开关以下的导线、插座和灯头等部件均不带电。

（二）动力线路的组成

室内动力线路与照明线路一样，也是由电源、用电设备、导线和开关控制设备组成的，如图 8-9 所示。为了保证用电安全，在配线时必须考虑到保护接地或保护接零。

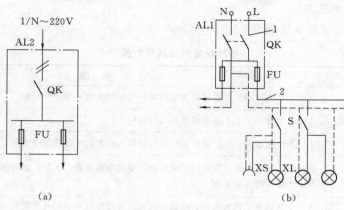

图8-8　照明线路的组成

（a）单线图；（b）电路组成示意图

L、N—电源；AL—配电箱；QK—总开关（刀开关）；FU—支路熔断器；

S—电灯开关；XL—电灯；XS—插座

1—引入线；2—支路线

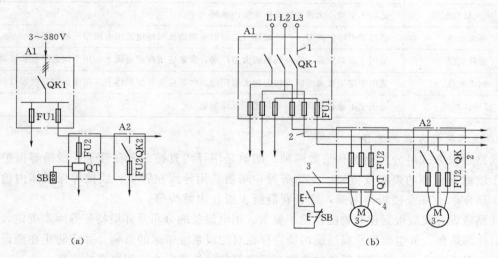

图8-9　动力线路的组成

（a）单线图；（b）电路组成示意图

L1、L2、L3—电源；A1—配电盘；QK1—总开关（刀开关）；FU1—分支熔断器；A2—电动机电源控制盘

QK2—电动机开关；FU2—电动机熔断器；QT—磁力起动器；M—电动机；SB—控制按钮

1—引入线；2—分支线；3—控制线；4—电动机支线

二、配线方式及工序

（一）室内常用配线方式

1. 配线方式

室内配电线路敷设方式可分为以下几种：①护套线配线；②瓷（塑料）夹配线；③瓷柱（鼓形绝缘子）、针式、蝶式绝缘子配线；④槽板配线；⑤金属管（厚壁钢管、薄壁钢管、金属软管、可挠金属管）、金属线槽配线；⑥塑料管（硬塑料管、半硬塑料管、可挠管）、塑料线槽配线。

2. 配线方式适用范围

各种配线方式适用范围见表8-2。

表8-2 各种配线方式适用范围

配线方式	适 用 范 围
瓷（塑料夹板配线）	适用于负荷较小的正常环境的室内场所和房屋挑檐下的室外场所
瓷柱（鼓形绝缘子）配线	适用于负荷较大的干燥或潮湿环境的场所
针式、蝶式绝缘子配线	适用于负荷较大、线路较长而且受机械拉力较大的干燥或潮湿场所
木（塑料）槽板配线、护套线配线	适用于负荷较小照明工程的干燥环境，要求整洁美观的场所，塑料槽板适用于防化学腐蚀和要求绝缘性能好的场所
金属管配线	适用于导线易受机械损伤、易发生火灾及易爆炸的环境，有明管和暗管配线两种
塑料管配线	适用于潮线或有腐蚀性环境的室内场所作明管配线或暗管配线，但易受机械损伤的场所不宜采用明敷
线槽配线	适用于干燥和不易受机械损伤的环境内明敷或暗敷，但对有严重腐蚀场所不宜采用金属线槽配线；对高温、易受机械损伤的场所内不宜采用塑料线槽明敷
封闭式母线配线	适用于干燥、无腐蚀性气体的室内场所
电缆配线	适用于干燥、潮湿及户外配线（应根据不同的使用环境选用不同型号的电缆）
竖井配线	适用于层架较高、跨度圈套的大型厂房、多数应用在照明线上，用于固定导线和灯具
钢索配线	适用于层架较高、跨度较大的大型厂房、多数应用在照明线上，用于固定导线和灯具
裸导体配线	适用于工业企业厂房，不得用于低压配电室

3. 线路敷设方式的选择

线路敷设方式可分为明敷和暗敷两种。明敷是用导线直接或者在管子、线槽等保护体内敷设于墙壁、顶棚的表面及桁架、支架等处；暗敷是用导线在管子、线槽等保护体内敷设于墙壁、顶棚、地坪及楼板等内部，或者在混凝土板孔内敷线等。

线路敷设方式应根据建筑物的性质、要求、用电设备的分布及环境特征等因素确定，并应避免因外部热源、灰尘聚集及腐蚀或污染物存在对配线系统带来的影响。并应防止在敷设及使用过程中因受冲击、振动和建筑物的伸缩、沉降等各种外界应力作用带来的损害。

（二）室内配线工序

为了使室内配线工作有条不紊地进行，应按下列程度进行配线。

（1）首先熟悉设计图纸，确定灯具、插座、开关、配电箱及起动设备等的预留孔、预埋件位置，应符合设计要求。预留、预埋工作，主要包括电源引入方式的预留、预埋位置，电源引入配电箱、盘的路径，垂直引上、引下以及水平穿越梁、柱、墙楼板预埋保护导管等。凡是埋入建筑物、构筑物内的保护管、支架、螺栓等预埋件，应在建筑工程施工时预埋，预埋件应埋设牢固。

（2）确定导线沿建筑物敷设的路径。

（3）在土建抹灰前，将配线所有的固定点打好眼孔，将预埋件埋齐并检查有无遗漏和错位。如未做预埋件，也可直接埋设膨胀螺栓以固定配线。

（4）装设绝缘支持物、线夹或管子。

（5）敷设导线。

（6）导线连接、分支和封端，并将导线的出线端与灯具、开关、配电箱等设备或电气元件连接。

（7）配线工程施工结束后，应将施工中造成的建筑物、构筑物的孔、洞、沟、槽等修补完整。

三、导线连接的方法

（一）导线在接线盒内的连接

1. 单股绝缘导线在接线盒内的连接

（1）两根铜导线连接时，将连接线端相并合，在距绝缘层 15mm 处将线芯捻绞 2 圈，留适当长度余线剪断折回压紧，防止线端部刺破所包扎的绝缘层，如图 8-10（a）所示。3 根及以上单芯铜导线，可采用单芯线并接方法进行连接，将连接线端相并合，在距绝缘层 15mm 处用其中一根线芯在其连接线端缠绕 5 圈剪断。把余线头折回压在缠绕线上，如图 8-10（b）所示，并应包扎绝缘层。

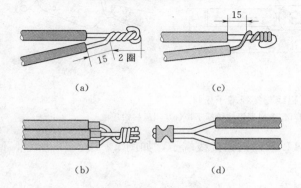

图 8-10　单芯线并接头
（a）单芯二根铜导线并接头；（b）单芯 3 根及以上铜导线
并接头；（c）单芯不同线径铜导线并接头；
（d）单股铝导线并头管压接

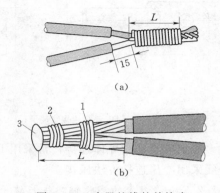

图 8-11　多股绞线的并接头
（a）多股铜绞线并接头；（b）多股铝绞线锡焊接头
1—石棉绳；2—绑线；3—气焊
L—长度（由导线截面确定）

（2）对不同直径铜导线接头，如软导线与单股相线连接，应先进行挂锡处理。并将软线端部在单股粗线上距离绝缘层 15mm 处交叉，向粗线端缠 7~8 圈，再将粗线端头折回，压在软线上，如图 8-10（c）所示。

（3）两根铝导线剥削绝缘层一般为 30mm，将导线表面清理干净，根据导线截面和连接根数，选用合适的端头压接管，把线芯插入适合线径的铝管内，用端头压接钳将铝管线芯压实两处，如图 8-10（d）所示。

2. 多股绝缘绞线在接线盒内的连接

（1）铜绞线并接时，将绞线破开顺直并合拢，用多芯导线分支连接绑扎法弯制绑线，在合拢线上绑扎。其绑扎长度（A 尺寸）应为双根导线直径的 5 倍，如图 8-11（a）所示。

（2）盒内分支电线的连接。在接线过程中，导线需要分支时，应在器具中、盒内连接，其方法可利用盒内导线分支或开关和吊线盒及其他电气器具中的接线桩头分支，如图 8-12 所示。导线利用接线桩头分支，其导线分支不宜过多，导线直径也不宜太大，且分支（路）电流应与总电流相匹配（导体载流量）。

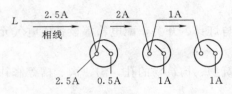

图 8-12　导线桩头分支示意图

（二）多股导线与接线端子连接

1. 多股铝芯线与接线端子连接

可根据其导线截面选用相应规格的 DL 系列铝接线端子，如图 8-13（a）所示，采用压接方法进行连接。剥削导线端头绝缘长度为接线端子内孔的深度加上 5mm，除去接线端子内壁和导线表面的氧化膜，涂以中性凡士林油膏，将线芯插入接线端子内进行压接。开始在 L_1 处靠近导线绝缘压接一个坑，后压另一个坑，压接深度以上、下膜接触为宜，如图 8-13（c）所示。

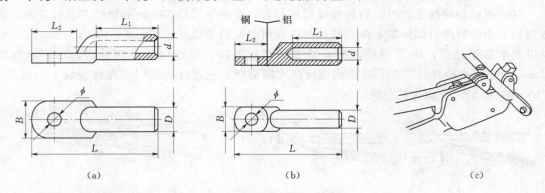

（a）　　　　　　　　　　　（b）　　　　　　　　　　　（c）

图 8-13　铝线与接线端子压接

（a）DL 系列铝接线端子；（b）DTL 系列铜铝接线端子；（c）用压接钳压坑

多股铝导线与铜导体连接，常采用 DTL 系列铜铝接线端子，如图 8-13（b）所示，铝芯导线采用冷压连接方法压接。

2. 2.5mm² 以上的多股铜芯线与端子连接

可根据导线截面选用相应规格的 DT 系列铜接线端子，外形结构同图 8-13（a）所示。将铜导线端头和铜接线端子内表面涂上焊锡膏，放入熔化好的焊锡锅内挂满焊锡，将导线插入端子孔内，冷却即可压模。而对截面较大的多股铜芯线与接线端子相连中，可采用压接的方法进行连接。对一般用电场所，可在 L_1 处压两个坑。其压接顺序为先在端子的导线侧压一个坑，再在端子侧压一个坑。

（三）铜导线的直线和分线连接。

铜导线的连接可采用铰接、焊接或压接等方式。单芯铜芯线常用铰接、绑扎法进行连接；多芯铜芯线常用单卷、缠卷及复卷方法进行连接。铜芯线也有采用压接方法进行连接，但铜导线压接时应在铜连接管内壁搪锡，以加大导线接触面积。此外铜线连接还可采用铰接、绑接。

1. 铰接法

小截面（4mm² 及以下）单芯直线连接和分支连接，常采用铰接法连接。单芯线直线铰接时，将两线互相交叉，同时把两线芯互绞 2 圈后，再扳直与连接线成 90°，将每个线芯在另一线芯上各缠绕 5 圈，如图 8-14（a）所示。

双线芯直线铰接，如图 8-14（b）所示，注意接头处要错开铰接：①防止接头处绝缘包扎不好或在外力作用下，容易形成短路；②防止重叠处局部突出，外观质量太差，也不便敷设。

单芯丁字分线绞连，将导线的芯线与干线上交叉，先粗卷 1～2 圈或先打结以防松脱，然后再密绕 5 圈，如图 8-14（c）、（d）所示。单芯线十字分线铰接方法如图 8-14（e）、（f）所示。

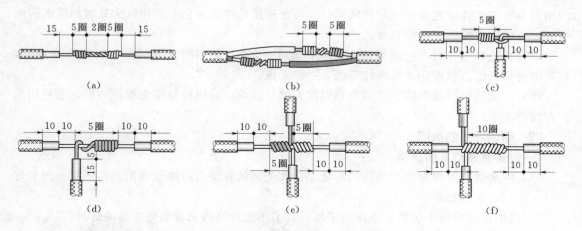

图 8-14 单、双芯铜导线铰接连接

（a）直线中间连接；（b）双线芯直接连接；（c）丁字打结分线连接；（d）丁字不打结分线连接；
（e）二式十字分线连接；（f）一式十字分线连接

2. 缠绕绑接

对于较大截面（6mm² 及以上）的单芯直线连接和分支连接。单芯直线缠绕是将两线相互并合，加辅助线后，如图 8-15（a）所示。用绑线在并合部位中间向两端绑扎，长度为导线直径的 10 倍，然后将两线芯端头折回，在此向外再缠绕五回与辅助线捻绞二回，如图 8-15（b）所示。

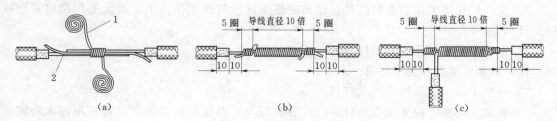

图 8-15 单芯导线缠绕绑接法

（a）加辅助线示意图；（b）大截面直线连接；（c）大截面分线连接
1—绑线（裸铜线）；2—辅助线（填一根同径线）

单线丁字分线缠绕是将分支导线折成 90°紧靠干线，其公卷长度为导线直径 10 倍，再单卷 5 圈，如图 8-15（c）所示。

（四）导线接头包缠绝缘

（1）导线连接（包括分支）处，为了恢复绝缘，应包缠绝缘带，需要恢复的绝缘强度不应低于原有绝缘层。有黄、绿、红等多种颜色，亦可作为相色带用。

（2）用绝缘带包缠恢复导线接头绝缘层时，缠绕时用绝缘带与导线保持约 55°的倾斜角，每圈包缠叠压带宽的 1/2。绝缘带应从完好的绝缘层上包起，先缠绕 1～2 个绝缘带的宽幅长度，开始包扎。在包扎过程中应尽可能的收紧绝缘带；直线路接头时，最后在绝缘层上缠包 1～2 圈，再进行回缠。绝缘带的起始端不能露在外部，终了端应再反回包扎 2～3 回，防止松散。连接线中部应多包扎 1～2 层，使之包扎完的形状呈枣核形。

采用黏性塑料绝缘胶布布时，应半叠半包缠不少于 2 层。当用黑胶布包扎时，要衔接好，应用黑胶布的黏性使之紧密地封住两端口，防止连接处线芯氧化。为使接头处增加防水防潮性能，应使用自黏性塑料带包缠。

并接头绝缘包扎时，包缠到端部时应再缠 1～2 圈，然后将此处折回，反缠压在里面，应紧密封住端部。包缠完毕要绑扎牢固，平整美观。

（3）连接用电设备上的导线端头和铜接头的导线端，应以橡胶带先缠绕 2 层，然后用黑胶布缠绕 2 层。

四、照明器具的选用

（一）光源及灯具的选用

（1）一般情况下根据使用场所的环境条件和光源的特征进行综合选用。在选用光源和灯具时，应符合下列要求。

1）民用建筑照明中无特殊要求的场所，宜采用光效高的光源和效率高的灯具。

2）开关频繁、要求瞬时启动和连续调光等场所，宜采用白炽灯和卤钨灯光源。

3）高大空间场所的照明，应采用高光强气体放电灯。

4）大型仓库应采用防燃灯具，其光源应选用高光强气体放电灯。

5）应急照明必须选用能瞬时启动的光源。当应急照明作为正常照明的一部分，并且应急照明和正常照明不出现同时断电时，应急照明可选用其他光源。

（2）根据配光特性选择灯具。

1）在一般民用建筑和公共建筑内，多采用半直射型、漫射型和荧光灯具，使顶棚和墙壁均有一定的光照，使整个室内的空间照度分布均匀。

2）生产厂房多采用直射型灯具，使光通量全部投射到工作面上，高大工厂房可采用探照型灯具。

3）室外照明多采用漫射型灯具。

（3）根据环境条件选择灯具。

1）一般干燥房间采用开启式灯具。

2）在潮湿场所，应采用瓷质灯头的开启式灯具；湿度较大的场所，宜采用防水防潮式灯具。

3）含有大量尘埃的场所，应采用防尘密闭式灯具。

4）在易燃易爆等危险场所，应采用防爆式灯具。

5）在有机械碰撞的场所，应采用带有防护罩的保护式灯具。

（二）照明附件的选用

照明常用的开关、灯座、挂线盒及插座称为照明附件。

1. 灯座

灯座的作用是固定灯泡（或灯管）并供给电源。按其结构形式分为螺口和卡口（插口）灯座；按其安装方式分为吊式灯座（俗称灯头）、平灯座和管式灯座；按其外壳材料分为胶木、瓷质和金属灯座；按其用途还可分为普通灯座、防水灯座、安全灯座和多用灯座等。常用灯座的规格、外形和用途见表 8-3。

表 8-3　　　　　　　　　　　　常用灯座的规格、外形和用途

名称	种类	规格	外形	外形尺寸/(mm×mm)	备注
普通插口灯座	胶木铜质	250V，4A，C22 50V，1A，C15		$\phi34×48$ $\phi25×40$	一般使用
平口式插口灯座	胶木铜质	250V，4A，C22 50V，1A，C15		$\phi57×41$ $\phi40×35$	装在天花板上、墙壁上、行灯内等
插口安全灯座	胶木	250V，4A，C22		$\phi43×75$ $\phi43×65$	可防触电还有带开关式
普通螺口灯座	胶木铜质	250V，4A，E27		$\phi40×56$	安装螺口灯泡
平口式螺口灯座	胶木铜质瓷质	250V，4A，E27		$\phi57×50$ $\varphi57×55$	同插口
螺口安全灯座	胶木铜质瓷质	250V，4A，E27		$\phi47×75$ $\phi47×65$	同插口
悬挂式防雨灯座	胶木瓷质	250V，4A，E27		$\phi40×53$	装置于屋外防雨
M10 管接式螺口、卡口灯座	胶木铜质瓷质	250V，4A，E27 250V，4A，E40 250V，4A，C22		$\phi40×77$ $\phi40×61$ $\phi40×56$	用于管式安装还有带开关式

续表

名称	种类	规格	外形	外形尺寸/(mm×mm)	备注
安全荧光灯座	胶木	250V，2.5A		$\phi45×29.5$ $\phi45×32.5$ $\phi45×54$	荧光灯管专用灯座
荧光启辉灯座	胶木	250V，2.5A		$40×30×12$ $50×32×12$	荧光灯启辉器专用灯座

2. 开关

开关的作用是接通或断开照明电源，一般称灯开关。开关根据安装形式分为明装式和暗装式：明装式有拉线开关、扳把开关（又称平开关）等；暗装式多采用跷板开关和扳把开关。按结构分为单极开关、双极开关、三级开关、单控开关、双控开关、多控开关、旋转开关等。

3. 插座

插座的作用是为移动式照明电器、家用电器或其他用电设备提供电源的器件。它连接方便、灵活多用，也有明装和暗装之分。按其结构可分为单相双极双孔、单相三极三孔（有一极为保护接零或接地）、三相四极四孔和组合式多孔多用插座等。

4. 挂线盒

挂线盒（或称吊线盒）的作用是用来悬挂吊线灯或连接线路的，一般有塑料和瓷质两种。

常用开关、插座、挂线盒的规格参数见表8-4。

表8-4　　　　　　　　常用灯开关、插座、挂线盒的规格

名称	规格	外形	外形尺寸/(mm×mm)	备注
拉线开关	250V，4A		$\phi72×30$	胶木，还有吊线盒式拉线开关
防雨拉线开关	250V，4A		$\phi72×30$	瓷质
平装明扳把开关	250V，4A		$\phi72×30$	有单控、双控
跷板式明开关	250V，4A		$55×40×30$	还有带指示灯式

续表

名称	规格	外形	外形尺寸/(mm×mm)	备注
跷板式一位暗开关 二位暗开关 三位暗开关 四位暗开关	250V，6A，10A 86 系列		86×86 146×86	有单控、双控，单控和双控 并有带指示灯式
跷板式一位暗开关 二位暗开关 三位暗开关 四位暗开关	250V，6A，10A 75 系列		75×75 75×100 75×100 75×125	同上
单相二极暗插座 单相二极扁圆两用暗插座 单相三极暗插座 三相四极暗插座	250V，10A 250V，10A 250V，10A 250V，15A 250V，15A 250V，25A		75×75 86×86 75×75 86×86	还有带指示灯式和带开关式
单相二极明插座	250V，10A		$\phi42×26$	有圆形、方形及扁形两用插座
单相三极明插座	250V，6A 250V，10A 250V，15A		$\phi54×31$	有圆形、方形
三相四极明插座	380V，15A 380V，25A		73×60×36 90×72×45	
挂线盒	250V，5A 250V，10A		$\phi57×32$	胶木，瓷质

五、照明器具的安装

（一）一般要求

（1）灯具的安装高度：室内一般不低于 2.5m，室外一般不低于 3.0m。如遇特殊情况难以达到上述要求时，可采取相应的保护措施或改用 36V 的安全电压供电。

（2）根据不同的安装场所和用途，照明灯具使用的导线最小线芯截面应符合表 8-5 的规定。

表 8-5 灯具线芯最小截面

灯具的安装场所及用途		线芯最小截面/mm²		
		铜芯软线	铜线	铝线
灯头线	民用建筑室内	0.4	0.5	2.5
	工业建筑室内	0.5	0.8	2.5
	室外	1.0	1.0	2.5
移动用电设备的导线	生活用	0.2	—	—
	生产用	1.0	—	—

（3）室内照明开关一般安装在门边便于操作的位置上。拉线开关安装的高度一般离地 2～3m（或距顶 300～500mm），其拉线出口应垂直向下。跷板开关一般距地面高度宜为 1.3m，距门框的间距一般为 150～200mm，如图 8-16 所示。

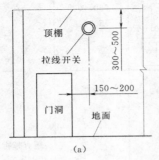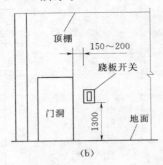

图 8-16 灯开关安装位置示意图
（a）拉线开关；（b）跷板开关

（4）明插座的安装高度不宜小于 1.3m，在幼儿园、小学校及民用住宅，明插座的高度不宜小于 1.8m，暗插座一般离地 0.3m，同一场所安装的电源插座高度应一致。

（5）固定灯具需用接线盒及木台等配件。安装木台前应预埋木台固定件或采用膨胀螺栓。安装时，应先按照器具安装位置钻孔，并锯好线槽（明配线时）；然后将导线从木台出线孔穿出后，再固定木台；最后挂线盒或灯具。

（6）当采用螺口灯座或灯头时，应将相线（即开关控制的火线）接入螺口内的中心弹簧片上的接线端子，零线接入螺旋部分，如图 8-17（a）所示。采用双芯棉织绝缘线时（俗称花线），其中有色花线应接相线，无花单色导线接零线。

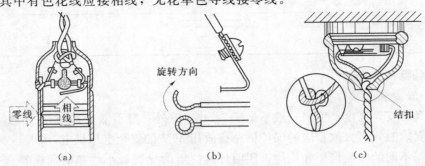

图 8-17 灯头接线、导线连接和结扣做法
（a）灯头接线；（b）导线接线；（c）导线结扣做法

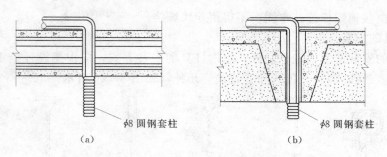

图 8-18　预制楼板埋设吊挂螺栓做法

(a) 空心楼板吊挂螺栓；(b) 沿预制板缝吊挂螺栓

(7) 吊灯灯具超过 3kg 时，应预埋吊钩或用螺栓固定，其一般做法如图 8-18 和图 8-19 所示。接线吊灯的质量限于 1kg 以下，超过时应增设吊链。灯具承载件（膨胀螺栓）的埋设，可参照表 8-6 进行选择。

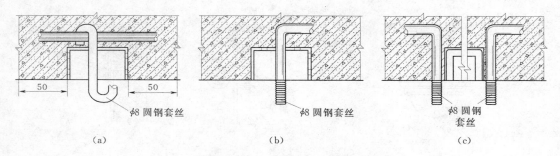

图 8-19　现浇楼板预埋吊钩和螺栓做法

(a) 吊钩；(b) 单螺栓；(c) 双螺栓

表 8-6　　　　　　　　　　　　膨胀螺栓固定承装荷载表

胀管类别	规格/mm						承装荷载容许拉力/(10N)	承装荷载容许剪力/(10N)
	胀管		螺钉或沉头螺栓		钻孔			
	外径	长度	直径	长度	直径	长度		
塑料胀管	6	30	3.5	按需要选择	7	35	11	7
	7	40	3.5		8	45	13	8
	8	45	4.0		9	50	15	10
	9	50	4.0		10	55	18	12
	10	60	5.0		11	65	20	14
沉头式胀管（膨胀螺栓）	10	35	6	按需要选择	10.5	40	240	160
	12	45	8		12.5	50	440	300
	14	55	10		14.5	60	700	470
	18	65	12		19.0	70	1030	690
	20	90	16		23.0	100	1940	1300

(8) 吸顶灯具安装采用木制底台时，应在灯具与底台之间铺垫石板或石棉布。荧光灯安装时，其附件位置应便于维护检修，其镇流器应做好防水隔热处理和防止绝缘油溢流措施。

(9) 照明装置的接线必须牢固，接触良好。需要接零或接地的灯具、插座盒、开关盒等金属外壳，应由接地螺栓连接牢固，不得用导线缠绕。

（二）灯具的安装

照明灯具的安装有室内室外之分，室内灯具的安装方式，应根据设计施工的要求确定，通常有悬吊式（悬挂式）、嵌顶式和壁装式等几种，如图8-20所示。

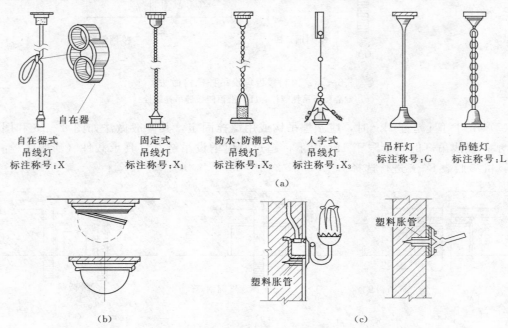

图8-20　灯具的安装方式
(a) 悬吊灯安装（X、G、L）；(b) 吸顶灯安装（D）；(c) 壁灯安装（B）

1. 悬吊式灯具的安装

此方式可分为吊线式（软线吊灯）、吊链式（链条吊灯）吊管式（钢管吊灯）。

（1）吊线式（X）。直接由软线承重。但由于挂线盒内接线螺钉承重较小，因此安装时需在吊线内打好线结，使线结卡在盒盖的线孔处，见图8-17（c）。有时还在导线上采用自在器，见图8-20（a），以便调整灯的悬挂高度。软线吊灯多采用普通白炽灯作为照明光源。

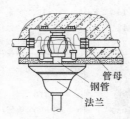

图8-21　吊管灯具的固定方法

（2）吊链式（L）。其安装方法与软线吊灯相似，但悬挂质量由吊链承担。下端固定在灯具上，上端固定在吊线盒内或挂钩上。

（3）吊杆式（G）。当灯具自重较大时，可采用钢管来悬挂灯具。配用暗线安装吊管灯具时，其固定方法如图8-21所示。

2. 嵌顶式灯具的安装

其安装方式分为吸顶式和嵌入式。

（1）吸顶式（D）。吸顶式是通过木台将灯具吸顶安装在屋面上。在空心楼板上安装木台时，可采用弓形板固定，其做法如图8-22所示。弓形板适用于护套线直接穿楼板孔的敷设方式。

（2）嵌入式（R）。嵌入式适用于室内有吊顶的场所。其方法是在吊顶制作时，根据灯具的嵌入尺寸预留孔洞，再将灯具嵌装在吊顶上，其安装如图8-23所示。

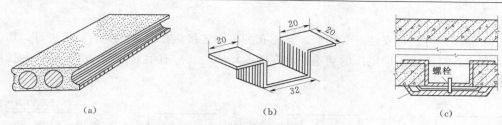

图 8-22 弓形板在空心楼板上的安装

(a) 弓板位置示意图；(b) 弓板示意；(c) 安装做法

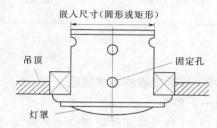

图 8-23 灯具的嵌入安装

3. 壁式灯具的安装

壁式灯具一般称为壁灯，通常装设在墙壁或柱上。安装前应埋设固定件，如预埋木砖、焊接铁件或安装膨胀螺栓等。预埋件的做法如图 8-24 所示。

（三）开关和插座的安装

明装时，应先在定位处预埋木契或膨胀螺栓（多采用塑料胀管）以固定木台，然后在木台上安装开关和插座。暗里装时，设有专用接

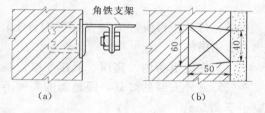

图 8-24 壁灯固定件的埋设

(a) 预埋铁件焊接角钢；(b) 预埋木砖

线盒，一般是先行预埋，再用水泥砂浆填实抹平，接线盒口应与墙面粉刷层平齐，等穿线完毕后再安装开关和插座，其盖板或面板应紧贴墙面。

1. 开关的安装

安装开关的一般做法如图 8-25 所示。所有开关均应接在电源相线上，其扳把接通或断开的上下位置，在同一工程中应一致。

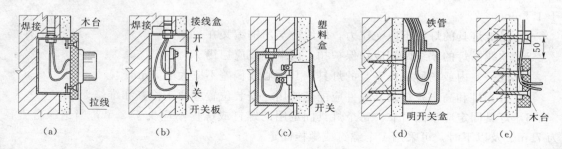

图 8-25 开关的安装

(a) 拉线开关；(b) 按板把开关；(c) 活装跷板开关；(d) 明管开关或插座；(e) 明线开关或插座

285

2. 插座的安装

安装插座的方法与安装开关相似，其插孔的极性连接应按图 8-26 的要求进行，切勿乱接。当交流、直流或不同电压的插座安装在同一场所时，应有明显区别，并且插头和插座均不能相互插入。

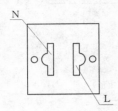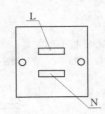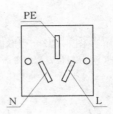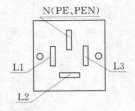

图 8-26　插座插孔的极性连接法

六、照明验收的技术规范

（一）灯具

（1）灯具及其配件应齐全，并应无机械损伤、变形、油漆剥落和灯罩破裂等缺陷。

（2）根据灯具的安装场所及用途，引向每个灯具的导线线芯最小截面应符合表 8-5 的规定。

（3）灯具不得直接安装在可燃构件上；当灯具表面高温部位靠近可燃物时，应采取隔热、散热措施。

（4）在变电所内，高压、低压配电设备及母线的正上方，不应安装灯具。

（5）室外安装的灯具，距地面的高度不宜小于 3m；当在墙上安装时，距地面的高度不应小于 2.5m。

（6）螺口灯头的接线应符合下列要求。

1）相线应接在中心触头的端子上，零线应接在螺纹的端子上。

2）灯头的绝缘外壳不应有破损和漏电。

3）对带开关的灯头，开关手柄不应有裸露的金属部分。

（7）对装有白炽灯泡的吸顶灯具，灯泡不应紧贴灯罩；当灯泡与绝缘台之间的距离小于 5mm 时，灯泡与绝缘台之间应采取隔热措施。

（8）灯具的安装应符合下列要求。

1）采用钢管作灯具的吊杆时，钢管内径不应小于 10mm；钢管壁厚度不应小于 1.5mm。

2）吊链灯具的灯线不应受拉力，灯线应与吊链编叉在一起。

3）软线吊灯的软线两端应作保护扣；两端芯线应搪锡。

4）同一室内或场所成排安装的灯具，其中心线偏差不应大于 5mm。

5）日光灯和高压汞灯及其附件应配套使用，安装位置应便于检查和维修。

6）灯具固定应牢固可靠。每个灯具固定用的螺钉或螺栓不应少于 2 个；当绝缘台直径为 75mm 及以下时，可采用 1 个螺钉或螺栓固定。

（9）公共场所用的应急照明灯和疏散指示灯，应有明显的标志。无专人管理的公共场所照明宜装设自动节能开关。

（10）每套路灯应在相线上装设熔断器。由架空线引入路灯的导线，在灯具入口处应做防水弯。

（11）36V 及以下照明变压器的安装应符合下列要求。

1）电源侧应有短路保护，其熔丝的额定电流不应大于变压器的额定电流。

2）外壳、铁芯和低压侧的任意一端或中性点，均应接地或接零。

（12）固定在移动结构上的灯具，其导线宜敷设在移动构架的内侧；在移动构架活动时，导线不应受拉力和磨损。

（13）当吊灯灯具重量大于 3kg 时，应采用预埋吊钩或螺栓固定；当软线吊灯灯具重量大于 1kg 时，应增设吊链。

（14）投光灯的底座及支架应固定牢固，枢轴应沿需要的光轴方向拧紧固定。

（15）金属卤化物灯的安装应符合下列要求。

1）灯具安装高度宜大于 5m，导线应经接线柱与灯具连接，且不得靠近灯具表面。

2）灯管必须与触发器和限流器配套使用。

3）落地安装的反光照明灯具，应采取保护措施。

（16）嵌入顶棚内的装饰灯具的安装应符合下列要求。

1）灯具应固定在专设的框架上，导线不应贴近灯具外壳，且在灯盒内应留有余量，灯具的边框应紧贴在顶棚面上。

2）矩形灯具的边框宜与顶棚面的装饰直线平行，其偏差不应大于 5mm。

3）日光灯管组合的开启式灯具，灯管排列应整齐，其金属或塑料的间隔片不应有扭曲等缺陷。

（17）固定花灯的吊钩，其圆钢直径不应小于灯具吊挂销、钩的直径，且不得小于 6mm。对大型花灯、吊装花灯的固定及悬吊装置，应按灯具重量的 1.25 倍做过载试验。

（18）安装在重要场所的大型灯具的玻璃罩，应按设计要求采取防止碎裂后向下溅落的措施。

（二）插座、开关、吊扇、壁扇

1. 插座

（1）插座的安装高度应符合设计的规定，当设计无规定时，应符合下列要求。

1）距地面高度不宜小于 1.3m；托儿所、幼儿园及小学校不宜小于 1.8m；同一场所安装的插座高度应一致。

2）车间及试验室的插座安装高度距地面不宜小于 0.3m；特殊场所暗装的插座不应小于 0.15m；同一室内安装的插座高度差不宜大于 5mm；并列安装的相同型号的插座高度差不宜大于 1mm。

3）落地插座应具有牢固可靠的保护盖板。

（2）插座的接线应符合下列要求。

1）单相两孔插座，面对插座的右孔或上孔与相线相接，左孔或下孔与零线相接；单相三孔插座，面对插座的右孔与相线相接，左孔与零线相接。

2）单相三孔、三相四孔及三相五孔插座的接地线或接零线均应接在上孔。插座的接地端子不应与零线端子直接连接。

3）当交流、直流或不同电压等级的插座安装在同一场所时，应有明显的区别，且必须选择不同结构、不同规格和不能互换的插座；其配套的插头，应按交流、直流或不同电压等级区别使用。

4）同一场所的三相插座，其接线的相位必须一致。

（3）暗装的插座应采用专用盒；专用盒的四周不应有空隙，且盖板应端正，并紧贴墙面。

（4）在潮湿场所，应采用密封良好的防水防溅插座。

2. 开关

（1）安装在同一建筑物、构筑物内的开关，宜采用同一系列的产品，开关的通断位置应一致，且操作灵活、接触可靠。

（2）开关安装的位置应便于操作，开关边缘距门框的距离宜为 0.15～0.2m；开关距地面高度宜为 1.3m；拉线开关距地面高度宜为 2～3m，且拉线出口应垂直向下。

（3）并列安装的相同型号开关距地面高度应一致，高度差不应大于 1mm；同一室内安装的开关高度差不应大于 5mm；并列安装的拉线开关的相邻间距不宜小于 20mm。

（4）相线应经开关控制；民用住宅严禁装设床头开关。

（5）暗装的开关应采用专用盒；专用盒的四周不应有空隙，且盖板应端正，并紧贴墙面。

（三）照明配电箱（板）

（1）照明配电箱（板）内的交流、直流或不同电压等级的电源，应具有明显的标志。

（2）照明配电箱（板）不应采用可燃材料制作；在干燥无尘的场所，采用的木制配电箱（板）应经阻燃处理。

（3）导线引出面板时，面板线孔应光滑无毛刺，金属面板应装设绝缘保护套。

（4）照明配电箱（板）应安装牢固，其垂直偏差不应大于 3mm；暗装时，照明配电箱（板）四周应无空隙，其面板四周边缘应紧贴墙面，箱体与建筑物、构筑物接触部分应涂防腐漆。

（5）照明配电箱底边距地面高度宜为 1.5m；照明配电板底边距地面高度不宜小于 1.8m。

（6）照明配电箱（板）内，应分别设置零线和保护地线（PE 线）汇流排，零线和保护线应在汇流排上连接，不得铰接，并应有编号。

（7）照明配电箱（板）内装设的螺旋熔断器，其电源线应接在中间触点的端子上，负荷线应接在螺纹的端子上。

（8）照明配电箱（板）上应标明用电回路名称。

七、动力回路的验收规范

（一）盘柜的安装

（1）基础型钢安装后其顶部宜高出抹平地面 10mm 手车式成套柜按产品技术要求执行基础型钢应有明显的可靠接地。

（2）盘柜安装在震动场所应按设计要求采取防震措施。

（3）盘柜及盘柜内设备与各构件间连接应牢固主控制盘继电保护盘和自动装置盘等不宜与基础型钢焊死。

（4）盘子箱安装应牢固封闭良好并应能防潮防尘安装的位置应便于检查成列安装时应排列整齐。

（5）盘柜台箱的接地应牢固良好装有电器的可开启的门应以裸铜软线与接地的金属构架可靠地连接成套柜应装有供检修用的接地装置。

（6）成套柜的安装应符合下列要求。

1）机械闭锁电气闭锁应动作准确可靠。

2）动触头与静触头的中心线应一致触头接触紧密。

3）二次回路辅助开关的切换接点应动作准确接触可靠。

4）柜内照明齐全。

（7）抽屉式配电柜的安装尚应符合下列要求。

1）抽屉推拉应灵活轻便无卡阻碰撞现象抽屉应能互换。

2）抽屉的机械联锁或电气联锁装置应动作正确可靠断路器分闸后隔离触头才能分开。

3）抽屉与柜体间的二次回路连接插件应接触良好。

4）抽屉与柜体间的接触及柜体框架的接地应良好。

（8）手车式柜的安装尚应符合下列要求。

1）检查防止电气误操作的五防装置齐全并动作灵活可靠。

2）手车推拉应灵活轻便无卡阻碰撞现象相同型号的手车应能互换。

3）手车推入工作位置后动触头顶部与静触头底部的间隙应符合产品要求。

4）手车和柜体间的二次回路连接插件应接触良好。

5）安全隔离板应开启灵活随手车的进出而相应动作。

6）柜内控制电缆的位置不应妨碍手车的进出并应牢固。

7）手车与柜体间的接地触头应接触紧密当手车推入柜内时其接地触头应比主触头先接触拉出时接地触头比主触头后断开。

（9）盘柜的漆层应完整无损伤固定电器的支架等应刷漆安装于同一室内且经常监视的盘柜其盘面颜色宜和谐一致。

（二）盘柜上的电器安装

（1）电器的安装应符合下列要求。

1）电器元件质量良好型号规格应符合设计要求外观应完好且附件齐全排列整齐固定牢固密封良好。

2）各电器应能单独拆装更换而不应影响其他电器及导线束的固定。

3）发热元件宜安装在散热良好的地方两个发热元件之间的连线应采用耐热导线或裸铜线套瓷管。

4）熔断器的熔体规格自动开关的整定值应符合设计要求。

5）切换压板应接触良好相邻压板间应有足够安全距离切换时不应碰及相邻的压板对于一端带电的切换压板应使在压板断开情况下活动端不带电。

6）信号回路的信号灯光字牌电铃电笛事故电钟等应显示准确工作可靠。

7）盘上装有装置性设备或其他有接地要求的电器其外壳应可靠接地。

8）带有照明的封闭式盘柜应保证照明完好。

（2）端子排的安装应符合下列要求。

1）端子排应无损坏固定牢固绝缘良好。

2）端子应有序号端子排应便于更换且接线方便离地高度宜大于 350mm。

3）回路电压超过 400V 者端子板应有足够的绝缘并涂以红色标志。

4）强弱电端子宜分开布置当有困难时应有明显标志并设空端子隔开或设加强绝缘的

隔板。

5）正负电源之间以及经常带电的正电源与合闸或跳闸回路之间宜以一个空端子隔开。

6）电流回路应经过试验端子其他需断开的回路宜经特殊端子或试验端子试验端子应接触良好。

7）潮湿环境宜采用防潮端子。

8）接线端子应与导线截面匹配不应使用小端子配大截面导线。

（3）二次回路的连接件均应采用铜质制品绝缘件应采用自熄性阻燃材料。

（4）盘柜的正面及背面各电器端子牌等应标明编号名称用途及操作位置其标明的字迹应清晰工整且不易脱色。

（5）盘柜上的小母线应采用直径不小于 6mm 的铜棒或铜管小母线两侧应有标明其代号或名称的绝缘标志牌字迹应清晰工整且不易脱色。

（6）屏顶上小母线不同相或不同极的裸露载流部分之间裸露载流部分与未经绝缘的金属体之间电气间隙不得小于 12mm 爬电距离不得小于 20mm。

（三）二次回路接线

（1）二次回路接线应符合下列要求。

1）按图施工接线正确。

2）导线与电气元件间采用螺栓连接插接焊接或压接等均应牢固可靠。

3）盘柜内的导线不应有接头导线芯线应无损伤。

4）电缆芯线和所配导线的端部均应标明其回路编号编号应正确字迹清晰且不易脱色。

5）配线应整齐、清晰、美观，导线绝缘应良好无损伤。

6）每个接线端子的每侧接线宜为 1 根不得超过 2 根对于插接式端子不同截面的两根导线不得接在同一端子上对于螺栓连接端子当接两根导线时中间应加平垫片。

7）二次回路接地应设专用螺栓。

（2）盘柜内的配线电流回路应采用电压不低于 500V 的铜芯绝缘导线其截面不应小于 2.5mm^2 其他回路截面不应小于 1.5mm^2 对电子元件回路弱电回路采用锡焊连接时在满足载流量和电压降及有足够机械强度的情况下可采用不小于 0.5mm^2 截面的绝缘导线。

（3）用于连接门上的电器控制台板等可动部位的导线尚应符合下列要求。

1）应采用多股软导线敷设长度应有适当裕度。

2）线束应有外套塑料管等加强绝缘层。

3）与电器连接时端部应绞紧并应加终端附件或搪锡不得松散断股。

4）在可动部位两端应用卡子固定。

（4）引入盘柜内的电缆及其芯线应符合下列要求。

1）引入盘柜的电缆应排列整齐编号清晰避免交叉并应固定牢固不得使所接的端子排受到机械应力。

2）铠装电缆在进入盘柜后应将钢带切断处的端部应扎紧并应将钢带接地。

3）使用于静态保护控制等逻辑回路的控制电缆应采用屏蔽电缆其屏蔽层应按设计要求的接地方式接地。

4）橡胶绝缘的芯线应外套绝缘管保护。

5）盘柜内的电缆芯线应按垂直或水平有规律地配置不得任意歪斜交叉连接备用芯长度

应留有适当余量。

6）强弱电回路不应使用同一根电缆并应分别成束分开排列。

（5）直流回路中具有水银接点的电器电源正极应接到水银侧接点的一端。

（6）在油污环境应采用耐油的绝缘导线在日光直射环境橡胶或塑料绝缘导线应采取防护措施。

第九章　电能计量装置安装接线检查

模块 1　单相电能计量装置的安装接线检查

一、工作内容

停电安装单相电能计量装置并进行接线检查。单相电能计量装置的接线如图 9-1 所示。

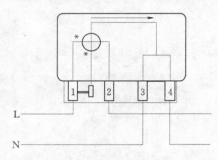

图 9-1　单相电能表的接线

二、危险点分析及控制措施

（1）不严格执行保证安全的措施，无票作业，无许可作业。严格执行工作票和工作许可制度及监护制度，个人防护措施正确落实。

（2）使用不合格的安全工器具。检查安全工器具的试验周期是否合格；质量是否符合安全要求。

（3）高处坠落，高处落物伤人。使用合格的登高作业工具，系好安全带，并专人监护；上下传递物品必须使用传物袋通过传递绳，避免操作时下方有人；墙体是否牢固，是否符合安装条件。

（4）单相接地和相间短路产生电弧伤人。工作时先断开负载；安装时使用合格的绝缘工具并站在绝缘台垫上，导电部分应采取绝缘措施；分清相线与零线，接线正确；搭接导线时先接零线后接相线，拆除时相反，人体不得同时触及两根导线。

（5）误碰触电，误伤伤人。在指定的工作范围内工作，明确带电设备位置，作业现场与带电部位有效隔离，并在工作区范围设立标示牌和遮栏；有防止突然来电的措施；使用工器具和仪表时防止触电；严禁刀具对己或对人。

（6）临时接入的工作电源须用专用导线，并装设有剩余电流保护器；电动工具外壳应接地。

三、作业准备

（一）工具材料

（1）个人工具。螺丝刀、剥线钳、尖嘴钳、电工钳、小榔头、电工刀、低压验电器、扳手、工具包。

（2）测量仪表。钳形万用表。

（3）施工工具。冲击钻、钢锯、断线钳、漏电保护电源线、压接钳。

（4）登高工具。木梯。

（5）安装设备及材料。电能表、计量箱、空气开关、导线、线管、膨胀螺栓、加封设备材料。

（二）人员分工

停电安装单相电能计量装置并进行接线检查工作现场设：工作负责人（兼监护人）1

人，安装操作人员 1 人。

四、作业步骤

作业步骤的流程如图 9-2 所示。

（一）接单，接受工作任务

装表接电工作人员接受工作任务，明确作业项目，熟悉工作内容，确定作业人员，清楚作业流程，作业地点，并办理工作单。

（二）现场查勘，确定安装条件

（1）检查是否具备计量装置现场安装条件，应方便于抄表、校表、检查、更换。

（2）查看现场安全状况和工作危险点。

（3）确定安装方案。

（4）确定所需的材料和设备、工器具并正确配置。

（5）记录查勘情况。

（6）经查勘结论为不符合有关规定或不具备安装条件的，将工作单退回（退单应写明退单原因）。

（三）办理工作票，履行工作许可手续

指定工作负责人，办理工作票，履行工作许可手续，对工作人员交代工作内容。

（四）安装前的准备工作

（1）填写工作单，主要参数包括计量装置的生产厂家、型号、规格、表号、客户编号等。

（2）装表接电人员按工作单内容，联系客户装表接电。

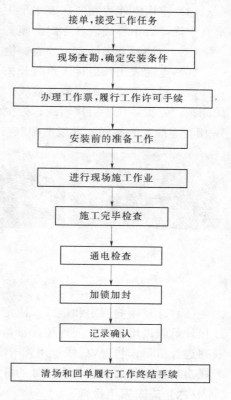

图 9-2　单杆计量装置安装
作业步骤的流程图

（3）检查着装和作业物品：工作人员按要求着装并戴安全帽，准备齐全作业物品，并检查合格。对于机械工具，主要检查其规格、外观质量和机械性能；对于电气工具，主要检查其外观质量和电气性能；对于电气仪表，主要检查其测量对象和量程范围、外观质量和电气性能。

（4）装表接电人员凭工作单到表库领取电能表等计量设备及其他辅助设备材料，并检查合格。

1）核对领用的电能表和空气开关以及材料与工作单所列型号、规格一致。

2）检查电能表配置及其他设备材料选型的正确性，如有疑问，及时向相关人员提出。

3）检查电能表的检定证书（含封印），并在有效期内。

4）进行电能表的直观检查：检查电能表外壳完好，检定封印、资产标记（条形码）、铭牌标识齐全、清晰；轻摇电能表无异响，检查端钮盒及接线螺丝牢固、完好，按照端钮盒盒盖上接线图检查电流回路和电压回路是否完好正常。

（5）检查完毕后，表库管理人员在营销管理系统中进行领表操作。

（五）进行现场施工作业

（1）工作负责人向工作班成员交代工作任务并进行人员分工，配置专职监护人员。

（2）工作负责人交待停电范围并进行危险点分析，现场报票并落实安全措施。

（3）确定计量箱的具体安装位置，确定进出导线方向和长度；确定 PVC 线管的走向和长度。

（4）室内电能表宜装在表水平中心线距地面尺寸 0.8～1.8m 的高度；电能表安装必须垂直牢固，表中心线向各方向的倾斜不大于 1°；装于室外的电能表应采用户外式电能表。

（5）应同时考虑抄表、校表、检查和更换等工作方便。

（6）电能表出线应接入负荷开关（开关处于断开位置）。

（7）单相电能表的安装和接线。安装和接线时应按照该表端钮盒盒盖上接线图进行。接线原则：先接零线、后接相线；先接负荷侧、后接电源侧；从左向右依次按 U 相或 V 相或 W 相、零线安装接线。导线的截取按图 9-3 所示进行。

 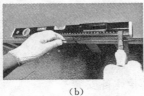  

　　（a）　　　　　　　（b）　　　　　　　（c）　　　　　　（d）

图 9-3　导线截取操作

（a）线长的测量；（b）线长的截取；（c）、（d）线头的剥削

（8）计量箱的固定和接线。固定计量箱：利用冲击钻打孔，用膨胀螺栓将计量箱固定；连接计量箱进出导线：先连接计量箱出线，再连接计量箱进线；将导线穿入 PVC 管，PVC 管穿进量箱；将 PVC 线管用管卡固定，线管横平竖直，管口（向下）有防雨措施并做好导线滴水弯；封堵线管与表箱处的缝隙。

（六）施工完毕检查

（1）施工完毕所有检查工作应由工作负责人负责按要求完成。

（2）检查计量箱安装牢固无倾斜，与其他设备安全距离足够。

（3）检查计量装置接线正确，布线整齐规范。

（4）检查电能表的安装高度和倾斜程度是否合格。

（5）检查所有接头接触良好，导线线头金属不得外露，导线绝缘无损伤。

（6）拆除因停电工作所做的安全措施。

（七）通电检查

（1）确认工作完毕并拆除安全措施，断开负荷后通电。

（2）检查电能表相线与零线、电源线与负载线是否接对，测量外壳、零线端子对地应无电压。

（3）测电能表各相电压、电流是否正常。

（4）空载检查电能表是否潜动。

（5）能够带负载时，检查电能表脉冲闪速（转速）是否正常。

（八）加锁加封

（1）所有工作完毕，应对电能表加封，而后将表箱锁好并施封。

（2）施封应清晰可靠，并在工作单上准确记录封号或塑封编号。

（3）检查加封部位是否齐全，加封质量是否合格。

（九）记录确认

（1）记录电能表示数及电能表的其他重要信息。

（2）填写工作单余下内容。

（3）告知客户工作内容，核对封印，由客户确认并签名。

（十）清场和回单

（1）清理施工现场，检查有无物品遗留。

（2）清点工作人员；装表接电人员签写姓名及日期。

（3）不能及时完成的工作应向业务接待人员说明情况，请示主管领导后再行处理。

（4）将工作单及时返回计量管理部门，完成全部装表接电过程。

（十一）履行工作终结手续

按规定办理工作终结手续。

五、工艺要求

（1）基本工艺要求是按图施工、接线正确；电气连接可靠、螺钉紧固；导线无损伤、绝缘良好；配线整齐美观、设备布置合理。

（2）线进管、管进箱。进表线与出表线分开，严禁进线与出线共管。

（3）分清相、辨明色。各相导线应分别采用黄、绿、红色线；零线应采用黑线或蓝线，或采用专用编号的电缆。

（4）横线平、竖线直。导线排列有序，避免交叉。

（5）孔填满、丝拧紧。导线的裸露部分必须全部插入接线端子孔内。

模块 2　直接接入式三相四线电能计量装置的安装接线检查

一、工作内容

停电安装直接接入式三相四线电能计量装置并进行接线检查。直接接入式三相四线电能计量装置的接线如图 9 - 4 所示。

二、危险点分析及控制措施

（1）不严格执行保证安全的措施，无票作业，无许可作业。严格执行工作票和工作许可制度及监护制度，个人防护措施正确落实。

（2）使用不合格的安全工器具。检查安全工器具的试验周期是否合格；质量是否符合安全要求。

（3）高处坠落，高处落物伤人。使用合格的登高作业工具，系好安全带，并专人监护；上下传递物品必须使用传物袋通过传递绳，避免操作时下方有人；墙体是否牢固，是否符合安装条件。

（4）单相接地和相间短路产生电弧伤人。工作时先断开负载；安装时使用合格的绝缘工具并站在绝缘台垫上，导电部分应采取绝缘措施；分清相线与零线；电压线与电源线，接线正确；搭接导

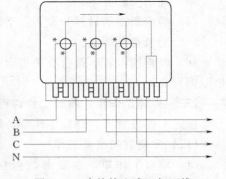

图 9 - 4　直接接入式三相四线
电能计量装置的接线

线时先接零线后接相线，拆除时相反，人体不得同时触及两根导线。

（5）误碰触电，误伤伤人。在指定的工作范围内工作，明确带电设备位置，作业现场与带电部位有效隔离，并在工作区范围设立标示牌和遮栏；有防止突然来电的措施；使用工器具和仪表时防止触电；严禁刀具对己或对人。

（6）临时接入的工作电源须用专用导线，并装设有剩余电流保护器；电动工具外壳应接地。

三、作业准备

（一）安装作业工具材料

（1）个人工具。螺丝刀、剥线钳、尖嘴钳、电工钳、小榔头、电工刀、低压验电器、扳手、工具包。

（2）测量仪表。钳形万用表、相序表。

（3）施工工具。冲击钻、钢锯、断线钳、漏电保护电源线、压接钳。

（4）登高工具。木梯或绝缘梯。

（5）安装设备及材料。电能表、计量箱、断路器、导线、线管、膨胀螺栓、加封设备材料。

（二）人员分工

停电安装直接接入式三相四线电能计量装置并进行接线检查工作现场设：工作负责人（兼监护人）1 人，安装操作人员 1～2 人。

四、作业步骤

直接接入式三相四线电能计量装置应进行接线检查，作业程序按图 9－2 所示流程进行。

（一）接单，接受工作任务

装表接电工作人员接受工作任务，明确作业项目，熟悉工作内容，确定作业人员，清楚作业流程，作业地点，并办理工作单。

（二）现场查勘，确定安装条件

（1）检查是否具备计量装置现场安装条件，应方便于抄表、校表、检查、更换。

（2）查看现场安全状况和危险点。

（3）确定安装方案。

（4）确定所需的材料和设备、工器具并正确配置。

（5）记录查勘情况。

（6）经查勘，若不符合有关规定或不具备安装条件的，将工作单退回（退单时应写明退单原因）。

（三）办理工作票，履行工作许可手续

指定工作负责人，办理工作票，履行工作许可手续，对工作人员交代工作内容。

（四）安装前的准备工作

（1）填写工作单，主要参数包括计量装置的生产厂家、型号、规格、表号、客户编号等。

（2）装表接电人员按工作单内容，联系客户装表接电。

（3）检查着装和作业物品：工作人员按要求着装并戴安全帽，准备齐全作业物品，并检查合格。对于机械工具，主要检查其规格、外观质量和机械性能；对于电气工具，主要检查

其外观质量和电气性能；对于电气仪表，主要检查其测量对象和量程范围、外观质量和电气性能。

（4）装表接电人员凭工作单到表库领取电能表等计量设备及其他辅助设备材料，并检查合格。

1）核对领用的电能表和断路器以及材料与工作单所列型号、规格一致。

2）检查电能表配置及其他设备材料选型的正确性，如有疑问，及时向相关人员提出。

3）检查电能表的检定证书（含封印），并在有效期内。

4）进行电能表的直观检查：检查电能表外壳完好，检定封印、资产标记（条形码）、铭牌标识齐全、清晰；轻摇电能表无异响，检查端钮盒及接线螺丝牢固、完好，按照端钮盒盒盖上接线图检查电流回路和电压回路是否完好正常。

（5）检查完毕后，表库管理人员在营销管理系统中进行领表操作。

（五）进行现场施工作业

（1）工作负责人向工作班成员交代工作任务并进行人员分工，配置专职监护人员。

（2）工作负责人交代停电范围并进行危险点分析，现场报票并落实安全措施。

（3）确定计量箱的具体安装位置，确定计量箱进出导线方向和长度；确定 PVC 线管的走向和长度。

（4）室内电能表宜装在表水平中心线距地面尺寸 0.8～1.8m 的高度；电能表安装必须垂直牢固，表中心线向各方向的倾斜不大于 1°；装于室外的电能表应采用户外式电能表。

（5）应同时考虑抄表、校表、检查和更换等工作方便。

（6）电能表出线应接入负荷开关（开关处于断开位置）。

（7）一般情况是先进行计量箱内部计量设备的安装和导线的连接，后进行计量箱的固定，最后完成计量箱出线和进线的连接。

（8）直接接入式三相四线电能表的安装和接线。安装和接线时应按照该表端钮盒盒盖上接线图进行。接线原则：先接零线、后接相线；先接负荷侧、后接电源侧；从左向右依次按 U 相、V 相、W 相、零线安装接线。

具体安装接线操作步骤按单相电能表安装方法完成线长测量与截取；线头剥削与余端处理后，先采用零线的"T 接法"进行零线的安装和接线；再进行相线的安装和接线。

1）零线的 T 接。零线 T 接的操作如图 9-5 所示。

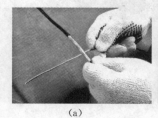 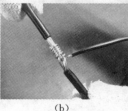  

　　（a）　　　　　　　（b）　　　　　　　（c）　　　　　　　（d）

图 9-5　零线的 T 接

（a）、（b）零线 T 接的缠绕操作；（c）、（d）零线绝缘的恢复

2）接线耳的制作。接线耳的制作过程如图 9-6 所示。

3）接线耳绝缘的恢复。接线耳绝缘的恢复操作如图 9-7 所示。

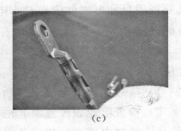

(a)　　　　　　　　　　(b)　　　　　　　　　　(c)

图 9-6　接线耳的制作
(a) 套入接线耳板；(b) 压接；(c) 压接成型

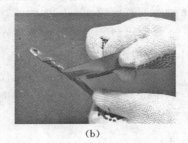

(a)　　　　　　　　　　　　　　(b)

图 9-7　接线耳绝缘的恢复操作
(a) 绝缘胶带底层缠绕；(b) 绝缘胶带面层缠绕

4) 导线与设备的连接。导线与设备的连接操作如图 9-8 所示。

（9）计量箱的固定和接线。固定计量箱：利用冲击钻打孔，用膨胀螺栓将计量箱固定；连接计量箱进出导线：先连接计量箱出线，再连接计量箱进线；将导线穿入 PVC 管，PVC 管穿进计量箱；将 PVC 线管用管卡固定，线管横平竖直，管口（向下）有防雨措施并做好导线滴水弯；封堵线管与表箱处的缝隙。

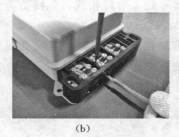

(a)　　　　　　　　　　(b)　　　　　　　　　　(c)

图 9-8　多股导线与设备的连接
(a)、(b) 与电能表的连接；(c) 与断路器的连接

（六）施工完毕检查

（1）施工完毕所有检查工作应由工作负责人负责按要求完成。

（2）检查计量箱安装牢固无倾斜，与其他设备安全距离足够。

（3）检查计量装置接线正确，布线整齐规范，检查零线的 T 接是否正确可靠。

（4）检查电能表的安装高度和倾斜程度是否合格。

（5）检查所有接头接触良好，导线线头金属不得外露，导线绝缘无损伤。

（6）拆除因停电工作所做的安全措施。

（七）通电检查

（1）确认工作完毕并拆除安全措施，断开负荷后通电。

（2）检查电能表相线、零线是否接对，测量外壳、零线端子对地应无电压。

（3）测电能表各相、线电压是否正常，核对相序的正确性。

（4）空载检查电能表是否潜动。

（5）能够带负载时，检查电能表脉冲闪速（转速）是否正常，测量各相电流是否正常，检查计量装置接线是否正确。

（八）加锁加封

（1）所有工作完毕，应对电能表等加封，而后将表箱锁好并施封。

（2）施封应清晰可靠，并在工作单上准确记录封号或塑封编号。

（3）检查加封部位是否齐全，加封质量是否合格。

（九）记录确认

（1）记录电能表示数及电能表的其他重要信息。

（2）填写工作单余下内容。

（3）告知客户工作内容，核对封印，由客户确认并签名。

（十）清场和回单

（1）清理施工现场，检查有无物品遗留。

（2）清点工作人员；装表接电人员签写姓名及日期。

（3）不能及时完成的工作应向业务接待人员说明情况，请示主管领导后再行处理。

（4）将工作单及时返回计量管理部门，完成全部装表接电过程。

（十一）履行工作终结手续

按规定办理工作终结手续。

五、工艺要求

（1）基本工艺要求是按图施工、接线正确；电气连接可靠、螺钉紧固；导线无损伤、绝缘良好；配线整齐美观、设备布置合理。

（2）线进管、管进箱。进表线与出表线分开，严禁进线与出线共管。

（3）分清相、辨明色。各相导线应分别采用黄、绿、红色线；零线应采用黑线或蓝线，或采用专用编号的电缆。

（4）横线平、竖线直。导线排列有序，避免交叉。

（5）孔填满、丝拧紧。导线的裸露部分必须全部插入接线端子孔内。

模块 3　经 TA 接入式三相四线电能计量装置的安装接线检查

一、工作内容

停电安装经 TA 接入式三相四线电能计量装置的安装并进行接线检查。TA 接入式三相四线电能计量装置的接线如图 9-9 所示。

二、危险点分析及控制措施

（1）不严格执行保证安全的措施，无票作业，无许可作业。严格执行工作票和工作许可

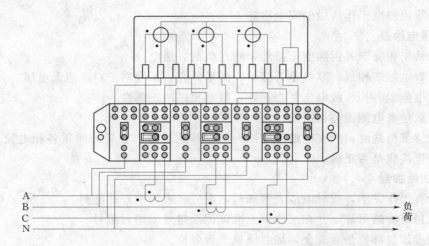

图 9-9　经 TA 接入式三相四线电能计量装置的接线

制度及监护制度，个人防护措施正确落实。

（2）使用不合格的安全工器具。检查安全工器具的试验周期、外观质量是否符合安全要求。

（3）高处坠落，高处落物伤人。使用合格的登高作业工具，系好安全带，并专人监护；上下传递物品必须使用传物袋通过传递绳，避免操作时下方有人；墙体是否牢固，是否符合安装条件。

（4）单相接地和相间短路产生电弧伤人。工作时先断开负载；安装时使用合格的绝缘工具并站在绝缘台垫上，导电部分应采取绝缘措施；分清相线与零线，电压线与电流线，接线正确；搭接导线时先接零线后接相线，拆除时相反，人体不得同时触及两根导线。

（5）电流互感器开路。确保互感器二次接线端钮接触可靠、接线盒的电流联片不开路、电能表和接线盒的电流接线端钮安装可靠等措施防止电流二次回路中的任意一点开路。

（6）误碰触电，误伤伤人。在指定的工作范围内工作，明确带电设备位置，作业现场与带电部位有效隔离，并在工作区范围设立标示牌和遮栏；有防止突然来电的措施；使用工器具和仪表时防止触电；严禁刀具对己或对人。

（7）临时接入的工作电源须用专用导线，并装设有剩余电流保护器；电动工具外壳应接地。

三、作业准备

（一）安装作业工具材料

（1）个人工具。螺丝刀、剥线钳、尖嘴钳、电工钳、小榔头、电工刀、低压验电器、扳手、工具包。

（2）测量仪表。钳形万用表、相序表。

（3）施工工具。冲击钻、钢锯、断线钳、漏电保护电源线、压接钳。

（4）登高工具。木梯。

（5）安装设备及材料。电能表、计量箱、断路器、导线、线管、膨胀螺栓、加封设备材料。

（二）人员分工

停电安装经 TA 接入式三相四线电能计量装置并进行接线检查工作现场设：工作负责人（兼监护人）1 人，安装操作人员 1～2 人。

四、作业步骤

（一）接单，接受工作任务

装表接电工作人员接受工作任务，明确作业项目，熟悉工作内容，确定作业人员，清楚作业流程，作业地点；学习作业指导书，并办理工作单。

（二）现场查勘，确定安装条件

（1）检查是否具备计量装置现场安装条件，应方便于抄表、校表、检查、更换。

（2）查看现场安全状况和危险点。

（3）确定安装方案。

（4）确定所需的材料和设备、工器具并正确配置。

（5）记录查勘情况。

（6）经查勘不符合有关规定或不具备安装条件的，将工作单退回（退单应写明退单原因）。

（三）办理工作票，履行工作许可手续

指定工作负责人，办理工作票，履行工作许可手续，对工作人员交代工作内容。

（四）安装前的准备

（1）填写工作单，主要参数包括计量装置的生产厂家、型号、规格、表号、客户编号等。

（2）装表接电人员按工作单内容，联系客户装表接电。

（3）检查着装和作业物品：工作人员按要求着装并戴安全帽，准备齐全作业物品，并检查合格。对于机械工具，主要检查其规格、外观质量和机械性能；对于电气工具，主要检查其外观质量和电气性能；对于电气仪表，主要检查其测量对象和量程范围、外观质量和电气性能。

（4）装表接电人员凭工作单到表库领取电能表、电流互感器等计量设备及其他辅助设备材料，并检查合格。

1）核对领用的电能表、电流互感器和断路器以及材料与工作单所列型号、规格一致。

2）检查电能表和互感器的配置及其他设备材料选型的正确性，如有疑问，及时向相关人员提出。

3）检查电能表和互感器的检定证书（含封印），并在有效期内。

4）进行电能表的直观检查：检查电能表外壳完好，检定封印、资产标记（条形码）、铭牌标识齐全、清晰；轻摇电能表无异响，检查端钮盒及接线螺丝牢固、完好，按照端钮盒盒盖上接线图检查电流回路和电压回路是否完好正常。

5）进行电流互感器的直观检查：核对变比是否与工作单上所列一致；核对极性是否正确，一次绕组的首端为 P1、末端为 P2，二次绕组的首端为 S1、末端为 S2；外壳完好，铭牌标识齐全、清晰；检查接线螺丝牢固、完好。

（5）检查完毕后，表库管理人员在营销管理系统中进行领表操作。

（五）进行现场施工

（1）工作负责人向工作班成员交代工作任务并进行人员分工，配置专职监护人员。

（2）工作负责人交代停电范围并进行危险点分析，现场报票并落实安全措施。

（3）确定计量箱的具体安装位置，确定计量箱进出导线方向和长度；确定 PVC 线管的走向和长度。

（4）室内电能表宜装在表水平中心线距地面尺寸 0.8～1.8m 的高度；电能表安装必须垂直牢固，表中心线向各方向的倾斜不大于 1°；装于室外的电能表应采用户外式电能表。

（5）应同时考虑抄表、校表、检查和更换等工作方便。

（6）电能表出线应接入负荷开关（开关处于断开位置）。

（7）经 TA 接入式三相四线电能表的安装和接线。安装和接线时应按照该表端钮盒盒盖上接线图进行。接线原则：先接零线、后接相线；先接负荷侧、后接电源侧；先电流线、后电压线；从左向右依次按 U 相、V 相、W 相、零线安装接线。具体安装接线按以下步骤进行。

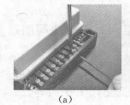

（a）　　　　（b）　　　　（c）　　　　（d）

图 9-10　导线与设备的连接

（a）、（b）单股线与电能表的连接；（c）、（d）单股导线与电流互感器的连接

1）导线与设备的连接。导线与电能表及互感器的连接如图 9-10 所示。

2）导线与接线盒的连接。单股导线与接线盒的连接操作如图 9-11 所示。

（a）　　　　　　　　　　　　（b）

图 9-11　导线与接线盒的连接

（a）先紧内侧螺栓；（b）后紧外侧螺栓

3）导线的布置与束紧。导线的布置与束紧方式如图 9-12 所示。

4）导线的 T 接。零线的 T 接方法与绝缘恢复如图 9-13 所示。

计量箱内部计量设备及辅助设备的安装固定；采用零线的"T 接法"进行零线的安装和接线及绝缘的恢复；电流线安装和接线；电压线安装和接线；将一次零线从电源侧直接敷设到负荷侧；黄、绿、红三种相色的一次导线穿管并分别穿过三个电流互感器；在电流互感器的电源侧，将一次黄、绿、红色导线的适当位置剖开绝缘层；将进接线盒的黄、绿、红色电

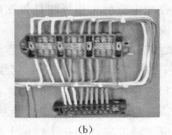

(a)　　　　　　　　　　　　　(b)

图 9-12　导线的布置与束紧
(a) 导线的布置；(b) 导线束紧绑扎

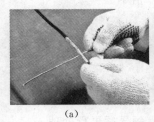

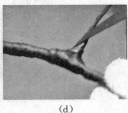

(a)　　　　　　(b)　　　　　　(c)　　　　　　(d)

图 9-13　零线的 T 接
(a)、(b) 零线 T 接的缠绕操作；(c)、(d) 零线绝缘的恢复

压线的另一端与一次黄、绿、红色导线的裸露部分相接；将导线上裸露的金属部分用对应相色的绝缘胶带包好。

(8) 计量箱的固定和接线。固定计量箱：利用冲击钻打孔，用膨胀螺栓将计量箱固定；连接计量箱进出导线：先连接计量箱出线并接到断路器的电源侧，再连接计量箱进线；将导线穿入 PVC 管，PVC 管穿进计量箱；将 PVC 线管用管卡固定，线管横平竖直，管口（向下）有防雨措施并做好导线滴水弯；封堵线管与表箱处的缝隙。

（六）施工完毕检查

(1) 施工完毕所有检查工作应由工作负责人负责按要求完成。

(2) 检查计量装置安装牢固无倾斜，与其他设备安全距离足够。

(3) 检查计量装置接线正确，布线整齐规范，核对 TA 一、二次极性及电能表的进出端钮和相别对应，检查零线的 T 接是否正确可靠。

(4) 检查电能表的安装高度和倾斜程度是否合格。

(5) 检查所有接头接触良好，导线线头金属不得外露，导线绝缘无损伤。

(6) 拆除因停电工作所做的安全措施。

（七）通电检查

(1) 确认工作完毕并拆除安全措施，断开负荷后通电。

(2) 检查电能表相线、零线是否接对，测量外壳、零线端子对地应无电压。

(3) 测量电能表各相、线电压是否正常，核对相序正确性。

(4) 空载检查电能表是否潜动。

(5) 能够带负载时，检查电能表脉冲闪速（转速）是否正常。

(6) 检查电流互感器运行声音、温升是否正常。

（7）测量各相电流的大小，测量各相电压与其分别对应的电流间的相位差，分析计量装置接线是否正确。

（八）加锁加封

（1）所有工作完毕，应对电能表、接线盒、电流互感器等加封，而后将表箱锁好并施封。

（2）对客户可操作的计量互感器柜，在操作刀闸上加封。

（3）凡裸露的变压器低压端子、计量互感器一次端子均应采用护罩、护套等形式封闭。

（4）施封应清晰可靠，并在工作单上准确记录封号或塑封编号。

（5）检查加封部位是否齐全，加封质量是否合格。

（九）记录确认

（1）记录电能表示数及电能表的其他重要信息，核对电流互感器倍率。

（2）填写工作单余下内容。

（3）告知客户工作内容，核对封印，由客户确认并签名。

（十）清场和回单

（1）清理施工现场，检查有无物品遗留。

（2）清点工作人员；装表接电人员签写姓名及日期。

（3）不能及时完成的工作应向业务接待人员说明情况，请示主管领导后再行处理。

（4）将工作单及时返回计量管理部门，完成全部装表接电过程。

（十一）履行工作终结手续

按规定办理工作终结手续。

五、工艺要求

（1）基本工艺要求是按图施工、接线正确；电气连接可靠、螺钉紧固；导线无损伤、绝缘良好；配线整齐美观、设备布置合理。

（2）线进管、管进箱。进表线与出表线分开，严禁进线与出线共管。

（3）分清相、辨明色。各相导线应分别采用黄、绿、红色线；零线应采用黑线或蓝线，或采用专用编号的电缆。

（4）横线平、竖线直。导线排列有序，避免交叉。

（5）孔填满、丝拧紧。导线的裸露部分必须全部插入接线端子孔内。

模块 4　装表接电工作结束后竣工检查

一、工作内容

装表接电工作结束后，进行竣工检查。

二、作业流程

竣工验收的项目及内容如下。

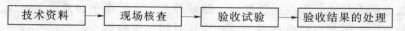

技术资料　→　现场核查　→　验收试验　→　验收结果的处理

（一）验收的技术资料

（1）计量装置计量方式原理接线图，一、二次接线图，施工设计图和施工变更资料。

（2）电压、电流互感器安装使用说明书、出厂检验报告、法定计量检定机构的检定证书。

（3）计量箱柜的出厂检验报告、说明书。

（4）二次回路导线或电缆的型号、规格及长度。

（5）电压互感器二次回路中的熔断器、接线端子的说明书等。

（6）高压电气设备的接地及绝缘试验报告。

（7）施工过程中需要说明的其他资料。

（二）现场核查的内容

计量器具型号、规格、计量法定标志、出厂编号等应与计量检定证书和技术资料的内容相符；产品外观质量应无明显瑕疵和受损；安装工艺质量应符合有关标准要求；电能表、互感器及其二次回路接线情况应与竣工图一致。

1. 电能表的安装要求

（1）环境条件。周围环境应安全、干净和明亮，温度不超标；无腐蚀气体、易蒸发液体、振动和阳光直射的影响。

（2）安装条件。便于互感器、电能表的安装与拆卸。

（3）管理条件。便于抄表、校验、轮换、检查、防窃电管理工作。

（4）电能表应安装在电能计量柜（屏）上，每一回路的有功和无功电能表应垂直排列或水平排列，电能表下端应加有回路名称的标签，单相电能表相距的最小距离为 30mm；两只三相电能表的最小间距为 80mm；电能表与试验专用接线盒之间的垂直间距不应小于 40mm；试验专用接线盒与周围壳体结构件之间的间距不应小于 40mm。电能表与屏边的最小距离为 40mm。

（5）室内电能表宜装在 0.8～1.8m 的高度（表水平中心线距地面尺寸）；室外电能表箱下沿高度宜为 1.8～2.0m。

（6）电能表安装必须垂直牢固，每只电表除挂表螺丝外至少应有一只定位螺丝；机械式电能表中心线向各方向的倾斜不大于 1°，电子式电能表中心线向各方向的倾斜不大于 2°。

（7）装于室外的电能表应采客户外式电能表。

2. 互感器的安装要求

（1）为了减少三相三线电能计量装置的合成误差，安装互感器时，宜考虑互感器的合理匹配问题。

（2）同一组的电流（电压）互感器应采用制造厂、型号、额定电流（电压）变比、准确度等级、二次容量均相同的互感器。

（3）三只电流互感器进线端极性符号应一致，以便确认该组电流互感器一次及二次回路电流的正方向。同一组电流互感器应按同一方向安装，以保证该组电流互感器一次和二次回路电流的正方向均一致，并尽可能易于观察铭牌。

（4）互感器二次回路应安装试验接线盒。

（5）互感器安装必须牢固无倾斜，安装位置应考虑现场检查和拆换工作的方便。

（6）电流互感器二次回路不允许开路，对双二次绕组互感器只用一个二次回路时，另一个二次绕组应可靠短接。电压互感器一次回路和二次回路均不得短路。

（7）低压穿芯式电流互感器应采用固定单一的变比（一次最好用单匝），以防发生互感器倍率差错。

（8）互感器的额定二次容量应满足实际要求。一般低压电流互感器二次额定负荷容量不得小于10VA。对于配置电子式电能表，二次回路较短的装置，也可以采用二次负荷容量为5VA的S级电流互感器。

3. 二次回路的技术要求

(1) 二次导线的接线方式。所有计费用电流互感器的二次接线应采用分相接线方式，非计费用电流互感器可以采用星形或不完全星形接线方式。

(2) 电流互感器。对三相四线制连接的电能计量装置，其3台电流互感器二次绕组与电能表之间宜采用六线连接。

(3) 二次导线的材质。单股绝缘铜质导线，采用500V兆欧表进行测量时其绝缘电阻不应小于5MΩ，二次导线的额定电压不低于500V。

(4) 经电流互感器接入的低压三相四线电能表，其电压引入线应单独接入，不得与电流线共用；电压引入线的另一端应接在电流互感器一次电源侧，并在电源母线上另行引出（宜在母排上另行打孔用螺栓压接的方式连接电压引入线），禁止在两段母线的连接螺丝处引出。电压引入线与电流互感器一次电源应同时切合；电压引线不得有接头。

(5) 二次导线的截面。连接导线截面应按电流互感器的额定二次负荷计算确定，应不小于4mm²；电压线应不小于2.5 mm²。

4. 计量柜（屏、箱）的安装要求

(1) 供电企业与客户之间的计费电能表、互感器安装前均应经过检定，并有合格证；其他非计费的电能计量装置也须经国家法定计量单位检定合格，并有合格证。合格证的时间均应在有效期内。

(2) 10kV及以下电力客户处的电能计量点应采用全国统一标准的电能计量柜（箱），低压计量柜应紧靠进线处，高压计量柜则可设置在主受电柜后面。

(3) 居民客户的计费电能计量装置，必须采用符合要求的计量箱。

(4) 电源线进入计量箱应穿管并与出线分开敷设。

(三) 验收试验

(1) 检查二次回路中间触点、熔断器、试验接线盒的接触情况。

(2) 进行电流、电压互感器实际二次负载及电压互感器二次回路压降的测量。

(3) 检查接线正确性。

(4) 对互感器进行现场检验。

(四) 验收结果的处理

(1) 经验收的计量装置应由验收人员及时实施封印。封印的位置为互感器二次回路的各接线端子、电能表接线端子、计量柜（箱）门等；施封后应由运行人员或客户对封印的完好签字认可。

(2) 经验收的计量装置应由验收人员填写验收报告，注明"计量装置验收合格"或者"计量装置验收不合格"及整改意见，整改后再进行验收。

(3) 验收不合格的计量装置禁止投入使用。

(4) 验收报告及验收资料应归档。

三、技术规范

本项工作遵守《电能计量装置技术管理规程》（DL/T 448—2000）和《电能计量装置安装接线规则》（DL/T 825—2002）。

第十章 配电线路运行维护

模块 1　农网配电设备巡视检查

对配电设备进行定期或不定期的巡视检查，是发现设备隐患和消除设备缺陷的重要工作，对预防事故发生、提高配电网的供电可靠性、降低线损和运行维护费用有着重要的意义。

一、设备巡视的目的

目的是为了及时掌握线路及设备的运行状况，包括沿线的环境状况，发现并消除设备缺陷和沿线威胁线路安全运行的隐患，预防事故的发生，提供翔实的线路设备检修内容。

二、设备巡视的分类

（1）定期巡视。由配电网运行人员进行，以掌握设备设施的运行状况、运行环境变化情况为目的，及时发现缺陷和威胁配电网安全运行情况的巡视。

（2）特殊性巡视。在有外力破坏可能、恶劣气象条件（如大风、暴雨、覆冰、高温等）、重要保电任务、设备带缺陷运行或其他特殊情况下由运行单位组织对设备进行的全部或部分巡视。

（3）夜间巡视。在负荷高峰或雾天的夜间由运行单位组织进行，主要检查连接点有无过热、打火现象，绝缘子表面有无闪络等的巡视。

（4）故障性巡视。由运行单位组织进行，以查明线路发生故障的地点和原因为目的的巡视。

（5）监察性巡视。由管理人员组织进行的巡视工作，了解线路及设备状况，检查、指导巡视人员的工作。

三、设备巡视周期

（1）定期巡视的周期见表 10-1。根据设备状态评价结果，对该设备的定期巡视周期可动态调整，架空线路通道与电缆线路通道的定期巡视周期不得延长。

表 10-1　　　　　　　　　　　　定 期 巡 视 周 期

序号	巡　视　对　象	周　　期
1	架空线路通道	市区：一个月
		郊区及农村：一个季度
2	电缆线路通道	一个月
3	架空线路、柱上开关设备柱上变压器、柱上电容器	市区：一个月
		郊区及农村：一个季度
4	电缆线路	一个季度
5	中压开关站、环网单元	一个季度
6	配电室、箱式变电站	一个季度
7	防雷与接地装置	与主设备相同
8	配电终端、直流电源	与主设备相同

（2）重负荷和三级污秽及以上地区线路每年至少进行一次夜间巡视，其余视情况确定。

（3）重要线路和故障多发的线路每年至少进行一次监察巡视。

四、设备巡视的基本方法

巡视人员在巡视中一般通过看、听、摸、嗅、测的方法对设备进行检查。

（1）看。主要用于对设备外观、位置、压力、颜色、信号指示等肉眼看得见的检查项目的分析判断。例如充油设备的油位、油色的变化、渗漏，设备绝缘的破损裂纹、污秽等。

（2）听。主要通过声音判断设备运行是否正常。例如变压器正常运行时其声音是均匀的嗡嗡声，内部放电时会有噼啪声等。

（3）摸。通过以手触试不带电的设备外壳，判断设备的温度、震动等是否存在异常。例如触摸的变压器外壳，检查温度是否正常。但是必须分清可触摸的界限和部位，且应有监护人监护。

（4）嗅。通过气味判断设备有无过热、放电等异常。例如通过嗅觉判断配电室有无绝缘焦煳味等异常气味。

（5）测。通过工具检查设备运行情况是否发生变化。例如用红外线测温仪测试设备接点温度是否异常。

五、危险点分析与控制措施

（一）防人身触电

（1）事故巡视应始终认为设备带电。

（2）进行配电设备巡视的人员，应熟悉设备的内部结构和接线情况。巡视检查配电设备时，不得越过遮栏或围墙。进出配电设备室（箱），应随手关门，巡视完毕应上锁。单人巡视时，禁止打开配电设备柜门、箱盖。

（二）防意外伤害

（1）巡线工作应由有电力线路工作经验的人员担任。履行派工手续。

（2）单独巡线人员应考试合格并经工区（公司、所）分管生产领导批准。

（3）电缆隧道、偏僻山区和夜间巡线应由两人进行。汛期、暑天、雪天等恶劣天气巡线，必要时由两人进行。并与派出部门之间保持通信联络。

（4）雷雨、大风天气或事故巡线，巡视人员应穿绝缘鞋或绝缘靴。

（5）汛期、暑天、雪天等恶劣天气和山区巡线应配备必要的防护用具、自救器具和药品；夜间巡线应携带足够的照明工具。

（6）特殊巡视应注意选择路线，防止洪水、塌方、恶劣天气等对人的伤害。巡线时禁止泅渡。

（7）应带一根不短于 1.2m 的木棒，防止动物袭击。

六、巡视检查项目及要求

（一）配电变压器的巡视检查

（1）变压器各部件接点接触是否良好，有无过热变色、烧熔现象，示温片是否熔化脱落。

（2）变压器套管是否清洁，有无裂纹、击穿、烧损和严重污秽，瓷套裙边损伤面积不应超过 $100mm^2$。

（3）变压器油温、油色、油面是否正常，有无异声、异味，在正常情况下，上层油温不超过 85℃，最高不得超过 95℃。

（4）各部位密封圈（垫）有无老化、开裂，缝隙有无渗、漏油现象，配变外壳（箱式变电站箱体）有无脱漆、锈蚀，焊口有无裂纹、渗油。

（5）有载调压配变分接开关指示位置是否正确。

（6）呼吸器是否正常、有无堵塞，硅胶有无变色现象，如有绝缘罩应检查是否齐全完好，全密封变压器的压力释放装置是否完好。

（7）变压器有无异常的声音，是否存在重载、超载现象。

（8）各种标志是否齐全、清晰，铭牌及其警告牌和编号等其他标识是否完好。

（9）变压器台架高度是否符合规定，有无锈蚀、倾斜、下沉，木构件有无腐朽，砖、石结构台架有无裂缝和倒塌的可能。

（10）地面安装变压器的围栏是否完好，平台坡度不应大于 1/100。

（11）引线是否松弛，绝缘是否良好，相间或对构件的距离是否符合规定，对工作人员有无触电危险。

（12）温度控制器（如有）显示是否异常，巡视中应对温控装置进行自动和手动切换，观察风扇启停是否正常等。

（13）变压器台上的其他设备（如表箱、开关等）是否完好。

（14）台架周围有无杂草丛生、杂物堆积，有无生长较高的农作物、树、竹、藤蔓类植物接近带电体。

（二）负荷开关、隔离开关、跌落式熔断器的巡视检查

（1）绝缘件有无裂纹、闪络、破损及严重污秽。

（2）熔丝管有无弯曲、变形。

（3）触头间接触是否良好，有无过热、烧损、熔化现象。

（4）各部件的组装是否良好，有无松动、脱落。

（5）引下线接点是否良好，与各部件间距是否合适。

（6）安装是否牢固，相间距离、倾角是否符合规定。

（7）操作机构有无锈蚀现象。

（8）负荷开关的灭弧室是否完好。

（三）柱上开关巡视检查

（1）外壳有无渗、漏油和锈蚀现象。

（2）套管有无破损、裂纹和严重污染或放电闪络的痕迹。

（3）开关的固定是否牢固、是否下倾，支架是否歪斜、松动，引线接点和接地是否良好，线间和对地距离是否满足要求。

（4）气体绝缘开关的压力指示是否在允许范围内，油绝缘开关油位是否正常。

（5）开关的命名、编号，分、合和储能位置指示，警示标志等是否完好、正确、清晰。

（6）各个电气连接点连接是否可靠，铜铝过渡是否可靠，有无锈蚀、过热和烧损现象。

（四）电容器巡视检查

（1）绝缘件有无闪络、裂纹、破损和严重脏污。

（2）外壳有无膨胀、锈蚀，有无渗、漏油。

（3）带电导体与各部的间距是否合适。

（4）放电回路及各引线接线是否良好，接点有无发热老化。

(5) 开关、熔断器是否正常、完好，自动投切装置动作是否正确。

(6) 接地是否良好。

(7) 装置有无异常的震动、声响和放电声。

(8) 柱上电容器运行中的最高温度不应超过制造厂规定值。

（五）防雷与接地装置的巡视检查

(1) 避雷器外观有无破损、开裂，有无闪络痕迹，表面是否脏污。

(2) 避雷器上、下引线连接是否良好，引线与构架、导线的距离是否符合规定。

(3) 避雷器支架是否歪斜，铁件有无锈蚀，固定是否牢固。

(4) 带脱离装置的避雷器是否已动作。

(5) 防雷金具等保护间隙有无烧损，锈蚀或被外物短接，间隙距离是否符合规定。

(6) 接地线和接地体的连接是否可靠，接地线绝缘护套是否破损，接地体有无外露、严重锈蚀，在埋设范围内有无土方工程。

(7) 接地电阻是否满足要求。

（六）站所类建（构）筑物的巡视

(1) 建筑物周围有无杂物堆放，有无可能威胁配变安全运行的杂草、藤蔓类植物生长等。

(2) 建筑物的门、窗、钢网有无损坏，房屋、设备基础有无下沉、开裂，屋顶有无漏水、积水，沿沟有无堵塞。

(3) 户外环网单元、箱式变电站等设备的箱体有无锈蚀、变形。

(4) 建筑物、户外箱体的门锁是否完好。

(5) 电缆盖板有无破损、缺失，进出管沟封堵是否良好，防小动物设施是否完好。

(6) 室内是否清洁，周围有无威胁安全的堆积物，大门口是否畅通、是否影响检修车辆通行。

(7) 室内温度是否正常，有无异声、异味。

(8) 室内消防、照明设备、常用工器具完好齐备、摆放整齐，除湿、通风、排水设施是否完好。

（七）其他设备的巡视

配电终端设备（馈线终端、站所终端、配变终端等）的巡视。

(1) 设备表面是否清洁，有无裂纹和缺损。

(2) 二次端子排接线部分有无松动。

(3) 交直流电源是否正常。

(4) 柜门关闭是否良好，有无锈蚀、积灰，电缆进出孔封堵是否完好。

(5) 终端设备运行工况是否正常，各指示灯信号是否正常。

(6) 通信是否正常，能否接收主站发下来的报文。

(7) 遥测数据是否正常，遥信位置是否正确。

(8) 设备的接地是否牢固可靠，终端装置电缆线头的标号是否清晰正确、有无松动。

(9) 对终端装置参数定值等进行核实及时钟校对，做好相关数据的常态备份工作。

(10) 检查相关二次安全防护设备运行是否正常。

(11) 检查有无工况退出站点，有无遥测、遥信信息异常情况。

模块 2　农网配电设备运行维护及检修

一、配电设备运行与维护检修作业危险点及控制措施

（1）防人身触电。正确履行安全组织措施，严格执行现场安全技术措施。

（2）防高空坠落。作业人员"两穿一戴"，使用架梯登高专人扶持，高空作业不得失去安全带的保护。

（3）防意外伤害。作业现场设置安全防护区。

（4）防高空落物。工具、材料用绳索传递，且系绑牢固，禁止上下抛掷。

（5）防重物挤压伤人。起重作业应专人指挥。

（6）防火灾。工作现场应配备灭火设备，并禁止吸烟。油罐等应有明显的防火标志。

二、配电变压器的运行维护及检修

（一）配电变压器的运行维护

（1）正常巡视周期及内容（参照本章模块1）。

（2）在下列情况下应对变压器增加巡视检查次数。

1）新设备或经过检修、改造的变压器在投运 72h 内。

2）有严重缺陷时。

3）气象突变（如大风、大雾、大雪、冰雹、寒潮等）时。

4）雷雨季节特别是雷雨后。

5）高温季节、高峰负载期间。

（3）变压器的投运和停运。

1）新的或大修后的变压器投运前，除外观检查合格外，应有出厂试验合格证和试验部门的交接试验合格证。

2）停运满一个月者，在恢复送电前应测量绝缘电阻，合格后方可投运。

3）搁置或停运 6 个月以上变压器，投运前应做绝缘电阻和绝缘油耐压试验。

4）干燥、寒冷地区的排灌专用变压器，停运期可适当延长，但不宜超过 8 个月。

（4）变压器分接开关的运行维护。无励磁调压变压器在变换分接时，应作多次转动，以便消除触头上的氧化膜和油污。在确认变换分接正确并锁紧后，测量绕组的直流电阻。分接变换情况应作记录。

（二）配电变压器的检修

1. 检修周期

大修：一般 5～10 年 1 次。

小修：一般每年 1 次。

2. 检修项目

（1）大修项目。变压器吊芯，对绕组、引线、铁芯、分接开关的检修，以及密封胶垫的更换、绝缘进行干燥处理、变压器换油等。

（2）小修项目。调整油位、检查压力释放阀、调压装置、接地系统、密封状态，处理渗漏油、检查导电接头、清扫油箱和附件，以及按有关规程规定进行的测量和试验。

三、跌落式熔断器的运行维护及检修

(一) 正常巡视周期及内容

巡视周期参照本章模块 1，检查中发现以下缺陷时，应及时处理。

(1) 熔断器的消弧管内径扩大或受潮膨胀而失效。

(2) 触头接触不良，有麻点、过热、烧损现象。

(3) 触头弹簧片的弹力不足，有退火、断裂等情况。

(4) 机构操作不灵活。

(5) 熔断器熔丝管易跌落，上下触头不在一条直线上。

(6) 熔丝额定容量不合适。

(7) 引线相间距离小于 300mm，对地距离小于 200mm，跌落式熔断器水平相间距离小于 500mm，跌落熔断器安装倾斜角超出 15°～30°范围。

(二) 跌落式熔断器的运行维护

(1) 熔断器具额定电流与熔体及负荷电流值是否匹配合适，若配合不当必须进行调整。

(2) 熔断器的操作须仔细认真，特别是合闸操作，用力适当，并使动、静触头接触良好。

(3) 熔管内必须使用标准熔体，禁止用铜丝铝丝代替熔体，更不准用铜丝、铝丝等将触头绑扎住使用。

(4) 对新安装或更换的熔断器，必须满足规程质量要求，熔管安装角度在 15°～30°范围内，经分合操作 3 次以上，指示正常。

(5) 熔体熔断后应更换新的同规格熔体，不可将熔断后的熔体联结起来再装入熔管继续使用。

(6) 对熔断器进行巡视时，如发现放电声，要尽早安排处理。

(三) 跌落式熔断器的检修

跌落式熔断器属于保护类设备，因此必须保证有良好的运行状态。发现缺陷时，一般整支或整组进行更换。

四、柱上开关的运行维护及检修

柱上断路器运行维护的正常巡视周期参照本章模块 1，柱上开关的检修以真空断路器为例，具体检修项目如下。

(1) 外部整理。支架高度、水平倾斜度的检查调整，各相进、出线安装距离检查整理，绝缘套管防污，箱体清扫。

(2) 电气连接点检修。真空开关的电气连接应接触紧密，导电良好，必要时涂抹导电膏或电力复合脂。不同金属连接，采取过渡措施。

(3) 操作机构调整。各转动的部位连接牢固，转动灵活，不得有卡阻现象，并涂抹润滑脂。检查手动及电动储能机构，分、合闸操作正常，机械良好、无异声。

(4) 二次回路整定校试、接点紧固，集成模块检查或更换。

(5) 绝缘电阻测量。断路器本体、绝缘拉杆使用 2500V 兆欧表，电阻不小于 1000MΩ，二次回路绝缘电阻采用 1000V 兆欧表，绝缘电阻值大于 10MΩ。

(6) 主回路交流耐压试验。在分、合闸状态下分别进行，1min（相对地）耐受电压 42kV、（断口）耐受电压 48kV，应无击穿，无发热，无闪络。

(7) 外壳接地电阻和防雷装置的接地电阻检测，一般不应大于 10Ω。

(8) 安装设备运行编号、相序标识和警示标志等。

五、避雷器的运行维护及检修

避雷器巡视检查：与被保护的配电装置同时进行巡视检查，详情参照本章模块 1，具体检修内容及要求如下所述。

(一) 避雷器常见问题

(1) 避雷器安装支架锈蚀严重、结构松动。

(2) 接线端子与引线的连接松脱。

(3) 避雷器安装固定螺栓松动。

(4) 表面严重脏污。

(5) 避雷器引下线脱落、丢失，接地线绝缘护套破损，接地体外露、严重锈蚀，在埋设范围内有土方工程。

(6) 避雷器运行中爆炸烧毁，引起线路接地或短路。

(7) 氧化物避雷器合成外套老化。

(8) 接地电阻不合格。

(二) 避雷器的检修

(1) 避雷器属于保护类设备，因此必须保证有良好的运行状态。发现避雷器本体缺陷时，一般整支或整组进行更换。

(2) 避雷器安装支架的防腐、调整或更换工作。

(3) 避雷器引上线与引下线的紧固或更换工作。

(4) 引下线与接地体连接点老化处理。

(5) 接地电阻测量及接地体加装敷设。

六、电容器的运行维护及检修

(一) 电容器的运行维护

(1) 室内安装的低压电容器的总容量在 50kVA 以下时，采用封闭式负荷开关控制和操作。50kVA 及以上电容器组，可用交流接触器或自动开关。开关容量应按电容器组总电流的 1.5 倍选取。安装在 10kV 架空线路上的电容器组采用跌落式熔断器控制和操作。电容器的保护熔丝按电容器额定电流的 1.2～1.3 倍进行整定。

(2) 电容器组在正常情况下的投入或退出运行，应根据系统无功负荷潮流和负荷功率因数以及电压情况来确定。

(3) 发生下列情况之一时，应立即断开电容器组开关，使其退出运行。

1) 当长期运行的电容器母线电压超过电容器额定的 1.1 倍，或者电流超过额定电流的 1.3 倍以及电容器外壳温度超过规定值时。

2) 及装有功率因数自动控制器的电容器，当自动装置发生故障时，应立即退出运行，并应将电容器组的自动投切改为手动，避免电容器组因自动装置故障频繁投切。

3) 电容器连接线接点严重过热或熔化。

4) 电容器内部或放电装置有严重异常响声。

5) 电容器外壳有较明显异形膨胀时。

6) 电容器瓷套管发生严重放电闪络。

7) 电容器喷油起火或油箱爆炸时。

8）发生下列情况之一时，不查明原因不得将电容器组合闸送电。

a. 当配电室事故跳闸，必须将电容器组的开关拉开。

b. 当电容器组开关跳闸后不准强送电。

c. 熔断器熔丝熔断后，不查明原因，不准更换熔丝送电。

（二）电容器的检修

（1）检修周期。根据制造厂对检修周期要求，或经过外观检查、电容值试验，判定电容器存在内部故障时，应进行检修。

（2）检修内容。

1）电容器组的保护回路及控制回路（投切）开关装置的检修、实验。

2）连接线检查与更换。

3）电容器本体故障时应整只或整组更换，但不得改变其额定容量。

4）放电接地装置的检查、实验与更换。

5）绝缘部件的清洁去污或更换。

七、接地装置的运行维护及检修

（一）接地装置的运行维护

1. 检查周期

（1）变（配）电所的接地装置一般每年检查一次。

（2）根据车间或建筑物的具体情况，对接地线的运行情况一般每年检查1～2次。

（3）各种防雷装置的接地装置每年在雷雨季前检查一次。

（4）对有腐蚀性土壤的接地装置，应根据运行情况一般每3～5年对地面下接地体检查一次。

（5）手持式、移动式电气设备的接地线应在每次使用前进行检查。

（6）接地装置的接地电阻一般1～3年测量一次。

2. 检查项目

（1）接地引线有无破损及腐蚀现象。

（2）接地体与接地引线连接线夹或螺栓是否完好、紧固。

（3）接地保护管是否完整。

（4）接地体的接地圆钢、扁钢有无露出、被盗、浅埋等现象。

（5）在土壤电阻率最大时测量接地装置的接地电阻，并对测量结果进行分析比较。

（6）电气设备检修后，应检查接地线连接情况，是否牢固可靠。

（二）接地装置的检修

1. 接地装置常见缺陷

（1）接地体锈蚀。

（2）外力破坏，如撞击、被盗等。

（3）假焊、地网外露。

（4）接地电阻超过规定值。

2. 接地装置检修

（1）接地体锈蚀的处理：对埋设部分接地体，应挖去表层泥土，视锈蚀情况，进行防锈或补焊钢筋，再覆土整平并做好记录。对于锈蚀严重的接地体，应及时进行更换。

（2）外力破坏、假焊和接地网外露的处理方法。

1）轻度外力破坏变形，可进行矫形复位，同时设置警示标志。

2）发现接地网有假焊缺陷，应进行补焊，同时重新测量接地电阻，并做好记录。

3）由于水土流失或人为取土，造成接地体外露，应及时进行覆土工作，必要时可设置保护电力设施的警示标志。

（3）降低接地电阻的方法。

1）应尽量利用杆塔金属基础，钢筋水泥基础，水泥杆的底盘、卡盘、拉线盘等自然接地。

2）应尽量利用杆塔基础坑深埋接地体。

3）利用化学降阻剂，降低接地电阻，尽量不要用食盐等有腐蚀性的物质。

4）换土，但外取的土壤不得有较强的腐蚀性。

模块 3　农网配电设备常见故障及处理

一、配电变压器

运行中变压器常见故障主要有绕组故障、调压分接开关故障、绝缘套管、桩头故障以及过载、短路引起的火灾。

（一）绕组故障

1．故障现象

绕组故障主要有匝间短路、相间短路、绕组接地、断线等故障，因为故障在油箱内部，故障产生的电弧，引起绝缘物质的剧烈汽化，使油箱内部压力增大可能引起爆炸。当出现绕组故障时，一般都会出现变压器过热、油温升高、音响中夹有爆炸声或"咕嘟咕嘟"的冒泡声等现象。

2．故障原因

（1）制造质量缺陷或检修时，局部绝缘受到损害。

（2）散热不良或长期过载引起绝缘老化。

（3）绝缘油受潮或油面过低使部分绕组暴露在空气中未能及时处理。

（4）绕组压制不紧，在短路电路冲击下绕组发生变形，使绝缘损坏。

3．处理方法

当出现绕组故障现象时，应立即停电进行绝缘检测，确定为绕组故障后直接更换变压器。

（二）绝缘套管故障

1．故障现象

常见的现象是破损、闪络、漏油、套管间放电、桩头连接点发热等现象。

2．故障原因

（1）外力损伤。

（2）桩头承受外加应力，损伤密封橡胶。

（3）绝缘套管脏污受潮。

（4）变压器箱盖上落异物。

（5）桩头连接不规范。

3. 故障处理

出现污闪时，应清理套管表面的脏污，再涂上硅油或硅脂等涂料；变压器套管有裂纹、击穿、烧损、瓷套裙边损伤面积超过 $100mm^2$ 时，应更换套管；变压器套管间放电，应检查并清扫套管间的杂物。高、低压桩头应用相应规格的接线端子连接牢固，且不得承受外加应力。

（三）分接开关故障

1. 故障现象

故障现象表现为：温度升高，异响，低压侧电压波动。

2. 故障原因

（1）连接螺栓松动。

（2）分接头绝缘板绝缘不良。

（3）弹簧压力不足，接头接触不良。

（4）调压后未检查，分接不到位等。

3. 处理方法

当出现这种情况时需停电进行检修，更换分接开关套件或直接更换变压器。

（四）变压器着火

1. 故障现象

变压器着火或变压器发生爆炸。

2. 故障原因

（1）套管破损和闪烙，使变压器油流出并在变压器顶部燃烧。

（2）变压器内部发生短路故障，产生电弧使外壳或散热器破裂，变压器油溢出点燃。

（3）变压器内部故障产生电弧，箱体内压力过大引起爆炸。

（4）变压器制造质量缺陷，过载或外部短路引起内部故障。

3. 故障处理

发生这类故障时，应先将变压器两侧电源断开，然后再进行灭火。变压器灭火应选用绝缘性能较好的气体灭火器或干粉灭火器，必要时可使用砂子灭火。然后分析故障原因，更换变压器。

二、跌落式熔断器

跌落式熔断器是高压配电线路上常用的过负荷及短路保护设备。跌落式熔断器常见故障有烧熔丝管、熔丝管误跌落、熔丝误断等。

（一）烧熔丝管

1. 故障现象

熔丝管烧损或烧毁。

2. 故障原因

（1）由于熔丝熔断后，熔丝管没有自动跌落，电弧未被切断，在管内形成了连续电弧而将管子烧毁。

（2）熔丝管因上下转动轴安装不正，被杂物阻塞，以及转轴部分粗糙，阻力过大，不灵活等原因，以致当熔丝熔断时，保险管仍短时保持原状态不能很快跌落，灭弧时间延长而造成熔管烧损。

3. 故障处理

跌落式熔断器属保护设备，在出现本体故障时，一般整只或整组进行更换。在其他部件完好的情况下，也可更换同型号熔丝管使用。

（二）熔丝管误跌落

1. 故障现象

熔丝管不正常跌落。

2. 故障原因

（1）有些开关熔丝管尺寸与上下静触头接触部分尺寸匹配不合适，极易松动，一旦遇到大风或强烈震动就会跌落。

（2）上静触头的弹簧压力过小，夹、卡装置被烧伤或磨损，不能卡住熔丝管子也是造成熔丝管误跌落的原因。

3. 故障处理

调整熔丝管尺寸与上下静触头接触部分尺寸，或调整上静触头的弹簧压力，或整只整组进行更换。

（三）熔丝误断

1. 故障现象

熔丝熔断，熔丝管跌落。

2. 故障原因

（1）熔断器额定断开容量小，其下限值小于被保护系统的正常负荷容量，熔丝误熔断。

（2）熔丝质量不良，其焊接处受到温度变化及机械力的作用后脱开，也会发生误断。

3. 故障处理

将熔断器熔丝与被保护设备的参数容量进行核对，如果发现熔丝选用不当或质量不合格时，及时更换熔丝。

三、真空断路器

真空断路器主要故障有真空灭弧室真空度降低、操作机构故障。

（一）真空灭弧室真空度降低

1. 故障现象

真空断路器开断电流能力下降，断路器的使用寿命急剧下降，严重时会引起断路器爆炸。

2. 故障原因

（1）真空断路器出厂后，经过多次运输颠簸、安装震动、意外碰撞等，可能产生玻璃或陶瓷封接的渗漏。

（2）真空灭弧室材质或制作工艺存在问题，多次操作后出现漏点。

（3）断路器频繁动作达到设计使用寿命。

3. 故障处理

及时将开关退出运行，交检修部门进行检修处理。

（二）真空开关操作机构故障

1. 故障现象

断路器拒动，即给断路器发出操作信号，而断路器不动作或动作不正常、不正确等现象。

2. 故障原因

(1) 断路器拒动,可能是操作电源失压或欠压;操作回路断开;合闸线圈或分闸线圈断线;机构上的辅助开关触点接触不良。

(2) 合不上闸或合上后即分断,可能是操作电源欠压;断路器动触杆接触行程过大;辅助开关联锁接点断开;操作机构的半轴与掣子扣接量太小(对 CD17 型机构或弹簧机构),或 CD10 操动机构的一字板未调整好等。

(3) 事故时继电保护动作,断路器分不下来,可能是分闸铁芯内有异物使铁芯受阻动作不灵;分闸脱扣半轴转动不灵活;分闸的铜撬板太靠近铁芯的撞头,使铁芯分闸时无加速力;半轴与掣子扣接量太大;分闸顶杆变形严重,分闸时卡死;分闸操作回路断线。

(4) 烧坏合闸线圈,可能是合闸后直流接触器不能断开;直流接触器合闸后分不了闸或分闸延缓;辅助开关在合闸后没有联动转至分闸位置;辅助开关松动,合闸后控制接触器的电接点没有断开。

3. 故障处理

真空开关出现操作机构故障时,应及时将开关退出运行,交检修部门进行检修处理。

四、避雷器

避雷器是电力系统所有电力设备绝缘配合的基础设备。合理的绝缘配合是电力系统安全、可靠运行的基本保证。由于避雷器是全密封元件,不可以拆卸,一旦出现损坏,基本上没有修复的可能。

(一) 复合绝缘氧化物避雷器

(1) 故障现象。避雷器烧毁。

(2) 故障原因。

1) 过电压。

2) 避雷器复合外套受机械损伤,破坏密封,引起内部受潮造成系统接地。

3) 污秽引起沿面放电,烧坏复合外套造成系统接地。

(3) 故障处理。将故障相避雷器退出运行,更换合格的避雷器。

(二) 阀型避雷器

(1) 故障现象。避雷器瓷套有裂纹,避雷器内部电阻异常或套管炸裂,避雷器在运行中突然爆炸,避雷器动作指示器内部烧黑或烧毁。

(2) 故障原因。

1) 过电压。

2) 气温骤变引起瓷件破裂。

3) 瓷件受机械损伤。

(3) 故障处理。将故障相避雷器退出运行,更换合格的避雷器。

五、电容器

(1) 故障现象。渗漏油、外壳膨胀、温度过高、套管闪络、异常响声。

(2) 故障原因。

1) 主要是由于产品质量不良,运行维护不当,以及长期运行缺乏维修导致外皮生锈腐蚀而造成的。

2）外壳膨胀。由于电场作用，使得电容器内部的绝缘物游离，分解出气体或者部分元件击穿，电极对外壳则放电，使得密封外壳的内部压力增大，导致外壳膨胀变形。

3）温度过高。主要原因是电容器过电流和通风条件差，电容器长期在超过规定温度的情况下运行，将严重影响其使用寿命，并会导致绝缘击穿等事故使电容器损坏。

4）套管闪络。套管表面因污秽可能引起闪络放电，造成电容器损坏和开关跳闸。

5）异常响声。电容器在运行过程中不应该发出特殊响声。如果在运行中发有"滋滋"声或"咕咕"声，则说明外部或内部有局部放电现象。

（3）故障处理。当发现电容器有外壳膨胀、漏油、套管破裂、内部声音异常、外壳和接头发热、熔断器熔断时，应立即切断电源。当发现电容器开关跳闸后，应检查送电回路和电容器本身有无故障，若由于外部原因造成，可处理后进行试投，否则应对电容器进行逐台检查试验，未查明原因前，不得投运；处理电容器故障时，应先将有关开关和刀闸断开，并将电容器充分放电。

六、接地装置

（1）故障现象。作星型连接的三相设备无法正常运行，相电压不稳定，忽高忽低。

（2）故障原因。

1）没有正确安装接地装置。

2）接地引下线与接地体连接处断开。

3）接地体外露，接地电阻过大。

4）接地装置金属部件被盗。

（3）故障处理。应立即进行补修，修复后重新测量接地电阻，并做好记录。

模块 4　农网配电线路巡视检查

一、设备巡视的一般规定

运行单位应结合设备运行状况和气候、环境变化情况以及上级生产管理部门的要求，制定切实可行的管理办法，编制计划并合理安排线路、设备的巡视检查（以下简称巡视）工作，上级生产管理部门应对运行单位开展的巡视工作进行监督与考核。

（一）设备巡视的目的

（1）掌握线路及设备的运行状况和沿线的环境状况。

（2）及时发现设备缺陷和沿线威胁线路安全运行的隐患。

（3）通过巡视，提供翔实的线路设备检修内容。

（二）设备巡视的分类

配电设备巡视一般分为定期巡视、特殊性巡视、夜间巡视、故障性巡视和监察性巡视等。

（1）定期巡视。根据线路设备实际情况确定巡视周期，按计划安排进行的线路巡视。一般由专职巡线员进行。目的是掌握线路的运行状况，沿线环境变化，并做好护线宣传工作。

（2）特殊性巡视。在遇有特殊情况（气候异常、自然灾害、过负荷、政治活动、节假日）时，对线路的全部或部分进行巡视或检查。其目的是在特殊条件下及时地发现线路的问题，以便及时地进行处理。

（3）夜间巡视。在夜间线路负荷高峰时段对线路进行的巡视（日期应选择农历月末前后）。目的是在于及时发现薄弱环节和故障点，可立即采取措施，消除隐患。（利用夜间光线黑暗的有利条件检查接头有无发热打火、绝缘子表面有无闪络放电现象）等。

（4）故障性巡视。线路出现故障（开关动作）时，为寻找故障点或故障原因而进行的巡视。（无论重合闸成功与否，均应在开关动作或发现接地后立即进行巡视）。目的是查明故障发生的地点和原因以便及时排除故障，尽快恢复送电。

（5）监察性巡视。结合春、秋季安全检查及高峰负荷时段，由运行部门管理人员和线路专责技术人员或专责巡线人员相互交叉对线路进行的巡视。目的是了解线路及设备状况，并检查、指导专责巡线人员工作质量，提高其工作水平。

（三）设备巡视周期

（1）定期巡视。市区中压线路每月一次，郊区及农村中压线路每季至少一次；低压线路每季至少一次。

（2）特殊巡视。根据本单位情况制定，一般在大风、冰雹、大雪等自然天气变化较大时进行。

（3）夜间巡视。一般安排在每年高峰负荷时进行，1～10kV 每年至少一次，对于新线路投运初期应进行一次。

（4）故障巡视。在发生跳闸或接地故障后，按调度或主管生产领导指令进行。

（5）监察性巡视。根据本单位情况制定，对重要线路和事故多发线路，每年至少一次。

（四）危险点分析与控制措施

1. 防人身触电

（1）巡线应沿线路外侧进行，大风时，巡线应沿线路上风侧前进。

（2）事故巡线应始终认为线路带电。

（3）导线断落地面或悬挂空中，应设法防止行人靠近断线地点 8m 以内。并迅速报告领导等候处理。

（4）进行配电设备巡视的人员，应熟悉设备的内部结构和接线情况。巡视检查配电设备时，不得越过遮栏或围墙。进出配电设备室（箱），应随手关门，巡视完毕应上锁。单人巡视时，禁止打开配电设备柜门、箱盖。

2. 防意外伤害

（1）巡线工作应由有电力线路工作经验的人员担任。履行派工手续。

（2）单独巡线人员应考试合格并经工区（公司、所）分管生产领导批准。

（3）电缆隧道、偏僻山区和夜间巡线应由两人进行。汛期、暑天、雪天等恶劣天气巡线，必要时由两人进行。并与派出部门之间保持通信联络。

（4）雷雨、大风天气或事故巡线，巡视人员应穿绝缘鞋或绝缘靴。

（5）汛期、暑天、雪天等恶劣天气和山区巡线应配备必要的防护用具、自救器具和药品；夜间巡线应携带足够的照明工具。

（6）特殊巡视应注意选择路线，防止洪水、塌方、恶劣天气等对人的伤害。巡线时禁止涉渡。

（7）应带一根不短于 1.2m 的木棒，防止动物袭击。

二、配电线路巡视的流程

（1）核对巡视线路的技术资料，做到心中有数。

（2）根据巡视线路的自然状况，准备巡视所需的工器具。

（3）召开班前会，交代巡视范围、巡视内容，落实责任分工。

（4）做好危险点分析，采取周密的安全控制措施。

（5）学习标准化作业指导卡后，到巡视地段后核对线路名称和巡视范围，进行巡视。

（6）巡视结束后整理巡视手册，上报巡视结果。

三、配电线路巡视项目及要求

（一）杆塔和基础的巡视

（1）杆塔是否倾斜、位移，杆塔偏离线路中心不应大于规定值。

（2）混凝土杆是否有严重裂纹、铁锈水，保护层是否脱落、疏松、钢筋外露，混凝土杆不宜有纵、横向裂纹，焊接杆焊接处应无裂纹、锈蚀；铁塔（钢杆）不应严重锈蚀，主材弯曲度不得超过规定值，混凝土基础不应有裂纹、疏松、露筋。

（3）基础有无损坏、下沉、上拔，周围土壤有无挖掘或沉陷，杆塔埋深是否符合要求。

（4）杆塔有无被水淹、水冲的可能，防洪设施有无损坏、坍塌。

（5）杆塔位置是否合适、有无被车撞的可能，保护设施是否完好，警示标志是否清晰。

（6）杆塔标志，如杆号牌、相位牌、警告牌、3m 线标记等是否齐全、清晰明显、规范统一、位置合适、安装牢固。

（7）各部螺丝应紧固，杆塔部件的固定处是否缺螺栓或螺母，螺栓是否松动等。

（8）杆塔周围有无藤蔓类攀缘植物和其他附着物，有无危及安全的鸟巢、风筝及杂物。

（9）有无未经批准同杆搭挂设施或非同一电源的低压配电线路。

（10）基础保护帽上部塔材有无被埋入土或废弃物堆中，塔材有无锈蚀、缺失。

（二）导线的巡视

（1）导线有无断股、损伤、烧伤、腐蚀的痕迹，绑扎线有无脱落、开裂，连接线夹螺栓应紧固、无跑线现象。

（2）三相弛度是否平衡，有无过紧、过松现象，三相导线弛度误差不得超过设计值。

（3）导线连接部位是否良好，有无过热变色和严重腐蚀，连接线夹是否缺失。

（4）过引线有无损伤、断股、松股、歪扭，与杆塔、构件及其他引线间距离是否符合规定。

（5）导线的线间距离，过引线、引下线与邻相的过引线、引下线、导线之间的净空距离以及导线与拉线、电杆或构件的距离应符合规定值的规定。

（6）导线上有无抛扔杂物悬挂。

（7）架空绝缘导线有无过热、变形、起泡现象。

（8）支持绝缘子绑扎线有无松弛和开断现象。

（9）与绝缘导线直接接触的金具绝缘罩是否齐全、有无开裂、发热变色变形，接地环设置是否满足要求。

（10）线夹、连接器上有无锈蚀或过热现象（如接头变色、熔化痕迹等），连接线夹弹簧垫是否齐全，螺栓是否紧固。

（三）横担、金具、绝缘子的巡视检查

（1）铁横担与金具有无严重锈蚀、变形、磨损、起皮或出现严重麻点，特别要注意检查金具经常活动、转动的部位和绝缘子串悬挂点的金具。

（2）横担上下倾斜、左右偏斜不规定值。

（3）螺栓是否紧固，有无缺螺帽、销子，开口销及弹簧销有无锈蚀、断裂、脱落。

（4）瓷质绝缘子有无损伤、裂纹和闪络痕迹，合成绝缘子的绝缘介质是否龟裂、破损、脱落。

（5）铁脚、铁帽有无锈蚀、松动、弯曲偏斜。

（6）瓷横担、瓷顶担是否偏斜。

（7）绝缘子钢脚有无弯曲，铁件有无严重锈蚀，针式绝缘子是否歪斜。

（8）在同一绝缘等级内，绝缘子装设是否保持一致。

（9）铝包带、预绞丝有无滑动、断股或烧伤，防振锤有无移位、脱落、偏斜。

（10）驱鸟装置工作是否正常。

（四）拉线的巡视

（1）拉线有无断股、松弛、严重锈蚀和张力分配不匀的现象，拉线的受力角度是否适当，当一基电杆上装设多条拉线时，各条拉线的受力应一致。

（2）跨越道路的水平拉线，对路边缘的垂直距离不应小于 6m，跨越电车行车线的水平拉线，对路面的垂直距离不应小于 9m。

（3）拉线棒有无严重锈蚀、变形、损伤及上拔现象，必要时应作局部开挖检查。

（4）拉线基础是否牢固，周围土壤有无突起、沉陷、缺土等现象。

（5）拉线绝缘子是否破损或缺少，对地距离是否符合要求。

（6）拉线不应设在妨碍交通（行人、车辆）或易被车撞的地方，无法避免时应设有明显警示标志或采取其他保护措施，穿越带电导线的拉线应加设拉线绝缘子。

（7）拉线杆是否损坏、开裂、起弓、拉直。

（8）拉线的抱箍、拉线棒、UT 形线夹、楔型线夹等金具铁件有无变形、锈蚀、松动或丢失现象。

（9）顶（撑）杆、拉线桩、保护桩（墩）等有无损坏、开裂等现象。

（10）拉线的 UT 形线夹有无被埋入土或废弃物堆中。

（11）因环境变化，拉线是否妨碍交通。

（五）通道的巡视

（1）线路保护区内有无易燃、易爆物品和腐蚀性液（气）体。

（2）导线对地，对道路、公路、铁路、索道、河流、建筑物等的距离应符合相关规定，有无可能触及导线的铁烟囱、天线、路灯等。

（3）有无存在可能被风刮起危及线路安全的物体（如金属薄膜、广告牌、风筝等）。

（4）线路附近的爆破工程有无爆破手续，其安全措施是否妥当。

（5）防护区内栽植的树、竹情况及导线与树、竹的距离是否符合规定，有无蔓藤类植物附生威胁安全。

（6）是否存在对线路安全构成威胁的工程设施（如施工机械、开挖、打桩等）。

（7）是否存在电力设施被擅自移作他用的现象。

（8）线路附近出现的高大机械、揽风索及可移动的设施等。

（9）线路附近的污染源情况。

（10）线路附近河道、冲沟、山坡的变化，巡视、检修时使用的道路、桥梁是否损坏，是否存在江河泛滥及山洪、泥石流对线路的影响。

（11）线路附近修建的道路、码头、货物等。

（12）线路附近有无射击、放风筝、抛扔杂物、飘洒金属和在杆塔、拉线上拴牲畜等。

（13）是否存在在建、已建违反《电力设施保护条例》及《电力设施保护条例实施细则》的建筑和构筑物。

（14）通道内有无未经批准擅自搭挂的弱电线路。

（15）其他可能影响线路安全的情况。

（六）标识

（1）杆塔编号悬挂或刷写是否规范，是否符合规程规定。

（2）警示标识是否齐全、规范，是否符合规程规定。

（3）设备标识、调度编号是否齐全、规范，是否符合规程规定。

（4）标识固定是否可靠。

四、电缆线路的巡视

（一）通道的巡视

（1）路径周边有无挖掘、打桩、拉管、顶管等施工迹象，检查路径沿线各种标识标志是否齐全。

（2）电缆通道上方有无违章建筑物，是否堆置可燃物、杂物、重物、腐蚀物等。

（3）地面是否存在沉降。

（4）电缆工作井盖是否丢失、破损、被掩埋。

（5）电缆沟盖板是否齐全完整并排列紧密。

（6）隧道进出口设施是否完好，巡视和检修通道是否畅通，沿线通风口是否完好。

（二）电缆管沟、隧道内部的巡视

（1）结构本体有无形变，支架、爬梯、楼梯等附属设施及标识、标志是否完好。

（2）是否存在火灾、坍塌、盗窃、积水等隐患。

（3）是否存在温度超标、通风不良、杂物堆积等缺陷，缆线孔洞的封堵是否完好。

（4）电缆固定金具是否齐全，隧道内接地箱、交叉互联箱的固定、外观情况是否良好。

（5）机械通风、照明、排水、消防、通信、监控、测温等系统或设备是否运行正常，是否存在隐患和缺陷。

（6）测量并记录氧气和可燃、有害气体的成分和含量。

（7）是否存在未经批准的穿管施工。

（三）电缆终端头的巡视

（1）连接部位是否良好，有无过热现象。

（2）电缆终端头和支持绝缘子的瓷件或硅橡胶伞裙套有无脏污、损伤、裂纹和闪络痕迹。

（3）电缆终端头和避雷器固定是否牢固。

（4）电缆上杆部分保护管及其封口是否完整。

（5）电缆终端有无放电现象。

（6）充油终端瓷套管是否完整、有无渗漏油，交联电缆终端热缩、冷缩或预制件有无开裂、积灰、电蚀或放电痕迹。

（7）相色是否清晰齐全。

（8）接地是否良好。

（四）电缆中间接头的巡视

（1）密封是否良好。

（2）是否有积水现象。

（3）标志是否清晰齐全。

（4）连接部位是否良好，有无过热变色、变形等现象。

（五）电缆线路本体的巡视

（1）电缆线路的标识、编号是否齐全、清晰。

（2）电缆线路排列是否整齐规范，是否按电压等级的高低从下向上分层排列；通信光缆与电力电缆同沟时是否采取有效的隔离措施。

（3）电缆线路防火措施是否完备。

（六）电缆分支箱的巡视

（1）基础有无损坏、下沉，周围土壤有无挖掘或沉陷，电缆有无外露，固定螺栓是否松动。

（2）壳体锈蚀损坏情况，外壳油漆是否剥落，内装式铰链门开合是否灵活。

（3）箱内有无进水，有无小动物、杂物、灰尘。

（4）电缆搭头接触是否良好，有无发热、氧化、变色现象，电缆搭头相间和对壳体、地面距离是否符合要求。

（5）有无异常声音或气味。

（6）箱内其他设备运行是否良好。

（7）名称、铭牌、警告标识、一次接线图等是否清晰、正确。

（8）箱体内电缆进出线牌号与对侧端标牌是否对应，电缆命名牌是否齐全，肘头相色是否齐全。

（9）电缆洞封口是否严密，箱内底部填沙与基座是否齐平。

（七）电缆温度的检测

（1）多条并联运行的电缆以及电缆线路靠近热力管或其他热源、电缆排列密集处，应进行土壤温度和电缆表面温度监视测量，以防电缆过热。

（2）测量电缆的温度，应在夏季或电缆最大负荷时进行。

（3）测量直埋电缆温度时，应测量同地段的土壤温度，测量土壤温度的热偶温度计的装置点与电缆间的距离不小于 3m，离土壤测量点 3m 半径范围内应无其他热源。

（4）电缆同地下热力管交叉或接近敷设时，电缆周围的土壤温度在任何时候不应超过本地段其他地方同样深度的土壤温度 10℃以上。

（八）电缆线路的防护

（1）电缆线路保护区。地下电缆为电缆线路地面标桩两侧各 0.75m 所形成的两平行线内的区域，保护区的宽度应在地下电缆线路地面标识桩（牌、砖）中注明；海底电缆一般为线路两侧各约 3700m（港内为两侧各 100m），江河电缆一般不小于线路两侧各 100m（中、小河流一般不小于各 50m) 所形成的两平行线内的水域。

(2) 在电缆线路保护区内不得堆放垃圾、矿渣、易燃物,倾倒酸、碱、盐及其他有害化学物品,不得新建建筑物、开挖道路及种植树木。

(3) 巡视人员发现电缆部件被盗,电缆工作井盖板缺失等危及电缆线路安全运行的情况时,应设置临时防护措施,同时向管理部门报告。

(4) 直埋电缆在拐弯、中间接头、终端和建筑物等地段,应装设明显的方位标志。

(5) 对处于施工区域的电缆线路,应设置警告标志牌,标明保护范围。

(6) 凡因施工必须挖掘而暴露的电缆,应由运行人员在场监护,并应告知施工人员有关施工注意事项和保护措施;对于被挖掘而露出的电缆应加装保护罩,需要悬吊时,悬吊间距应不大于 1.5m。

(7) 工程结束覆土前,运行人员应检查电缆及相关设施是否完好,安放位置是否正确,待恢复原状后,方可离开现场。

(8) 水底电缆防护区域内,禁止船只抛锚,并按船只往来频繁情况,必要时设置瞭望岗哨,配置能引起船只注意的设施;在水底电缆线路防护区域内发生违反航行规定的事件,应通知水域管辖的有关部门。

模块 5　农网配电线路缺陷管理

运行单位应制定缺陷及隐患管理流程,对缺陷及隐患的上报、定性、处理和验收等环节实行闭环管理。应建立缺陷及隐患管理台账,及时更新核对,保证台账与实际相符。

一、配电线路缺陷分类及缺陷标准

(一) 缺陷分类

根据《配电网运行规程》(Q/GDW 519—2010),配网设备缺陷分为:一般、严重和危急缺陷。

(1) 一般缺陷。设备本身及周围环境出现不正常情况,一般不威胁设备的安全运行,可列入年、季检修计划或日常维护工作中处理的缺陷。

(2) 严重(重大)缺陷。设备处于异常状态,可能发展为事故,但设备仍可在一定时间内继续运行,须加强监视并进行检修处理的缺陷。

(3) 危急(紧急)缺陷。严重威胁设备的安全运行,不及时处理,随时有可能导致事故的发生,必须尽快消除或采取必要的安全技术措施进行处理的缺陷。

(二) 缺陷标准

1. 导线

(1) 紧急缺陷。导线紧急缺陷主要有以下几种。

1) 7 股导线中 2 股、19 股导线中 5 股、35～37 股导线中 7 股损伤深度超过该股导线的 1/2,钢芯铝绞线钢芯断 1 股者,绝缘导线线芯在同一截面内损伤面积超过线芯导电部分截面的 17%。

2) 导线电气连接处实测温度大于 90℃或相间温差大于 40℃。

3) 导线交跨、水平距离和导线间电气距离不符合《配电网运行规程》(Q/GDW 519—2010) 要求。

4）导线上挂有大异物将会引起相间短路等故障。

（2）重大缺陷。导线重大缺陷主要有以下几种。

1）导线弧垂不满足运行要求，实际弧垂达到设计值120％以上或过紧95％设计值以下。

2）7股导线中1股、19股导线中3～4股、35～37股导线中5～6股损伤深度超过该股导线的1/2；绝缘导线线芯在同一截面内损伤面积达到线芯导电部分截面的10％～17％。

3）导线连接处80℃小于实测温度不大于90℃或30℃小于相间温差不大于40℃。

4）导线有散股、灯笼现象，一耐张段出现3处及以上散股。

5）架空绝缘线绝缘层破损，一耐张段出现三至四处绝缘破损、脱落现象或出现大面积绝缘破损、脱落。

6）导线严重锈蚀。

（3）一般缺陷。导线一般缺陷主要有以下几种。

1）导线弧垂不满足运行要求，实际弧垂在设计值的110％不大于测量值不大于120％。

2）19股导线中1～2股、35～37股导线中1～4股损伤深度超过该股导线的1/2；绝缘导线线芯在同一截面内损伤面积小于线芯导电部分截面的10％。

3）导线连接处75℃小于实测温度不大于80℃或10℃小于相间温差不大于30℃。

4）导线一耐张段出现散股、灯笼现象一处。

5）架空绝缘线绝缘层破损，一耐张段出现二处绝缘破损、脱落现象。

6）导线中度锈蚀。

7）温度过高退火。

8）绝缘护套脱落、损坏、开裂。

9）导线有小异物不会影响安全运行。

2. 杆塔

（1）危急缺陷。杆塔危急缺陷主要有以下几种。

1）水泥杆本体倾斜度（包括挠度）不小于3％，50m以下高度铁塔塔身倾斜度不小于2％、50m及以上高度铁塔塔身倾斜度不小于1.5％，钢管杆倾斜度不小于1％。

2）水泥杆杆身有纵向裂纹，横向裂纹宽度超过0.5mm或横向裂纹长度超过周长的1/3。

3）水泥杆表面风化、露筋，角钢塔主材缺失，随时可能发生倒杆塔危险。

（2）严重缺陷。杆塔严重缺陷主要有以下几种。

1）水泥杆本体倾斜度（包括挠度）2％～3％，50m以下高度铁塔塔身倾斜度在1.5％～2％之间、50m及以上高度铁塔塔身倾斜度在1％～1.5％之间。

2）水泥杆杆身横向裂纹宽度在0.4～0.5mm之间或横向裂纹长度为周长的1/6～1/3。

3）杆塔镀锌层脱落、开裂，塔材严重锈蚀。

4）角钢塔承力部件缺失。

5）同杆低压线路与高压不同电源。

（3）一般缺陷。杆塔一般缺陷主要有以下几种。

1）水泥杆本体倾斜度（包括挠度）1.5％～2％，50m以下高度铁塔塔身倾斜度在1％～1.5％之间、50m及以上高度铁塔塔身倾斜度在0.5％～1％之间。

2）水泥杆杆身横向裂纹宽度在0.25～0.4mm之间或横向裂纹长度为周长的1/10～1/6。

3）杆塔镀锌层脱落、开裂，塔材中度锈蚀。

4）角钢塔一般斜材缺失。

5）低压同杆弱电线路未经批准搭挂。

6）道路边的杆塔防护设施设置不规范或应该设防护设施而未设置。

7）杆塔本体有异物。

3. 杆塔基础

(1) 危急缺陷。杆塔基础危急缺陷主要有以下几种。

1）水泥杆本体杆埋深不足标准要求的 65%。

2）杆塔基础有沉降，沉降值不小于 25cm，引起钢管杆倾斜度不小于 1%。

(2) 严重缺陷。杆塔基础严重缺陷主要有以下几种。

1）水泥杆埋深不足标准要求的 80%。

2）杆塔基础有沉降，15cm 不大于沉降值小于 25cm。

(3) 一般缺陷。杆塔基础一般缺陷主要有以下几种。

1）杆塔基础埋深不足标准要求的 95%。

2）杆塔基础轻微沉降，5cm 不大于沉降值小于 15cm。

3）杆塔保护设施损坏。

4. 绝缘子

(1) 危急缺陷。绝缘子危急缺陷主要有以下几种。

1）表面有严重放电痕迹。

2）有裂缝，釉面剥落面积大于 $100mm^2$。

3）固定不牢固，严重倾斜。

(2) 严重缺陷。绝缘子严重缺陷主要有以下几种。

1）有明显放电。

2）釉面剥落面积不大于 $100mm^2$。

3）合成绝缘子伞裙有裂纹。

4）固定不牢固，中度倾斜。

(3) 一般缺陷。绝缘子一般缺陷主要有以下几种。

1）污秽较为严重，但表面无明显放电。

2）固定不牢固，轻度倾斜。

5. 线夹

(1) 危急缺陷。线夹危急缺陷主要有以下几种。

1）线夹电气连接处实测温度大于 90℃或相间温差大于 40℃。

2）线夹主件已有脱落等现象。

3）金具的保险销子脱落、连接金具球头锈蚀严重、弹簧销脱出或生锈失效、挂环断裂；金具穿钉移位、脱出、挂环断裂、变形。

(2) 严重缺陷。线夹严重缺陷主要有以下几种。

1）线夹电气连接处 80℃小于实测温度不大于 90℃或 30℃小于相间温差不大于 40℃。

2）线夹有较大松动。

3）线夹严重锈蚀（起皮和严重麻点，锈蚀面积超过 1/2）。

(3) 一般缺陷。线夹一般缺陷主要有以下几种。

1）线夹电气连接处 75℃ 小于实测温度不大于 80℃ 或 10℃ 小于相间温差不大于 30℃。

2）线夹连接不牢靠，略有松动。

3）线夹有锈蚀。

4）绝缘罩脱落。

6. 横担

（1）危急缺陷。横担危急缺陷主要有以下几种。

1）横担主件（如抱箍、连铁、撑铁等）脱落。

2）横担弯曲、倾斜，严重变形。

（2）严重缺陷。横担严重缺陷主要有以下几种。

1）横担有较大松动。

2）横担严重锈蚀（起皮和严重麻点，锈蚀面积超过 1/2）。

3）横担上下倾斜，左右偏歪大于横担长度的 2%。

（3）一般缺陷。横担一般缺陷主要有以下几种。

1）横担连接不牢靠，略有松动。

2）横担上下倾斜，左右偏歪不足横担长度的 2%。

7. 拉线

（1）钢绞线。

1）危急缺陷。钢绞线的危急缺陷包括：断股大于 17% 截面；水平拉线对地距离不能满足要求。

2）严重缺陷。钢绞线的严重缺陷包括：严重锈蚀；断股 7%～17% 截面；道路边的拉线应设防护设施（如护坡、保护管等）而未设置；拉线绝缘子未按规定设置；明显松弛，电杆发生倾斜；拉线金具不齐全。

3）一般缺陷。钢绞线一般缺陷主要有：钢绞线中度锈蚀；断股小于 7% 截面，摩擦或撞击；道路边的拉线防护设施设置不规范；中度松弛。

（2）拉线基础。

1）危急缺陷。拉线基础的危急缺陷包括：拉线基础埋深不足标准要求的 65%；基础有沉降，沉降值不小于 25cm。

2）严重缺陷。拉线基础的严重缺陷主要有：拉线基础埋深不足标准要求的 80%；基础有沉降，15cm≤沉降值小于 25cm。

3）一般缺陷。拉线基础的一般缺陷主要有：拉线基础埋深不足标准要求的 95%；基础有沉降，5cm≤沉降值小于 15cm。

（3）拉线金具。

1）严重缺陷：严重锈蚀。

2）一般缺陷：中度锈蚀。

8. 线路通道

（1）危急缺陷。线路通道的危急缺陷包括以下几种。

1）导线对交跨物安全距离不满足《配电网运行规程》（Q/GDW 519—2010）规定要求。

2）线路通道保护区内树木距导线距离，在最大风偏情况下水平距离：架空裸导线不大于 2m，绝缘线不大于 1m；在最大弧垂情况下垂直距离：架空裸导线不大于 1.5m，绝缘线不大于 0.8m。

(2) 严重缺陷。线路通道的严重缺陷包括：线路通道保护区内树木距导线距离，在最大风偏情况下水平距离；架空裸导线在 2~2.5m 之间，绝缘线 1~1.5m 之间；在最大弧垂情况下垂直距离；架空裸导线在 1.5~2m 之间，绝缘线在 0.8~1m 之间。

(3) 一般缺陷。线路通道的一般缺陷主要有以下几种。

1) 线路通道保护区内树木距导线距离，在最大风偏情况下水平距离：架空裸导线在 2.5~3m 之间，绝缘线 1.5~2m 之间；在最大弧垂情况下垂直距离：架空裸导线在 2~2.5m 之间，绝缘线在 1~1.5m 之间。

2) 通道内有违章建筑、堆积物。

9. 接地装置

(1) 接地引下线。

1) 危急缺陷。接地引下线的危急缺陷包括：引下线严重锈蚀（大于截面直径或厚度 30%）；出现断开、断裂。

2) 严重缺陷。接地引下线的严重缺陷包括：引下线中度锈蚀（大于截面直径或厚度 20%，小于 30%）；连接松动、接地不良；截面不满足要求要求。

3) 一般缺陷。接地引下线的一般缺陷包括：引下线轻度锈蚀（小于截面直径或厚度 20%）；无明显接地。

(2) 接地体。

1) 严重缺陷。埋深不足（耕地小于 0.8m，非耕地小于 0.6m）。

2) 一般缺陷。接地电阻值不符合设计规定。

10. 标识附件

(1) 严重缺陷。设备标识、警示标识错误。

(2) 一般缺陷。包括：设备标识、警示标识安装位置偏移；无标识或缺少标识。

二、配电线路缺陷管理

(1) 缺陷管理的流程。运行发现—上报管理部门—安排检修计划—检修消缺—运行验收，形成闭环管理，缺陷管理资料应归档保存；缺陷管理实行网上流转的，也应按以上闭环管理流程从网上进行流转管理。

(2) 紧急（危急）缺陷消除时间不得超过 24h，重大（严重）缺陷应在 7 天内消除，一般缺陷可结合检修计划尽早消除，但应处于可控状态。设备带缺陷运行期间，运行单位应加强监视，必要时制定相应应急措施。重大及以上缺陷消除率为 100%，一般缺陷年消除率不能低于 95%。

(3) 缺陷处理程序。

1) 巡视人员发现缺陷后登记在缺陷记录上，并上报运行管理单位技术负责人。

2) 技术员审核后交运行管理单位主管人员决定处理意见。重大及以上缺陷应上报县级农电公司主管领导，共同研究处理意见。

3) 巡视人员发现紧急缺陷时应立即向有关领导汇报，管理人员组织作业人员迅速处理，消缺后登记在缺陷记录上。

4) 缺陷处理完毕后，由技术员现场验收并签字，不合格时将此缺陷重新按缺陷处理程序办理。

5）缺陷处理完毕后，应登记在检修记录中，相关处理人员和验收人员签字存档。

6）春、秋检中发现并已处理的缺陷不再执行缺陷处理程序，便应统计在当月的总消除中，发现未处理的缺陷应执行缺陷处理程序。

7）登记的缺陷应注明高压、低压、设备等项目类别。

（4）消除的缺陷必须保证质量，确保在一年内不能再出现问题。

模块 6　配电线路运行维护及故障处理

一、配电线路运行维护

（1）配电线路的运行标准〔参照国家电网公司企业标准《配网运行规程》（Q/GDW 519—2010）〕。

（2）配电线路常见运行维护项目。

1）电杆扶正。电杆扶正可在不停电的情况下进行。先在电杆倾斜反方向安装调杆绳，然后在调杆绳方向将基础开挖 1m 左右，缓慢收紧调杆绳，如杆身受力过大应查明原因，防止折断杆根。

2）电杆移位。电杆移位一般采用更换电杆的方法，即在目标杆位开挖基础，组立新电杆，待基础回填牢固后，杆上安装横担绝缘子，将原电杆导线转移至新杆固定，最后拔除旧杆。

3）拉线调整、更换。拉线过紧、过松或受力不均可用 UT 线夹进行调整，调整后 UT 线夹螺母在螺纹中心为宜，并加双螺母固定。钢绞线发生断股、拉线锈蚀严重时需更换拉线。更换前应打好临时拉线，更换后的拉线与原拉线受力一致。

4）导线弧垂调整。导线弧垂过小则应力增大，会发生横担扭曲、断线故障；导线弧垂过大则对线下跨越物安全距离不够，同时易发生混线故障。弧垂调整可采用现场观测方法调整，也可采取预先计算导线增减长度的方法调整。

5）导线接头过热处理。普通导线连接接头可打开去除氧化层，然后涂上中性凡士林油再重新连接，使用线夹连接的导线接头要打开重做。

6）更换绝缘子。绝缘子出现破损、闪络、击穿现象时必须更换，更换可采用带电或停电的方法进行。

7）砍树。不论带电还是停电情况下砍树，均应遵守相关安全规程。

8）基础维护。杆塔基础和拉线基础出现冲刷或取土等现象时应及时处理。

9）悬挂标识牌。出现设备变更或新增设备接入系统时，应及时更换或加装标识牌。

10）其他附加安装。在线路适当位置安装接地环、短路故障仪、接地故障仪等附件，便于故障查找和线路检修施工。

二、配电线路故障处理的要求

（一）故障处理原则

故障处理应遵循保人身、保电网、保设备的原则，尽快查明故障地点和原因，消除故障根源，防止故障的扩大，及时恢复用户供电。

（1）采取措施防止行人接近故障线路和设备，避免发生人身伤亡事故。

（2）尽量缩小故障停电范围和减少故障损失。

（3）多处故障时处理顺序是先主干线后分支线，先公用变压器后专用变压器。

（4）对故障停电用户恢复供电顺序为，先重要用户后一般用户，优先恢复一、二级负荷用户供电。

（二）配电线路事故抢修要求

配电线路事故报修要制定事故抢修预案，建立健全抢修机制，明确启动条件，明确人员分工，做好事故抢修准备工作，保证抢修质量和时间，做好现场危险点分析和安全控制措施，抢修结束后做好事故分析。

抢修预案内容应包括以下几项。

（1）成立事故抢修领导小组，明确抢修小组总指挥，明确相关抢修人员的职责。

（2）明确事故抢修原则，保证尽快消除事故，减小停电时间。

（3）明确事故抢修标准，达到安全可靠运行。

（4）明确事故抢修保证措施，如：人员组织要得力，车辆安排要充足，使用合格的工器具和材料。

（5）建立健全抢修相关人员与政府、医疗、保险等部门的联络机制，保证沟通顺畅，便于解决因事故带来的其他影响。

（6）明确事故抢修启动条件，避免盲目进行事故抢修，造成人员或设施受损及材料的浪费。

（三）配电线路故障处理流程

按照"接收事故信息，查找事故点，启动抢修预案，事故处理，恢复送电，总结分析"的流程来进行。配电线路事故抢修流程如图 10-1 所示。

（1）接到故障通知后，立即通知运行管理单位人员进行巡线，查找故障点。

（2）在故障现场进行看守，防止行人误入带电区域，造成人员伤亡，已造成人员伤亡的要及时向领导汇报，并联系相关救护人员。

（3）进行现场勘查，做好抢修计划，并向领导汇报。

（4）启动事故抢修预案，做好人员分工和工器具及材料准备，填写事故应急抢修单。

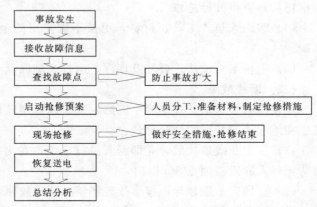

图 10-1　配电线路事故抢修流程

（5）确认线路已停电，在故障线路两端做好安全措施后，开始抢修作业。

（6）抢修作业结束后，技术人员对现场进行验收，与作业人员一起在事故应急抢修单上签字确认，并带回单位保存。

（7）召开事故分析会，总结事故教训。

（四）配电线路故障点的查找方法

正确分析和判断故障点是故障抢修的关键，及时准确查找故障点是故障抢修的保障。

（1）通过报修电话或停电通知，对停电线路进行确认。

（2）对于发生接地的线路要从变电所出线开始巡视查找故障点，采取分级测试的方法查找。

（3）人工巡视时要向群众搜集故障信息，并按线路巡视要求进行。

（4）查到故障点后，应保护好现场，防止故障扩大，做好故障处理的前期工作。

（5）当故障点没有找到时，可采用分段排除法进行判断。停分支线，送主干线，逐级试送，判断故障线路，缩小故障面积，然后查找故障点。

（6）可以通过线路安装的故障指示仪来判断故障线路，查找故障点。

（7）断路故障点查找重点要考虑导线接点是否断开，外力破坏等因素。

（8）短路故障点查找重点要考虑导线引流、树害及外力破坏等因素。

（9）接地故障点查找重点要考虑避雷器或绝缘子是否击穿，导线是否与树接触，过引线是否与横担相接等因素。

三、配电线路常见故障及处理

（一）倒杆故障

由于电杆基础未夯实、埋深不够、积水或冲刷、外力碰撞、线路受力不均造成电杆倾斜、混凝土杆水泥脱落露筋等都容易引起倒杆事故。要及时进行处理。

（1）发生倒杆事故后，立即派人进行巡线，在出事地点看守，应认为线路带电，防止行人靠近。

（2）立即向上级领导汇报事故现场情况及事故原因，如自然现象造成的事故应在上级领导的批准下通知保险公司等有关部门，以便索赔。

（3）拉开事故线路上级控制开关或接到领导通知确认线路停电，做好工作地段两端的安全措施后，方可开始抢修。

（4）组织人员、工具、材料，更换不能使用的金具及绝缘子，扶正或更换电杆，夯实基础。

（5）电杆组立或扶正要注意埋深，电杆基础底盘和卡盘要牢固可靠。

（二）断线故障

受雷雨天气影响，或绝缘子闪络，或大风摇摆及外力破坏，都有可能发生断线事故，多发生在绝缘子与导线的结合部位。

（1）发生断线事故后，立即派人进行巡线，在出事地点进行看守，断落到地面的导线，应防止行人靠近接地点 8m 以内。

（2）立即向上级领导汇报事故现场情况及事故原因，如自然现象造成的事故应在上级领导的批准下通知保险公司等有关部门，以便索赔。

（3）拉开事故线路上级控制开关或接到领导通知确认线路停电，做好工作地段两端的安全措施后，方可开始抢修。

（4）组织人力、物力、工具、材料，更换不能使用的金具及绝缘子，进行导线连接处理。

（5）导线断线，应将断线点在超过 1m 以外剪断重接，并用型号导线连接或压接。

（6）将连接好的导线放在横担上方，用两套紧线器在横担两侧分别紧线，调匀弛度后进行立瓶绑扎。

（7）避免在一个挡距内有两个接头。

（8）搭接或压接的导线接点应距固定点 0.5m。

（9）断股损伤截面不超过铝股总面积的 7％，可缠绕处理，缠绕长度应超过损伤部位两端 100mm。

（10）断股损伤截面超过铝股总面积的 7％而小于 25％，可用补修管或加备线处理，补修管长度就超出损伤部分两端各 30mm。

（11）断股损伤截面超过铝股总面积的 25％，或损伤长度超过补修管长度，或导线出现永久性变形，应剪断重接。

（三）绝缘子故障处理

受雷击、污闪、电晕、自然老化因素等影响，绝缘子易造成绝缘能力下降，从而引起线路故障。

（1）绝缘子因脏污造成绝缘水平下降，应定期进行巡视、清扫和测量，发现不合格绝缘及时更换。

（2）在污染严重地区可在绝缘子表面涂防污涂料，也可使用防污绝缘子。

（3）由于绝缘子老化造成的绝缘下降，应及时进行更换。

（4）在高电压作用下，因导线周围电场强度超过空气击穿强度，会对绝缘子造成电晕伤害，应采用加大导线半径的方法来处理。

四、故障的分析与统计

故障发生后，运行单位应及时分析故障原因，制定防范措施，并按规定完成分析报告与分类统计上报工作。分析与报告内容有以下几项。

（1）故障情况，包括系统运行方式、故障及修复过程、相关保护动作信息、负荷损失情况等。

（2）故障基本信息，包括线路或设备名称、投运时间、制造厂家、规格型号、施工单位等。

（3）原因分析，包括故障部位、故障性质、故障原因等。

（4）暴露出的问题，采取的应对措施等。

（5）备品备件：运行单位应制定事故应急预案，配备足够的抢修工具，储备合理数量的备品备件；事故抢修备品备件使用后，应做好使用记录，并及时补充。

模块 7　10kV 箱式变电站的运行维护

箱式配变站在配电网中的应用已越来越广泛。箱式变电站主要由多回路高压开关系统、铠装母线、变电站综合自动化系统、通讯、远动、计量、电容补偿及直流电源等电气单元组合而成，安装在一个防潮、防锈、防尘、防鼠、防火、防盗、隔热、全封闭、可移动的钢结构箱体内，机电一体化，全封闭运行。

箱式变电站技术先进安全可靠，自动化程度高；箱体部分采用目前国内领先技术及工艺，外壳一般采用镀铝锌钢板，框架采用标准集装箱材料及制作工艺，有良好的防腐性能，保证 20 年不锈蚀，内封板采用铝合金扣板，夹层采用防火保温材料，箱体内安装空调及除湿装置，设备运行不受自然气候环境及外界污染影响，可保证在 −40～40℃ 的恶劣环境下正常运行。

一、10kV 箱式变电站的巡视、检查

（1）箱式配变站的巡视、检查、实验周期见表 10-2。

（2）箱式变电站的巡视检查内容。

1）箱变的外壳是否有锈蚀和破损现象。

2）箱变的围栏是否完好。

3）各种仪表、信号装置指示是否正常。

4）各种设备有无异常情况，各部接点有无过热现象，空气开关、互感器、有无异音，有无灼焦气味等。

5）各种充油设备的油色、油温是否正常，有无渗、漏油现象。

6）各种设备的瓷件是否清洁，有无裂纹、损坏、放电痕迹等异常现象。

表 10-2　　　　　　　　　　箱式配变站的巡视、检查、实验周期

序　号	项　目	周　期	备　注
1	巡视检查	每月一次	
2	电流电压测量	半年至少一次	
3	开关检查小修理	每年一次	
4	开关整定实验	2 年一次	重要箱变适当增加巡视次数
5	设备及各部件清扫检查	每年至少一次	
6	变压器绝缘电阻测量	4 年一次	
7	接地装置测试	2 年一次	
8	保护装置、仪表测试	2 年一次	

7）断路器的分、合位置是否正确。

8）箱体有无渗、漏水现象，基础有无下沉。

9）各种标志是否齐全、清晰。

10）低压母线的绝缘护套是否良好，有无过热现象。

11）箱变内是否有正确的低压网络图。

12）周围有无威胁安全、影响工作和阻塞检修车辆通行的堆积物。

13）防小动物设施是否完好。

14）接地装置是否可靠，防雷装置是否完好。

（3）箱式变电站的特殊巡视规定。

1）特殊巡视。有对箱式变电站产生破坏性的自然现象和气候（如大风、雷雨、地震等）及其他异常情况（如电缆线路有可能被施工、运输、爆破等原因破坏）时进行的巡视。

2）夜间巡视。高峰负荷时间，检查设备各部接点发热情况，有雾和小雨加雪天检查电缆终端头、绝缘子、避雷器等放电情况，应由箱变负责人根据具体情况确定巡视次数。

3）故障巡视。为巡查事故情况进行的巡视，巡视时应视设备是带电的，与其保持足够的安全距离。

4）监察性巡视。运行单位的领导、专责技术人员为了了解设备运行情况和检查维护人员工作，每半年至少进行一次巡视。

（4）箱式配变站巡视时的安全注意事项。

1）雷雨天气需要巡视时，应穿绝缘靴。

2）巡视时不得进行其他工作，要严格遵守安全工作规程的有关规定。

二、箱式变电站的维护

（一）变压器的维护

（1）套管是否清洁，有无裂纹、损伤、放电痕迹。

（2）油温、油色、油面是否正常、有无异音、异味。

（3）呼吸器是否正常，有无堵塞现象。

（4）各个电气连接点有无锈蚀、过热和烧损现象。

（5）分接开关位置是否正确、换接是否良好。

（6）外壳有无脱漆、锈蚀；焊口有无裂纹、渗油、接地是否良好。

（7）各部密封垫有无老化、开裂、缝隙有无渗漏油现象。

（8）各部螺栓是否完整、有无松动。

（9）铭牌及其他标志是否完好。

（10）一、二次引线是否松弛，绝缘是否良好，相间或对构件的距离是否符合规定，对工作人员有无触电危险。

（二）高压负荷开关、隔离开关、熔断器和自动空气开关的维护

（1）运行中的高压负荷开关设备经规定次数开断后，应检查触头接触情况和灭弧装置的消耗程度，发现有异变应及时检修或调换。高压负荷开关进线电缆有接在开关上口和下口的，应具体标明，在检修和维护过程中要特别注意。

（2）隔离开关、熔断器的维护。瓷件无裂纹、闪络破损及脏污；熔断管无弯曲、变形；触头间接触良好、无过热、烧损、熔化现象；引线接点连接牢固可靠、各部件间距合适；操作机构灵活、无锈蚀现象。

（3）DW 形空气开关的维护。开关在使用过程中各个转动部分应定期或定次数注入润滑油；定期维护、清扫灰尘，以保持开关的绝缘水平；当开关遇到短路电流后，除必须检查触头外，还要清理灭弧罩两壁烟痕，如灭弧栅片烧损严重或灭弧罩碎裂，不允许再使用，必须更换灭弧罩。

（4）DZ 形开关的维护：开关断开短路电流后，应立即打开盖子进行检查。触头接触是否良好，螺钉、螺母是否松动。清除开关内灭弧罩栅片上的金属粒子。检查操作机构是否正常。触头磨损 1/2 厚度，应更换新开关。

（三）高、低压盘的维护

（1）盘面应平整，不应有明显的凹凸不平现象。

（2）表面均应涂漆，并应有良好的附着力，不应有明显的不均匀，透出底漆。

（3）构架应有足够的机械强度，操作一次设备不应使二次设备误动作，构架应有接地装置。

（4）底脚平稳，不应有显著的前后倾斜，左右偏歪及晃动等现象，多面屏排列应整齐、屏间不应有明显的缝隙。

（5）焊接应牢固，无焊穿、裂缝等缺陷。

（6）金属零件的镀层应牢固，无变质、脱落及生锈现象。

（7）操作机械把手应灵活可靠，分、合指示正确。

（四）母线的维护

母线应连接严密，应有绝缘护套，接触良好，配置整齐美观，用黄、绿、红三色标示出

相位关系，不同金属连接时，应采取防电化腐蚀的措施。母线在允许载流量下，长期运行时允许发热温度为 70℃短时最高温升为：铜母线排 250℃铝母线排 150℃。

（五）箱式变电站的防雷设备与接地装置

（1）防雷装置应在雷雨季之前投入运行。

（2）防雷装置的巡视周期与箱变的巡视周期相同。

（3）防雷装置检查、试验周期为 1 年一次，避雷器绝缘电阻试验 1 年一次，避雷器工频放电试验 3 年一次。

（4）箱式配变站所辖的电气设备的接地电阻测量每 2 年一次，测量接地电阻应在干燥天气进行。

（5）箱变的接地装置的接地电阻不应大于 4Ω。

（6）箱变内各部件接地应良好，引下线各接头应良好，接地卡子和引线连接处不应有锈蚀。

三、缺陷管理

缺陷管理的目的是为了掌握运行设备存在的问题，以便按轻、重、缓、急消除缺陷，提高设备的健康水平，保证设备的安全运行。另一方面以缺陷进行全面分析总结变化规律，为大修、更新改造设备提供依据。

运行人员应将发现的缺陷，详细记入缺陷记录内，并提出处理意见，紧急缺陷应立即向领导汇报，及时处理。

第十一章 供 用 电 常 识

模块 1 用电负荷的分类与计算

一、电力负荷

所有用电设备在某一时刻从系统中取用的功率，称为电力系统的负荷。电力负荷种类众多，包括异步电机、同步电机、各类电炉、整流设备、电解装置、制冷制热设备、电子仪器和照明设施等。分属于不同的工厂、企业、机关、居民等，即所谓电力系统的用户。用户是电力系统服务的对象。

从整个电力系统讲，所谓的电力负荷主要有：用电负荷、线路损耗负荷、供电负荷、厂用电负荷、发电负荷。其中，用电负荷从物理性质上讲，包括有功负荷和无功负荷两种。有功负荷由耗能元件（电阻或电导）引起，消耗有功功率，是真正实现电能向他形式的能量转换而做功的那部分功率，称之为有功功率；而无功负荷是由储能元件（电感或电容）组成，是系统中维持电磁元件用来建立电场、磁场所需用的那部分功率，因为没有参与做功，所以称为无功功率，而无功元件是保证电气设备或电力系统正常安全、稳定运行所必需的。

二、用电负荷的分类

（一）根据客户在国民经济中所在部门分类

（1）工业用电负荷。

（2）农业用电负荷。

（3）交通运输负荷。

（4）照明及市政生活用电负荷。

（二）根据国际上用电负荷的通用分类

（1）农、林、牧、渔、水利业。包括农村排灌、农副业、农业、林业、畜牧、渔业、水利业等各种用电，约占总用电负荷的7%。

（2）工业。包括各种采掘业和制造业用电，约占总用电负荷的80%。

（3）地质普查和勘探业，约占总用电负荷的0.1%。

（4）建筑业，约占总用电负荷的1%。

（5）交通运输、邮电通信业，约占总用电负荷的2%。

（6）商业、公共饮食业、物资供销和仓储业，约占总用电负荷的1%。

（7）其他事业单位。包括：房地产管理、公用事业；卫生、体育和社会福利事业；教育、文化艺术和广播电视业；科学研究和综合技术服务事业；国家、党政机关和社会团体；其他行业（金融业、保险业和其他行业），约占总用电负荷的3%。

（8）城乡居民生活用电。包括城市和乡村居民生活用电，约占总用电负荷的6%。

（三）根据国民经济各个时期的政策和不同季节的要求分类

（1）优先保证供电的重点负荷（如农业排灌、粮食加工、交通运输等）。

（2）一般性供电的非重点负荷（如一般机械工业等）。

（3）可以暂时限制或停止供电的负荷（如能耗大、效益低、质量差的工厂等）。

（四）根据负荷发生的时间分类

（1）高峰负荷。

（2）低谷负荷。

（3）平均负荷。

（五）根据负荷对电网运行和供电质量的影响分类

（1）冲击负荷。负荷量快速变化，能造成电压波动和照明闪变影响的负荷。

（2）不平衡负荷。三相负荷不对称或不平衡，如单相、两相负荷，会使电压、电流产生负序分量，影响旋转电机振动和发热、继电保护误动等。

（3）非线性负荷。负荷阻抗非线性变化，会向电网注入谐波电流，使电压、电流波形发生畸变。

（六）根据负荷对供电可靠性的要求分类

（1）一级负荷。属于重要负荷，如果对该负荷中断供电，将会造成人身事故、设备损坏、产生大量废品，或长期不能恢复生产秩序，给国民经济带来巨大损失。

（2）二级负荷。如果对该负荷中断供电，将会造成大量减产、工人窝工、机械停止运转、城市公用事业和人民生活受到影响等。

（3）三级负荷。指不属于第一、第二级负荷的其他负荷，短时停电不会带来严重后果，如工厂的不连续生产车间或辅助车间、小城镇、农村用电等。

通常对一级负荷要保证不间断供电。对二级负荷，如有可能也要保证不间断供电。当系统中出现供电不足时，三级负荷可以短时断电。当然，对负荷的分级不是一成不变的，会随着国家的技术经济政策而改变。

模块 2　用电负荷的功率因数

一、功率因数的数理概念

（一）交流电路的功率

电网在向客户输送电能的过程中，由于用电负荷的特性不同会产生有功功率、无功功率和视在功率。

有功功率 P 是被用电设备吸收或消耗的功率，反映的是元件实际做功的平均速率，常用的单位是 kW；无功功率 Q 是用电设备与电源进行能量交换的功率，不做功不被消耗，只与电源不断地交换能量，常用单位是 kvar；视在功率 S 是电路端电压和电流有效值的乘积，工程上常用单位是 kVA。

由功率三角形可知，在数值上功率因数 λ 为有功功率 P 和视在功率 S 的比值，φ 为功率因数角，是电压与电流的相位差，也是电路的阻抗角。

$$\lambda = \cos\varphi = P/S \tag{11-1}$$

（二）工业企业功率因数的计算

工业企业功率因数是工业企业电气设备使用状况和利用程度的重要指标，分为以下几种。

1. 自然功率因数

自然功率因数是指用电设备在没有任何补偿手段的情况下，设备本身固有的功率因数。设备自然功率因数的高低，取决于用电设备负荷的性质和负荷状态。对于电阻性负荷（白炽灯、电阻炉等），其自然功率因数较高；而对于电感性负荷（如荧光灯、交流电焊机、异步电动机等），其自然功率因数也较低。

2. 瞬时功率因数

瞬时功率因数是指在某一瞬间由功率因数表读出的功率因数值，也可以根据电压表、电流表和功率表在同一瞬间的读数经计算求得。瞬时功率因数只用来判断企业在生产过程中无功功率的变化情况，一边在运行中采取相应的措施。

3. 平均功率因数

平均功率因数是指企业在某一规定时间段内功率因数的平均值，也称为加权平均功率因数。我国供电企业每月对企业的加权平均功率因数进行考核，并与国家规定的功率因数标准值进行比较来调整电费。平均功率因数的计算公式为

$$\cos\varphi = \frac{W_P}{\sqrt{W_P^2 + W_Q^2}} = \frac{1}{\sqrt{1 + \left(\dfrac{W_Q}{W_P}\right)^2}} \tag{11-2}$$

式中　W_P——月实用有功电量，kW·h；

W_Q——月实用无功电量，kvar·h。

4. 总功率因数

企业装设无功补偿装置后的功率因数，称为总功率因数。总功率因数分为瞬时总功率因数和月总平均功率因数。企业月总平均功率因数的计算公式为

$$\cos\varphi = \frac{W_P}{\sqrt{W_P^2 + (W_Q - W_C)^2}} = \frac{1}{\sqrt{1 + \left(\dfrac{W_Q - W_C}{W_P}\right)^2}} \tag{11-3}$$

二、提高功率因数的实际意义

（一）提高供用电设备的有功出力

由于有功功率 $P = S\cos\varphi$，当视在功率 S 一定时，如果提高功率因数 $\cos\varphi$ 其输出的有功功率增大，即提高了电气设备的供电能力，增加了发电机的有功功率，增加了线路和变压器的供电能力。

例如：100kVA 的电力变压器，当 $\cos\varphi = 0.6$ 时，其额定有功出力只有 60kW，而当 $\cos\varphi = 0.8$ 以上时，则其额定有功出力将能超过 80kW。

（二）减少电气设备占用过多的视在功率

由式 $S = P/\cos\varphi$ 可见，当负荷的有功功率不变时，由于功率因数 $\cos\varphi$ 为分母变大后会使分数值变小，也就是所需的视在功率减少了。

（三）减少负荷电流

在对称三相负载的电路中，三相负载的有功功率为 $P = \sqrt{3}U_X I_X \cos\varphi$，则 $I_X = \sqrt{3}P/U_X\cos\varphi$，当功率因数提高，其他参数不变时，负荷电流将随着减小。

（四）降低功率损耗和电能损失

在三相交流线路中，功率损耗 ΔP 为

$$\Delta P = 3I^2R = \frac{P^2R}{U^2\cos\varphi} \tag{11-4}$$

对于给定的线路，其电阻 R 一定，当线路电压 U 和输送的有功功率 P 一定时，如果提高功率因数 $\cos\varphi$，则功率损耗 ΔP 可以大大降低，从而使线路上和变压器中的电能损失下降。

（五）减少电压损耗，改善电压质量

供电系统中的电压损耗 ΔU 包括两部分：①使输送有功功率产生的；②输送无功功率产生的，其计算式是

$$\Delta U = \frac{PR+QX}{U_N} \tag{11-5}$$

由于输其的配电线路和变压器的电抗分量远远大于电阻分量，因而远距离输送无功功率会在线路和变压器上造成很大的电压损耗，使输配电线路末端电压严重降低。如果提高功率因数，就可减少电压损耗，改善客户端电压质量。

三、提高功率因数的措施

（一）提高自然功率因数

提高自然功率因数是指不增加任何补偿设备，采用降低用电设备本身所需无功功率来提高功率因数。其主要措施有以下几项。

（1）充分利用变电设备的容量和匹配合适电压。电力变压器不宜长期轻载运行，当变压器的负荷小于 30％时，应当更换较小容量的变压器。当变压器一次侧运行电压超过变压器电压分接头额定工作电压时，变压器励磁电流就急剧升高，将使变压器所消耗的无功功率极大增加。要尽量使配电变压器一次侧电压和分接头的额定工作电压基本相符。

（2）异步电动机的合理使用。合理确定异步电动机台数与容量、用适当功率的电动机取代负荷率偏低的大功率电动机、电源电压与电动机额定电压相匹配、正确选用异步电动机规格型号。

（3）选择先进、节能的用电设备和及时改善其运行状态。选择先进、节能的用电设备，确定合理容量（即使用电设备的功率与负载功率相接近）、合理安排和调整生产程序，改善用电设备运行状态（例如，电动机的负载在额定值的 40％及以下时，若电动机的定子绕组是三角形接法，则可改为星形接线），提高负载率及暂载率，限制用电设备空载运行等。

（二）人工补偿法提高功率因数

无功补偿装置的种类有：同步发电机、同步电动机、异步电动机同步化、并联电力电容器、动态无功补偿装置等。

并联电容器又称为移相电容器，由于具有有功损耗小、安装及运行维护方便、故障范围小、投资少等特点，因而应用最为广泛。

四、并联电容器补偿

常用电力电容器并联进行无功补偿。无功补偿的原理接线图和相量图如图 11-1 所示。

由图 11-1 可知：电路未并电容前为自然负载，功率因数低，功率因数角 φ_1 较大，供电线路电流（总电流）$\dot{I}=\dot{I}_L$，因电流 $\dot{I}_L$ 较大，所以线路损耗和压降比较大。并入电容 C 后，$\dot{I}=\dot{I}_L+\dot{I}_C$，由于电容电流 $\dot{I}_C$ 的补偿作用，功率因数角由原来较大的 φ_1 变为较小的 φ_2 值，线路总电流减小。并入电容进行无功补偿使得电路的总功率因数提高了，从而降低了线

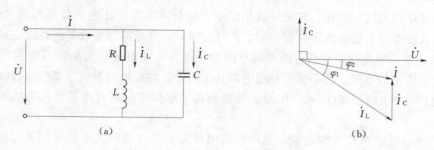

图 11-1 无功补偿原理接线路图与相量图
(a) 原理接线；(b) 相量图

路损耗和压降，提高了供电的经济效益，也改善了电压质量。

需要说明以下几点。

（1）在感性负载两端并联电容可以提高电路总的功率因数，但不会改变感性负载电路本身的电流和功率因数，只能使并联点之前的电流减小，线路总的功率因数提高。

（2）电容是负载而不是电源。电容从电网吸收的无功功率是超前电流引起的；电感电路从电网中吸收的无功功率是滞后的电流引起。超前电流与滞后电流的互补作用，使电容并联点之前的电源（或电网）吸收的无功功率减少了，于是电容性负载的无功功率补偿了电感性负载的无功功率。

（3）电容性负载的无功功率与电感性负载的无功功率是相互补偿的。也就是说，当感性负载的功率因数较低时，在负载两端并联电容可提高功率因数；如果负载是电容性的且功率因数较低时，在负载两端并联电感也可以提高功率因数。

模块 3　配电线路线损及计算方法

一、线损电量与线损率

（一）线损电量

电力网电能损耗是指一定时间内电流流经电网中各电力设备时所产生的电力和电能损耗，即电网经营企业在电能传输和营销过程中自发电厂出线起至用户电能表止所产生的电能消耗和损失。

线损电量不能直接计量，是用供电量与售电量相减计算得到的，即

$$线损电量 = 供电量 - 售电量 \tag{11-6}$$

其中：供电量＝发电公司（厂）上网电量＋外购电量＋电网输入电量－电网输出电量

线损电量由输电线路损耗、降压主变压器损耗、配电线路中的损耗、配电变压器的损耗、低压网络中的损耗、无功补偿设备及电抗器中的损耗几部分组成。以上各项损失可通过理论计算确定其数值。而电流、电压互感器及其二次回路中的损耗、用户接户线及电能表的损耗、不明损失等，则可通过统计确定。

（二）线损率

电力网的电能损耗率简称线损率，是电网生产经营企业综合性技术经济指标，也是表征电力系统规划设计水平和经营管理水平的一项综合性技术经济指标。

（1）统计线损率。实际在线损管理中，通常使用频度最高的是统计线损率，而统计线损

电量是由余量法得到的。因此，在统计线损电量中除技术线损外还包括其他损耗（包括漏电、窃电损失以及变电站直流整流设备和控制、信号、保护、通风冷却等设备消耗的电量）。

（2）售电量。售电量是指所有终端用户的抄见电量，供电局、变电站等的自用电量及供电局第三产业所用的电量。凡不属于站用电的其他用电，均应由当地供电部门装表收费。

（3）电网输入电量。电网输入电量主要是指高于本供电区域管理的电压等级的电网输入的电量。

（4）电网输出电量及外购电量。电网输出电量是指供电公司从本公司供电区域向外部电网输出的电量。外购电量是指各供电公司从本公司供电区域外的电网购买的电量。

（5）不明损失。不明损失是指整个供电生产过程中一些其他因素引起的损失，主要包括：计量装置误差，表计接线错误，计量装置故障和 TV 二次回路压降造成的计量误差，以及熔丝熔断等引起的计量差错，用电营业工作中漏抄、漏计、错算及倍率算错等，用户窃电。

（三）配电网线损

一般为地区 110kV 及以下配电设备和 220kV 枢纽变电站中除 220kV 设备与调相机、SVC 装置以外的其他设备的损耗，称为配电网线损。这个损耗与总供电量减去输电网线损的供电量（一般称为供电企业总供电量）之比，称为配电网线损率。配电网线损可划分为以下三类。

（1）高压配电网线损。

（2）中压配电网线损。

（3）低压配电网线损。

根据有的供电单位的抽查和分析，低压配电网线损在供电企业总供电量中所占比例尽管不高，但低压配电网线损率却是很高的，比中压配电网线损率和高压配电网线损率高出许多，今后随着居民生活用电比例的增高，低压配电网线损在总线损中的比例将逐渐上升。因此，低压配电网线损率的单独计量、统计和考核有利于将低压配电网线损率也能保持在合理的水平上。

二、统计线损和理论线损

（一）统计线损

线损统计值即统计线损，来源于从电能计量装置上读取的电量数值和读取数值的时间。全部供电关口电能计量装置读数之和为供电量，全部用户电能计量装置读数之和为售电量。

统计线损率是省（自治区、直辖市）、地市供电部门对所管辖（或调度）范围内的电网各供、售电量计量表得出的统计线损率，即

$$统计线损率 = \frac{统计线损电量}{供电量} 100\% \qquad (11-7)$$

其中： $$统计线损电量 = 供电量 - 售电量$$

由于线损率实际是根据供电量和售电量相减计算得到的，因此，线损电量也可以说是个余量，包含了很多影响因素，故并不完全真实地反映电网实际损失情况，其准确程度还决定于发电厂关口计量、售电量电能表以及抄见电量的正确性。影响统计线损准确度的主要因素有：供电关口电能计量装置完整性、正确性和准确度；用户计费电能计量装置完整性、正确性和准确度；抄表的同时性；漏抄和错抄；窃电。

分析上述 5 个因素可以看到，除第五个因素单纯导致统计线损比技术线损增大外，其他

4 个因素既有可能使线损增大也有可能使线损减小。但在实际上，由于用户电能计量点的完整性难以达到，而漏抄、漏计和窃电现象又无法避免，因而电力企业的统计线损皆大于技术线损。统计线损与技术线损之差称为营业线损。当管理不善时，营业线损可能达到很高的比率，甚至超过技术线损。

（二）理论线损及计算方法

根据输、变、配电设备参数和负荷电流计算得出的线损是理论线损。理论线损不但涉及决定线损的直接技术因素，而且也与综合技术因素密切相关，因而不等同于技术线损。按电力网电能损耗管理规定的要求，35kV 及以上系统每年进行一次理论线损计算，10kV 及以下至少每两年进行一次理论线损计算。当电网结构发生大的改变时，要增加理论线损计算。原国家经贸委颁发了《电力网电能损耗计算导则》，规定了具体的计算原则和计算方法。

1. 理论线损率

为供电企业对其所属输、变、配电设备，根据其设备参数、负荷潮流、特性计算得出的线损率

$$理论线损率 = \frac{理论线损电量}{供电量} 100\% \tag{11-8}$$

2. 线损理论计算

（1）直接影响线损的技术因素。线路的长度、导线的截面积和导线材料；变压器和其他设备的空载损耗及负载损耗；负荷电流的数值及其变化；系统电压的数值及其变化；环境温度和设备散热条件；电气设备的绝缘状况（影响介质损耗）；导线等值半径和大气条件（影响电晕损耗）。

（2）理论线损电量的组成包括变压器的损耗电量；架空及电缆线路的导线损耗电量；电容器、电抗器、调相机中的有功损耗及调相机的辅机损耗；电流互感器、电压互感器、电能表、测试仪表、保护及远动装置的损耗电量；电晕损耗电量；绝缘子的泄漏损耗电量（数量较小，可以估计或忽略不计）；变电站的站用电量；电导损耗。

3. 线损理论计算的工作流程

线损理论计算是一项复杂的系统工作，由于涉及面广、工作量大，要求计算结果准确，并能够指导线损管理工作。因此，在计算理论线损时应参照图 11-2 所示工作流程进行。

三、低压配电网线损理论计算方法

由于低压网的网络较复杂，并且负荷分布不均，资料也不全，通常采用的方法有两种：即台区损耗率法和电压损失率法。

（一）低压电力网线损理论计算的步骤

低压电力网是以配电变压器台区为单元的理论线损综合计算，其计算步骤如下所述。

（1）绘制低压电力网网络接线图。将线路的主干线和分支线的计算线段划分出来，接着逐段计算出负荷电流。其原则是：凡线路结构常数、导线截面、长度、负荷电流均相同的为一个计算线段，否则为另一计算线段。

（2）计算线路各分段电阻、线路等值电阻。

（3）测算出线路首端的平均负荷电流。

（4）实测出线路的负荷曲线特征系数。

（5）统计配电变压器实际供电时间。

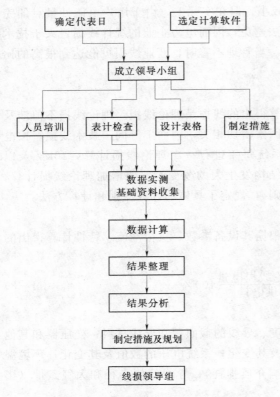

图 11-2 计算理论线损时的工作流程

（6）将上面测算、查取和计算求得的结果代入计算公式，计算低压电力网的理论线损值。

（7）在查清进户线的条数和长度、单相和三相电能表只数的基础上，计算确定接户线和电能表的损耗电量。

（8）计算确定以配电变压器为台区的低压电力网总的线损电量和相应的理论线损率。

（二）台区损耗率法

（1）已知各台区计算期的月供电量，取容量相同、低压出线数具有代表性的台区数个，并且用电负荷正常，电能表运行正常、无窃电现象等，作为该容量的典型台区。

（2）实测各典型台区的电能损耗及损耗率，即于同一天、同一时段抄录各典型台区总表的供电量及台区内各低压客户的售电量，计算各典型台区的损耗电量和损耗率，以及各容量典型台区的平均损耗率 $\overline{\Delta A_i}$（％）。

（3）对需要计算的各台区按变压器容量进行分组，将本组内配电变压器月供电量之和乘以该组典型台区的平均损耗率 $\overline{\Delta A_i}$（％），即可得到该组台区的总损耗。计算公式为

$$\Delta A = \overline{\Delta A_i}(\%) \sum A_i \tag{11-9}$$

（4）将各组台区损耗相加，可求出配电网低压台区总损耗电量

$$\Delta A = \sum_{i=1}^{n} \overline{\Delta A_i}(\%) \sum A_i \tag{11-10}$$

式中 n——配电变压器按容量划分的组数；

A_i——第 i 台配电变压器低压侧月供电量。

（三）电压损失率法

（1）选各配电变压器容量、低压干线型号及供电半径有代表性的台区为测量各类台区压降的典型台区。

（2）确定低压电网的干线及其末端（若配电变压器有多路出线，则需要确定每路出线的末端，每一路出线作为一个计算单元）。凡从干线上接出的线路称为一级支线，从上级支线上接出的线路称为二级支线。

（3）在低压电网最大负荷时测录配电变压器出口电压 U_{max}，末端的电压 U'_{max}。

（4）计算最大负荷时首、末端的电压损失率 ΔU_{max}（％），即

$$\Delta U_{max}(\%) = \frac{U_{max} - U'_{max}}{U_{max}} \times 100\% \tag{11-11}$$

式中 U_{max}——最大负荷时配电变压器出口电压，V；

$U'_{\max}$——最大负荷时干线末端电压，V。

（5）计算最大负荷时的功率损耗率 $\Delta P_{\max}$（％）

$$\Delta P_{\max}(\%) = K_{\mathrm{P}} U_{\max}(\%) \tag{11-12}$$

$$K_{\mathrm{P}} = \frac{1 + \tan^2 \varphi}{1 + \dfrac{X}{R} \tan \varphi} \tag{11-13}$$

式中　X——导线的电抗，Ω；

　　　R——导线电阻，Ω；

　　　φ——电流与电压间的相角。

（6）按下式计算代表日电能损耗率及损耗电能

$$\Delta A(\%) = \frac{F}{f} \Delta P_{\max}(\%) \tag{11-14}$$

$$\Delta A = A \Delta A \ (\%)$$

式中　f——负荷率，各单位根据实际情况确定；

　　　F——损耗因素，查表取得；

　　　A——代表日配电变压器供电量（多路出线则每路出线供电量按每路出线电流进行分
摊），$\mathrm{kW \cdot h}$。

若配电变压器出口未安装电能表，可按下式计算损失电量。

$$\Delta A = 3 I_{\max} (\Delta U_{\max} - I_{\max} X \sin \varphi) F t \times 10^{-3} \tag{11-15}$$

式中　$I_{\max}$——最大负荷时测录的首端电流，A；

　　　$\Delta U_{\max}$——最大负荷时测录计算单元的电压损失值，V。

（7）对于负荷较大、线路较长的一级支线，测录支接点及支线末端的电压，然后按上述
步骤计算支线的电能损耗。

（8）一个单元的损耗电量计算公式如下

$$一个单元的损耗电量 = \frac{干线的损耗电量 + 主要一级支线的损耗电量}{K} \tag{11-16}$$

式中　K——干线及一级支线占计算单元的损耗电量的百分数，一般取 80％。

（9）一台配电变压器的低压网络的总损耗电量为其各计算单元的损耗电量之和。

（10）按上述方法和步骤计算其余典型台区的电能损失率 ΔA_{i}（％）。

$$\Delta A_{\mathrm{i}}(\%) = \frac{\Delta A_{\mathrm{i}}}{A_{\mathrm{i}}} \times 100\% \tag{11-17}$$

式中　A_{i}——典型 i 台区日供电量；

　　　ΔA——典型台区日电能损耗。

（11）将待计算的各台区按 n 个典型分组，统计各组台区供电量 $\sum A_{\mathrm{i}}$，并按下式计算各
台区总损耗。

$$\Delta A = \sum_{i-1}^{n} \left[\Delta A_{\mathrm{i}}(\%) \sum A_{\mathrm{i}} \right] \tag{11-18}$$

式中　n——典型台区数；

　　　$\sum A_{\mathrm{i}}$——电能损失率为 ΔA_{i}（％）的台区供电量之和。

（12）电能表的电能损耗计算。电能表计的损耗电量按单相表每月 $1\mathrm{kW \cdot h}$，三相四线

电能表每月 2kW·h，三相四线电能表每月 3kW·h 进行估算，则总损耗电能为

$$\Delta A = 1 \times n + 2 \times M + 3 \times S \tag{11-19}$$

式中 n、M、S——单相、三相三线、三相四线电能表只数。

（13）台区总损耗电能为低压网络总损耗及电能表损耗之和。

四、10kV 配电线路线损计算方法

电力网电能损耗是指一定时段内网络各元件上的功率损耗对时间积分值的总和。从这个意义上讲，准确的线损计算比在电力系统确定的运行方式下稳态潮流计算还复杂，这是因为表征用户用电特性的负荷曲线具有很大的随机性，各元件上的损耗对时间的解析函数关系很难准确表达出来，因此只能用数据统计的方法解决。有些电力网由于表计不全，运行数据无法收集，或者网络的元件和结点数太多，譬如 10kV 配电网和低压电网，运行数据和结构参数的收集整理很困难，无法采用潮流法计算，则要求简化计算方法，以便减少人力、物力而又能达到一定的准确度。

均方根电流法是线损理论计算的基本方法，在此基础上根据计算条件和计算资料，可以采用平均电流法（形状系数法）、最大电流法（损失因数法）、等值电阻法、电压损失法等方法，下面介绍几种线损计算的方法。

（一）均方根电流法

设某元件电阻为 R，通过该元件的电流为 I，当电流通过该元件时产生的三相有功功率损耗为

$$\Delta P = 3I^2 R \tag{11-20}$$

则该元件在 24h 内的电能损耗为

$$\Delta A = 3 \int_0^{24} i^2 R \mathrm{d}t \tag{11-21}$$

由于 i 是随机变量，一般不能准确地获得，上述积分式解不出来，如把计算期内时段划分得足够小，则可完全达到等效。一般电流值是通过代表日 24h 正点负荷实测得到的，设每小时内电流值不变，则全日 24h 元件电阻中的电能损失为

$$\Delta A = 3(I_1^2 + I_2^2 + \cdots + I_{24}^2) I_{\mathrm{eff}}^2 R \tag{11-22}$$

或 $$\Delta A = 3 I_{\mathrm{eff}}^2 R t$$

式中 I_{eff}——均方根电流，A；

t——计算期小时数，h。

$$I_{\mathrm{eff}} = \sqrt{\frac{I_1^2 + I_2^2 + \cdots + I_{24}^2}{24}} \tag{11-23}$$

当负荷代表日 24h 正点实测的是三相有功功率、无功功率和线电压时，则

$$3 I_{\mathrm{eff}}^2 = \frac{1}{24} \sum_{t=1}^{24} \frac{P_t^2 + Q_t^2}{U_t^2} \tag{11-24}$$

$$I_{\mathrm{eff}} = \sqrt{\frac{\sum_{t=1}^{24} \dfrac{P_t^2 + Q_t^2}{U_t^2}}{72}}$$

式中 P_t、Q_t——整点时通过该元件电阻的三相有功功率和无功功率；

U_t——与 P_t、Q_t 同一测量端同一时间的线电压。

（二）平均电流法（形状系数法）

平均电流法是利用均方根电流与平均电流的等效关系进行能耗计算的方法。用平均电流计算出来的电能损耗相对偏小的，于是，采用平均电流法进行损耗电量计算时，要乘以大于 1 的修正系数。令均方根电流与平均电流之间的等效系数为 K，称为形状系数，其关系式为

$$K = \frac{I_{\mathrm{eff}}}{I_{\mathrm{ar}}} \tag{11-25}$$

式中　I_{ar}——代表日负荷电流的平均值，A；

　　　I_{eff}——代表日的均方根电流，A。

K 值的大小与直线变化的持续负荷曲线有关，可按下式计算

$$K^2 = \frac{\alpha + \frac{1}{3}(1-\alpha)^2}{\left(1 + \frac{\alpha}{2}\right)^2} \tag{11-26}$$

式中　α——最小负荷率，它等于最小电流（I_{mix}）与最大电流（$I_{\max}$）的比值。

采用平均电流法进行损耗电量计算式为

$$\Delta A = 3I_{\mathrm{ar}}^2 K^2 Rt \text{ 或 } \Delta A = \frac{A_{\mathrm{P}}^2 + A_{\mathrm{Q}}^2}{U_{\mathrm{ar}}^2} K^2 Rt \tag{11-27}$$

式中　A_{P}、A_{Q}——代表日的有功电量和无功电量；

　　　U_{ar}——代表日的电压平均值。

（三）等值电阻法

等值电阻法理论基础是均方根电流法，在理论上比较完善，在方法上克服了均方根电流法诸多方面的缺点，它适用于计算 10kV/6kV 配电网的电能损耗。因为 10kV/6kV 配电网络结点多，分支线多，元件也多，各支线的导线型号不同，配电变压器的容量、负荷率、功率因数等参数和运行数据也不相同，要精确地计算配电网络中各元件的电能损耗是比较困难的。因此，在满足实际工程计算精度的前提下，使用等值电阻法计算配电网络的电能损耗具有可行性和实用性。

（1）等值电阻计算。功率损耗计算公式为

$$\Delta P = 3\sum_{i=1}^{m} I_i^2 R_i \text{ 或 } \Delta P = 3\sum_{i=1}^{m} \frac{P_i^2 + Q_i^2}{U_i^2} R_i \tag{11-28}$$

式中　I_i、R_i——第 i 段线路上通过的电流和本段的导线电阻，Ω；

　　　P_i、Q_i——第 i 段线路上通过的有功功率和无功功率；

　　　U_i——第 i 段线路上与 I_i（P_i、Q_i）同一结点的电压；

　　　M——该条配电线路上的总段数。

由于各段线路上的运行数据不容易采集到，因此，可以假想一个等值的线路电阻 R_{el} 在通过线路出口的总电流（I_{Σ}，或总功率 P_{Σ}、Q_{Σ}）产生的损耗，与各段不同的分段电流 I_i 通过分段电阻 R_i 产生损耗的总和相等值，即

$$\Delta P = 3\sum_{i=1}^{m} I_i^2 R_i = 3I_{\Sigma}^2 R_{\mathrm{el}}$$

$$\Delta P = 3\sum_{i=1}^{m} \frac{P_i^2 + Q_i^2}{U_i^2} R_i = \frac{P_{\Sigma}^2 + Q_{\Sigma}^2}{U_{\Sigma}^2} R_{\mathrm{el}} \tag{11-29}$$

式中 $R_{\rm el}$——配电线路的等值电阻，按下式计算。

$$R_{\rm el} = \frac{\sum\limits_{i=1}^{m} I_i^2 R_i}{I_\Sigma^2} = \frac{\sum\limits_{i=1}^{m} \dfrac{P_i^2 + Q_i^2}{U_i^2} R_i}{\dfrac{P_\Sigma^2 + Q_\Sigma^2}{U^2}} \tag{11-30}$$

（2）假设计算条件。计算线路的等值电阻，必须掌握各段的运行资料，将式（11-30）简化，即假设。

1）负荷的分布与负荷结点装设的变压器额定容量成正比，即各变压器的负荷系数 k_i 相同。

2）各负荷点的功率因数相同。

3）各结点电压 U_i 相同，不考虑电压降。

故式（11-30）可改写为

$$R_{\rm el} = \frac{\sum\limits_{i=1}^{m} (P_i^2 + Q_i^2) R_i}{P_\Sigma^2 + Q_\Sigma^2} = \frac{\sum\limits_{i=1}^{m} S_i^2 R_i}{S_\Sigma^2} = \frac{\sum\limits_{i=1}^{m} (k_i S_{\rm Ni})^2 R_i}{(k_\Sigma S_{\rm N\Sigma})^2} = \frac{\sum\limits_{i=1}^{m} S_{\rm Ni}^2 R_i}{S_{\rm N\Sigma}^2} \tag{11-31}$$

式中 S_i——i 段线路上通过的视在视率，kVA；

$\quad S_{\rm Ni}$——第 i 段线路的配电变压器额定容量，kVA；

$\quad S_\Sigma$——该条配电线路总的视在功率，kVA；

$\quad S_{\rm N\Sigma}$——该条配电线路总配电变压器额定容量，kVA；

$\quad k_i$——各配变的负荷系数；

$\quad k_\Sigma$——该条配电线路总配电变压器的负荷系数。

从式（11-31）中可看出，求 $R_{\rm el}$ 不必收集大量的运行资料，$R_{\rm el}$ 只与 $S_{\rm Ni}$、R_i 和线路出口的运行资料有关，而 $S_{\rm Ni}$ 和 R_i 在技术资料档案中可查得，线路出口的运行资料可取代表日的均方根电流、平均电流或最大电流，则配电线路的电能损耗就可以按下式计算

$$\Delta A = 3 I_{\rm eff}^2 R_{\rm el} t \ \ 或 \ \ \Delta A = 3 K^2 I_{\rm ar}^2 R_{\rm el} t \tag{11-32}$$

或

$$\Delta A = 3 F I_{\max}^2 R_{\rm el} t$$

若配电线路出口装有有功和无功电能表，则可取全月的有功、无功电量换算成平均负荷计算电能损耗。

同理，根据式（11-31）也可求出公用配电变压器的等值电阻 $R_{\rm eT}$，然后计算出配电变压器的铜损

$$R_{\rm eT} = \frac{\sum\limits_{i=1}^{n} S_{\rm Ni}^2 R_{\rm Ti}}{S_{\rm N\Sigma}^2} = \frac{\sum\limits_{i=1}^{n} S_{\rm Ni}^2 \dfrac{U_i^2 \Delta P_{ki}}{S_{\rm Ni}^2} \times 10^3}{S_{\rm N\Sigma}^2} \tag{11-33}$$

假设各配电变压器结点电压 U_i 相同，不考虑电压降，即 $U = U_i$ 则：

$$R_{\rm eT} = \frac{\sum\limits_{i=1}^{n} \Delta P_{ki} \times 10^3}{S_{\rm N\Sigma}^2} \tag{11-34}$$

式中 $R_{\rm eT}$——公用配电变压器的等值电阻，Ω；

$\quad \Delta P_{ki}$——第 i 台公用配电变压器的额定短路损耗，kW；

$\quad R_{\rm Ti}$——第 i 台公用配电变压器的绕组电阻，Ω；

n——该条配电线路上的配电变压器总台数。

配电变压器的总损耗为

$$\Delta A = 3K^2 I_{ar}^2 R_{eT} t \times 10^{-3} + \Delta P_{et0\Sigma} t \qquad (11-35)$$

式中　$\Delta P_{et0\Sigma}$——该条线路公用配电变压器的铁损总和，kW。

综上所述，均方根电流法是线损计算的基本方法，根据计算条件和计算资料还可以应用平均电流法和最大电流法，这些方法适用于 35kV 及以上电力网的网损计算，等值电阻法是一种简化的近似计算方法，适用于 10kV/6kV 及以下配电网的线损计算。

五、元件电能损耗计算

（一）架空线路电能损耗计算

架空线路电能损耗计算式为

$$\Delta A = 3I_{eff}^2 R_L t \times 10^{-3} \text{ 或 } \Delta A = 3I_{ar}^2 K^2 R_L t \times 10^{-3} \qquad (11-36)$$

或

$$\Delta A = 3I_{max}^2 F R_L t \times 10^{-3}$$

用有功功率和无功功率表示，计算式为

$$\Delta A = \frac{P_{eff}^2 + Q_{eff}^2}{U^2} R_L t \times 10^{-3} \text{ 或 } \Delta A = \frac{P_{ar}^2 + Q_{ar}^2}{U^2} K^2 R_L t \times 10^{-3} \qquad (11-37)$$

或

$$\Delta A = \frac{P_{max}^2 + Q_{max}^2}{U^2} F R_L t \times 10^{-3}$$

式中　　　　　R_L——线路有效电阻，Ω，由式 $R_L = R_{20}(1 + \beta_1 + \beta_2)$ 可得；

P_{eff}、P_{ar}、P_{max}——代表日的均方根、平均、最大有功功率，kW；

Q_{eff}、Q_{ar}、Q_{max}——代表日的均方根、平均、最大无功功率，kvar；

K、F——形状系数和损失因数；

U——代表日中与有功、无功功率同一端的电压，kV，由于电压变化不大，可用平均电压代替。

（二）电缆线路电能损耗计算

电缆线路电能损耗计算，除按上述基本方法计算外，还应考虑它的介质损失，介质损失的计算公式为

$$\Delta A = U^2 \omega C_0 L \tan\delta t \times 10^{-3} \qquad (11-38)$$

式中　U——电缆的工作线电压，kV；

ω——角速度，$\omega = 2\pi f$，f 为频率，Hz；

C_0——电缆每相的工作电容，μF/km，可从产品目录或手册中查得；

L——电缆线路的长度，km；

$\tan\delta$——电缆绝缘介质损失角的正切值，它的大小与电缆的额定电压和结构有关，可从产品目录或手册中查得，可按实测值或表 11-1 的数据估算。

表 11-1　　　　　　　　　　　　　　　电力电缆 $\tan\delta$ 值

电缆额定电压/kV	10 及以下	35	110	220
$\tan\delta$	0.015	0.01	0.007	0.005

（三）变压器电能损耗计算

变压器的有功功率损耗分为空载损耗和负载损耗。空载损耗可根据变压器的铭牌数据或

试验数据确定。由于空载损耗与运行电压和分接头电压有关，故空载损耗的损失电量为

$$\Delta A = \Delta P_0 \left(\frac{U_{ar}}{U_d}\right)^2 t \tag{11-39}$$

式中 ΔP_0——变压器的空载损耗功率，kW；

$\qquad U_d$——变压器的分接头电压，kV；

$\qquad U_{ar}$——变压器的平均运行电压，kV。

变压器的负载损耗可根据变压器短路试验的实测数据或铭牌数据确定。负载损耗与通过该绕组的负荷电流的平方成正比。变压器绕组的电能损耗计算如下。

(1) 双绕钮变压器绕钮的损耗电量计算

$$\left.\begin{aligned}
\Delta A_R &= \Delta P_k \left(\frac{I_{eff}}{I_N}\right)^2 t \\[2mm]
\Delta A_R &= \Delta P_k \left(\frac{I_{ar}}{I_N}\right)^2 K^2 t \\[2mm]
\Delta A_R &= \Delta P_k \left(\frac{I_{max}}{I_N}\right)^2 F t
\end{aligned}\right\} \tag{11-40}$$

式中 ΔP_k——变压器的短路损耗功率，kW；

$\qquad I_N$——变压器的额定电流，取与负荷电流同一电压等级的数值，A；

$\qquad I_{ar}$——变压器的平均负荷电流，A。

因为 $I = S/\sqrt{3U}$ 即电流与变压器的容量成正比，故式 (11-40) 可改写成

$$\left.\begin{aligned}
\Delta A_R &= \Delta P_k \left(\frac{S_{eff}}{S_N}\right)^2 t \\[2mm]
\Delta A_R &= \Delta P_k \left(\frac{S_{ar}}{S_N}\right)^2 K^2 t \\[2mm]
\Delta A_R &= \Delta P_k \left(\frac{S_{max}}{S_N}\right)^2 F t
\end{aligned}\right\} \tag{11-41}$$

式中 S_{eff}、S_{ar}、S_{max}——负荷视在功率的均方根、平均值、最大值，kVA；

$\qquad S_N$——变压器的额定容量，kVA。

(2) 三绕组变压器绕组的损耗电量计算。三绕组变压器绕组的损耗电量计算，应根据各绕组的短路损耗功率以及通过的负荷，分别计算每个绕组的损耗电量，再相加而得绕组的总损耗电量。即

$$\left.\begin{aligned}
\Delta A_R &= \left[\Delta P_{k1}\left(\frac{I_{eff1}}{I_{N1}}\right)^2 + \Delta P_{k2}\left(\frac{I_{eff2}}{I_{N2}}\right)^2 + \Delta P_{k3}\left(\frac{I_{eff3}}{I_{N3}}\right)^2\right]t \\[2mm]
\Delta A_R &= \left[\Delta P_{k1}\left(\frac{I_{ar1}}{I_{N1}}\right)^2 K_1^2 + \Delta P_{k2}\left(\frac{I_{ar2}}{I_{N2}}\right)^2 K_2^2 + \Delta P_{k3}\left(\frac{I_{ar3}}{I_{N3}}\right)^2 K_3^2\right]t \\[2mm]
\Delta A_R &= \left[\Delta P_{k1}\left(\frac{I_{max1}}{I_{N1}}\right)^2 F_1 + \Delta P_{k2}\left(\frac{I_{max2}}{I_{N2}}\right)^2 F_2 + \Delta P_{k3}\left(\frac{I_{max3}}{I_{N3}}\right)^2 F_3\right]t
\end{aligned}\right\} \tag{11-42}$$

或
或

式中 ΔP_{k1}、ΔP_{k2}、ΔP_{k3}——三绕组变压器高、中、低压绕组的短路损耗功率，kW；

$\qquad I_{eff1}$、I_{eff2}、I_{eff3}——三绕组变压器高、中、低压绕组负荷电流的均方根值，A；

$\qquad I_{ar1}$、I_{ar2}、I_{ar3}——三绕组变压器高、中、低压绕组负荷电流的平均值，A；

$\qquad I_{max1}$、I_{max2}、I_{max3}——三绕组变压器高、中、低压绕组负荷电流最大值，A；

$\qquad I_{N1}$、I_{N2}、I_{N3}——三绕组变压器高、中、低压绕组电流的额定值，A；

K_1、K_2、K_3——三绕组高、中、低压绕组代表日负荷曲线的形状系数；

F_1、F_2、F_3——三绕组高、中、低压绕组代表日负荷曲线的损失因数。

（四）电容器的电能损耗计算

（1）并联电容器的损耗电量计算

$$\Delta A = QC\tan\delta t \tag{11-43}$$

式中 QC——投运的电容器容量，kvar；

$\tan\delta$——电容器介质损失角的正切值，$\tan\delta$ 见表 11-2。

表 11-2 　　　　　　　　　　　　　　电力电容器 $\tan\delta$ 值

介　　质	二膜一纸	全膜	三纸二膜
$\tan\delta$	0.0008	0.0005	0.0012

（2）串联电容器的损耗电量计算。串联电容器所消耗的电量也是由介质损失引起的，电容器的介质损失与两端的电压有关，而两端的电压又与通过它的电流有关。如已知通过串联电容器的均方根电流，则串联电容器的损失电量 ΔA 为

$$\Delta A = 3I_{\text{eff}}^2 \frac{1}{\omega C}\tan\delta t \times 10^{-3} \tag{11-44}$$

式中 C——每相串联电容器组的电容值，μF。

若每相的电容器组由 n 组并联，每组由 m 个单台电容器串联组成，则：

$$C = \frac{nC_0}{m} \tag{11-45}$$

式中 C_0——单台电容器的电容值，μF。

对于频率为 50Hz 的电网的损失电量 ΔA 为

$$\Delta A = 9.55I_{\text{eff}}^2 \frac{1}{C}\tan\delta t \tag{11-46}$$

第十二章 营销信息系统

模块 1　营销业务应用系统简介

一、营销业务应用系统基本概念

营销业务应用系统是建立在计算机网络及数据库技术基础上，覆盖电力营销业务全过程的计算机信息处理系统。营销业务应用系统是国家电网"SG186"工程 8 大业务应用的重要组成部分，是按照国网标准化设计建设的。其功能涵盖了营销客户服务管理、计费与营销账务管理、电能采集信息管理、电能计量管理、市场管理、需求侧管理、客户关系管理和辅助分析决策等电力营销业务的全过程。

二、营销业务应用系统的作用及意义

营销业务应用系统建设构筑了覆盖国家电网公司总部、省公司、地（市）、县（区）及基层站所的营销管理及业务应用的标准化管理平台。为营销业扩报装、抄核收、电能计量、客户服务等业务应用提供技术支撑；通过构建营销业务标准化体系，规范业务流程，清晰各业务之间的耦合关系；提供多级多层次业务应用，为集团化运作提供保障；推行营销专业化管理，为集约化发展提供支撑。随着系统应用的不断深入逐步实现"营销信息高度共享，营销业务高度规范，营销服务高效便捷，营销监控实时在线，营销决策分析全面"，促进营销能力和服务水平的快速提升，推进营销发展方式和管理方式的转变，满足电力企业不断发展提升的需要。

三、营销业务应用系统功能介绍

根据营销业务应用标准化设计成果，营销信息化系统功能涉及"客户服务与客户关系"、"电费管理"、"电能计量及信息采集"和"市场与需求侧" 4 个业务领域及"综合管理"，共 19 个业务类、138 个业务项及 762 个业务子项。

19 个业务类包括：新装增容及变更用电、抄表管理、核算管理、电费收缴及账务管理、线损管理、资产管理、计量点管理、计量体系管理、电能信息采集、供用电合同管理、用电检查管理、95598 业务处理、客户关系管理、客户联络、市场管理、能效管理、有序用电管理、稽查及工作质量和客户档案资料管理。

电力营销业务通过各领域具体业务的分工协作，为客户提供服务，完成各类业务处理，为供电企业的管理、经营和决策提供支持；同时，通过营销业务与其他业务的有序协作，提高整个电网企业信息资源的共享度。按国网公司营销标准化设计，总体业务模型如图 12-1 所示。

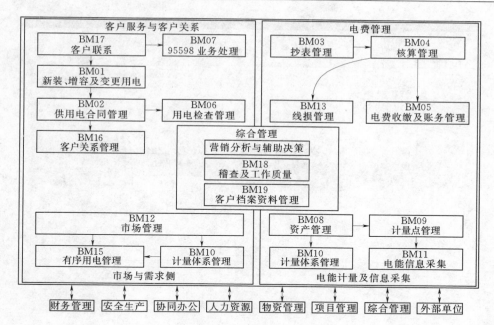

图 12-1　营销业务模型

模块 2　营销业务应用系统基本操作

一、新装增容及变更用电模块

（一）功能介绍

新装增容与变更用电合称业扩报装，是从受理客户用电申请到向客户正式供电为止的全过程。其主要工作流程包括：业务受理、现场勘查、拟订方案、装表接电、签订合同、资料归档等环节。

［新装增容及变更］业务功能模块主要用于客户用电申请、用电变更等业务的受理及查询统计等。系统中现有的业扩报装业务类别有：高压新装、低压非居民新装、低压居民新装、低压批量新装、小区新装、高压增容、低压非居民增容、低压居民增容、分布式电源新装、分布式电源增容、装表临时用电、减容、减容恢复、暂停、暂停恢复、暂换、暂换恢复、迁址、移表、暂拆、复装、更名、过户、分户、并户、改压、销户、改类、市政代工、计量装置故障、批量销户、申请校验、批量更改线路台区等。

（二）常用操作介绍图

（1）业务受理。在系统登录界面，输入工号密码，登陆 SG186 营销业务系统，如图 12-2 所示。业扩报装所有业务流程都开始于业务受理环节，在［业务受理］界面中选择相应的业务类别并填写客户申请信息［保存］后［发送］即可发起各类业务流程，如图 12-3 所示。

业务受理信息保存成功后，会生成一个［申请编号］，这时一个新的业扩流程就产生了，单击［发送］按钮后，该流程会发送到下一环节，系统会提示流程的下一环节名称和处理部门，如图 12-4 所示。此时，接收工单的部门内有权限的人员即可在［待办工单］中找到工

图 12-2 登录系统

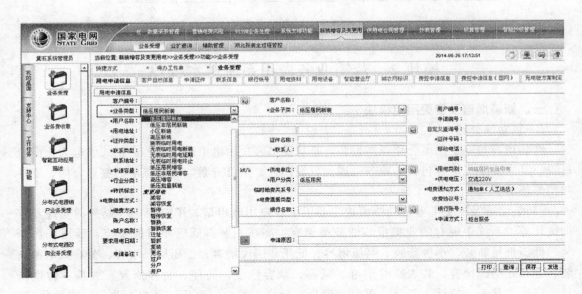

图 12-3 业务受理

单并处理。

（2）勘查派工。勘查派工即是对现场勘查工作进行任务分派的一个步骤，在这里选择了接收人员，如图 12-5 所示，该业务工作单的［勘查派工］环节就只能由该人员进行处理了，即只有被派工人员的［待办工作单］栏中可以查找到该业务工作单。

（3）现场勘查。现场勘查环节即根据现场查得客户用电情况来确定客户的用电方案。以低压非居民新装为例，系统内现场勘查界面如下所述。

［勘查方案］界面主要用来登记勘查人员、勘查时间、勘查意见及现场勘查情况记录等，如图 12-6 所示。

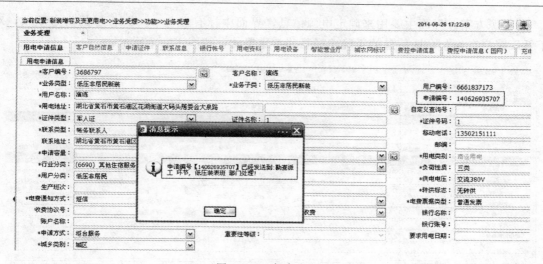

图 12-4　保存发送

图 12-5　勘查派工

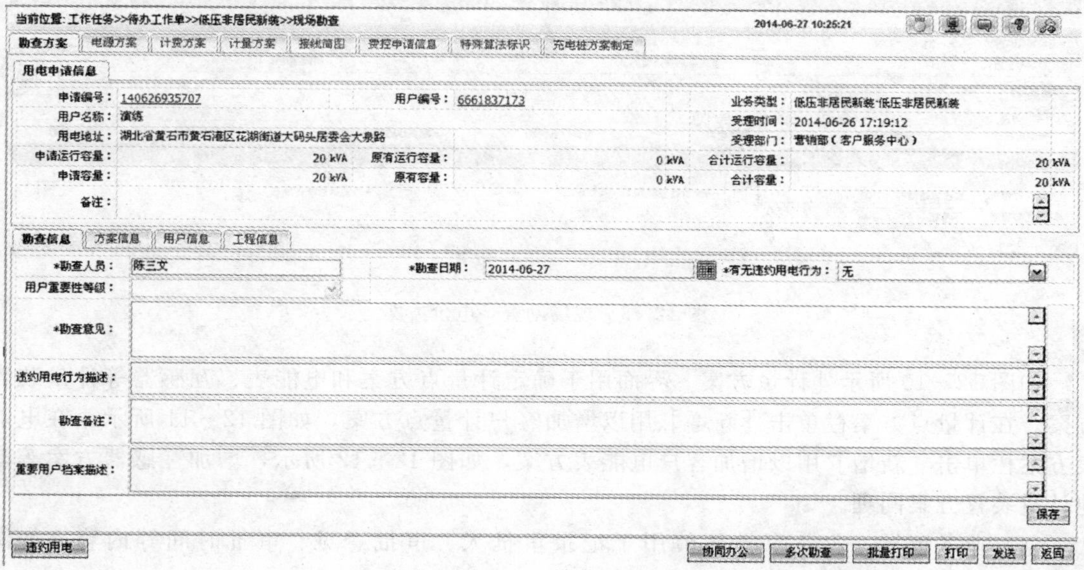

图 12-6　现场勘查：勘查方案

[电源方案] 界面主要用来确定电源信息，界面中标有红色"＊"符号的为必填项，对于低压客户来说，台区信息的正确选择是非常重要的，如图 12-7 所示。

图 12-7　现场勘查：电源方案

如图 12-8 所示 [计费方案] 界面用于确定客户电价策略和执行电价。界面中单击 [▣] 会弹出多条件查询界面，本案例中选择执行电价时单击 [▣]，可查询出现行电价列表以供选择，如图 12-9 所示。

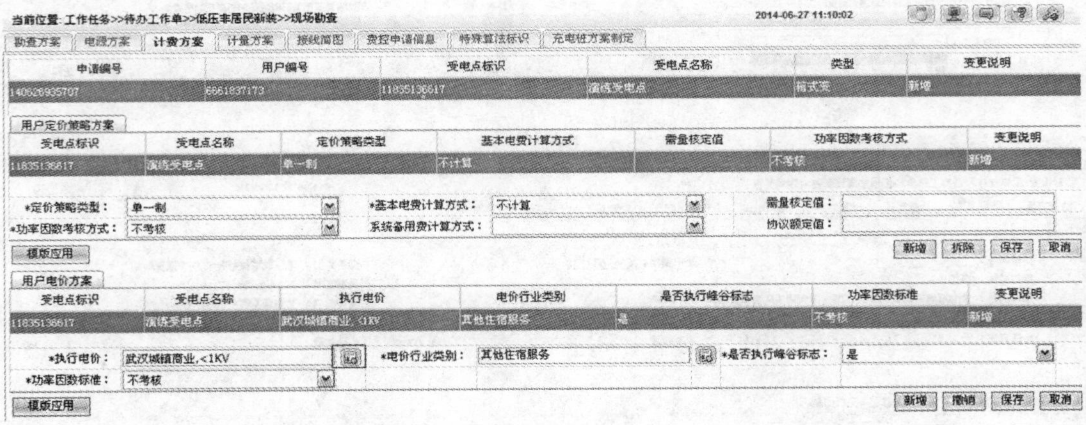

图 12-8　现场勘查：电价方案

如图 12-10 所示 [计量方案] 界面用于确定计量点方案和电能表、互感器等计量装置方案。在计量点方案栏单击 [新增] 用以增加客户计量点方案，如图 12-11 所示，在电能表方案栏单击 [新增] 用以增加客户电能表方案，如图 12-12 所示，增加互感器方案等其他计量装置方案同理。

（4）业务审批。业务审批环节用于记录审批人、审批意见、审批时间等内容，如图 12-13 所示。

图 12-9 执行电价选择

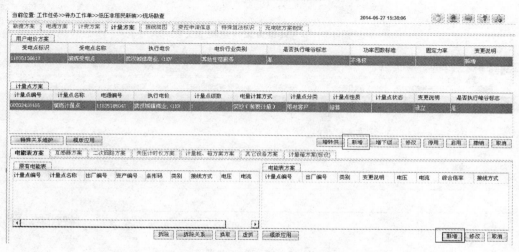

图 12-10 现场勘查：计量方案

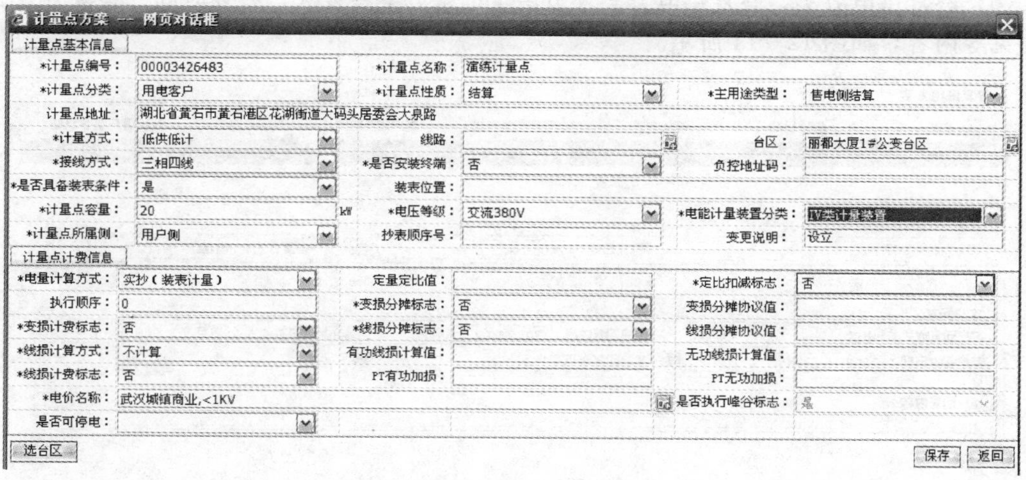

图 12-11 计量点方案

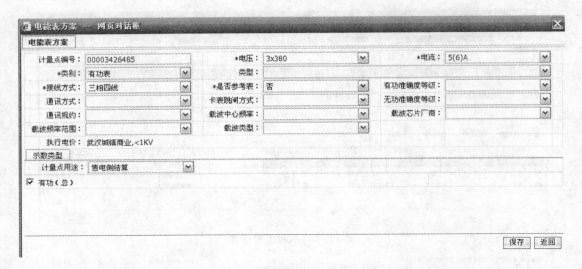

图 12-12 计量方案：电能表方案

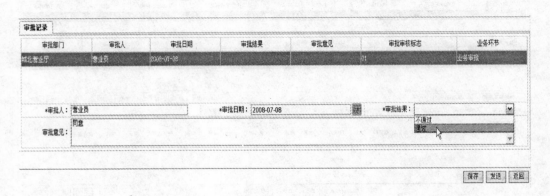

图 12-13 业务审批

（5）答复供电方案。答复供电方案环节用于记录方案答复人、答复时间、答复方式、客户意见等内容，如图 12-14 所示。

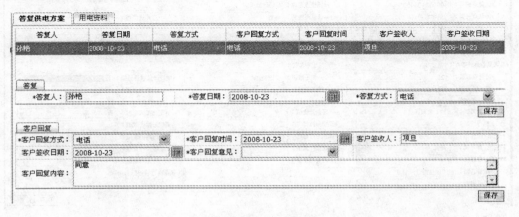

图 12-14 答复供电方案

（6）配表。配表环节用于记录电能表等资产的领用信息，如图 12 - 15 所示，此环节客户信息已与资产信息一一对应，装表人员应做到现场安装与系统内保持一致。

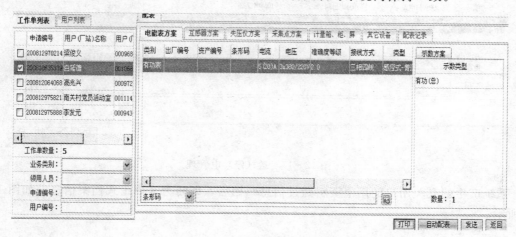

图 12 - 15 配表

（7）安装信息录入。安装信息录入环节用于现场安装结束后记录安装人、安装时间、安装位置、装出示数等信息，如图 12 - 16 所示。

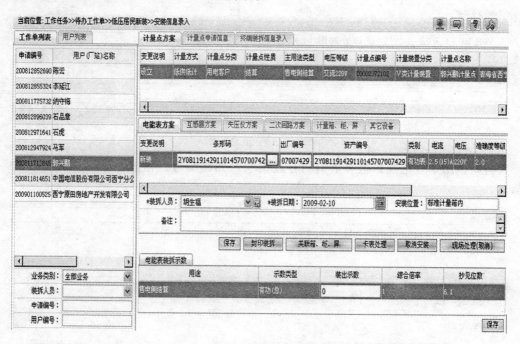

图 12 - 16 安装信息录入

（8）送（停）电管理。送（停）电管理指工程验收合格后具备送电条件的，工作人员在规定的期限内进行送电，此环节用于记录送电日期、送电记录等信息，如图 12 - 17 所示。

（9）信息归档、资料归档。信息归档是新装增容及变更用电业务类与其他业务类的分界

送(停)电管理
申请编号
送(停)电人
送(停)电日期
送(停)电意见
备注
200810514014
董蕊华
2008-12-16
*送(停)电意见:
*送(停)电人:
董蕊华
*送(停)电日期:
2008-12-16
备注:
保存
打印
发送
返回

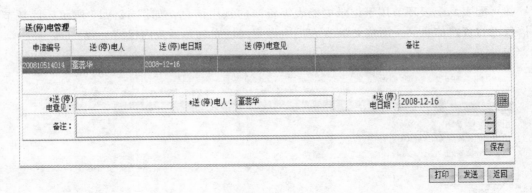

图 12-17 送（停）电管理

线，系统产生的有关用户的用电资料经过信息归档后，即转为客户正式档案信息，如图 12-18 所示。

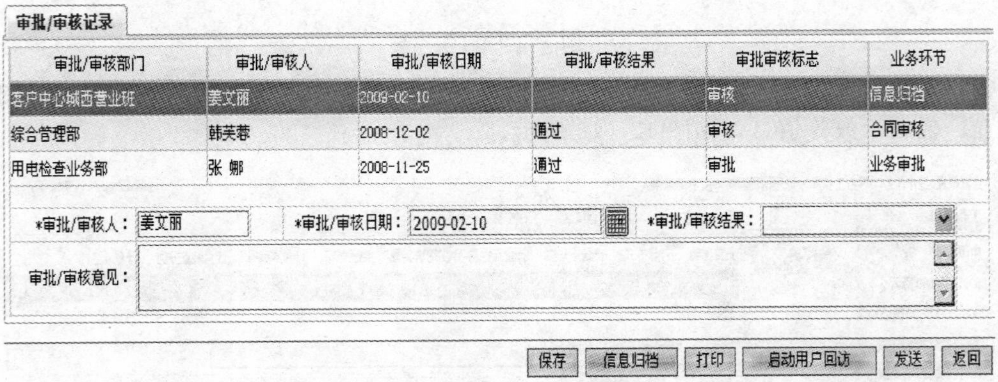

审批/审核记录
审批/审核部门
审批/审核人
审批/审核日期
审批/审核结果
审批审核标志
业务环节
客户中心城西营业班
姜文丽
2008-02-10
审核
信息归档
综合管理部
韩芙蓉
2008-12-02
通过
审核
合同审核
用电检查业务部
张 娜
2008-11-25
通过
审批
业务审批
*审批/审核人:
姜文丽
*审批/审核日期:
2009-02-10
*审批/审核结果:
审批/审核意见:
保存
信息归档
打印
启动用户回访
发送
返回

图 12-18 信息归档

资料归档用于登记业扩报装资料的存放信息，如档案号、档案柜等信息，如图 12-19 所示。

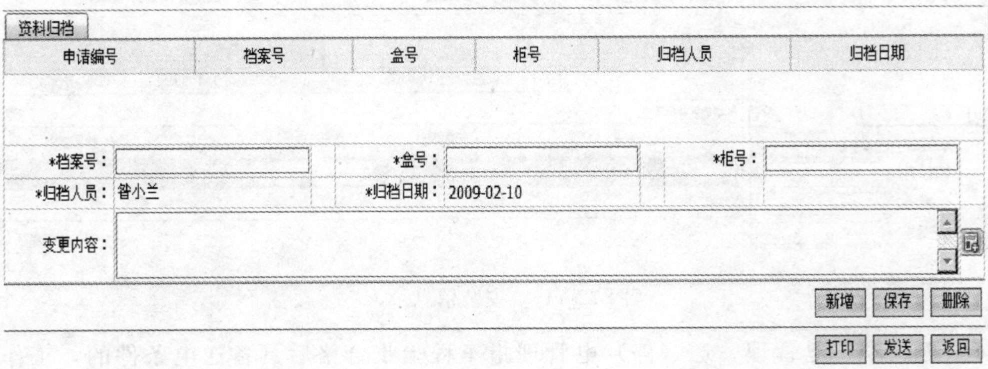

资料归档
申请编号
档案号
盒号
柜号
归档人员
归档日期
*档案号:
*盒号:
*柜号:
*归档人员:
曾小兰
*归档日期:
2009-02-10
变更内容:
新增
保存
删除
打印
发送
返回

图 12-19 资料归档

(10) 工单处理。处理已生成的在途流程，操作员进入如图 12-20 所示系统［待办工作单]界面，用申请编号找到工单，双击进入处理界面。同一界面中还可对工单进行如图 12-21所示［回退］、图 12-22 所示［终止］、图 12-23 所示［进程查询］及图 12-24［图 形化流程查询］等操作。

图 12-20　待办工作单

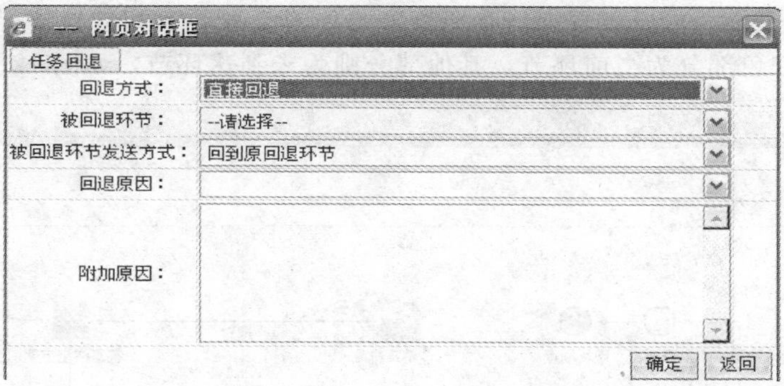

图 12-21　回退申请

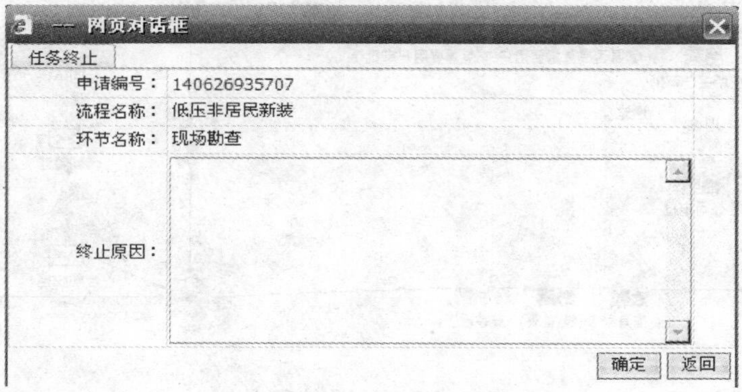

图 12-22　终止申请

[进程查询] 不仅可以查询到工作单各环节完成情况，还可以查询到工作单当前环节有权限处理的人员信息，如图 12-23 所示。

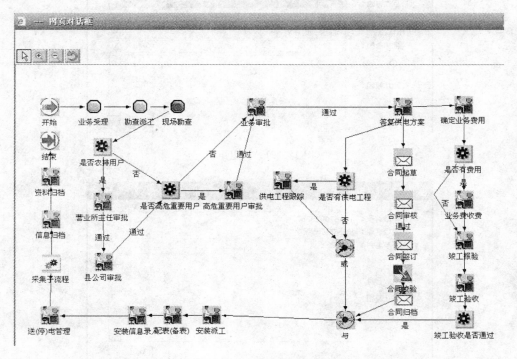

图 12-23 进程查询

[图形化流程查询] 可以较直观地看到整个业务的流程环节和进展情况，图中绿色部分为已完成环节，红色部分为当前环节，其他部分则为未到达环节，如图 12-24 所示。

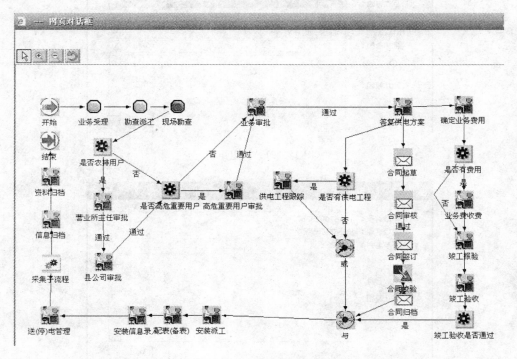

图 12-24 图形化流程查询

二、抄表管理模块

（一）功能介绍

抄表管理是指供电企业为了按时完成抄表工作而采取的手段和措施，是电费管理的一个重要环节和前提。

为了方便管理，将用电客户按抄表段进行分组，并为每一个抄表段制定抄表计划、分派抄表人员，使抄表人员在规定日期通过手工抄表、抄表机抄表、自动化抄表等多种方式获取抄表示数。同时，为了减少计费差错，需要对抄表示数进行复核，对抄表异常及时进行处理。在整个抄表管理过程中，还需要对抄表人员、抄表机、自动化抄表、抄表工作量、抄表工作质量、零度户等进行相应管理，以确保抄表工作顺利进行。

抄表管理包括：抄表段管理、抄表机管理、抄表计划管理、手工抄表、抄表异常处理、抄表工作量管理、抄表工作质量管理等内容，如图 12-25 所示。

《　数据采录管理	营销电费风险	95598业务处理	系统支撑功能	新装增容及变更用	供用电合同管理	抄表管理
抄表段管理	抄表机管理	抄表计划管理	手工抄表	抄表异常处理	抄表工作量管理	抄表工作质量管理	公共查询

图 12-25　"抄表管理"业务子项

（二）常用操作介绍

（1）抄表段维护。抄表段维护可用于对抄表段进行［新建］、［调整］、［注销］等操作，如图 12-26 所示。建立抄表段时，还需对抄表段的抄表计划、各环节处理人员进行设置，如图 12-27 所示。

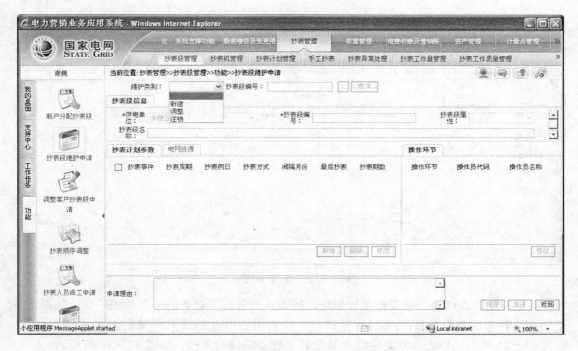

图 12-26　抄表段维护申请

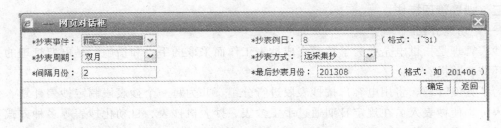

图 12-27 新增、调整抄表计划窗口

（2）抄表机管理。抄表机是现场抄表的重要工具，抄表机管理可在系统内实现对抄表机进行登记、领用、返还等功能，如图 12-28 和图 12-29 所示。

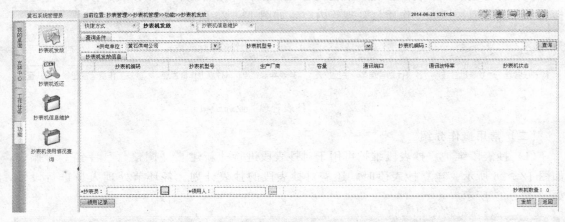

图 12-28 抄表机领用

图 12-29 抄表机返还

（3）制定抄表计划。制定抄表计划是［抄表计划管理］业务的一个业务子项，如图 12-30 所示，其功能是根据抄表段的抄表例日、抄表周期以及抄表人员等信息生成抄表计划，如图 12-31 所示。抄表计划制定后也就发起了抄表核算的流程，如图 12-32 所示。

（4）抄表数据准备。抄表数据准备环节会生成包括用电客户快照，用户定价策略快照，计量点计费参数快照及计费关系快照等抄表数据，对抄表机抄表则还要生成抄表机接口数

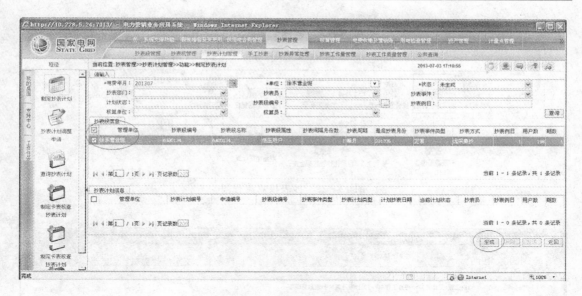

图 12 - 30 生成抄表计划

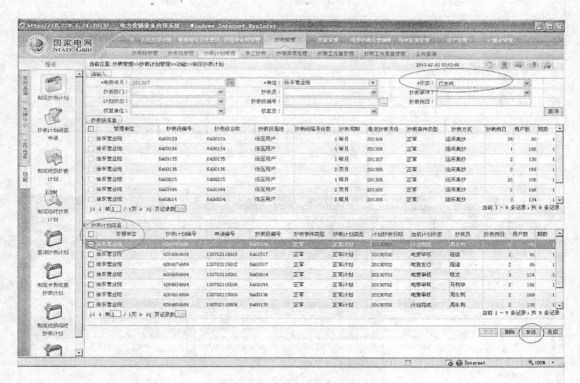

图 12 - 31 发送抄表计划

据，供抄表数据下载提供接口数据，如图 12 - 33 所示。

（5）抄表数据录入。抄表数据录入环节可录入抄表示数、抄表异常情况等信息，如图 12 - 34 所示。在抄表数据录入界面双击抄表信息会弹出示数录入窗口，如图 12 - 35 所示。

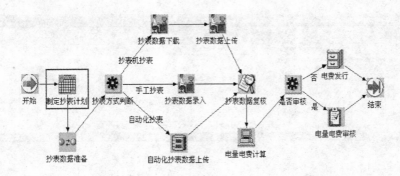

图 12-32 抄表核算流程图

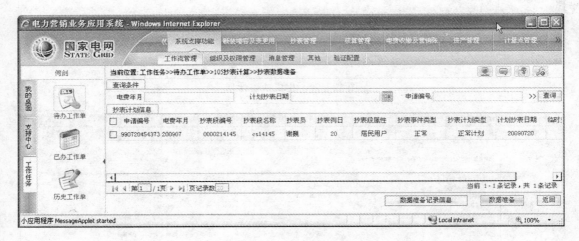

图 12-33 抄表数据准备

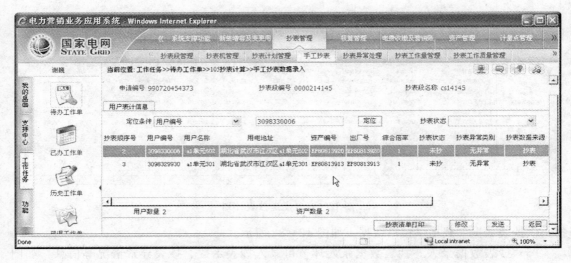

图 12-34 抄表数据录入

图 12 - 35　示数录入

　　（6）抄表数据复核。抄表数据复核环节可对抄表数据进行人工复核检查操作，如图 12 - 36 所示，提供对抄表电量、按条件复核抄表数据、保存差错认定数据、修改抄表差错数据等功能。

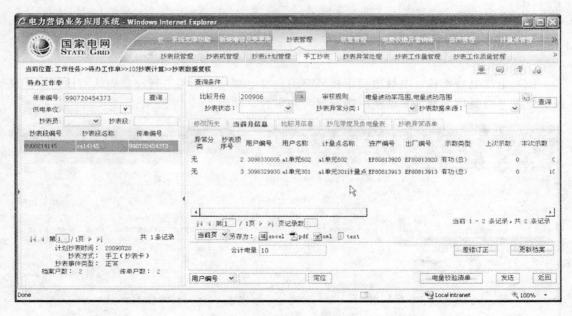

图 12 - 36　抄表数据复核

三、核算管理

　　核算管理是指从电费计算到电费审核最后形成应收的全过程管理。包括：电费计算参数管理、电量电费计算、审核管理、电费退补管理、政策性调整客户计费参数等内容，如图 12 - 37 所示。

图 12 - 37　核算管理业务子项

核算管理根据客户的抄见电量及计费档案、优惠策略、电价标准等信息进行电量、电费的计算,并对电费计算结果进行审核,在审核过程中发现异常,进行处理,审核完成后进行电费发行,根据实际需要发起并执行电费退补。其管理过程的常用操作如下所述。

(1) 电量电费计算。电量电费计算环节用于计算指定抄表计划的抄表数据产生的电费,返回计算结果,如图 12-38 所示。

图 12-38　电量电费计算

(2) 电量电费审核。电量电费审核环节用户对电费计算结果进行校核确认,根据审核规则对电量电费突增突减等异常情况进行异常判定等,如图 12-39 所示。

图 12-39　电量电费审核

[电量电费审核] 界面选中此段中的一户,双击用户名称处,会弹出电费计算明细数据,如图 12-40 所示。

(3) 退补申请。退补的操作流程如图 12-41 所示。其中,退补申请用于由于计量故障、抄表失误、档案差错、违约窃电等非政策性调价原因,对用电客户进行退补电量、电费工单的发起,操作界面如图 12-42 所示。

(4) 退补核算审核。退补核算审核环节用于对电量电费退补申请的审核,并按照申请确

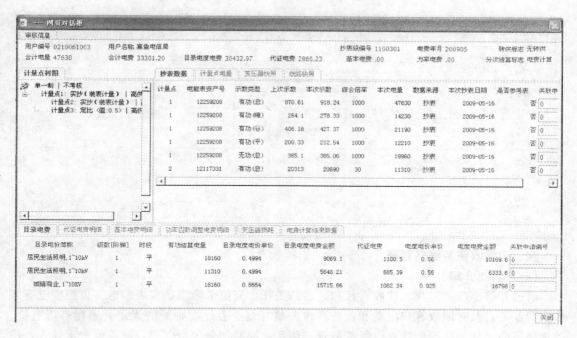

图 12-40　电量电费计算明细

图 12-41　退补流程图

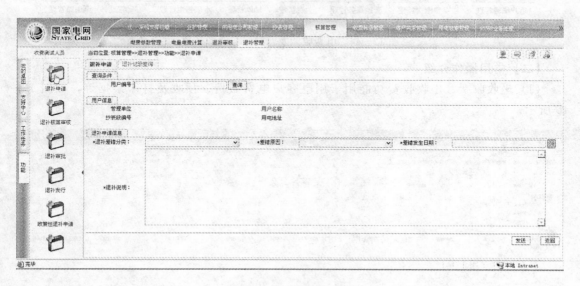

图 12-42　退补申请

定退补处理方案、计算退补电量电费。退补处理分类可分为［退补电量］、［退补电费］、［全减另发］，如图 12-43 所示。

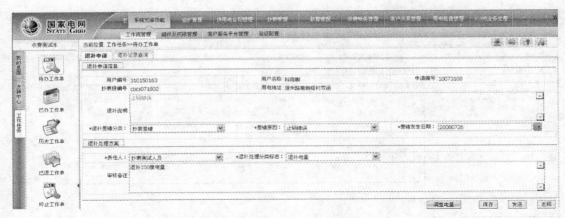

图 12-43 退补审核

四、电费收缴及账务管理

(一) 功能介绍

通过开展坐收、走收、代收、代扣、特约委托、充值卡缴费、卡表购电、负控购电等多种收费业务，及时回收客户电费和业务费；按照《企业会计准则》的规定，遵循有借有贷、借贷相等的会计记账原则建立电费账务管理体系；同时加强欠费管理，明确催费责任人，建立欠费风险级别管理、按照统一的催费管理策略进行催费，提高电费回收率。

电费收缴及账务管理包括：客户电费缴费管理、业务费收缴管理、营销账务管理、欠费管理等内容，如图 12-44 所示。

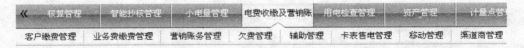

图 12-44 电费收缴及营销账务业务子项

(二) 常用操作介绍

(1) 坐收收费。坐收收费功能用于用电客户电费缴费、预收及打印票据等，如图 12-45 所示。

图 12-45 坐收收费

（2）解款。解款功能用于统计生成日实收电费、业务费交接报表，并统计打印解款单、进账单，如图 12-46 所示。

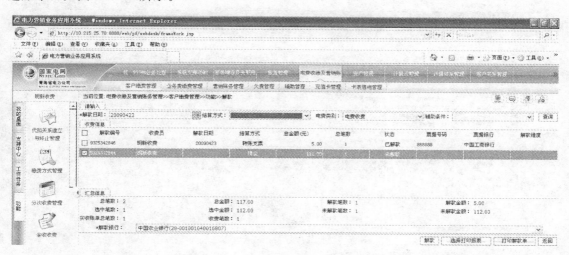

图 12-46　解款

（3）账单订阅。账单订阅功能用于登记客户联系方式，目前省公司短信平台可通过短信向客户发送电费通知和催费通知等信息，如图 12-47 所示。

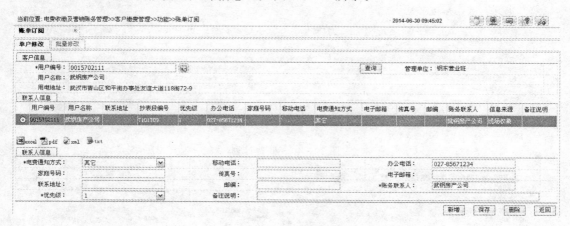

图 12-47　账单订阅

（4）欠费查询。欠费查询功能可按供电单位、应收电费年月、抄表员、抄表段等条件进行欠费查询，如图 12-48 所示。

（5）催费计划、催费。催费功能用于生成催费计划，记录催费情况，并打印催费通知单。生成催费计划是启动催费工作的前提，如图 12-49 和图 12-50 所示。

五、线损管理

（一）功能介绍

线损管理是用电管理的一项重要业务内容，线损率作为供电企业一项重要的经济技术指标，反映了电力综合管理水平。线损管理功能是通过建立和更新变电站、线路、台区基础管理信息，维护变电站、线路、台区间的对应关系，确认线路与用电客户、台区与用电客户的

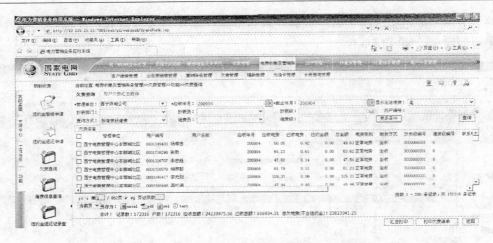

图 12 - 48　欠费查询

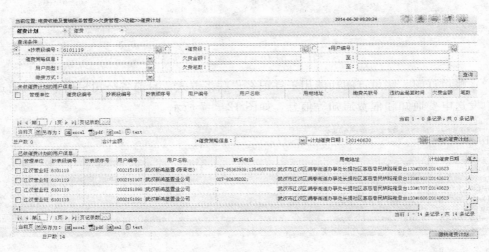

图 12 - 49　催费计划

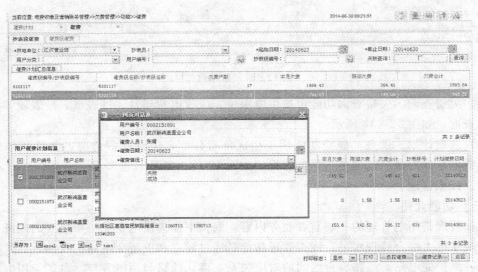

图 12 - 50　催费

对应关系；获取供、售电量考核数据，统计计算出各层次管理单位变电站、线路、台区损失率，实现线损异常的比较分析。

线损管理包括：线损基础信息管理、考核单元管理、考核电量管理、线损统计、线损异常管理、线损管理查询等内容，如图 12-51 所示。

图 12-51 线损管理业务子项

(二) 常用操作介绍

(1) 台区线损统计。台区线损统计用于按照台区统计供、售电量、损失电量和损失率，如图 12-52 所示。

图 12-52 台区线损统计

(2) 线损基础信息查询。线损基础信息查询可用于查询变电站、线路、台区等基础信息，如图 12-53 所示。

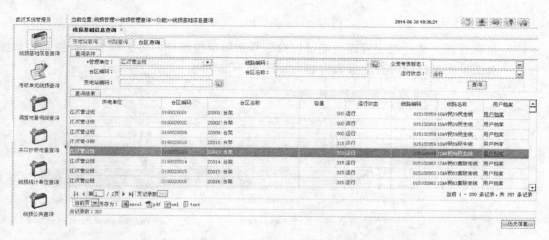

图 12-53 线损基础信息查询

373

六、系统支撑

系统支撑功能是支撑系统正常运行的公共功能，为业务功能实现提供统一共享的公共服务。系统支撑功能包括：工作流管理、组织及权限管理、系统参数管理、消息管理、绘图管理、自定义查询、自定义报表、任务调度管理、营销应用服务监控、客户服务平台管理、报表管理等。系统支撑的常用操作如下所述。

（1）流程图查询。通过［流程图查询］功能中可以查询到系统中所有业务类别工作流程的图形化界面，可以更直观的了解工作流程的环节和流程走向，如图 12－54 所示。

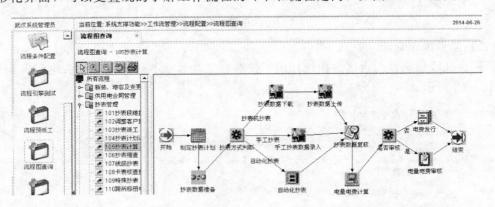

图 12－54　流程图查询

（2）系统用户管理。通过系统用户管理功能可以添加或删除部门下的操作人员，并给操作人员增加相应的角色权限，如图 12－55 所示。

图 12－55　系统用户管理

（3）报表管理。通过报表管理功能可以对账号所属单位统计的各类报表进行查询，如图 12－54。双击报表名称即可查看报表内容，如图 12－56 所示。

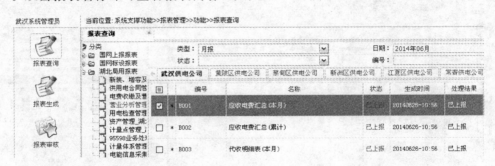

图 12－56　报表查询

七、常用查询

系统可以利用［客户信息统视图］十分方便的查出客户所有相关信息，如用电地址、用电容量、电价信息、电量电费信息、计量装置信息、工作单记录等，如图 12－57～图 12－61 所示。

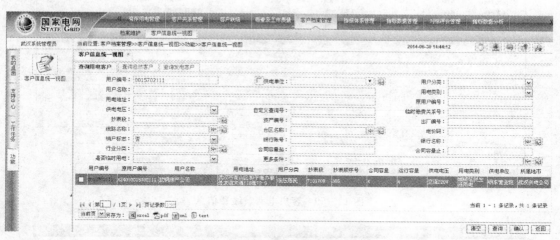

图 12－57 客户信息统视图

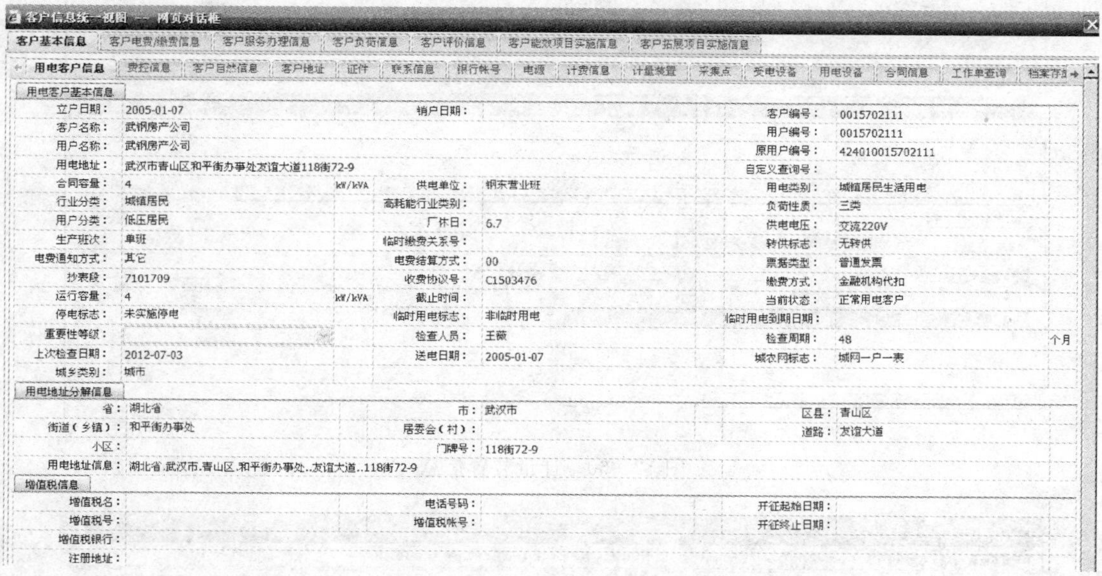

图 12－58 用电客户基本信息

（1）查询计量资产。查询计量资产用于查询计量资产的技术参数、状态变化记录、运行情况等明细数据，如图 12－62～图 12－65 所示。

（2）计量点台账查询。计量点台账查询可查询到各类计量点信息，包括客户计量点、关口计量点等。因客户计量点信息可以在客户信息统一视图中查到，所以这个查询功能多半用于查询关口计量点信息，如图 12－66～图 12－68 所示。

如果查询到的是客户计量点，可单击［客户档案］按钮查询客户档案信息。

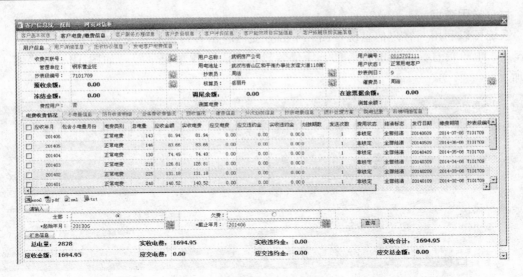

图 12-59 客户电费、缴费信息

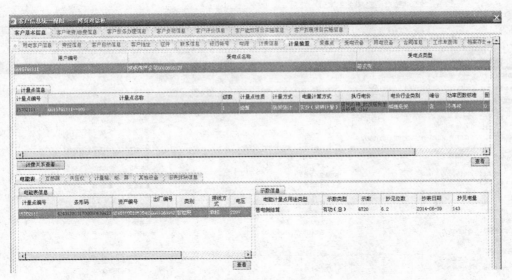

图 12-60 计量装置信息

图 12-61 工作单记录查询

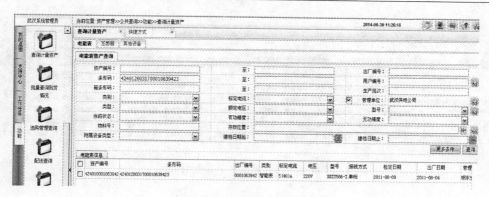

图 12-62　查询计量资产

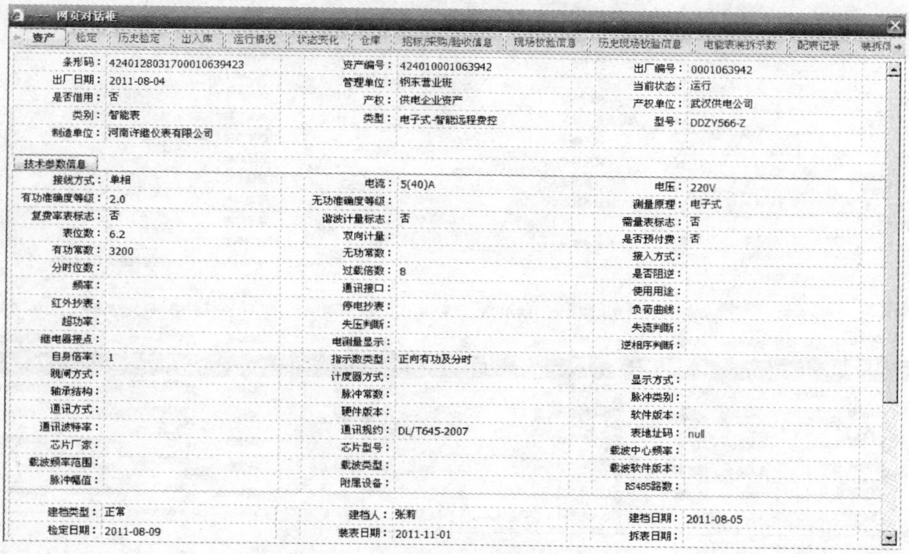

图 12-63　计量资产技术参数信息

图 12-64　计量资产运行信息

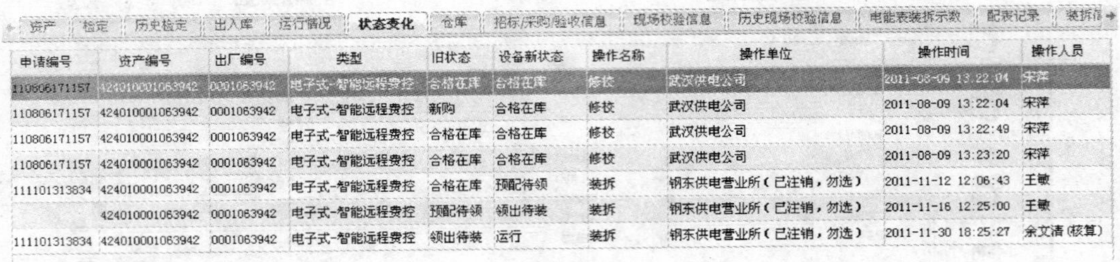

申请编号	资产编号	出厂编号	类型	旧状态	设备新状态	操作名称	操作单位	操作时间	操作人员
110806171157	424010001063942	0001063942	电子式-智能远程费控	合格在库	合格在库	修校	武汉供电公司	2011-08-09 13:22:04	宋萍
110806171157	424010001063942	0001063942	电子式-智能远程费控	新购	合格在库	修校	武汉供电公司	2011-08-09 13:22:04	宋萍
110806171157	424010001063942	0001063942	电子式-智能远程费控	合格在库	合格在库	修校	武汉供电公司	2011-08-09 13:22:49	宋萍
110806171157	424010001063942	0001063942	电子式-智能远程费控	合格在库	合格在库	修校	武汉供电公司	2011-08-09 13:23:20	宋萍
111101313834	424010001063942	0001063942	电子式-智能远程费控	合格在库	预配待领	装拆	钢东供电营业所（已注销，勿选）	2011-11-12 12:06:43	王敏
	424010001063942	0001063942	电子式-智能远程费控	预配待领	领出待装	装拆	钢东供电营业所（已注销，勿选）	2011-11-16 12:25:00	王敏
111101313834	424010001063942	0001063942	电子式-智能远程费控	领出待装	运行	装拆	钢东供电营业所（已注销，勿选）	2011-11-30 18:25:27	余文清（核算）

图 12-65 计量资产状态变化记录

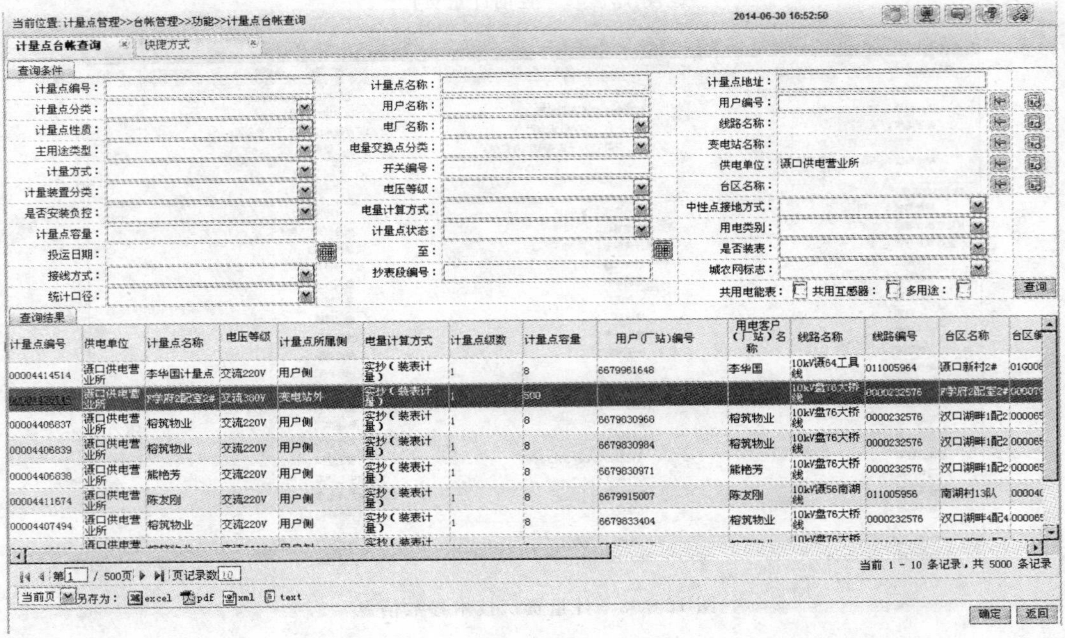

图 12-66 计量点台账查询

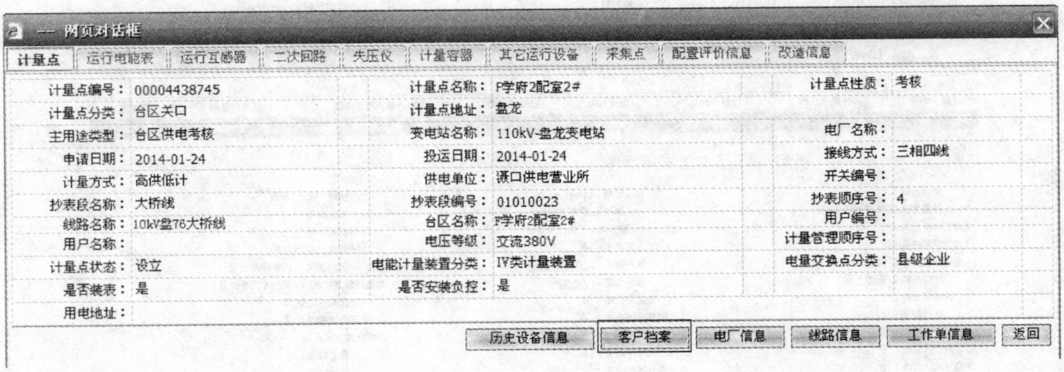

图 12-67 计量点明细信息

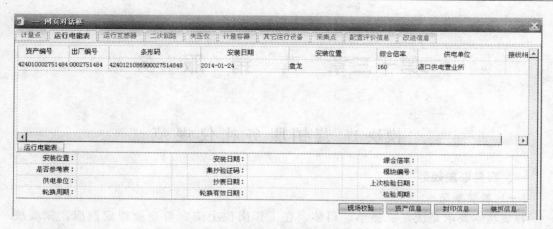

图 12-68　计量点运行电能表

第十三章 营 销 服 务

模块1 营销服务礼仪规范

一、服务形象规范

(一)着装规范

着装基本要求是统一、整洁、得体。在工作岗位上应穿着企业规定制服,佩戴统一编号的工号牌。服装保持整洁,无污垢,无油渍,无异味,领口与袖口处要保持干净,做到不敞怀,不挽袖口和裤脚。鞋、袜保持干净,卫生。男员工穿深色袜子,黑色皮鞋或劳保布鞋;女员工穿黑色皮鞋或布鞋,鞋跟高度不超过五公分,穿套裙时需配肤色丝袜,无勾丝,无破损。在工作场所不打赤脚,不穿拖鞋。在营业场所不将服装外套挂于椅背。

外勤人员在现场施工时必须按规定着工作服,戴安全帽,穿绝缘鞋,如图13-1和图13-2所示。

图13-1 着装规范一   图13-2 着装规范二

(二)仪容规范

仪容基本要求自然、端庄、大方。

(1)女员工仪容规范。

头发:长发要盘起并用发夹固定在脑后,短发要合拢在耳后。不披发上岗,不染彩色头发,忌发型怪异,头发蓬乱。

面部:保持清洁,工作时化淡妆,不浓妆艳抹,不戴墨镜,不戴夸张饰物。化妆或补妆时,应在更衣室、洗手间或个人独立办公室,不得在同事或客户面前化妆、照镜子。

肢部:手部干净,指甲长度适宜,不超过2mm。如涂抹指甲油应使用自然色,不染彩色指甲,如图13-3所示。

（2）男员工仪容规范。不留长发，头发前不覆额，侧不掩耳，后不触领。面部保持清洁，忌留胡须，如图13-4所示。

（三）微笑服务行为规范

微笑是客户服务的灵魂，传递给客户的是愉快和友善的情感信息，使客户感到亲切、真诚、尊重。客户通过微笑能感觉出你的良好服务态度以及优质服务的整个过程。

图13-3　女员工仪容规范　　　图13-4　男员工仪容规范

微笑要领：面含笑意，正视对方，微笑时应适度、适时，充分表达真诚友善等美好情感。

要塑造美好的笑容应做到四要四不要。

四要：一要口眼鼻眉肌结合，做到真笑；二要神情结合，现出气质；三要声情并茂，微笑和语言美相辅相成；四要和仪表举止的美和谐一致，从外表形成完美统一的效果。

四不要：不要缺乏诚意，强装笑脸；不要露出笑容随即收起；不要仅为情绪而笑；不要把微笑只留给上级、朋友、家人等少数人，如图13-5所示。

（四）眼神规范

神情专注，正视对方，面带微笑。在交谈时，应注视对方双眉正中位置，注视时间不宜过长。在与客人相距较远时，一般以对方的全身作为注视点。在客人较多时，要给予每一个服务对象以适当的注视，使其不会产生被疏忽、被冷落之感。通常情况下，近距离交流时，适宜注视的常规位置是双眼到唇部的倒三角区。眼神规范如图13-6所示。

图13-5　微笑服务行为规范　　　图13-6　眼神规范

【禁忌】　斜视、久视、藐视，上下打量，左顾右盼；注视对方头顶、胸部、腹部、臀部、大腿或脚部等；眼睛眨动过快，眼球反复转动，或者挤眉弄眼。

二、行为举止规范

（一）站姿

站姿基本要求：挺拔匀称、自然优美。站立时，头正、肩平、挺胸、收腹、立腰。双臂自然下垂置于身体两侧或双手交叠自然下垂，双脚并拢，脚尖呈"V"状（脚跟相靠，脚尖微开）。注意提臀，身体重量平均分布在两条腿上。

女员工：也可呈"丁"字形站立，双手自然相握于腹前。体现女性轻盈、娴静、典雅的韵味，有"柔"的优美感，如图13-7所示。

男员工：站立时双脚分开大致与肩同宽，双手自然置于身体两侧，中指紧贴裤缝（双手也可自然相握于腹前或身后）。体现出男性刚健、潇洒、英武的风采，有"劲"的壮美感，如图13-8所示。

|（a）|（b）|（a）|（b）|

图13-7 女员工站姿　　　　　图13-8 男员工站姿
（a）正站式；（b）"丁字步"　　（a）正站式；（b）分站式

【禁忌】 斜肩、含胸、挺腹、弓背，身体重心不稳，浑身乱动，随意扶、倚、靠、踩，站立时双手抱胸、叉腰、放在口袋内。

（二）坐姿

坐姿基本要求：高雅庄重、自然大方。就座时，应遵循尊者优先的原则，或相互礼让后同时就座；入座时应从椅子的左侧进入落座，左侧退出离座；在较为正式的场合，或有尊者在座时，不应坐满座位，只能坐椅子的2/3面积；坐下时，上身自然挺直，头正肩平，目视前方或面对交谈对象，表情自然；离座时，应略后于对方站起，如对方因年老等原因行动不便，应趋前相扶，以示敬重，如图13-9和图13-10所示。

（三）走姿

站姿基本要求：优雅稳重、协调匀速。行走时，方向明确，昂首挺胸，重心平稳，步幅适度，速度均匀，身体协调，造型优美，节奏感强；两臂以身体为中心前后自然摆动，前摆约35°，后摆约15°，手掌朝向体内；行走时双脚踩在一条线沿上，如图13-11所示。

【禁忌】 在工作场所奔跑追逐，边走边大声谈笑喧哗，方向不定，速度多变，悍然抢行，瞻前顾后，左顾右盼，行走时步态不雅，声响过大。

图13-9 正坐式正面效果图

图13-10 侧坐式侧面效果图

图13-11 走姿

图13-12 蹲姿

（四）蹲姿

蹲姿基本要求：从容稳定、优雅自然。在公共场合下蹲拾取物品时，应站在要拾取物品的侧面，两脚前后错开，可以采用单膝点地或双腿交叉等姿势，也可采用双腿一高一低，相互依靠式；下蹲时，上身略向前倾，臀部朝下，做到不低头，不弯腰，如图13-12所示。

【禁忌】 站在物品正面，低头弯腰、翘臀，突然下蹲，距人过近，面对他人或背对他人，双腿平行交叉，蹲着休息等。

（五）手势

手势基本要求：准确规范、简洁明快。

（1）指示方向。使用右手，手心向上，右手大拇指自然弯曲，其余四指并拢伸直，以肘部为支点，手在体前右侧划一个流畅的弧线，然后指向对方行进的方向，如图13-13所示。

（2）指示物品。使用右手，手心向上，右手大拇指自然弯曲，其余四指并拢伸直，以肘部为支点，手在体前右侧划一个流畅的弧线，然后指向物品，如图13-14所示。

（3）手持物品。做到平稳，自然，到位，注意手部卫生，如图13-15所示。

（4）递接物品。递送物品时，用右手或双手（双手为宜），主动上前，将物品递向对方手中，要便于对方接拿，注意物品的尖、刃面应朝向自己或朝向他处；接取物品时，应目视对方，用右手或双手（双手为宜）接拿，必要时，应主动走近对方，如图13-16所示。

图 13-13 指示方向

图 13-14 指示物品

图 13-15 手持物品

图 13-16 递接物品

三、基本礼仪规范

（一）称呼礼仪规范

与客户见面时，应主动、准确地称呼对方，用尊称向客户问候，根据客户的身份、年龄、性别冠以相应的称呼，如老大娘、老大爷、师傅、同志、先生、女士、小姐、小朋友，常客或知道客户姓名时，可用姓名直接称呼或姓氏加职务来称呼。

在单位，称呼单位和部门领导，应以姓氏加职务或职务简称，如王总、刘主任等；同事之间可称呼姓氏加职称，或称呼尊称，如小张、李工、张师傅等。

【禁忌】 弄错对方的姓氏与职务，称呼时不要弄错对方的年纪、辈分、婚否，以免造成尴尬，在公众场合，不能使用过于个性化、感情色彩浓重以及庸俗的称呼，如靓妹、帅哥、老板、头儿等，更不能使用绰号，使用喂、下一个、老头儿、老太婆、穿红衣服的、戴眼镜的等称呼。

（二）接待礼仪规范

接待前做好准备，提前在约定地点等候，接待客人时至少要迎三步，送三步，做到来有迎声，去有送声。

客人到来时，应主动迎上问好，初次见面应主动作自我介绍，并引领客人至接待室，安置好客人后，奉上茶水或饮料。

在室内接待客户时，应主动站立，面带微笑地问候，目光专注，热情周到。无论办理的业务是否对口，接待人员都要认真倾听，热心引导，有问必答，百问不厌。

送客时，在适当的地点与客人握手话别，并目送客人。

（三）握手礼仪规范

握手的姿势强调"五到"，即身到，笑到，手到、眼到、问候到。握手时应遵守"尊者决定，尊者先行"的原则，由位尊者首先伸出手来。在表示欢迎、欢送、感谢、歉意、慰问等情形时，可视具体情况灵活对待。接待来访者，当客人抵达时，应主动伸出手与客人相握，表示"欢迎"；而在客人告辞时，应等客人先伸出手后再伸手相握，表示"再见"。需要与多人握手时，应从职务和身份高的人开始，注意不要交叉相握，等他人握完后再握。

握手的方式：走至对方约1m处，双腿并立，上身略向前倾，伸出右手，四指并拢，拇指张开，与对方相握，用力适度，上下稍晃二、三次，整个过程不超过3s，然后松开。握手时，面带微笑，神情专注，目视对方眼睛，同时寒暄问候。不可漫不经心，东张西望，表情冷漠，如图13-17所示。

图13-17 握手礼仪规范

图13-18 介绍礼仪规范

【禁忌】 两人握手时与另外两人相握的手形成交叉状，握手时戴手套、墨镜，一只手插在衣袋里或拿东西，握手时长篇大论，点头哈腰，过分客套或久握不放，拒绝与他人握手，用左手与人相握。

（四）介绍礼仪规范

自我介绍时应掌握时机，注意分寸，态度谦虚，亲切有礼；为他人介绍时，遵循"尊者优先了解情况"的原则，先将年轻者介绍给年长者，晚辈介绍给长辈，学生介绍给老师，男性介绍给女性，未婚者介绍给已婚者，主人介绍给来宾。介绍内容一般包括所在单位、供职部门、现任职务、完整姓名等四个要素。介绍时应力求简洁、时间短；内容真实，不浮夸；形式郑重，态度谦和；口齿清楚，语速平缓，如图13-18所示。

【禁忌】 介绍顺序颠倒，口齿不清，语速过快，张冠李戴，内容虚假，在介绍多位客人时遗漏客人，只介绍一方，不介绍另一方。

（五）递接礼仪规范

（1）向客户递单。正面对着对方，面带微笑，将单据放置于手掌中，用拇指压住单据边缘，其余四指托住单据反面，单据的文字正对对方，然后身体略向前倾，用双手或右手递上，手要略高于胸部。递单的同时，应礼貌客气地说："这是××单，请您填写/阅读……"

（2）承接客户递单。正对客户，面带微笑，目视对方，双手或右手接过，同时轻声致谢，或说："请稍候"，以示回应客户。

（3）与客户交接钱物。双手递接，做到唱收唱付，轻拿轻放，不抛不弃，如图13－19所示。

图13－19　递接礼仪规范　　　　　　图13－20　引路礼仪规范

（六）引路礼仪规范

在为客人引路时，应走在客人左前方，让客人走在路中央，并适当做些介绍；在楼梯间引路时，引路人走在左侧，客人走在右侧；在拐弯或有楼梯台阶的地方应使用手势，并亲切地对客人说："这边请"或"注意楼梯"等，如图13－20所示。

（七）同行礼仪规范

通常两人并排行走，以右为尊，应将右侧礼让于宾客，三人并排行走，以中为尊，应将中间位置礼让于宾客，四人及以上不能并排行走，应分成两排或多排行走。

（八）开门礼仪规范

当向外开门时，打开门后，把住门把手，站在门旁，对客人说"请进"并施礼，进入房间后，用右手将门轻轻关上，请客人就座；当向内开门时，自己先进入房内，侧身把住门把手，对客人说"请进"并施礼，用右手将门轻轻关上，请客人就座；送客时：应主动为客人开门，待客人走出后，对客人说"请慢走"或紧随其后送客，如图13－21所示。

图13－21　开门礼仪规范　　　　　图13－22　奉茶礼仪规范

（九）奉茶礼仪规范

客人就座后应快速上茶，当来客较多时，应从身份高的客人开始沏茶，如不明身份，则应从上席者开始；在客人未上完茶时，不要先给自己人上茶。上茶时，应注意不要使用有缺口或裂缝的茶杯，茶水温度应不能太烫或太凉，以七分满为宜，如图 13-22 所示。

（十）鞠躬礼仪规范

在请求他人、主持会议、迎送客户、领导或参观访问时，如图 13-23 所示，行 15°或 30°鞠躬礼，表示尊重。在给对方造成不便或接待客户投诉时，行 30°鞠躬礼，以表示道歉。

【鞠躬礼仪要领】 一般在距对方 2～3m 的地方，在与对方目光交流的时候行鞠躬礼。如图 13-23（a）所示，行 15°鞠躬礼时，头颈背成一条直线，双手自然放在裤缝两边（女士双手交叉放在体前），前倾 15°，目光约落于体前 1.5m 处，再慢慢抬起，注视对方。如图 13-23（b）所示，行 30°鞠躬礼时，头颈背成一条直线，双手自然放在裤缝两边（女士双手交叉放在体前），前倾 30°，目光约落于体前 1m 处，再慢慢抬起，注视对方。

（十一）会议礼仪规范

与会者必须提前 5min 到达会场，并且关闭一切通讯工具。在会议进程中，应集中注意力倾听，详细记录会议讨论的重点和其他与会者的意见，若要发言应等待时机，不可随意插话，不干扰他人发言。

主持人或发言者上台讲话时，在讲话前须向与会者行 30°鞠躬礼；会议迟到或会议中途离开时，须向主持人行 15°鞠躬礼表示歉意；主持人或发言者讲完话时，应向与会者行 30°鞠躬礼，与会者应鼓掌回礼。

散会后，应把身边的空罐子、纸杯、纸巾等收拾好，如图 13-24 所示。

图 13-23 鞠躬礼仪
（a）15°鞠躬礼；（b）30°鞠躬礼

图 13-24 会议礼仪规范

（十二）电话礼仪规范

（1）接电话时。接听电话要及时，铃响四声内接听并使用礼貌用语。如："您好，××供电公司××（部门或姓名）。"超过四声接听应道歉。态度要谦和，接听时要聚精会神地聆听，重要内容要笔录。

因对方拨错电话或不清楚要找谁的来电时，应礼貌地告之拨错电话或热情地为对方转接相关人员。

语调要柔和，音量适中，注意要根据对方来匹配语音语调，吐字清楚，语速轻缓，重要内容要重复一下。

当与客户通话中接到同事或领导电话进来时，应优先处理完客户电话，待客户电话处理完毕后，再行回拨同事或领导。

（2）拨出电话时。拨打电话的最佳时间，应是双方预先约定的时间，或是对方方便的时间。拨打公务电话，不宜在他人的私人时间，尤其是节假日、午睡时。

电话拨通后，首先向对方问好并自报家门，如："您好，我是××供电公司××部门的××"，并根据通话主题，征询对方是否方便，否则应另约时间。若不慎拨错电话，应主动向对方致歉。

通话时遵循"3分钟原则"，以短为佳，宁短勿长。若通话时间较长，应事先征求对方意见，并在结束时致歉。通话内容事前要有准备，坚持长话短说，简明扼要，适可而止。

通话语音要亲切柔和，语速适中，态度积极，随时注意使用文明用语。切忌声音疲惫、倦怠、懒散、冷漠、含糊，严禁说粗话、脏话、黑话。在通话结束后向对方致谢和再见。

（3）电话结束挂机时。如果与客户、领导、上级单位、长辈通话，应由对方先挂断电话；如果是同事之间通话，则由发话人先挂断电话；挂机动作要轻，不要有意无意地用力扣电话，如图13-25所示。

（4）使用手机时。不应在公共场合，如楼梯口、电梯、路口、人行道等人来人往之处，旁若无人地使用，甚至大喊大叫，以免影响公共秩序；不应在开会、上课、会见或要求"保持肃静"的公共场所将手机置于铃音状态，乱响乱接；铃声适中，不可声响过大，干扰他人，如图13-26所示。

图13-25 办公电话礼仪

图13-26 手机会话礼仪

模块2 营销服务行为规范

一、营业厅服务行为规范

营业厅客户服务人员直接面对广大电力客户，日常工作中的行为、态度、服务质量不仅关系到客户服务人员在广大电力客户心目中的个人形象，更重要的是关系到电力行业在社会中的企业形象。因此，营业厅客户服务人员应具备以下服务行为规范。

（一）营业厅基本服务行为规范

（1）统一着装，挂牌上岗，仪容仪表大方得体，行为举止自然、文雅、端庄，精神饱满，以良好的精神面貌上岗服务。

（2）使用普通话服务，并按标准的服务用语应答。做到有问必答，耐心解释，对客户不训斥、不责备、不与客户发生争执。

（3）注意语言礼仪。服务开始前应使用如"您好"、"节日快乐"等问候语，服务结束时，应表示感谢，如说"谢谢"、"欢迎再次使用"、"很高兴为您服务"等结束语。服务过程中，注意语调和语速，不得使用服务忌语。

（4）客户来办理业务时，应主动接待，不因遇见熟人或接听电话而怠慢客户。如果前一位客户业务办理时间过长，应礼貌地向下一位客户致歉。

（5）临下班时，对于正在处理中的业务应照常办理完毕后方可下班；下班时如仍有等候办理业务的客户，应继续办理。

（二）营业厅引导服务行为规范

（1）迎宾服务行为规范。迎送客户时，主动迎送，做到迎三步、送三步，面带微笑，目光亲切自然；迎送中使用标准的请姿，并致以"早上好"、"您好"、"××节快乐"等问候语。

送离客户时，使用标准的送宾姿，致以"请走好，再见"送别语，目送客户离开。

（2）营业厅秩序维持服务行为规范。营业厅引导员应随时关注进厅、出厅、排队等候、展示区以及休息区客户。随时维持营业厅秩序，引导分流客户，保持良好的服务氛围。

（3）业务办理引导服务行为规范。引导客户办理相关用电业务时，应了解客户需求，正确引导客户办理相关业务。

如有自动叫号排队系统，引导客户取号并指导客户正确使用自动叫号排队系统，然后引导客户到客户休息区等候，并提醒客户注意听取电脑自动叫号。如自动叫号排队系统出现故障时，应及时联系维修人员，并妥善安排客户排队或人工排号，维持好营业厅秩序。

如无自动叫号排队系统，应主动引导客户到相应的营业柜台，如图 13-27 所示。

图 13-27　业务办理引导服务行为规范　　图 13-28　咨询、查询服务行为规范

（4）咨询、查询服务行为规范。当客户咨询、查询时，应仔细倾听，准确、迅速分析并详细记录客户的咨询查询内容，通俗易懂地解答、说明、引导，做到真诚、耐心、准确、快速。对无法答复的咨询，应说明情况请客户谅解并做好记录，留下客户的联系电话。

咨询查询过程中，遇到其他客户咨询时，应向正在咨询的客户表示歉意，请其稍后，如

图 13-28 所示。

(5) 投诉、举报服务行为规范。

1) 受理客户投诉：①在 1 个工作日内联系客户，按先处理心情后处理事情的原则接待客户，认真倾听客户意见，让客户多说，努力化解客户的不满情绪；②对客户反映的问题作适当解释或提出解决的方法。如果无法处理时，应及时请示主管，避免与客户发生冲突；③在受理业务过程中遇到其他客户投诉时，要向正在办理业务的客户表示歉意，请其稍后，立即报告负责人或请其他营业人员协助处理投诉，不得以任何理由推诿；④对于意见簿上的客户投诉，可以直接答复的，按客户留下的联系方式答复，同时将处理意见和办理日期写在意见簿上；无法直接答复的要及时向负责人或相关部门反映，在 7 个工作日内答复处理意见，并将处理意见写在意见簿上。

2) 受理客户举报时，首先感谢客户的举报。例如："非常感谢您向我们反映这个问题，我们将会认真调查核实。"记录下客户举报内容后要与客户确认，如果客户愿意，请其在举报记录上签字确认或留下联系方式，并在 10 日内核实并答复。

3) 对投诉、举报的客户要进行回访，询问处理是否满意，并作好回访记录及回访日期。

（三）营业厅柜台服务行为规范

(1) 营业厅柜台服务遵循的原则。

1) 首问负责制。无论办理业务是否对口，接待人员都要认真倾听，热心引导，快速衔接，并为客户提供准确的联系人、联系电话和地址。

2) 先外后内。当客户来办理业务时，应立即停下内部事务，马上接待客户。

3) 先接先办。在办理业务过程中，如有其他客户咨询时，若客户需要在本柜台办理相关业务，应用标准用语礼貌请其稍候。当客户需要办理的业务不在本柜台时，应用标准用语、标准手势热情引导至相关岗位，但不能因此怠慢了正在办理业务的客户。

4) 接一待二顾三。在办理业务过程中，若本柜台有多位客户排队等待办理业务时，柜台人员应在接待当前客户的同时，礼貌招呼第二顺位客户，并用眼神与第三顺位客户交流，示意请其等候。

5) 暂停服务亮牌。在办理业务过程中，柜台服务人员若需离开柜台时，应先办完正在办理的客户业务，并用规范用语向最近的等待客户表示歉意，然后将"暂停服务"指示牌正面朝向客户放在柜台上离开柜台。

6) 领导接待公示。公示领导接待日以及接待领导。

(2) 柜台迎送规范。客户来到柜台前时，应主动用眼神礼貌迎接，当没有正处理的业务时，应起身微笑示座，待客户落座后方可坐下，并用规范用语问候。客户离开柜台时，应微笑与客户告别，微笑目送客户。

(3) 受理服务行为规范。接待客户时，应起身相迎，微笑示座，认真倾听，准确答复。

受理用电业务时，应主动向客户说明该项业务需客户提供的相关资料、办理的基本流程、相关的收费项目和标准，并告知客户供电服务热线 95598。

客户填写业务登记表时，应将表格双手递给客户，主动向客户提供书写示范样本，给予热情地指导和帮助，并认真审核，如发现填写有误，应及时向客户指出。

审核客户证件和资料时，应审核客户是否按规定提供了相关的证件和资料；证件和资料的有效性；若客户证件或资料不符合要求，应用规范用语向客户说明；证件和资料中的信息是否与申请表中客户填写的内容一致，若不一致，应用规范用语告知客户并指导客户重新填写。

遇到熟人时，应点头或微笑示意，不能因此影响手中的工作或怠慢了正在办理业务的客户。

当受理客户投诉或举报时，应向客户致谢，详细记录具体情况后，立即转递相关部门或领导处理。处理客户投诉应以事实和法律为依据，以维护客户的合法权益和保护国有财产不受侵犯为原则。

对客户投诉、无论责任归于何方，都应积极、热情、认真进行处理，不得在处理过程中发生推诿、搪塞或敷衍了事的情况。

受理客户报修时，应详细了解客户信息和报修内容，做好记录，及时转相关部门处理落实。

当供电业务不能受理时，应向客户致歉，并向客户说明原因及解决问题的方法。如：核查处客户电费尚未结清时，应用规范语言礼貌告知客户；核查出客户资料不全时，应请客户带齐证件和资料后再来办理，并将客户应带齐的证件和资料清单写在便签纸上，连同客户的证件资料及 95598 咨询电话一并交给客户。

受理结束时，应告知客户所办业务的答复时间和注意事项以及下一步应办理的事项，并将相关票据、证件和资料双手交给客户。按照柜台送客服务行为规范送别客户，如图 13 - 29 所示。

图 13 - 29 受理服务行为规范

图 13 - 30 收费服务行为规范

（4）收费服务行为规范。收费时，应保持微笑，行注目礼，主动向客户问候，双手递接客户交费现金、转账单或电费通知单。

客户说明交费（退费）项目后，应认真核对客户信息、缴费金额、缴费类别。确认客户信息是否正确，核对传票中的收、标准、金额是否准确。当不符合退费条件或因流程未终结等原因暂时无法退费时，应向客户说明原因。

当客户采用现金交费时，实行唱收唱付，准备充足的零钱，告知客户应缴费的金额，并与客户核对缴费（欠费）金额。

当客户采用银行票据交费时，应核对银行票据是否有效。当客户银行票据有误时应礼貌告知客户原因，请客户更换。

当收到假钞时，应用规范用语要求客户按规定予以配合。开具发票后，应将发票和找零双手递给客户并唱付，如图 13 - 30 所示。

(5) 自助服务行为规范。

1) 自动叫号排队系统或触摸式查询系统服务行为规范。上班前检查自动叫号排队系统或触摸式查询系统是否完好，当发现问题时，应贴上"暂停使用"的提示，并告知大厅主管通知有关部门进行维修。指导客户正确使用自动叫号排队系统或触摸式查询系统。触摸式查询系统中的内容应包括电力公司及部门介绍，相关电力法律法规，电价政策及目录，用电报装、变更工作流程，安全用电、节约用电基本常识，停电预告等。及时更新触摸式查询系统中的内容。保持自动叫号排队系统或触摸式查询系统清洁，如图 13 - 31 所示。

2) 宣传资料展示使用规范。宣传资料的制作：必须符合国家电网公司 Ⅵ 应用规范。

宣传资料的种类：相关电力法律法规；办理用电业务须知；电价政策与电价目录表；安全用电常识；节约用电常识；有偿服务项目及收费标准；报纸等。

图 13 - 31　自动叫号排队系统服务行为规范　　图 13 - 32　宣传资料展示使用规范

宣传资料的发放：专人领用、放置；客户免费赠阅。宣传资料的管理：每日班前班后整理宣传资料，及时补充，保证宣传资料齐全，摆放整齐有序。宣传资料的更新：及时更新新的电价政策、电力法规；按规定更换报纸和电力期刊，如图 13 - 32 所示。

3) 便民服务行为规范。供电营业厅应放置雨伞、便民箱，便民箱内应放置老花眼镜、针线、笔等便民用品。

供电营业厅应提供客户休息区，为客户办理业务等待时提供休息场所。客户休息区应舒适安全，光线明亮。

供电营业厅应放置饮水机、卫生间，为客户提供方便。有条件的营业所应设置自动售电机、IC 卡磁卡电话、手机充电站、银行专设柜台等。

便民服务设施应由专人保管，班前、班后应检查，如便民设施不足应及时补齐，如便民设施损坏应及时向大厅主管报告修理，保持便民设施在营业时段内始终处于可用状态。

饮水机应经常清洗，饮用水应在保质期内，饮水杯应干净充足。当客户使用便民设施需要帮助时，应主动提供并帮助，协助客户使用。

二、现场服务规范

(一) 抢修服务行为规范

(1) 提供 24h 电力故障抢修服务。

（2）穿戴好工作服、安全帽、工号牌或（工作牌），穿绝缘鞋，检查工具和材料是否齐全，作好安全准备。

（3）电话确认故障地址。例如："您好，请问您是××吗？我是××供电所抢修人员，请问您报修的地址是××吗？"

（4）及时到达现场，到达故障现场抢修的时限是城市 45min；农村 90min；特殊边远地区 120min。抢修人员到达客户故障现场后，立即通知 95598 已到现场。

（5）如果有特殊原因未按时到达应主动向客户致歉并告之预计到达时间，并向服务热线报告未能及时到达的原因及预计到达现场时间。例如："对不起，有××特殊情况还请您等待××分钟，请多多谅解。""对不起，让您久等了，请原谅。"

（6）与客户见面时，须主动自我介绍并出示证件、表明身份、说明来意。例如："您好，我是××供电所抢修人员，来干××事，请您配合。"

（7）需要进入居民室内时，应征得客户同意，穿上鞋套后方可进入。

（8）到客户现场工作时，应遵守客户内部有关规章制度，尊重客户的风俗习惯，工具和材料应摆放有序。

（9）按"客户故障报修处理工作单"核对信息，如故障地点、故障设备和故障现象等。

（10）判明故障部位，如属客户资产，应向客户说明抢修服务收费标准，请其确认后进行抢修，如果客户自行处理，应提醒客户有关安全注意事项等。

（11）分析故障现象，判明故障原因，做好安全措施，按有关专业规程抢修。

（12）在抢修现场，客户若询问故障原因或修复时间，应向客户耐心解释。例如"请您再等等"，不得说"早着呢"、"等着吧"、"不知道"等服务忌语。

（13）按相关收费标准收费并提供发票。

1）告之客户费用。例如："按规定，我们要收您××费××元。"

2）收现金时，应唱收唱付。例如："收您××元，找您××元，请清点收好。"

（14）收现金后出具发票。例如："这是您的发票，请收好。"

（15）收取施工费时，客户有疑问或拒付时，应耐心解释，不得与客户争执。例如："我们的收费标准是经物价部门核准的，依据××收取。请您配合我们的工作。"

（16）作业结束后，向客户交代有关安全注意事项。

（17）清扫现场。整理工具、材料。

（18）向客户借用的物品，用完后应先清洁再轻轻放回原处，并向客户致谢。例如"您的××还您，谢谢！"如在工作中损坏了客户设施，应向客户致歉，及时修复或等价赔偿。

（19）主动征求客户意见，请客户将意见填在"征求意见书（卡）"上。例如："请您填写意见，谢谢！"

（20）询问客户是否还有其他需求。例如："故障处理好了，您看是否还有其他问题。"

（21）故障排除后，立即报告 95598 服务热线，并询问客户是否还有其他需求。例如："故障处理好了，您看是否还有其他问题"。

（22）离开现场时，感谢客户配合并留下"95598"服务电话。

（23）服务热线回访客户，询问客户是否满意。

（24）按要求填写抢修工单，整个服务流程要实行闭环管理。

（二）抄表服务行为规范

（1）做好抄表准备工作，统一着装，佩戴工号牌，备齐必要的抄表工具。按规定的日期和抄表线路抄录客户电能表表码。

（2）到达客户住处，应主动向客户自我介绍，并出示证件。例如："您好，我是××供电所工作人员，来抄您的表码，请您配合，谢谢！"

（3）需进客户家抄表码时，应征得客户同意方可进入。例如："我可以进来吗？""请您带我去看一下电表好吗？""打扰您了，谢谢！"客户家中无人不可入内。

（4）抄表时，应该细看、细算、细对照，遇有电量突增或突减时，要仔细询问。例如："请问这个月用电有什么特殊情况吗？"

（5）填发电费通知单时，应填写齐全，准确无误，交给客户，若客户不在，可委托邻居代收或粘贴在表箱上。例如："这是您的电费通知单，电量是××，电费是××，请按要求缴纳电费，请收好。"

（6）因错抄引起电费突增时，应向客户如实说清，道歉，取得谅解。例如："对不起，由于我们工作失误，电费多收，下个月一定给您冲减回来。"

（7）客户表损坏或丢失时，态度应保持冷静，耐心询问，按实填好调查报告书。例如："请您详细地介绍一下有关情况好吗？"

（8）发现客户违章窃电时，应注意态度，既按章处理，又以理服人。例如："同志，这是违约窃电行为，我们要按章处理。"

（9）遇到个别客户发火时，应耐心解释，不要与客户争吵。例如："有事慢慢商量，我们工作有缺点，请提意见。""我们一定认真研究，帮您解决××问题。"

（10）离开客户家时，应礼貌道别。例如："打扰了，再见。"

模块3 营销服务沟通规范与技巧

一、会话沟通规范与技巧

（一）语言规范与技巧

上班时间说标准普通话。当客户听不懂普通话或要求使用方言时，可使用方言。当遇到外宾时，宜用外语交流。当为聋哑残疾人士服务时，尽量使用手语交流。

（二）声音规范与技巧

（1）声音"五要、五不要"。语意要简练明确，不要哆嗦唠叨；语音要清晰甜美，不要含糊吞吐；语气要诚恳亲和，不要干涩死板；语调要柔和友好，不要过高过低；语速要平稳适中，不要过快过急。

（2）语音应视客户音量而定，但不应过于大声。当客户情绪激动大声讲话时，不要以同样的语音回应，而要轻声安抚客户，使客户的情绪平静下来。当遇到听力不好的客户，可适当提高语音。

（3）对说话慢的客户要降低语速，对说话快的客户可适当提高语速；对听力不好的客户，应适当放慢语速；当需要重点强调或客户听不明白时，可适当调整语速。

（三）聆听规范与技巧

聆听时保持微笑，目光平视客户，适时额首回应，不左顾右盼、心不在焉。不随意打断客户的话语，待客户表述完后再作应答。确需打断客户讲话时，应礼貌地向客户致歉并请客户稍等，忌在客户讲话时不打招呼，自行离去。聆听过程中应表示对客户的关注，对客人的谈话内容要有所反应，根据客户讲话情况适时说"是"、"对"等，以示在专心聆听。应随时记录客户需求或意见，重要内容要注意重复、确认。

客户诉求表述不清时，注意谈话艺术，善用引导、提示和鼓励的语言，准确了解客户诉求。尽量避免在客户面前打哈欠、打喷嚏，难以控制时，应侧面回避，并向对方致歉。

（四）询问规范与技巧

询问客户时，应礼貌谦和，禁止使用质问口气，不宜使用反问口气。对客户诉求的重要内容进行确认或需请客户重复谈话内容时，宜采用封闭式询问方法（如"您好！您要办理的业务是……对吗?"，"对不起，请详细谈谈您的情况，好吗?"），不宜采取开放式的提问（如"您要办理什么业务?"）。

（五）应答规范与技巧

坚持使用问候语、结束语、感谢语和致歉语，随口不离文明用语，严禁说脏话、忌语。尽量不使用生僻的电力专业术语，使用通俗易懂的语言，以免影响与客户交流的效果。

语言表达准确简洁、言简意赅，有逻辑、有条理。与客户会话时，应亲切、诚恳、谦虚、有问必答，说话时要保持微笑。与客户交谈时，应注视客户面部，不要左盼右顾或与他人搭讪。

精神饱满，注意力集中，无疲劳状、忧郁状和不满状。尽量避免在客户面前打哈欠、打喷嚏，难以控制时，应侧面回避，并向对方致歉。当工作发生差错时，及时更正并向客户道歉，虚心接受客户的批评，耐心听取客户的意见，诚恳感谢客户提出的建议。

当自己受了委屈时，要冷静处理，不能感情用事，不能与客户发生争执，更不能顶撞和训斥客户。

应答客户时，多用肯定句式的应答用语，如："是的"，"好的"，"您说得有道理"，"很高兴能帮助您"等。多用谦恭语气应答，如："这是我们应该做的"，"请多提意见"，"您别客气"等。多用谅解语气应答，如："不要紧"，"没关系"，"不用介意"等。

（六）答复规范与技巧

当可以答复时，应根据《供电营业规则》及相关法律法规、各类电力规章制度认真分析，提供正确、简单、有效的解决方法，及时答复。

遇到不能办理的业务时，要向客户说明情况，争取客户的理解和谅解。遇到没有把握的问题时，不回避，不否定，不急于下结论，不随意答复，不轻易承诺，主动、及时询问、请示领导，获得准确答案后，及时答复。当遇到无法回答的问题时，及时作好详细的记录，留下客户的姓名、联系方式（必要时请客户在记录表上签字确认），同时将自己的联系方式和答复时间告知客户，敬请客户监督。

当客户的要求与法规、公司制度相悖时，先认同客户心情，再依据相关规定，向客户耐心解释，不得与客户发生争执。

二、服务用语规范与技巧

（一）礼貌用语规范与技巧

礼貌用语规范与技巧详见表 13-1。

（二）服务用语规范与技巧

服务用语规范与技巧详见表 13-2。

表 13-1　　　　　　　　礼 貌 用 语 规 范

用 语 情 境	礼 貌 规 范 用 语
（1）接待用语	欢迎光临、欢迎指导（检查）工作、请进
（2）介绍用语	我是××供电公司××（部门）××（姓名），请多关照（指导）
（3）引导用语	您请这边走、请您走好
（4）问候用语	您好、早上好、晚上好、大家好
（5）表达服务意愿用语	很高兴为您服务、有什么可以帮到您、我能帮助您吗
（6）请求用语	请、请稍候、请您配合、劳驾、打扰了、拜托您了
（7）理解用语	深有同感、所见略同
（8）确认用语	您的问题是××，是吗
（9）致谢用语	谢谢您、非常感谢您、感谢您的配合
（10）致歉用语	对不起、这是我的错、这是我的失误、抱歉、请原谅、我立即改正
（11）赞赏用语	太好了、真棒、好极了
（12）祝福用语	祝您身体健康、祝您工作顺利、祝您事业发达、祝您××（节日）快乐、恭喜
（13）结束用语	您还有其他需要吗？请多提意见（建议）、请您对我们的工作进行评价、请您在这里签字、感谢您的配合
（14）告别用语	再见！欢迎您（再次）拨打 95598 服务热线

表 13-2　　　　　　　　服 务 用 语 规 范

服 务 情 境	客 户	服 务 人 员
（1）客户缴电费	我要缴电费	请出示您的缴费磁卡或单
	给您缴费卡或单	您本月的应缴电费为××元
	给您××元	找补您××元，请您收好您的磁卡或单和发票
（2）客户购电	我需要购电	您需要买多少电
	请问一度电多少钱	居民用电每度为××

（三）服务规范用语与服务忌语

在服务工作中，应自觉使用服务用语，杜绝使用服务忌语。严禁使用有伤客户尊严、有损人格以及讽刺、挖苦、嘲弄、责怪、粗俗、生硬、调侃、蛮横无理的语言。具体内容见表 13-3。

表 13-3　　　　　　　服务行为规范用语与服务忌语

序号	服务内容	服 务 用 语	服 务 忌 语
1	称谓	老大娘、老大爷、先生、女士、小姐、小朋友	喂！老头儿、老太婆、伙计、哥们儿
2	客户进门	您好！请坐，请问有什么可以帮您的	干什么，那边等着，那边坐着
3	为客户办理业务时	请问、请稍候，我们马上为您办理	急什么！等着！你没看见我正忙着吗

续表

序号	服务内容	服 务 用 语	服 务 忌 语
4	客户所办业务不属于自己的职责时	对不起，您的事情请到××处找××同志，请往这边走	不知道！我管不着
5	所办业务一时难以答复需请示领导时	请稍候，我们马上研究一下/对不起，请留下电话号码，我们改日答复您	我办不了！找领导去
6	客户交款时	您这是××元钱，应找您××元，请点清收好	快交钱！给你！拿着
7	与客户交谈工作时	您好、请、谢谢、打扰了、劳驾、麻烦、再见	少废话！少啰嗦
8	客户离开时	请您走好，再见	快走吧
9	到客户处	您好，我是××供电公司的×××，来抄电表（收费、装表、换表等）	供电单位的
10	离开客户时	打扰了，再见！谢谢您的合作	
11	接客户电话时	您好！这里是××供电公司，请问您有什么事	什么事，我忙着！不知道
12	客户打错电话时	您打错了，这里是供电公司	错了
13	未听清楚，需要客户重复时	对不起，我没听清楚，请您再说一遍，谢谢您	听不清
14	接到电话问题不属于本岗位职责时	对不起，请您挂××电话找××，好吗	我不管
15	工作出现差错时	对不起，我错了，请原谅，请多批评	错了，有什么了不起
16	受到客户批评时	您提的意见我们一定慎重考虑，有利于改进我们工作时，我们一定虚心接受，欢迎多提宝贵意见	有意见找领导去！愿上哪告上哪告
17	遇有个别客户蛮不讲理时	不要着急，有话慢慢说，如果您有不同意见，可以请有关方面解决	你愿找谁找谁，我没法跟你谈
18	填发电费通知单时	这是您的电费通知单，电量是××，电费是××，请收好	给！拿着单子
19	客户询问电费时	微机里有存贮，请您通过触摸屏幕来查看，有不明白的地方，我给您解释	那边，自己看去
20	遇客户无理拒缴电费，多次做工作无效时	根据《电力法》第××条规定，经过批准，给予停电，请做好准备	不交电费，就给你停电
21	客户电话预约验表时	请您×日×时在家等候，我们为您验表	等着吧！有空就去了
22	客户询问电表损坏原因时	对不起，电表损坏原因需经过检定才能确定，然后答复您	不知道
23	客户电表损坏丢失时	劳驾！请您介绍一下电表损坏（丢失）的情况好吗	赔表
24	电表"自走"经确定不属于供电公司的责任时	对不起，经工作人员检测，您家的电表自走属内部原因	自己查，我们不管

序号	服 务 内 容	服 务 用 语	服 务 忌 语
25	客户对校验结果不相信时	同志，经检查电表确定合格。如果您不放心，我们可以一起到技术监督部门复验	不信有什么办法
26	客户怀疑电表有误差不按时缴电费时	本月电费还是按时缴纳，如果怀疑电表超差，可以申请验表。如确实超差，我们会在下月退还电费差额	先交了电费再说
27	收验电表时	请交××元验表费，若电表超差，验表费将返还给您	验表，先交钱
28	为客户换表后	请您打开开关，看看是否有电	换完了！自己试去吧
29	遇有障碍物需挪动时	请您把这个挪动一下好吗？谢谢	挪一边去
30	需要借用椅子等物时	借用一下您的椅子可以吗	给我用用
31	借用客户物品归还时	这是您的××，谢谢	完工了，拿去吧
32	发现客户违章窃电时	您违犯了《电力法》第××条规定，请您立即停止这种行为	违章窃电还有理
33	客户前来询问图纸审核情况时	您好！请坐，您的图纸正在审核之中，请稍候	听通知，等着吧
34	在审核图纸中发现问题时	您好！此处设计不符合规程要求，请修改一下	标准都不知道，快改去
35	到现场竣工验收时	我们前来竣工验收，请协助我们工作	喂！来验收了
36	验收中发现问题时	经验查发现，此处不符合规程要求，请尽快修改	怎么搞的？水平这么低
37	客户工程验收合格时	您的工程经验收合格，可以申请送电	就算合格吧
38	客户询问停电时	因为线路检修（或线路故障），导致您那里停电了，请谅解。大约会在××时送电	不知道
39	接故障报修电话时	您好！××供电公司，×号为您服务。请您稍候，我们将立即派人前去修复	等着吧
40	客户要求修理内线时	很抱歉，屋内设备不属于我们管辖范围，建议您找××部门处理	我们管不着
41	客户报错地址未见人去修理又来电话时	对不起，我们已经去过了，但没找到，请详细报一下您的地址	怎么搞的！地址都说不清！让我们白跑一趟
42	客户向我们道谢时	别客气，这是我们应该做的	算了！算了
43	客户检查参观工作时	您好！我叫×××，负责××工作，欢迎检查指导	哪来的？看什么

模块 4　营销服务突发事件处理规范

一、突发事件应急处理的 5S 原则

（1）承担责任。危机发生后要勇于承担责任，积极分析客户关心两个问题，即利益和情感问题，尽量保障客户的利益不受损坏，情感不受伤害。

（2）真诚沟通。与客户沟通要做到"三诚"，即诚意、诚恳、诚实。

（3）速度第一。积极沟通，达成共识，快速解决。

（4）系统运行。以冷制热、以静制动；统一观点、稳住阵脚；组建班子、专项负责；果

断决策、迅速实施；合众连横、借助外力；循序渐进、标本兼治。

（5）权威证实。别做王婆卖瓜，学会请重量级权威机构代言。

二、营业厅突发事件处理规范

（一）出现情绪激动、言辞过激或群访客户

（1）营业窗口负责人应加强对营业窗口的业务办理等情况的巡视，分析可能出现的各种特殊情况，提前做好相应预防措施。

（2）营业窗口负责人发现有情绪激动、言辞过激的客户应主动上前询问，及时处理和解决，避免矛盾激化，以保证其他营业工作的正常开展，必要时上报应急处理预案领导小组，由应急处理预案领导小组负责接待。

（二）营业窗口客户数量陡增

（1）当每个收费窗口客户数量超过 10～15 人或排队数量激增时应立即开启备用收费柜台，积极引导客户，维持现场秩序，及时安抚客户情绪，避免引起排队混乱。

（2）营业窗口负责人应妥善安排好自己工作，确保收费高峰期在营业窗口坐班，负责客户咨询、释疑和回访工作。

（3）实行收费高峰期领导或专责值班制。

（三）遇营销服务设备故障，营销业务不能办理

（1）营业人员应首先向客户道歉，并立即向窗口负责人汇报，负责人应立即向客户说明情况，安抚客户情绪，同时向市场营销部技术专责及客户中心领导汇报请求立即处理。

（2）营销技术专责应尽快分析判断故障是否为供电局本地故障。

（3）在显著位置公布系统故障暂时无法办理业务的致歉通知。

（4）若故障处理时间较长或客户表示不愿继续等待的，要立即组织并记录办理业务客户的姓名、电话、地址等相关信息，待营销系统恢复正常后，对登记的业务办理客户由营业人员通知客户前来办理。

（5）在紧急预案启动后，所有进入营业窗口的应急处理人员，必须以良好的服务态度面对每一位客户，做好耐心细致的解释，对情绪激动的客户，应将客户带到客户接待室单独予以接待。

（四）客户在营业场所发生意外伤害

（1）营业窗口应设有急救箱，并备有急救药、用品（如人丹、救心丸、十滴水、清凉油、止血贴等）并及时补充。

（2）客户在营业场所发生意外伤害（昏迷、跌倒）等情况，应根据情况严重程度，立即联系医务室、拨打 120 或安排车辆组织急救，营业窗口负责人应及时向客户中心领导汇报。

（五）客户之间发生纠纷，影响营业窗口正常秩序

（1）客户在营业窗口发生斗殴、吵架等紧急情况，营业人员不得参与其中，应立即联系保安人员，由保安人员出面劝解。

（2）当客户情绪激动无法控制时，应立即汇报保卫部，同时向应急处理小组组长汇报。

（3）营业窗口负责人继续维持营业场所正常工作秩序。营业厅及周围发生人员伤亡等紧急事件时，工作人员应在第一时间致电 120，同时立即通知客户家属。

（六）为老弱病残、行动不方便的客户提供服务

（1）为老弱病残、行动不方便的客户提供服务时，应主动给予特别的照顾和帮助。

（2）对听力不好的客户，应适当提高语音，放慢语速。

（3）接待聋哑人（或外宾）时，应使用手语（或外语）交流，若不能理解聋哑人（或外宾）表达的意思时，应请示大厅主管，由具有较好手语（英语）能力的营业员接待。

（七）营业窗口发生抢劫、人为伤害等危及人身安全的事件

（1）营业人员对身边的异常情况应随时保持高度的警惕性，遇此情况应沉着、冷静，首先保护自身安全，伺机报警。

（2）营业窗口负责人应随机应变，协助客户疏散，保护客户人身安全，伺机报警。

（3）保安人员应根据抢劫者武器情况积极采取反制措施，并协助现场管理人员疏散客户，保护客户人身安全。当抢劫者带有枪支时，首先保护自身安全，待支援警力赶到后协助处理。

（4）保卫部门收到营业窗口报警信息后，必须立即赶往现场附近隐蔽观察情况，同时向警方报警寻求支援。当抢劫者未携带枪支时，应组织应急小组成员积极采取反制措施。

（5）当有人员受伤时，无论是员工还是客户，应立即组织人员送伤者到医院实施治疗。

（6）应急小组应协助警方处理善后事宜。

三、常见突发事件的处理规范

（一）新闻媒体应对规范

（1）清楚记者要什么。

（2）清楚你要说什么。

（3）及时回应。

（4）稳健行事。

（5）传达精准和被授权信息。

（6）让记者引用你的话。

（7）满足记者需求、善于过渡。

（8）避免模糊、及时澄清、不留遗憾。

（9）尊重记者、有礼有节。

（10）全程参与、保持警觉到最后。

（二）暗访应对规范

（1）十招识别神秘暗访。手中有物、侧重咨询、问题多怪、看表计时、留意胸牌、到处游走、东张西望、制造麻烦、与客交流、逗留现场。

（2）当发现暗访时，应保持镇静，主动提供热情服务，认真准确的回答相关的提问。

（3）当遇到不能准确回答的提问时，应请教业务熟悉的相关人员，并真诚的告知"请稍等"或告知对方待向相关人员咨询后给予回复。

（4）认真记录访查人员提出的问题、意见和建议，留下联系方式，承诺在时限内反馈整改情况。

（5）做好访查记录工作，内容包括：访查发生时间、访查持续时间、访查原因、汇报领导情况、访查人员信息、访查意见等。

附　录

附录1　农网配电专业能力提升通关培训理论知识要求

课程名称	具体内容及要求		
	初级	中级	高级
电工基础	熟悉电路的组成及作用，熟悉电压、电流、电功率及电能等物理量。掌握欧姆定律及电阻、电压、电流间的关系及金属导体电阻的计算方法	了解电磁感应的概念；熟悉自感系数和互感系数，掌握自感电压、互感电压及互感线圈电压与电流的关系；熟悉单相交流电路中电阻元件各物理量的基本计算方法	熟悉交流电的概念。熟悉有功功率、无功功率、视在功率及功率因数的概念、计算公式；掌握星形连接和三角形连接三相电路的线电压与相电压、线电流与相电流之间的关系
电工仪表	熟悉万用表、钳形电流表接地电阻测试仪及绝缘电阻表的基本组成结构，掌握万用表、钳形电流表的正确选择与使用方法	掌握万用表、钳形电流表接地电阻测试仪及绝缘电阻表正确选择方法，掌握万用表交、直流电压、电流、电阻等不同测量功能的使用，掌握钳形电流表的选择和使用	了解电工仪表准确度等级的规定，掌握接地电阻测试仪及绝缘电阻表测量原理和接地电阻、绝缘电阻的基本测量方法
电气识图	了解常用图形符号及文字符号的形式、内容，熟悉电路图中常用电力设备图形标注方法，掌握电路图布图的基本方法，掌握电气图形标记的形式、内容、含义	能够正确识读低压电气控制原理图，能正确识读低压电气控制接线图、照明施工图的基本内容、杆形图及线路杆形安装图	掌握配电所系统图的识读，掌握路径图的正确识读方法及要求，掌握中、低压配电线路杆塔组装图的正确识读和相应杆塔安装的基本技术要求
配电设备	熟悉常用低压电器的种类及常用低压电器的性能要求；熟悉配电变压器、互感器、高压熔断器避雷器的基本特性	了解低压电气设备的基本性能、选择要求及使用注意事项，熟悉配电变压器原理、结构、参数等内容，熟悉高压断路器的作用、工作原理和互感器的基本接线方式	熟悉隔离开关的作用、种类，掌握熔断器的用途、选择和使用要求，掌握避雷器的结构、原理、主要参数，掌握对接地装置的选型和使用要求
配电线路	熟悉配电线路的主要组成及各元件的主要作用；熟悉各种结构拉线的受力特点、安装技术要求；掌握接地装置安装施工的基本技术要求和验收的规范；熟悉接户线、进户线安装的技术要求，掌握验收标准	了解配电线路常用材料、配电变压器等配电设备选择的基本要求；熟悉配电线路基础、电杆的基本施工流程；熟悉导线连接施工的基本工艺流程；掌握各种不同截面导线连接的基本技术要求	熟悉弧垂对配电线路运行及供电安全的影响；了解影响线损的技术因素，掌握低压配电网线损理论计算方法；掌握提高功率因数的意义；了解导线连续管连接的基本工艺流程，熟悉接续管压接技术要求
电能计量装置安装检查	了解单相电能表、三相电能表的结构及各元件的作用、工作原理；熟悉电能表安装作业流程及基本技术要求	了解三相电能表的分类；了解电压互感器、电流互感器的结构功能；掌握三相四线电能表的安装技术要求和装表接电工作的验收流程及标准	熟悉单相电路、三相四线电路和三相三线电路中有功电能表、无功电能表的常用正确接线方式；掌握电能计量装置准确度等级的选择和计量器具配置原则

课程名称	具体内容及要求		
	初级	中级	高级
规程规范及标准	熟悉《农村安全用电规程》、《农村低压电气安全工作规程》；了解《架空绝缘配电线路施工及验收规程》	熟悉《架空配电线路及设备运行规程》；熟悉《电能计量装置接线规程》	了解《10kV及以下架空配电线路设计技术规程》；熟悉《电缆线路施工及验收规范》；熟悉《电能计量装置技术管理规程》；熟悉《35kV及以下架空电力线路施工及验收规范》
用电营业管理	了解电能销售、用电营业管理的知识；了解电力营销管理的基本内容	熟悉电能成本与电价之间的关系，熟悉电价制度在不同用户中的运用；掌握销售电价的分类方法，了解各分类电价的实施范围	了解电费管理工作流程；熟悉抄表工作要求、抄表工作流程；掌握电费收费方式、电费结算合同、托收等概念，熟悉电费催收的工作要求
紧急救护	了解触电对人体的伤害知识；掌握触电急救技能	掌握触电急救、心肺复苏的基本原则及操作要求	掌握外伤急救的方法和基本要求
沟通与协调	了解沟通的基本概念和重要性；掌握沟通的过程、各环节特点和需要注意的问题；掌握各类沟通的特点，熟悉书面、口头和非语言沟通等常用的沟通方法	了解企业管理中有效沟通的要求；熟悉协调的类型、方式、本质及其作用等基本概念；熟悉项目协调、政策协调、工作计划协调、公文协调、会议协调等协调的内容	掌握协调的行政方法、经济方法、法律方法、疏导方法等工作方法；熟悉会议协调、现场协调、结构协调、机制协调等协调的形式；掌握激发建设性冲突的方法、消除破坏性冲突的方法以及谈判等技巧

附录2　农网配电专业能力提升通关培训操作技能培训科目

项目名称	具体内容及要求			项目类别
	初级	中级	高级	
常用仪表使用	掌握万用表、接地电阻测量仪的使用方法	掌握万用表、钳形电流表、绝缘电阻表、接地电阻测量仪的使用方法	通过测量接线、操作步骤介绍，掌握单臂、双臂电桥的使用方法	公共项目
导线连接	掌握单股导线连接的基本操作方法及主要工艺要求	掌握多股导线连接的基本操作方法及主要工艺要求	掌握导线用接续管连接的方法及不同材料导线连接的方法及要求	公共项目
杆上操作	掌握用脚扣或登高板登杆技能；掌握用脚扣和登高板维护、保养方法	掌握直线电杆上横担、金具的安装与更换操作及主要质量要求	掌握耐张杆上导线紧线操作的操作及安装技能要求；掌握导线弧垂观测的注意事项	安装施工
常用绳结	掌握工程常用绳结打法及应用	掌握工程常用绳结打法及应用		公共项目
拉线制作安装	掌握拉线制作、安装技能和工艺标准	掌握拉线制作、安装技能和工艺标准	能够正确完成运行线路拉线的更换操作	公共项目

项目名称	具体内容及要求			项目类别
	初级	中级	高级	
接户线、进户线安装	掌握接户线安装操作流程、工艺要求	掌握接户线下户、进户安装操作流程、工艺要求	掌握接户线下户、进户安装操作质量标准及技术要求	安装施工
导线在绝缘子上的绑扎	掌握导线在绝缘子上的各种绑扎、固定操作技能和工艺要求	掌握直线杆上低压绝缘子的更换操作及检修质量标准	掌握低压线路耐张绝缘子的更换操作及检修质量标准	公共项目
低压开关电器安装	掌握熔断器、隔离开关、交流接触器、低压断路器等各种低压开关电器的安装操作程序、工艺要求	掌握熔断器、隔离开关、交流接触器、低压断路器等各种低压开关电器的更换操作程序、工艺要求	熟悉低压电器的性能特点；能根据负荷正确选择低压电器	公共项目
异步电动机控制电路安装	能正确选择异步电机控制电路中电器元件及导线	掌握异步电动机直接起动控制电路安装	熟悉异步电动机降压起动安装接线图；掌握多种电动机控制回路的安装	公共项目
接地装置与剩余电流动作保护装置安装	掌握接地装置安装的技术要求和方法	掌握剩余电流动作保护装置的选用和安装要求	掌握低压电网剩余电流动作保护系统的组成及运行维护和调试方法	运维检修
配电设备安装	掌握杆上配电变压器台架及高压侧设备安装要求	掌握配电设备安装工艺；了解相关施工验收规程	掌握低压配电柜检修操作的工艺流程和安全注意事项	运维检修
室内低压配电线路安装	掌握照明、动力电路安装	掌握照明、动力电路导线及电气元件选择、安装	掌握室内低压配电线路安装技术要求，安全事项	运维检修

参 考 文 献

[1]　国家电网公司人力资源部．农网配电［M］．北京：中国电力出版社，2010.
[2]　国家电网公司人力资源部．农网营销［M］．北京：中国电力出版社，2010.
[3]　周传芳．农网配电生产技能人员技能培训教材［M］．北京：中国电力出版社．2010.
[4]　黄院巨．电力系统基础［M］．北京：中国电力出版社，2012.
[5]　国家电网公司人力资源部．沟通与协调［M］．北京：中国电力出版社，2010.
[6]　劳动社会保障部教材办公室．电工学［M］．4 版．北京：中国劳动社会保障出版社，2007.
[7]　劳动社会保障部教材办公室．电工基础［M］．3 版．北京：中国劳动社会保障出版社，2001.